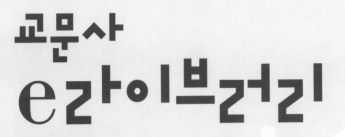

식영과인데...
아직 **구독** 안 했다고?

월 7천원이면 50여 종 **식영 도서가 무제한.**
태블릿 하나로 공부 걱정 해결.

영양사 자격증도
교문사.e.라이브러리
하나면 돼!

---

* 교문사 e 라이브러리는 전자책 플랫폼 **북이오(buk.io)**에서 만날 수 있습니다.

함께읽기 방법
자세히 보기

북이오(buk.io)에서
공부하고 **과탑 되는 법.**

STEP 1. 교문사 e 라이브러리 '식품영양' 구독
'함께 읽는 전자책 플랫폼' 북이오에서 교문사 e-라이브러리를
구독하고 전공책, 수험서를 마음껏 본다.

STEP 2. 원하는 교재로 함께 공부할 사람 모으기
다른 사람들과 함께 공부하고 싶은 교재에 '그룹'을 만들고, 같은
수업 듣는 동기들 / 함께 시험 준비하는 스터디원들을 초대한다.

STEP 3. 책 속에서 실시간으로 정보 공유하기
'함께읽기' 모드를 선택하고, 그룹원들과 실시간으로 메모/하이라이트를
공유하며 중요한 부분, 암기 꿀팁, 교수님 말씀 등 정보를 나눈다.

STEP 4. 마지막 점검은 '혼자읽기' 모드에서!
이번에는 '혼자읽기' 모드를 선택해서 '함께읽기'에서
얻은 정보들을 차분히 정리하며 나만의 만점 노트를 만든다.

쉽게 배우는
식사요법

저자 소개

이승림
상지대학교 식품영양학과 교수

김미정
신라대학교 식품영양학과 교수

김미옥
대구보건대학교 식품영양학과 교수

이순희
수원여자대학교 식품영양과 교수

정유미
계명문화대학교 식품영양학부 교수

쉽게 배우는
식사요법

초판 발행 2023년 3월 2일
초판 2쇄 발행 2024년 8월 30일

지은이 이승림, 김미정, 김미옥, 이순희, 정유미
펴낸이 류원식
펴낸곳 교문사

편집팀장 성혜진 | **디자인 · 본문편집** 신나리

주소 10881, 경기도 파주시 문발로 116
대표전화 031-955-6111 | **팩스** 031-955-0955
홈페이지 www.gyomoon.com | **이메일** genie@gyomoon.com
등록번호 1968.10.28. 제406-2006-000035호

ISBN 978-89-363-2446-9 (93590)
정가 25,000원

쉽게 배우는
식사요법

이승림 · 김미정 · 김미옥 · 이순희 · 정유미 지음

DIET THERAPY

교문사

머리말

경제 발전과 의료기술의
발달로 기대수명이 연장되고
고령화 시대로 접어들면서

건강과 질병에 대한 관심이 높아지고 있다. 그러나 식생활 변화, 운동 부족 및 스트레스 증가 등의 환경요인으로 인해 만성 퇴행성 질환 또한 증가하고 있다. 각종 만성 퇴행성 질환의 예방과 치료에 있어서 영양관리의 비중이 커지고 있기에 식사요법에 대한 이해가 요구된다.

질병은 인체를 구성하고 있는 심신의 일부나 전체가 지속적인 장애를 일으켜 정상적인 기능을 수행할 수 없을 때부터 발생한다. 식사요법은 영양소의 부족이나 과잉에 의해 유발되는 질병을 예방하고 치료하며 질병에 따른 대사적 문제점을 개선하는 데 기여한다. 식사요법을 통해 영양소를 조절하고 적절한 식사를 처방하여 질병을 치료하고 합병증을 예방한다. 궁극적으로 식사요법은 환자의 건강을 유지함으로써 환자의 삶의 질을 향상시키는 데 그 목적이 있다.

이 책은 영양사 국가시험과 임상영양사 교육과정 학습 목표를 달성할 수 있도록 내용을 구성하였다. 또한 각 질환에 대응하는 식사요법을 계획, 관리, 중재하는 업무에 종사하는 영양사, 이들과 협력하여 질병치료에 종사하는 의사, 간호사, 운동처방사, 그 외에 의료·보건 직종에 근무하는 전문인들에게 식사요법 교육과 전문지식 향상

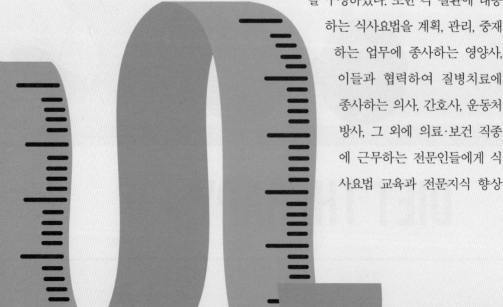

을 위한 교재로 사용될 수 있도록 작성하였다.

이 책은 식사요법의 개요, 식단 작성법, 각종 질환을 다룬 교재다. 각 장은 용어정리, 인체의 생리적 기능, 질환의 원인, 증상, 식사요법 순으로 구성되어 있으며 질환에 따라서는 운동요법과 약물요법도 제시하였다. 단원별 끝에는 문제풀이를 통해 복습할 수 있도록 구성하였다. 이 책을 통해 질환별 생리적 변화를 이해하고, 이에 적절한 식사요법을 시행함으로써 질병의 치료와 예방 및 건강유지에 도움이 될 것으로 기대된다.

이 책이 독자들에게 질환별 식사요법에 대한 적절한 이해를 하는 데 도움이 되길 바라며, 출판되기까지 수고를 아끼지 않은 주위의 여러분과 애써주신 (주)교문사 임직원분들의 노고에 감사드린다.

2023년 2월
저자일동

차례

CHAPTER 5

심혈관계 질환

CHAPTER 8

비뇨기계 질환

CHAPTER 9

감염 및 호흡기 질환

CHAPTER 10

빈혈

CHAPTER **11**

선천성 대사장애 질환

CHAPTER **12**

골격계 및 신경계 질환

CHAPTER 13

면역과 식품 알레르기

식사요법
개요

식사요법
개요

질병은 인체를 구성하고 있는 세포, 조직, 기관 등 심신의 일부나 전체가 지속적으로 장애를 일으켜서 정상적인 기능을 수행할 수 없는 건강하지 않은 상태로 인간이 지구상에 존재할 때부터 발생하였다.

최근 경제발달과 함께 의료기술과 의약의 발달로 수명이 연장되면서 건강과 질병에 대한 관심이 높아지고 있다. 그러나 서구화된 식생활, 운동부족 및 스트레스 증가 등의 환경요인으로 인해 만성 퇴행성질환이 증가하면서 식사요법에 대한 의존도는 더욱 높아졌다. 질병이 발생된 후의 치료보다 평소 바른 식생활로 건강을 유지·증진하고자 하면서 그 중요성이 더욱 강조되고 있다. 또한 각종 만성 퇴행성질환의 예방과 치료에 있어서 영양이 차지하는 비중은 매우 커지고 있다.

식사요법은 영양소의 부족이나 과잉에 의해 유발되는 질병을 예방하고 치료하며 질병에 따른 대사적 문제점을 개선하는 데 기여한다. 따라서 질병의 예방 및 건강 증진을 위한 올바른 식습관과 영양관리가 무엇보다도 중요하다.

:: 용어 설명 ::

식사요법(diet therapy) 질병의 종류와 정도에 따라 치료하거나 예방하고 건강을 유지 또는 증진시키기 위하여 대상자의 질병이나 신체 상태에 맞도록 적절한 식사를 제공하는 영양적 치료

영양관리과정(nutrition care process, NCP) 영양 관련 문제해결을 위한 표준화된 과정으로 비판적 사고와 올바른 의사결정을 하도록 도와주는 체계적인 문제해결 방법

영양판정(nutrition assessment) 영양 관련 문제와 원인을 알기 위해 관련 자료를 수집하고 분석하는 과정

영양진단(nutrition diagnosis) 영양판정 단계에서 얻은 다양한 자료를 토대로 영양문제를 파악하고 기술하는 과정으로 영양문제, 병인, 징후/증상으로 기록

영양중재(nutrition intervention) 영양문제를 해결하기 위한 과정(식사조정, 영양지원, 영양교육 및 상담)

영양모니터링 및 평가(nutrition monitoring and evaluation) 영양판정에서 영양중재에 이르기까지 전 과정에 대하여 환자의 영양문제를 해결하는 방향으로 진행되고 있는지, 영양중재 시 세운 목표대로 시행되었는지를 평가하는 과정

한국인 영양소 섭취기준(dietary reference intakes for Koreans, DRIs) 질병이 없는 대다수 한국 사람들의 건강을 최적상태로 유지하고 질병을 예방하는 데 도움이 되도록 필요한 영양소 섭취 수준을 제시하는 기준

식품교환표(food exchange list) 일상생활에서 섭취하고 있는 식품들을 영양소 조성이 비슷한 것끼리 곡류군, 어육류군, 채소군, 지방군, 우유군 및 과일군의 6가지 식품군으로 나누어 묶은 것

1. 식사요법의 의의 및 중요성

1) 식사요법의 의의와 목적

사람은 정상적인 신체의 기능과 건강을 유지하기 위하여 일정량의 음식을 섭취하여야 한다. 음식은 체내에서 여러 가지 활동을 지원하고, 에너지 생산, 체조직 구성, 그리고 체내대사 조절 등에 필요한 역할을 한다. 음식에 함유된 열량과 영양소를 절절히 섭취함으로써 활동 능력을 향상시키고 질병에 대한 저항력을 증가시켜 질병을 예방할 수 있다.

식사요법diet therapy이란 질병의 종류와 정도에 따라 치료하거나 예방하고 건강을 유지 또는 증진시키기 위하여 대상자의 질병이나 신체 상태에 맞도록 적절한 식사를 제공하는 영양적 치료를 의미한다.

식사요법의 목적은 합리적인 영양관리를 통해 건강을 증진시키고, 질병의 예방, 치료와 더불어 합병증 예방과 재발을 방지하고 궁극적으로 환자의 삶의 질을 향상시키는 데 있다. 식사요법을 통한 영양관리는 환자에게 적절한 영양을 공급하고 영양상태를 개선함으로써 치료 효과와 회복 속도를 높여 주는 데 중요한 작용을 한다. 또한 신체의 영양소 대사능력에 따라 식품의 섭취를 조절하게 되고 체중조절의 효과를 기대할 수 있다.

2) 식사요법의 중요성

환자의 상태를 회복시키고 적절한 영양상태를 유지하여 질병에 대한 면연력을 향상시키기 위해서는 올바른 영양관리가 필요하다. 질병의 종류와 상태에 따라 환자의 개인적 특성, 기호도, 식욕 등을 고려하여 환자에게 맞는 적절한 영양을 공급하여 질병을 치료하고 재발을 방지할 수 있다. 이러한 목적으로 여러 가지 다양한 조건에 맞는 치료식을 제공하는 것이 식사요법이다. 특히 영양적으로 균형잡힌 식단으로 다양하게 제공하고, 소화가 잘되는 식품과 조리법의 선택, 식사의 적정 온도와 농도, 안정성 등을 고려하여야 한다.

환자를 위한 영양관리과정은 우선 영양상태 평가가 이루어져야 하며, 이후 영양필요량이나 문제점 확인, 영양필요량을 달성하기 위한 계획과 수행, 영양관리의 평가 등의 순서로 이루어진다. 영양관리과정에 맞는 식사요법을 실시해야 하고, 영양지도와 상담을 통해 식생활을 개선해야 하며, 환자의 치료에 있어 의료, 간호 그리고 영양 각각의 전문분야가 영양관리팀을 이루어 상호 협조적인 관계를 이루어야 한다.

2. 환자의 영양관리과정

1) 영양관리과정의 개요

사회환경과 식생활의 변화는 생활습관에서 기인한 만성 퇴행성 질환의 이환율을 증가시켰다. 만성질환의 원인에 영양적 요인이 크게 관여하고 있으므로, 영양관리과정은 영양소의 과부족 및 대사장애와 연관된 각종 질환의 치료를 돕고 이들 질환에 대한 예방을 고려한다. 따라서 질병의 치료를 위해서는 그 원인을 찾아내어 합리적이고 효과적인 치료 방법을 선택하고, 그와 함께 질병에 따른 영양소 대사 변화로 나타나는 증상의 회복과 예방을 위하여 식사관리를 중심으로 한 영양관리가 이루어져야 한다.

영양전문가는 질병관리 목적으로 영양문제를 적극적으로 해결하고 관리하기 위해서 영양관리과정nutrition care process, NCP을 적용하고 있다. 영양관리과정은 미국영양사협회에서 개발한 영양 관련 문제해결을 위한 표준화된 과정으로, 비판적 사고와 올바른 의사결정을 하도록 도와주는 체계적인 문제해결 방법이다. 즉, 표준화된 영양관리과정을 통해 개별화된 영양관리업무를 체계적으로 시행하여 임상 경과의 예측이 가능하도록 설계되었다.

질병관리에 영양관리과정을 활용하여 심도 깊은 개인별 영양판정을 수행하고 이것을 근거로 영양중재를 실시한다. 영양관리과정은 영양판정, 영양진단, 영양중재, 영양모니터링 및 평가의 4단계로 구분되며 각 단계에서 다음 단계로 연결된다.

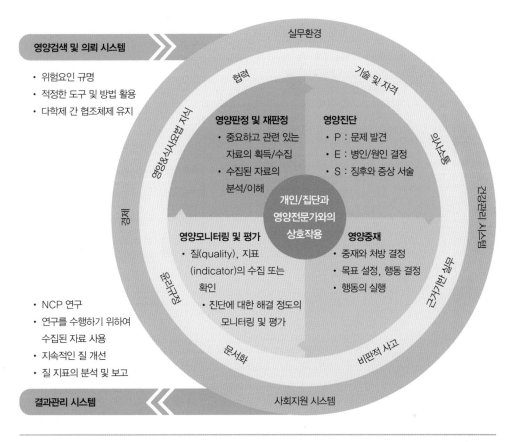

그림 1-1. 영양관리과정

2) 영양관리과정의 단계

입원 환자에 대한 영양관리과정은 영양판정(영양상태 선별검사, 초기 영양판정, 대사영양프로필), 영양진단(영양문제, 병인, 징후/증상), 영양중재(식사조정, 영양지원, 영양교육 및 상담), 영양모니터링 및 평가로 진행되고, 입원환자의 영양관리과정 단계는 그림 1-2에 제시하였다.

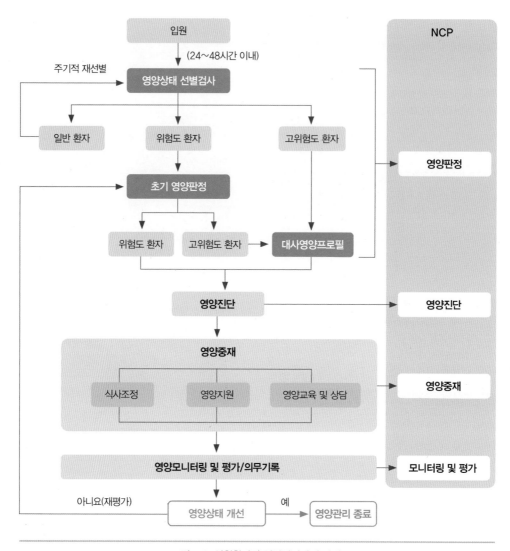

그림 1-2. 입원환자의 영양관리과정 단계

(1) 영양판정

영양판정nutrition assessment은 영양 관련 문제와 원인을 알기 위해 관련 **자료를 수집하고 분석하는 과정**이다. 영양판정과정에서 수집하는 자료는 식품·영양소와 관련된 식사력, 신체계측 및 영양 관련 신체검사 자료, 생화학적 자료 및 의학적 검사와 처치, 일반사항 및 과거력에 관한 4개의 영역으로 구분될 수 있다. 환자로부터 얻은 이들 각 자료들은 과학

표 1-1. 영양판정의 영역

영역 구분	관련 정보
식품·영양소와 관련된 식사력	• 현재와 과거의 식사섭취 및 영양분석자료 • 식품과 영양소 섭취 • 약물과 약용식물이나 보충제 사용 • 영양지식/신념/태도, 행동 • 식품과 영양 관련 자원 이용 정도 • 영양 관련 환자 중심 평가, 영양교육 경험 유무
신체계측 및 영양 관련 신체검사 자료	• 신장, 체중, 체중변화력, 체질량지수, 성장률/백분위수(아동의 경우) 등 • 신체 관찰 시의 소견, 근육과 지방 손실, 부종, 구강 건강상태, 빨기/삼킴/호흡 능력, 식욕 및 감정 등
생화학적 자료 및 의학적 검사와 처치	• 각종 생화학적 자료(혈액검사, 소변검사, 염증 표지자 등) • 기타 의학적 검사(비디오 투시검사, 위 배출 속도, 안정 시 대사율 등)
일반사항 및 과거력	• 과거력(성별, 나이, 교육 수준 등) • 질병력, 가족력(질병상태, 식품알레르기 등), 합병증, 약물복용 등 • 환자가 호소하는 증상(스트레스, 상피조직이나 기관에 나타나는 변화 등) • 사회력(사회경제적 상태, 거주상태, 의료보험, 사회활동 정도 등)

적 근거를 토대로 한 각 영역의 **표준치와 비교하여 영양판정에 사용**된다. 이때 영양판정에 사용되는 자료의 종류 및 도구는 대상자에 따라 적절히 이용한다.

환자에 대한 영양판정은 크게 보통 영양상태 선별검사와 초기 영양판정과 대사영양 프로필의 3단계로 구분되는데, 모든 환자가 3단계 모두를 거치는 것은 아니고 환자의 영양불량위험도에 따라 다르게 진행된다.

① 영양상태 선별검사

영양상태 선별검사nutrition screening는 병원에 입원한 모든 환자를 대상으로 24~48시간 내에 실시하는 것으로, 영양위험요인의 기준을 각 환자의 자료와 비교함으로써 영양상태가 불량하거나 영양위험도가 높은 환자를 가려내는 것을 목적으로 시행되며, 영양검색이라고도 불린다. 병원에 따라 고유의 검사지를 활용하여 이루어지며 신체계측치, 생화학적 조사지, 임상조사 자료 및 식사 내용 등의 자료를 이용한다. 영양상태 선별검사 후 문제가 있다고 판단되거나 고위험도 환자로 선별되면 다시 영양판정을 실시한다.

표 1-2. 영양상태 선별검사의 영양판정 기준

구분	위험도가 높은 기준
체중	이상체중의 75~90%
섭식상태	금식/유동식 > 5일, 치료식, 경관급식, 정맥영양
생화학검사	알부민 < 3.0g/dL, TLC(Total Lymphocyte Counts) < 1,500cells/mm^3
질환	암, 심장, 소화기, 콩팥, 췌장, 간, 신경계 등

* 두 가지 이상의 위험인자를 가진 경우 위험도가 높은 환자로 분류함

② 초기 영양판정

초기 영양판정initial nutrition assessment은 영양상태 선별검사에서 선별된 위험도 환자를 대상으로 위험한 정도와 질병 상태에 미치는 영향의 정도를 파악하는 과정이다. 혈중 알부민 농도, 총 림프구 수, 트랜스페린 농도나 체중과 체구성(피하지방, 체단백질), 식욕과 식품섭취 상태 등을 참고한다.

③ 대사영양프로필

대사영양프로필metabolic nutritional profile은 심층영양판정 단계로 영양상태 선별검사나 초기 영양판정에서 나타난 고위험도 환자를 대상으로 진행되는 보다 깊이 있고 전문화된 영양판정이다. 식욕부진 환자, 외상, 패혈증 및 큰 수술을 받은 중환자 및 정맥영양지원을 받는 환자를 대상으로 하며 체지방 축적 정도, 체단백질의 감소, 내장 단백의 감소 정도 및 면역기능 저하 정도 등이 평가 기준으로 사용된다.

(2) 영양진단

영양진단nutrition diagnosis은 영양판정 단계에서 얻은 다양한 자료를 토대로 **영양문제를 파악하고 기술하는 과정**으로 영양중재를 통해 해결하거나 개선할 수 있는 특정한 문제를 밝히는 것이 목적이다.

영양진단 기술은 영양문제problem, P, 병인etiology, E, 징후/증상sign/symptoms, S이 포함된 PES 문의 형식으로 작성하며, 이를 토대로 영양판정에서 파악된 영양문제를 종합하여 영양문제와 영양문제의 주요 원인을 규정하고 이들 판단의 근거를 객관적으로 제시함으로

표 1-3. 의학적 진단을 고려한 영양진단문(PES)의 예

의학적 진단	영양문제(P)	병인(E)	징후/증상(S)
비만	비만	에너지 섭취 과다, 신체활동 부족	현 체중 : 적정체중의 175%
	에너지 섭취 과다	에너지 섭취에 관련된 지식 부족	에너지필요량의 약 150% 섭취
	신체활동 부족	TV 시청 및 게임 중독	TV 시청 및 컴퓨터 사용시간 : 8~12시간/일
암	의도하지 않은 체중감소	항암요법 후 메스꺼움	체중감소 10% 이상/최근 1달
	부적절한 경구 섭취	항암치료와 관련된 메스꺼움, 저작 곤란	필요량의 25% 정도 섭취
새롭게 진단된 2형 당뇨병	식품 및 영양 관련 지식 부족	영양 관련 교육 경험 없음	2형 당뇨를 새롭게 진단받음
중증외상, 합병증이 있는 위장관 수술	위장관 기능 변화	충분한 에너지를 섭취할 수 있는 능력 감소	수술 후 48시간 금식
신경성식욕부진	잘못된 식사패턴	강박적으로 날씬해지기 위해서 식사를 거부함	입원 전 7일 이상 필요량의 25% 미만 섭취
심부전	수분섭취 과다	심장기능 감소	의사가 처방한 수분 제한량의 150% 섭취
	수분섭취 부족	종일 '갈증'이 있음(환자 보고)	최근 2달간 체내 수분 축적으로 3회 입원
연하곤란	경구식품섭취 부족	삼킴장애	병원식사의 대부분을 섭취하지 못함
	삼킴장애	뇌졸중	음식섭취 시 사례 들림

써 영양중재 목표를 명확히 하는 과정이다.

(3) 영양중재

영양중재nutrition intervention는 **영양문제를 해결하기 위한 과정**으로, 계획과 실행 두 단계로 나눈다. 영양중재는 영양관리과정의 영양판정 단계에서 알아낸 병인의 제거를 목표로 하고, 병인에 대한 영양중재를 할 수 없는 경우 영양중재는 징후/증상을 감소시키는 것을 목표로 한다.

표 1-4. 영양중재 영역

영양중재 영역	영역 설명	세부 내용
식품·영양소 제공	식품, 영양소를 제공하는 개별적 접근	• 식사와 간식 제공 및 조정 • 경관 및 정맥영양 제공 및 조정 • 보충제 제공 및 조정 • 영양관련 약물관리
영양교육	스스로 식품을 선택하고 식생활을 관리할 수 있는 지식과 기술을 환자에게 일방적으로 전달	• 초기/기본 영양관리 • 포괄적인 영양교육
영양상담	환자와의 상호관계를 통해 문제를 해결하는 맞춤 관리	• 개인 영양문제의 원인에 대한 개선 • 전략적 접근
영양관리를 위한 타 분야 협의	영양관리 문제의 개선을 도울 수 있는 다른 분야의 전문가와 기관 등과 협조	• 영양관리과정 중에 타 전문 분야와의 협조

영양중재는 영양진단 과정에서 발견된 영양문제를 해결하기 위해 구체적인 목표 설정, 목표 달성을 위한 계획 수립 및 수립된 계획의 실행에 관한 일련의 전 과정을 의미한다. 영양중재는 크게 4가지로 구별한다. 첫째, 식품과 영양소를 직접 제공하는 개별화된 방법, 둘째, 환자 스스로 식품을 선택하고 식습관을 관리할 수 있는 지식과 실천 능력 제고를 위한 영양교육, 셋째, 환자의 문제해결 과정에 도움을 주는 영양상담, 넷째, 환자의 영양문제 개선에 도움을 줄 수 있는 다른 분야의 전문가 및 기관과의 협력체계 구축 등의 영역으로 구성된다.

(4) 영양모니터링 및 평가

영양모니터링 및 평가nutrition monitoring and evaluation는 **영양판정에서 영양중재에 이르기까지 전 과정에 대하여** 환자의 영양문제를 해결하는 방향으로 진행되고 있는지, 영양중재 시 세운 목표대로 시행되었는지를 **평가하는 과정**이다. 영양모니터링 및 평가 영역은 영양판정에 사용되는 영양지표 영역 중 일반사항 및 과거력을 제외한 3가지 영역의 용어를 사용한다 표 1-1. 이 과정을 통해 영양중재의 효과를 판정하고 잘못된 부분을 피드백함으로써 환자의 영양문제 원인을 해결해간다. 이 단계에서 영양관리 목표에 도달하지 못한 것으로 평가되거나 새로운 영양문제가 발생하면 새로운 영양관리과정이 다시 시작된다.

3) 영양관리과정의 기록

임상영양치료는 어떠한 형태로든 기록되어야 한다. 특히 의무기록medical record은 법적 사항으로, 영양중재에 대한 내용이 기록되어 있지 않다면 하지 않은 것으로 간주할 수 있다. 영양관리과정에 대한 기록이 있으면 영양관리가 합리적으로 철저하게 진행되어 효과를 기대할 수 있으며, 영양관리의 효과를 평가하기 위한 기준을 결정할 수 있다. 또한 의무기록이란 의료진 간의 의사소통 도구로써 의료진 전체가 영양관리에 대한 원칙이나 방향을 이해하고 협조함으로써 성공적인 영양관리를 이룰 수 있는 이점이 있다.

3. 환자의 영양필요량 산정

환자의 질병상태는 복잡하고 다양하지만 영양소의 양과 질을 조절하거나 식사 형태를 변화시키는 등의 영양치료를 통해 개선할 수 있다. 환자의 영양상태에 대한 평가를 한 후 영양중재 계획을 수립하는데 이때 에너지뿐 아니라 단백질 및 다른 영양소의 필요량을 결정하여야 한다. 환자의 영양관리 계획 수립 시 에너지 필요량을 산정하기 위해서는 다음 사항을 고려해야 한다.

POINT

영양필요량 산정 시 고려사항

- 환자의 연령, 성별, 비만도, 활동량, 체온 등
- 여성의 경우 임신, 수유, 폐경 여부 등
- 질환의 종류, 심각도, 질병 기간, 치료 기간
- 피부, 소변 또는 장관을 통한 영양소 손실량
- 약물과 영양소의 상호작용
- 여러 가지 영양소 간의 상호작용

1) 에너지 필요량

에너지는 인간의 생명과 생존 유지를 위해서 반드시 필요하다. 인간은 식품섭취를 통해서 에너지를 얻고, 이는 신체의 다양한 기능을 유지하는 데 사용된다. 에너지 필요량은 에너지 소비량을 근거로 결정하고, 1일 총에너지 소비량total energy expenditure, TEE은 기초대사량(60~75%), 활동대사량(20~30%), 식사성 발열효과(10%)로 구성되며, 추가적으로 적응대사량이 더해지기도 한다.

2) 1일 에너지 필요량 산출

(1) 한국인 영양소 섭취기준에서 제시한 에너지 필요추정량 이용

에너지는 영양소 섭취기준Dietary Reference Intakes, DRI에서 제시되는 4가지 개념인 평균필요량, 권장섭취량, 충분섭취량 및 상한섭취량 중에서 평균필요량에 해당하는 에너지 필요추정량Estimated Energy Requirements, EER으로 제시되며 다른 영양소와 달리 권장섭취량이나 상한섭취량의 개념이 적용되지 않는다.

에너지 필요추정량 산출 공식을 이용하여 연령, 체중, 신장 및 활동수준을 고려한 에너지 소비량을 산출하고, 여기에 부상 정도에 따른 상해계수를 곱하여 환자의 1일 에너지 필요량을 산출한다. 체중은 현재체중을 적용하되 비만인 경우에는 과다한 필요량이 산출되므로 조정체중{표준체중(kg) + [현재체중(kg) − 표준체중(kg)] × 0.25}을 이용한다.

> 1일 에너지 필요량(kcal) = 에너지 필요추정량 × 상해계수

에너지 필요추정량은 산출 공식을 이용하여 연령, 체중, 신장 및 활동 수준을 고려한 에너지 소비량을 산출하고, 여기에 부상 정도에 따른 상해계수를 곱하여 환자의 1일 에너지 필요량을 산출한다.

$$\text{에너지 필요추정량(EER)} = \alpha + \beta \times \text{연령(세)} + PA^* \times [\gamma \times \text{체중(kg)} + \delta \times \text{신장(m)}]$$

$*$ PA(physical activity) = 신체활동 단계별(비활동적, 저활동적, 활동적, 매우 활동적) 계수

α, β, γ, δ는 성별과 연령에 따라 다르고, PA도 활동 수준에 따라 다르다.

표 1-5. 에너지 필요추정량 계산 공식에 적용되는 상수와 계수

구분	아동 및 청소년(3~18세)		성인(19세 이상)	
	남자	여자	남자	여자
α(상수)	88.5	135.3	662.0	354.0
β(연령계수)	−61.9	−30.8	−9.53	−6.91
γ(체중계수)	26.7	10.0	15.91	9.36
δ(신장계수)	903.0	934.0	539.6	726.0

표 1-6. 환자의 부상 정도에 다른 상해계수

부상 정도	상해계수	부상 정도	상해계수
심하지 않은 수술	1.2	패혈증	1.6~1.9
골격 외상	1.36	외상 + 스테로이드	1.88
수술	1.44	심한 화상	2.1~2.5

(2) 기초대사량 이용

기초대사량에 활동계수와 상해계수를 곱하여 1일 에너지 필요량을 산정한다. 기초대사량 산출 시 체중은 현재체중을 적용하되, 비만자인 경우에는 조정체중을 이용한다.

$$\text{1일 필요에너지(kcal)} = \text{기초대사량(kcal)} \times \text{활동계수} \times \text{상해계수}$$

① 기초대사량을 구하는 간단한 공식

- 성인 남자 기초대사량(kcal/일) = 1.0 kcal/시간(h)/체중(kg) × 체중(kg) × 24시간
- 성인 여자 기초대사량(kcal/일) = 0.9 kcal/시간(h)/체중(kg) × 체중(kg) × 24시간

② 한국인 영양소 섭취기준에서 기초대사량 구하는 공식

- 성인 남자 기초대사량(kcal/일)

  = 204 − 4.00 × 연령(세) + 450.5 × 신장(m) + 11.69 × 체중(kg)

- 성인 여자 기초대사량(kcal/일)

  = 255 − 2.35 × 연령(세) + 361.6 × 신장(m) + 9.39 × 체중(kg)

표 1-7. 신체활동 수준별 활동계수

신체활동 수준	누워 있는 환자	움직일 수 있는 환자	보통 활동	매우 활동적
신체활동 계수	1.2	1.3	1.5	1.75

(3) 현재 체중과 비만도에 따른 활동 수준별 에너지 이용

활동별 수준에 따라 현재 체중을 기준으로 간단하게 에너지 필요량을 산출한다.

1일 필요에너지(kcal) = 현재 체중(kg) × 활동 수준별 에너지(kcal/kg)

표 1-8. 비만도와 활동 수준별 에너지(kcal/kg)

비만도	가벼운 활동*	중등 활동**	심한 활동***
과체중	20~25	30	35
정상	30	35	40
저체중	35	40	45

* 거의 앉아서 하는 일
** 걷기, 자전거타기 등의 활동을 정기적으로 함
*** 달리기, 수영 등 강도가 있는 운동을 1주일에 4~5회 정도 함

3) 단백질 필요량

단백질 필요량은 정상적인 신체활동을 하면서 에너지 균형을 유지하는 상태에서 질소 평형을 유지하는 데 필요한 최소량의 단백질량이고, 한국인 영양소 섭취기준에는 단

쉽게 배우는 식사요법

백질 적정비율이 1세 이후 7~20%로 설정되어 있다. 또한 단백질 대사에 영향을 미치는 질환으로 간질환, 콩팥질환, 암, 감염, 화상 및 수술 등이 있다. 이들 질환은 단백질의 필요량이 증가 또는 감소되는 질환으로 충족되지 않을 시 단백질 과잉과 결핍현상이 나타날 수 있으며, 질환의 호전에 영향을 끼칠 수 있다. 환자의 단백질 필요량은 한국인 영양소 섭취기준에서 적용한 1일 필요 단백질 산출기준을 적용하되 질환에 따른 스트레스 정도를 반영하여 산출한다. 환자의 대사적 스트레스의 정도에 따라서 단백질 요구량은 **표 1-9**와 같이 산출한다.

표 1-9. 스트레스 정도에 따른 단백질 필요량

스트레스 정도	건강 및 질병상태	단백질 필요량(g/kg/일)
없음	건강	0.8~1.0
경도~중등도	수술, 감염, 골절, 외상	1.0~1.5
심함	심한 감염, 다중 골절, 심한 외상, 화상	1.5~2.0

4) 탄수화물 필요량

탄수화물 섭취권장량은 케토시스ketosis를 방지하고, 체내에 필요한 최소한의 포도당을 공급하는 것을 기초로 하고 있으며, 탄수화물 섭취는 비만, 대사증후군, 심혈관계질환, 당뇨병과 같은 질환의 발생 위험과 높은 관련성이 있다. 우리나라에서 탄수화물의 영양소 섭취기준은 총에너지 중 탄수화물로부터의 적절한 에너지 섭취를 의미하는 에너지 적정비율을 사용하고, 탄수화물 적정비율은 1세 이후 55~65%로 설정되어 있다.

5) 지질 필요량

지질은 에너지원과 체내에서 합성되지 않은 필수지방산을 공급하는 등 주요 기능을 하는 영양소이다. 동시에 지질을 구성하는 지방산의 종류에 따라 생리적 기능 및 역할이 다양하여 섭취하는 지방의 총량이나 에너지 섭취비율뿐만 아니라 지방산의 종류와 섭취량, 구성 비율 등이 비만, 대사증후군, 심혈관계질환, 당뇨병과 같은 만성질환 및 특정 암과 연관성이 있다고 알려져 있다. 한국인 영양소 섭취기준에서는 지질의 적정비율을 1~2세 20~35%, 3세 이후 15~30%로 설정하고 있다.

6) 비타민과 무기질 필요량

한국인 영양소 섭취기준은 건강인을 대상으로 책정되었고, 환자의 영양소 섭취기준은 따로 책정되어 있지 않다. 따라서 환자를 대상으로 하는 비타민 및 무기질 필요량은 한국인 영양소 섭취기준에 따르되 질환에 따라 특정 비타민과 무기질의 가감 조정이 필요하다.

7) 수분 필요량

고열, 다량의 소변 배설, 설사 및 이뇨제 이용 시 수분 필요량이 증가된다. 정맥주사, 약물, 경관급식용 튜브를 세척하는 데 쓰는 수분과 경구로 마시는 수분도 총 수분섭취량에 포함시킨다.

(1) 연령을 기준으로 한 수분 필요량 계산법
보통 체격의 성인은 단위체중당 30~35mL로 계산하고, 아동은 체중이 20kg일 때까지는 1,500mL, 20kg 초과 시에는 1,500mL에 초과체중 kg당 20mL를 추가하여 계산하며, 65세 이상 노인은 단위체중당 25mL로 계산한다.

(2) 에너지 섭취량을 기준으로 한 수분 필요량 계산법
섭취 열량 1kcal당 1mL의 물이 필요하며, 고단백 음식섭취 시 질소를 소변으로 배설하기 위해 섭취한 질소 1g당 100mL의 물이 추가로 더 필요하다.

4. 환자의 식단 작성

1) 식사섭취 상태 평가

식사섭취조사는 영양평가에서 가장 우선시되고, 식사평가는 식사섭취의 양과 질이 적절한지를 평가하는 것이다. 평가에 사용한 한국인 영양소 섭취기준의 종류와 영양소 섭취기준 설정에 사용한 지표 각각의 특성에 따라 다르게 해석될 수 있다.

식사일기나 24시간 회상법 등으로 조사한 식사섭취량을 토대로 영양소 섭취량을 산출한 후, 한국인 영양소 섭취기준과 비교한다. 해당 영양소의 섭취량이 평균필요량 미만일수록 섭취 부족 확률이 높아진다. 평소 섭취량이 해당 영양소의 권장섭취량이나 충분섭취량을 넘거나 비슷할 경우, 부적절할 확률은 낮은 것으로 평가한다. 반면 과잉 섭취로 인한 건강 위해성은 해당 영양소의 상한섭취량보다 높아질수록 커진다고 평가한다.

에너지적정비율과 만성질환위험감소섭취량은 평소섭취량과 만성질환에 대한 위험 감소를 위한 식사상태 평가와 계획에 사용할 수 있다. 그러나 개인의 식사섭취 상태를 정확히 파악하기 어렵기 때문에 한국인 영양소 섭취기준과 더불어 식사의 적절 및 부적절 여부를 함께 활용하여 평가하는 것이 바람직하다.

표 1-10. 한국인 영양소 섭취기준을 활용한 식사 섭취상태 평가

영양소 섭취기준	식사 섭취상태 평가
평균필요량	평소섭취량이 부적절할 확률을 조사하는 데 사용
권장섭취량	평소섭취량이 권장섭취량을 넘거나 비슷할 경우 부적절할 확률은 낮음
충분섭취량	평소섭취량이 충분섭취량을 넘거나 비슷할 경우 부적절할 확률은 낮음
상한섭취량	평소섭취량이 상한섭취량보다 높으면 과잉섭취로 인한 건강 위해 가능성이 높음
에너지적정비율, 만성질환위험감소섭취량	평소섭취량과 만성질환위험의 감소를 위한 식사상태 평가 및 계획에 사용

2) 식사계획

식사계획은 적절한 영양을 제공하여 영양이 부족하거나 지나치지 않도록 하는 것이다. 환자의 식사계획은 한국인 영양소 섭취기준을 토대로 작성하되 질환의 특성에 따라 특정 영양소 섭취량이 조정되도록 계획한다. 식사계획을 할 때는 구체적인 목표에 맞는 한국인 영양소 섭취기준을 활용함에 있어 다음 사항에 대한 조정이 필요하다.

(1) 환자의 질환 특성에 적합하도록 조정
- 에너지 : 질환에 따른 조정
- 영양소 조정 : 탄수화물, 단백질, 지질, 비타민과 무기질 등
- 기타 : 수분, 식이섬유 등의 조정

(2) 환자상태에 따른 식사 조정
- 식사공급형태 조정 : 경구영양, 경관영양, 정맥영양 등 가능한 방법 선택
- 식사형태 조정 : 유동식, 연식, 일반식 등
- 영양보충제 필요 여부 결정
- 식품의 선택, 분량, 조리법 등의 조정

(3) 환자의 기호도 및 수용도에 따른 조정
- 개별화하여 가능한 한 수용

환자에게 지나치게 영양적인 면만을 강조하다 보면 식사에 적응하는 데 어려움을 겪게 되어 식사섭취가 감소하게 되는 결과를 초래할 수 있으므로, 영양교육과 상담을 통해 식사에 대한 이해도를 높이고 환자 스스로가 식사에 적응하려는 노력을 할 수 있도록 관리해야 한다.

3) 식품교환표와 식단 작성

(1) 식품교환표

식품교환표food exchange list란 영양소 조성이 비슷한 식품끼리 묶어 곡류군, 어육류군, 채소군, 지방군, 우유군, 과일군의 6가지의 식품군으로 분류하여 같은 식품군 내에서는 자유롭게 교환선택할 수 있도록 한 것이다. 식품교환표에서 1교환단위는 1회 섭취량을 기준으로 탄수화물, 단백질, 지방의 함량이 비슷하도록 중량을 정한 것으로 같은 식품군 내에서는 같은 교환단위끼리 상호교환이 가능하다.

POINT

식품교환표를 이용한 식단 작성의 장점

- 식품분석표를 사용하지 않더라도 에너지 및 3대 영양소의 산출이 쉽다.
- 대체 식품을 효과적으로 이용할 수 있다.
- 총에너지를 조절하여 알맞은 에너지 섭취를 할 수 있다.
- 3대 영양소의 균형 있는 분배가 용이하다.

(2) 식품교환단위당 영양성분

식품교환단위당 영양성분의 구성은 **표 1-11**과 같다.

표 1-11. 각 식품군의 1교환단위당 영양소의 기준

식품군		탄수화물(g)	단백질(g)	지방(g)	에너지(kcal)
곡류군		23	2	–	100
어육류군	저지방	–	8	2	50
	중지방	–	8	5	75
	고지방	–	8	8	100
채소군		3	2	–	20
지방군		–	–	5	45
우유군	일반우유	10	6	7	125
	저지방우유	10	6	2	80
과일군		12	–	–	50

① 곡류군

곡류군은 탄수화물이 주로 함유되어 있는 식품군으로서 쌀, 보리와 같은 곡식류, 밀가루, 전분, 감자류와 이들로 만든 식품이 속한다. 1교환단위당 영양가는 탄수화물이 23g, 단백질 2g, 에너지 100kcal이다. 곡류군에 속하는 밥의 경우 1교환단위는 70g으로 1/3공기에 해당한다 **표 1-12**.

표 1-12. 곡류군 식품의 종류 및 1교환단위량

(1교환단위당 영양소량 : 100kcal, 탄수화물 : 23g, 단백질 : 2g)

	식품명	무게(g)	목측량
밥류	쌀밥, 보리밥, 현미밥	70	1/3공기(소)
죽류	쌀죽	140	2/3공기(소)
알곡류 및 가루제품	기장, 백미(1/5쌀컵), 보리(쌀보리), 율무, 차수수, 차조, 찹쌀. 팥(붉은 것), 현미, 녹말가루(5큰술). 미숫가루(1/3컵 소), 밀가루(5큰술)	30	3큰술
	녹두, 완두콩	70	완두콩(1/2컵, 소)
국수류	건조한 국수류 : 냉면, 당면, 국수, 메밀국수, 스파게티, 쌀국수, 쫄면, 칼국수류	30	삶은 것 1/2공기(소)
	메밀국수(생)	40	
	우동(생)	70	
	삶은 국수류 : 국수, 스파게티, 쌀국수	90	
감자 및 전분류	고구마, 찰옥수수(생)	70	고구마(중 1/2개), 찰옥수수(생 1/2개)
	감자, 돼지감자. 토란(1컵)	140	감자(중 1개)
떡류	가래떡, 백설기, 송편(깨), 인절미, 절편, 증편, 시루떡(3쪽, 1쪽 : 3×2.5×1.5cm)	50	가래떡(썬 것, 11~12개), 인절미 3개, 절편(1개, 5.5×5×1.5cm)
빵류	식빵	35	1쪽(11×10×1.5cm)
	모닝빵, 머핀		중 1개(머핀, 중 1/2개)
	바게트빵		중 2쪽
묵류	도토리묵, 녹두묵, 메밀묵	200	1/2모(6×7×4.5cm)
기타	크래커	20	5개
	강냉이(옥수수), 누룽지(건), 콘플레이크, 오트밀(1/3컵)	30	강냉이(1.5공기, 소), 누룽지(지름 11.5cm), 콘플레이크(3/4컵, 소)
	밤, 은행	60	밤(대 3개), 은행(1/3컵, 소)
	마	100	

② 어육류군

어육류군은 단백질이 주로 함유되어 있는 식품군으로서 어류, 육류, 난류 및 콩류 식품이 속한다. 지방함량에 따라 저지방, 중지방 및 고지방으로 구분한다. 대부분 고기류 및 가공품의 1교환단위 중량은 40g, 생선류 및 가공품은 50g 정도이다 **표 1-13 표 1-14 표 1-15**.

표 1-13. 저지방 어육류군 식품의 종류 및 1교환단위량

(1교환단위당 영양소량 : 50kcal, 단백질 : 8g, 지방 : 2g)

	식품명	무게(g)	목측량
고기류	육포	15	1장(9×6cm)
	닭고기, 오리고기, 칠면조고기(껍질, 기름 제거한 살코기), 닭부산물(모래주머니), 쇠고기(사태, 홍두깨 등), 소간*, 돼지고기(기름기 전혀 없는 살코기)	40	닭고기(소 1토막, 탁구공 크기), 쇠고기(12×10×0.3cm), 돼지고기(12×10×0.3cm)
생선류	가자미, 광어, 대구, 동태, 미꾸라지(생), 병어, 복어, 아귀, 연어, 옥돔(반건), 적어, 조기, 참도미, 참치, 코다리, 한치, 홍어	50	소 1토막
건어물 및 가공품	굴비	15	1/2토막
	건오징어채*, 멸치, 뱅어포, 북어, 쥐치포	15	잔멸치(1/4컵 소), 뱅어포(1장), 북어(1/2토막), 쥐치포(1/2개, 1.2×7cm)
	게맛살, 어묵(찐 것)	50	어묵(찐 것, 1/3개, 5.5cm)
젓갈류	명란젓*, 어리굴젓, 창란젓*	40	
기타 해산물	날치알, 대하(생), 물오징어*, 깐새우*, 새우(중하)*	50	물오징어(몸통 1/3등분), 깐 새우(1/4컵), 새우(중하, 3마리)
	개불, 굴, 꼬막조개, 꽃게, 멍게, 문어*, 전복*, 조갯살, 홍합	70	굴(1/3컵 소), 꽃게(소 1마리), 전복(소 2개), 멍게, 문어, 조갯살, 홍합(1/3컵, 소)
	낙지, 미더덕	100	낙지(1/2컵 소), 미더덕(3/4컵 소)
	해삼	200	1⅓컵 소

* 콜레스테롤이 많은 식품

표 1-14. 중지방 어륙류군 식품의 종류 및 1교환단위량

(1교환단위당 영양소량 : 75kcal, 단백질 : 8g, 지방 : 5g)

	식품명	무게(g)	목측량
고기류	돼지고기(안심), 샐러드햄, 소곱창*, 쇠고기(등심, 안심, 양지), 햄(로스)	40	쇠고기(등심, 안심, 로스용 1장, 12×10×0.3cm), 햄(로스, 2장, 8×6×0.8cm)
생선류	갈치, 고등어, 과메기(꽁치), 도루묵, 메로, 민어, 삼치, 임연수어, 장어*, 전갱이, 준치, 청어, 훈제연어	50	소 1토막
가공류	어묵(튀긴 것)	50	1장(15.5×10cm)
알류	달걀*	55	중 1개
	메추라기알*	40	5개
콩류 및 가공품	검정콩, 대두(노란콩)	20	검정콩(2큰술)
	낫토	40	작은 포장 1개 단위
	두부	80	1/5모(420g 포장두부)
	연두부, 콩비지	150	연두부(1/2개), 콩비지(1/2봉, 2/3공기, 소)
	순두부	200	1/2봉지(지름 5×10cm)

* 콜레스테롤이 많은 식품

표 1-15. 고지방 어륙류군 식품의 종류 및 1교환단위량

(1교환단위당 영양소량 : 100kcal, 단백질 : 8g, 지방 : 8g)

	식품명	무게(g)	목측량
고기류 및 가공품	개고기, 닭고기(껍질 포함)♦, 돼지갈비, 돼지머리(편육)♦, 돼지족♦, 런천미트♦, 베이컨♦, 비엔나소시지♦, 삼겹살♦, 소꼬리♦, 프랑크소시지♦	40	닭다리 1개, 런천미트(5.5×1.8cm), 베이컨(1¼장), 비엔나소시지(5개), 소갈비(소 1토막), 프랑크소시지 1⅓개
생선류 및 가공품	유부, 치즈	30	유부(5장, 초밥용), 치즈(1.5장)
	고등어(꽁치, 참치)통조림, 뱀장어♦**	50	고등어(꽁치, 참치)통조림(1/3컵, 소), 뱀장어(소 1토막)

♦ 포화지방산이 많은 식품
* 콜레스테롤이 많은 식품

③ 채소군

채소군은 비타민과 무기질을 함유하는 식품군으로서 에너지가 적은 것이 특징이다. 채소류, 해조류, 버섯류, 김치류 및 채소주스류가 속하고, 대부분의 1교환단위량은 70g 정도이며 데쳤을 때 약 1/3컵에 해당한다 **표 1-16**.

표 1-16. 채소군 식품의 종류 및 1교환단위량

(1교환단위당 영양소량 : 20kcal, 탄수화물 : 3g, 단백질 : 2g)

	식품명	무게(g)	목측량
	늙은호박(호박고지), 마늘, 무말랭이, 취나물(건)	7	무말랭이(불려서 1/3컵)
	깻잎, 단호박*, 대파, 더덕, 도라지*, 마늘종, 쑥*, 연근*, 우엉*	40	깻잎 20장, 단호박(1/10개, 지름 10cm), 마늘종 3개(6.5~7cm)
채소류	곰취, 가지, 고구마줄기, 고비, 고사리(삶은 것), 고춧잎*, 근대, 냉이, 늙은호박(생), 단무지, 달래, 당근*, 돌나물, 두릅, (돌)미나리, 머위, 무, 무청(삶은 것), 배추, 부추, (붉은)양배추, 브로콜리, (양)상추, 샐러리, 숙주, 시금치, 쑥갓, 아욱, 애호박, 양파, 열무, 오이, 원추리, 자운영(싹), 죽순(생·통조림), 참나물, 청경채, 치커리, 케일, 콜리플라워(꽃양배추), 콩나물, 파프리카(녹색, 적색, 주황색), 풋고추, 풋마늘*, 피망	70	대부분(익혀서 1/3컵), 가지(지름 3cm, 길이 10cm), 늙은호박(생, 4×4×6cm), 당근(4×5cm 또는 대 1/3개), 무(지름 8cm, 길이 1.5cm), 배추(중 3잎), 양배추(1/5개, 9×4×6cm), 상추(소 12장), 샐러리(길이 6cm, 6개), 아욱(잎넓이 20cm, 5장), 애호박(지름 6.5cm×두께 2.5cm), 오이(중 1/3개), 케일(잎넓이 30cm, 1½개), 콩나물(익혀서 2/5컵), 파프리카(대 1개), 풋고추(중 7~8개), 피망(중 2개)
해조류	김	2	1장
	매생이*	20	
	곤약, 미역(생 : 70, 건 : 6), 우뭇가사리(우무), 톳(생), 파래(생)	70	
버섯류	표고버섯(건)	7	
	느타리(생), 만가닥(건), 송이(생), 양송이(생), 팽이(생), 표고(생)	50	느타리(생 7개, 8cm), 송이(생, 소 2개), 양송이(생 3개, 지름 4.5cm), 표고(생, 대 3개)
김치류	갓김치, 깍두기, 배추김치, 총각김치	50	깍두기 10개(1.5cm 크기), 배추김치(6~7개, 4.5cm), 총각김치(2개)
	나박김치, 동치미	70	
채소주스	당근주스	50	1/4컵(소)

＊ 탄수화물을 6g 이상 함유하고 있으므로 섭취 시 주의해야 할 채소

④ 지방군

지방군은 지질이 주로 함유되어 있는 식품군으로서, 식물성 기름, 고체성 기름, 견과류 및 씨앗, 드레싱이 속한다. 지방군의 1교환단위량은 5g의 지방과 식물성 기름 1작은술 5g이다 **표 1-17**.

표 1-17. 지방군 식품의 종류 및 1교환단위량

(1교환단위당 영양소량 : 45kcal, 지방 : 5g)

식품명		무게(g)	목측량
견과류	검정깨(건), 참깨(건), 땅콩[◎], 아몬드[◎], 잣, 캐슈넛(조미)[◎], 피스타치오[◎], 해바라기씨, 호두, 호박씨(건), 호박씨(조미), 흰깨(건), 흰깨(볶은 것)	8	깨(1큰술), 땅콩(8개, 1큰술), 아몬드(7개), 잣(50알, 1큰술), 피스타치오(10개), 해바라기씨(1큰술), 호두(중 1.5개)
고체기름	마가린, 버터[◆], 쇼트닝[◆]	5	1작은술
	땅콩버터	8	
드레싱	라이트 마요네즈, 마요네즈	5	1작은술
	사우전드 드레싱, 이탈리안 드레싱, 프렌치 드레싱	10	2작은술
식용유	들기름, 미강유, 옥수수기름, 올리브유[◎], 홍화씨기름[◎], 참기름, 카놀라유[◎], 콩기름, 포도씨유, 해바라기유	5	1작은술

[◎] 단일 불포화 지방산이 많은 식품
[◆] 포화지방산이 많은 식품

⑤ 우유군

우유군은 단백질과 무기질, 특히 칼슘이 함유되어 있는 식품군으로서, 두유와 분유를 포함한다. 지방함량에 따라 일반우유군과 저지방우유군으로 나눈다 **표 1-18**.

표 1-18. 우유군 식품의 종류 및 1교환단위량

(일반우유 1교환단위당 영양소량 : 125kcal, 탄수화물 : 10g, 단백질 : 6g, 지방 : 7g)

(저지방우유 1교환단위당 영양소량 : 80kcal, 탄수화물 : 10g, 단백질 : 6g, 지방 : 2g)

식품명		무게(g)	목측량
일반우유	전지분유, 조제분유	25	5큰술
	두유(무가당), 락토우유, 일반우유	200	1컵(1팩)
저지방우유	저지방 우유(2%)	200	1컵(1팩)

⑥ 과일군

과일군은 주로 탄수화물을 함유하고, 비타민 및 무기질이 함유되어 있는 식품군으로서, 각종 과일, 건조과일, 과일주스 및 과일통조림을 포함한다 **표 1-19**.

표 1-19. 과일군 식품의 종류 및 1교환단위량

(1교환단위당 영양소량 : 50kcal, 탄수화물 : 12g)

식품명		무게(g)	목측량
감	곶감	15	소 1/2개
	단감	50	중 1/3개
	연시, 홍시	80	소 1개, 대 1/2개
감귤류	금귤	60	7개
	귤(통조림)	70	
	오렌지, 유자, 한라봉	100	오렌지(대 1/2개)
	귤	120	중 1개
	자몽	150	중 1/2개
대추	대추(건)	15	5개
	대추(생)	50	7개
무화과	무화과(건)	15	
	무화과(생)	80	
바나나	바나나(건)	10	
	바나나(생)	50	중 1/2개

(계속)

식품명		무게(g)	목측량
복숭아	백도(통조림), 황도(통조림)	60	반절 1쪽
	백도, 청도, 황도	150	백도(소 1개), 천도(소 2개), 황도(중 1/2개)
블루베리	블루베리(통조림)	50	
	블루베리(생)	80	
올리브	올리브(건)	15	
	올리브(생)	60	
토마토	방울토마토	300	
	토마토	350	소 2개
파인애플	파인애플(통조림)	70	
	파인애플(생)	200	
포도	포도(건)	15	
	청포도, 포도, 거봉	80	포도(소 19알), 거봉(11개)
주스	배주스, 포도주스	80	
	사과주스, 오렌지주스(무가당), 토마토주스, 파인애플주스	100	1/2컵(소)
기타	두리안	40	
	프루츠칵테일(통조림)	60	
	망고, 리치	70	
	사과(후지), 석류, 체리, 키위	80	사과(후지, 중 1/3개)
	배	110	대 1/4개
	멜론(머스크)	120	중 1/4개
	(산)딸기, 매실, 살구, 수박, 앵두, 자두, 참외	150	(산)딸기(중 7개), 수박(중 1쪽), 키위(중 1개), 자두(특대 1개), 참외(중 1/2개)
	파파야	200	

(3) 식단 작성 순서

식사에 다양한 식품이 고루 포함되도록 식단에 세심한 배려와 계획이 필요하다. 이에 각 식품군의 식품교환단위와 식품교환량을 확인한 다음에 대상자에 맞는 식단 구성을 한다. 식품교환표를 이용한 식단 작성법은 다음과 같이 5단계로 구성된다.

1. 대상자의 1일 에너지와 탄수화물, 단백질, 지방의 필요량 결정
2. 각 식품군별 1일 교환단위수 결정
3. 1일 교환단위수를 세끼와 간식으로 배분
4. 식품교환표를 이용하여 식품 선택
5. 식품의 종류와 허용되는 기름의 양에 맞게 조리법 결정

① 제1단계 : 대상자의 1일 에너지, 탄수화물, 단백질, 지방의 필요량 결정

1일 필요 에너지는 연령, 성별, 활동량, 질병의 종류와 정도 등을 고려하여 결정된다.

일반 치료식의 경우 한국인 영양소 섭취기준의 에너지 영양소의 구성비를 적용하여 탄수화물 55~65%, 단백질 7~20%, 지방 15~30%로 구성한다.

예)

1일 필요 에너지 : 1,800kcal / 탄수화물 : 단백질 : 지방 = 60% : 20% : 20%
- 탄수화물 : 1,800kcal × 0.6 = 1,800kcal ÷ 4kcal/g = 270g
- 단 백 질 : 1,800kcal × 0.2 = 360kcal ÷ 4kcal/g = 90g
- 지   방 : 1,800kcal × 0.2 = 360kcal ÷ 9kcal/g = 40g

② 제2단계 : 각 식품군별 교환단위수 결정

1. 대상자의 기호에 따라 우유군, 채소군, 과일군의 교환단위수를 결정하고, 탄수화물 함량을 계산한다.

2. 곡류군의 교환단위수를 결정한다. 우유군, 채소군, 과일군에서 섭취할 수 있는 탄수화물양을 계산(68g)하여, 1단계에서 배정된 탄수화물 함량(270g)에서 제한 뒤 곡류군에서 섭취해야 할 탄수화물 함량을 산출하고, 곡류군의 1교환단위당 탄수화물 함량 23g으로 나누어 곡류군의 교환단위수를 결정한다.

3. 어육류군의 교환단위수를 결정한다. 위에서 정해진 우유군, 채소군, 곡류군에서 섭취할 수 있는 단백질량을 계산(46g)하여, 1단계에서 배정된 단백질 함량(90g)에서 제한 뒤 어육류군에서 섭취해야 할 단백질량을 산출하고, 어육류군의 1교환단위당 단백질 함량 8g으로 나누어 어육류군의 교환단위수를 결정한다.

4. 지방군의 교환단위수를 결정한다. 위의 과정에서 결정된 우유군과 어육류군에서 섭취할 수 있는 지방량을 계산(25g)하여, 1단계에서 배정된 지방 함량(40g)에서 제한 뒤 지방군에서 섭취해야 할 지방량을 산출하고 지방군의 1교환단위당 지방 함량 5g으로 나누어 지방군의 교환단위수를 결정한다.

사례 1

각 식품군별 교환단위수 결정

순서	식품군		교환단위수	탄수화물(g)	단백질(g)	지방(g)	에너지(kcal)
1	우유군	일반우유	1	10	6	7	125
		저지방우유	1	10	6	2	80
	채소군		8	24	16		160
	과일군		2	24			100

탄수화물 : 270 − 65 = 202
곡류군 단위수 결정 : 202 ÷ 23 ≒ 9 (값 8.78을 곡류군 단위수 9로 결정)

순서	식품군	교환단위수	탄수화물(g)	단백질(g)	지방(g)	에너지(kcal)
2	곡류군	9	207	18		900

단백질 : 90 − 46 = 44
어육류군 단위수 결정 : 44 ÷ 8 ≒ 5 (값 5.5를 어육류군 단위수 5로 결정)
5단위 → 저지방 3단위, 중지방 2단위

순서	식품군		교환단위수	탄수화물(g)	단백질(g)	지방(g)	에너지(kcal)
3	어육류군	저지방	3		24	6	150
		중지방	2		16	10	150

지방 : 40 − 25 = 15
지방군 단위수 결정 : 15 ÷ 5 = 3

순서	식품군	교환단위수	탄수화물(g)	단백질(g)	지방(g)	에너지(kcal)
4	지방군	3			15	135
	합계		275	86	40	≒ 1,800

③ 3단계 : 1일 교환단위수를 세끼와 간식으로 배분

사례 2

1,800kcal의 1일 교환단위수를 세끼와 간식으로 배분

식품교환군 / 끼니	곡류군	어육류군		채소군	지방군	우유군		과일군
		저지방	중지방			일반우유	저지방우유	
아침	2	1		2.5	1	1		
점심	3	1	1	3	1			
간식	1				1		1	1
저녁	3	1	1	2.5				1
총교환단위수	9	3	2	8	3	1	1	2

④ 4단계 : 식품교환표를 이용하여 식품 선택

사례 3

식품군	1일	아침		점심		간식		저녁	
	단위수	단위수	선택식품	단위수	선택식품	단위수	선택식품	단위수	선택식품
곡류군	9	2	보리밥 140g	3	현미밥 210g	1	식빵 35g	3	보리밥 210g
어육류군	(5)								
저지방	3	1	조기 50g	1	쇠고기(사태) 40g			1	닭(살코기) 40g
중지방	2			1	두부 80g			1	갈치 50g
채소군	8	2.5	무 35g 느타리버섯 50g 배추김치 50g	3	숙주 35g 대파 20g 고사리 35g 호박 70g 깍두기 25g			2.5	시금치 35g 오이 70g 당근+양파 35g 나박김치 35g
지방군	3	1	식용유 5g	1	식용유 5g	1	버터 5g		

(계속)

식품군	1일 단위수	아침 단위수	아침 선택식품	점심 단위수	점심 선택식품	간식 단위수	간식 선택식품	저녁 단위수	저녁 선택식품
우유군	(5)								
일반우유	3	1	일반우유 1컵						
저지방우유	2					1	저지방 우유 1컵		
과일군	2					1	토마토 350g	1	자두 150g

완성 식단	보리밥	현미밥	토스트	보리밥
	무국	육개장	저지방우유	시금칫국
	조기구이	두부조림	토마토	닭조림
	느타리버섯볶음	호박전		갈치구이
	배추김치	깍두기		오이생채
				나박김치, 자두

1일 합계	에너지 1,800kcal 당 질 275g 단백질 86g 지 방 40g

⑤ 5단계 : 식품의 종류와 허용되는 기름의 양에 맞게 조리법 결정

식품의 종류와 허용되는 기름의 양에 맞게 조리법을 결정하여 식단을 완성한다.

병원식과
영양지원

병원식과
영양지원

병원식은 병원에서 환자에게 제공하는 식사로 일반식, 치료식, 검사식으로 나눌 수 있다. 일반식은 건강인의 식사와 같이 해당 환자의 연령, 성별, 체중 등에 따라 에너지 및 영양소 필요량을 충족하여 적절한 영양상태를 유지할 수 있도록 한국인 영양소 섭취기준, 식사구성안 및 식품교환표를 기초로 식단을 작성하고, 환자의 상태에 따라 상식, 연식, 유동식으로 제공하는 식사이다. 치료식은 질병의 예방과 치료를 위하여 환자의 질병상태와 영양소 대사 능력 등을 고려하여 에너지와 특정 영양소의 양과 점도 등을 조절한 식사이다. 검사식은 임상검사의 정밀도를 높이기 위하여 검사 전에 처방되며, 한 끼 혹은 며칠간만 제공된다.

영양지원이란 질병이나 수술 등의 원인으로 인해 구강으로 식품섭취가 곤란하거나 금지된 경우 또는 에너지 섭취량이 요구량에 비하여 낮은 경우 위장관이나 정맥으로 영양소를 공급하는 것을 말한다. 경장영양에는 경구보충영양과 경관급식영양이 있으며 경관영양은 위장기관이 정상이지만 구강으로 섭취하기 곤란한 경우 위장관에 튜브를 삽입하여 영양지원을 실시하는 것이고, 정맥영양은 소화·흡수 기능이 손상된 환자들에게 순환계를 통하여 영양지원을 실시하는 것으로 중심정맥영양과 말초정맥영양이 있다.

:: 용어 설명 ::

검사식(test diet) 질병의 진단과 임상검사의 목적으로 환자에게 주는 특수식. 보통 검사 3일 전에 제공함

연하곤란(dysphagia) 음식을 먹거나 물을 마실 때에 음식이 식도로 넘어가는 과정에서 지체되거나, 중간에 걸리는 것을 뜻함. 보통 식도를 통하여 위 분문부까지의 기계적 협착이나 운동성 장애가 있을 때에 일어남

지방변(steatorrhea) 지방의 소화·흡수장애에 의해 분변 중의 지질이 증가하는 병적상태. 지방성 설사를 수반하는 것으로 흡수장애증후군 중 특히 췌장·간·담도질환에 의한 소화·흡수장애에 의해서 생김

치료식(therapeutic diet) 질병의 예방과 치료를 위하여 환자의 질병상태와 영양소 대사능력 등을 고려하여 에너지와 특정 영양소의 양을 조절한 식사

회복식(light diet) 병의 회복에 따라 연식에서 상식으로 이행할 때 제공되는 식사로 저식이섬유, 저자극 식사로 소화하기 쉽고 위장에 부담을 주지 않는 식사

경장영양(enteral nutrition) 위장관의 소화·흡수능력은 정상인 환자에게 위장관을 경유하여 영양 혼합물을 공급하여 최적의 영양상태를 유지하도록 해주는 영양지원 방법으로 경구보충영양과 경관급식이 있음

경관급식(tube feeding) 위장관의 소화·흡수능력은 정상이나 구강으로 음식을 섭취하기 불가능하거나 불충분한 경우 관을 통하여 위장관에 영양을 공급해주는 영양지원 방법

정맥영양(intravenous alimentation) 위장관의 기능이 손상되어 영양공급이 어려운 환자에게 일시적으로 또는 영구적으로 말초정맥 또는 중심정맥을 통해 이루어지는 영양지원 방법

패혈증(septic(a)emia) 환자의 혈액이 감염되어 세균과 그 독성이 강한 염증반응을 일으키는 것으로 정맥영양의 가장 위험한 합병증

1. 병원식

1) 일반식

(1) 상식

상식regular diet은 보통식common diet, 정상식normal diet, 표준식standard diet 또는 일반 치료식 general therapeutic diet 등 여러 가지로 불리며, 일명 밥식이라고도 한다. 특별한 영양소 조절, 식품선택이 필요하지 않으며 환자 개인의 연령, 성별, 체중, 안정도에 따라 식사 구성이 결정된다. 한국인 영양소 섭취기준을 기본으로 제공하며, 특별한 영양소나 농도의 조절이 필요하지 않은 환자에게 적용한다.

식품의 종류, 농도, 양 등 특별한 제한 식품 없이 대부분의 식품을 사용할 수 있으며 기호도, 잔식량, 소화 능력, 활동량을 고려하고 환자와의 영양상담을 통해 다양한 식단을 구성하고 적온급식이 제공될 수 있도록 한다.

그림 2-1. 병원식과 영양지원 도식화

(2) 연식

연식soft diet은 상식 적응이 불가능하여 죽 정도의 부드러운 식사를 주식으로 섭취해야 하는 환자에게 제공한다. 수술 후 회복기 환자에게 유동식에서 상식으로 옮겨가는 점진적 단계의 식사로 제공되며 소화기 질환자, 구강 및 식도장애 환자, 고열 환자, 식욕부진 환자 등에게 제공된다.

환자의 상태에 따라 죽의 농도를 묽은 죽, 된죽으로 조절하고, 너무 뜨겁거나 차갑지 않게 제공하며, 튀기거나 굽는 조리법보다 삶거나 찌는 조리법을 사용한다. 식이섬유가 적은 곡류, 채소 및 과일과 결체조직이 적은 육류나 생선 등을 제공하며 연식의 허용식품과 제한 식품은 **표 2-1**과 같다.

표 2-1. 연식의 허용식품과 제한식품

종류	허용식품	제한식품
음료	알코올 음료 외의 모든 음료	알코올 음료
어육류	쇠고기, 생선, 가금류, 달걀, 부드러운 치즈	질기거나 기름기가 많은 육류, 달걀프라이
유지류	허용되지 않는 것 이외의 모든 것	견과류, 올리브유, 허용되지 않은 조미료를 사용한 샐러드
유유 및 유제품	허용되지 않는 것 이외의 모든 것	견과류나 씨가 함유된 유제품
빵이나 밥 종류	정제된 곡류를 사용한 빵, 죽, 감자	통밀, 조로 만든 거친 빵이나 곡류, 비스킷, 튀긴 감자, 옥수수
채소류	냄새가 강하지 않은 채소류를 익혀서 거른 것이나 주스 형태	질긴 생채소, 향이 강한 채소 또는 가스 생성 채소
과일류	익힌 것이나 통조림한 과일류, 거친 껍질이나 씨가 없는 것, 바나나, 줄기 없는 감귤류, 주스류	생과일, 말린 과일, 씨가 많거나 덜 익은 과일, 식이섬유가 질긴 과일
수프	허용 식품으로 만든 맑은 국이나 크림수프	허용된 이외의 것
후식	제한 식품 이외의 것	코코넛, 견과류, 허용되지 않은 과일로 만든 것
당류	제한 식품 이외의 것	잼, 마멀레이드, 캔디, 코코넛
기타	식초, 화이트소스, 그레이비소스	씨앗으로 만든 향신료, 마늘, 강한 향신료, 김치, 고춧가루

(3) 유동식-맑은 유동식, 일반 유동식, 농축 유동식, 냉 유동식

① 맑은 유동식

맑은 유동식clear liquid diet은 위장관에서 쉽게 흡수되는 맑은 액체상태의 음식물로 제공하며, 수분공급을 주목적으로 한다. 장 검사, 수술, 급성 위장장애, 쇠약한 환자, 정맥영양 후 경구급식을 처음 시작하는 환자에게 제공한다. 잔사를 적게 남기며 위장관을 자극하지 않는 음식을 체온과 동일한 온도로 상온에서 맑은 액체 음료의 형태로 제공한다. 가스가 발생하는 식품을 제한하고 주로 탄수화물과 물로 구성된 식사를 제공한다.

맑은 유동식의 허용식품과 제한식품은 **표 2-2**에 나타내었고, 맑은 유동식의 식단 예시는 **표 2-3**과 같다.

표 2-2. 맑은 유동식의 허용식품과 제한식품

종류	허용식품	제한식품
음료	끓여서 식힌 물 또는 얼음, 보리차, 옥수수차, 연한 홍차, 녹차	지방질이 함유된 모든 식품류, 자극성 식품(김치 국물, 파, 마늘, 기타 강한 맛과 냄새로 위나 장의 점막을 자극하는 조미료를 넣은 국물류)
수프	묽은 미음, 육즙, 맑은 장국	
과일류	과즙, 사과주스	
후식	과즙으로 만든 얼음류	
당류	설탕, 아무것도 넣지 않은 알사탕	
기타	소금 약간, 젤라틴으로 만든 묵	

표 2-3. 맑은 유동식의 1일 식단의 예

아침	점심	저녁
대추차+꿀(혹은 설탕 250mL)	인삼차+꿀(혹은 설탕 250mL)	대추차+꿀(혹은 설탕 250mL)
물김치 국물 100mL	물김치 국물 100mL	물김치 국물 100mL
과일주스 200mL	과일주스 200mL	과일주스 200mL

출처 : 대한영양사협회, 임상영양관리지침서

② 일반유동식

일반유동식full liquid diet은 수분 공급을 주목적으로 하는 식사로, 위장관 자극이 적고 쉽게 소화·흡수되도록 액체 또는 반액체상태의 식품을 공급하는 식사이다. 미음을 주식으로 하는 것으로, 맑은 유동식에서 연식으로 이행되는 중간식이다. 수술 직후의 환자,

정맥영양에서 연식으로 이행하기 전 단계의 회복기 환자, 소화관 협착 환자, 위장장애 환자, 얼굴이나 목의 외과적 수술 환자, 고열의 급성 감염질환 환자에게 제공된다.

수분, 칼슘, 비타민 C 외에는 모든 영양소가 영양소 섭취기준에 미달하므로 단기간만 제공하도록 한다. 일반유동식을 3일 이상 제공할 경우 고에너지·고단백 유동식을 제공하거나 영양보충음료로 경구영양지원을 해야 한다.

위 내의 정체시간이 짧은 탄수화물 식품을 위주로 하고 소화하기 쉬운 단백질 식품을 제공하며, 위에 부담을 주는 지질 식품은 가급적 피한다. 일반유동식의 허용식품과 제한식품은 **표 2-4**에 나타내었고, **표 2-5**는 일반유동식의 식단 예시이다.

표 2-4. 일반유동식의 허용식품과 제한식품

종류	허용식품	제한식품
미음	미음	알코올, 고춧가루, 고추, 마늘, 생강과 같은 자극성이 강한 향신료와 조미료, 고지방식, 고식이섬유식
수프	육즙, 크림수프	
육류	고기 국물, 균질육	
어류	어류로 만든 국물	
달걀	달걀가루, 커스터드	
두류	두류 및 두유 음료	
채소류	채소즙, 으깬 채소, 채소 삶은 국물	
과일류	과즙	
우유류	우유 및 유제품	
음료	코코아, 차, 곡분 음료 등	
기타	설탕, 캔디, 젤라틴	

표 2-5. 일반유동식의 1일 식단의 예

아침	점심	저녁
미음 300mL	미음 300mL	미음 300mL
우유 200mL	크림수프 250mL	달걀찜(달걀 55g)
과일주스 200mL	고형 요구르트 100mL	두유 200mL
칼로리 보충음료(꿀물 200mL)	과일주스 200mL	과일주스 200mL

출처 : 대한영양사협회, 임상영양관리지침서

③ 농축 유동식

농축 유동식pureed diet은 장기간 유동식을 섭취해야 하는 환자에게 1kcal/mL 이상의 농도로 제공하는 것으로 치아가 없는 환자, 구강이나 식도에 염증이나 궤양으로 음식물의 기계적 자극이 통증을 유발하는 경우, 수분 섭취를 줄여야 하는 경우, 식도나 구강의 수술, 방사선 치료 후, 뇌혈관 사고로 삼키는 데 어려움이 있는 경우 등에 제공한다. 음식을 체에 거르거나 갈아서 실온의 부드러운 상태로 제공하며 삼키기 쉽게 하기 위하여 우유, 국 국물, 물 등을 첨가할 수 있다. 입천장에 달라붙는 음식이나 자극성 음식은 제한하며 지질, 설탕, 꿀 등을 첨가하여 에너지를 보충한다. 농축 유동식의 1일 식단의 예시는 **표 2-6**과 같다.

표 2-6. 농축 유동식의 1일 식단의 예

아침	점심	간식	저녁	간식
묽은 죽 300mL	타락죽 300mL	오렌지주스 190mL	장국죽 300mL	두유 200mL
오렌지주스 90mL	복숭아넥타 190mL	아이스크림 100g	요구르트 130mL	으깬 감자 70g
우유 200mL	탈지분유 1큰술		에그노그	채소주스 200mL
으깬 감자 70g	크림수프 200mL		꿀차 200mL	
인삼차 1컵				

출처 : 대한영양사협회, 임상영양관리지침서

④ 냉 유동식

냉 유동식cold liquid diet은 인후에 화학적·물리적으로 자극성이 없는 식품을 제공하고, 수술 부위의 출혈을 막기 위해서 제공하는 식사이다. 편도선 절제 또는 아데노이드 절제 수술을 받은 환자에게 적용되는데 식품선택 및 식찬 구성 내용은 일반 유동식과 동일하나 차거나 미지근한 음식을 제공한다. 신 과일주스는 개인에 따라 적응하지 못할 수도 있다. 빨대 사용은 출혈을 유발할 수 있으므로 금지한다.

표 2-7. 치료식의 종류

분류	치료식의 종류	특징
에너지 조절식	고에너지식 저에너지식	1일 500~1,000kcal 에너지 추가 1일 40~60%의 에너지 제한
탄수화물 조절식	유당 제한식 갈락토스 제한식	우유, 유제품 섭취 제한 갈락토스, 유당 제한
식이섬유 및 잔사량 조절식	고식이섬유식 저식이섬유식 저잔사식	1일 25~50g 식이섬유 제공 1일 10~15g 식이섬유 제공 식이섬유, 유제품, 결체조직이 많은 육류 등 제한
지방 조절식	저지방식 저콜레스테롤식	1일 20g 이하의 지방 제공 1일 300mg 미만의 콜레스테롤 제공
단백질 조절식	고단백식 저단백식	1일 100~200g의 단백질 제공 1일 25~40g의 단백질 제공
무기질 조절식	저나트륨식 저칼륨식 저요오드식	1일 500~2,000mg의 나트륨 제공 1일 40Eq(1,600mg) 미만으로 칼륨 제한 1일 요오드 섭취량 제한
기타 치료식	케톤식	저탄수화물 고지방식 제공

2) 치료식

치료식therapeutic diet은 환자의 질병상태에 수반되는 증상을 완화시키거나 질병을 치료하기 위한 방법으로 환자에게 제공하는 식사이다. 환자의 영양요구량과 질병상태를 고려하여 특정 영양소를 가감한 에너지, 탄수화물, 단백질, 지질, 무기질 조절식이 있고, 위장질환식, 간·담도계 질환식, 심혈관계 질환식, 콩팥질환식 등 질환에 따라 제공하는 치료식이 있다. 치료식의 종류 예시는 **표 2-7**에 제시되어 있다.

3) 검사식

검사식test diet은 특정한 질병의 진단과 임상 검사의 목적으로 환자에게 제공하는 특수식으로 시험식이라고도 한다. 보통 검사 1~3일 전에 검사 목적에 따라 처방되는 식사이다.

(1) 당내응력 검사식(내당능 검사식)

당내응력 검사식oral glucose tolerance test diet, OGTT diet은 혈당에 대한 인슐린의 반응을 검사하며 검사 전 최소 3일간 체중 유지가 가능한 범위 내에서 적절한 에너지, 단백질과 함께 탄수화물 함량이 높은 식사를 제공한다. 검사 시 환자는 공복상태에서 탄수화물을 100~150g씩 섭취하고 30분 간격으로 2시간까지 혈당을 측정하여 포도당 처리 능력을 검사한다.

(2) 5-HIAA 검사식(세로토닌 검사식)

5-HIAA(5-hydroxy indole acetic aicd) 검사식은 복강 내 악성종양이 의심되는 경우에 소변 내의 5-HIAA 함량을 측정하여 악성종양을 진단하기 위한 검사식이다. 세로토닌은 신경자극 전달과 혈관 수축을 돕고, 기분에도 영향을 미치며 간에서 대사되고 일차 대사물 5-HIAA은 소변으로 배출된다. 다량의 세로토닌과 5-HIAA는 일부 종양에 의해 지속적이거나 간헐적으로 생산된다(충수돌기, 폐 등). 환자는 검사 전 1~2일간 세로토닌이 다량 함유된 식품의 섭취를 제한한다. 5-HIAA 검사 시 제한해야 할 식품은 **표 2-8**과 같다.

표 2-8. 5-HIAA 검사 시 제한해야 할 식품

식품 종류	제한식품
과일류	바나나, 파인애플, 키위, 건포도
채소류	토마토, 가지, 아보카도
기타 식품	땅콩, 호두, 알코올음료 , 바닐라 향료 사용 음식(아이스크림, 요구르트, 과자 등)
약제	감기약, 아세트아미노펜, 페나세틴

(3) 레닌 검사식

레닌 검사식renin test die은 고혈압 환자의 레닌 활성도를 평가하기 위해 사용되며, 나트륨 섭취를 제한함으로써 레닌이 생성되도록 자극하기 위하여 계획된 식사이다. 검사 전 3일 동안 나트륨은 20mg, 칼륨은 90mg으로 제한한다.

(4) 칼슘 검사식

칼슘 검사식calcium test diet은 결석이 있는 환자에게 적용되며, 칼슘 섭취량을 증가시킴으로써 고칼슘뇨증을 진단하기 위한 검사식이다. 검사 전 3일 동안 식사 중 칼슘을 400mg으로 제한하고 글루콘산칼슘 600mg을 보충하여 하루 칼슘 섭취량을 1,000mg으로 증가시킨다.

(5) 지방변 검사식

지방변 검사식steatorrhea test diet은 위장관 내 지방의 소화불량, 흡수불량을 확인하기 위한 식사이다. 환자는 검사 2~3일 전에 1일 100g의 지방을 함유한 식사를 섭취하고 변의 지방 함량을 아래의 공식에 의해 계산한다.

$$분변지방(g)/24hr = (0.021 \times 식이지방(g)/24hr) + 2.93$$

(6) 위배출능 검사식

위배출능 검사식gastric emptying time test diet, GET test diet은 위의 운동 기능 부전과 폐색을 진단하기 위한 검사에 사용된다. 당뇨병성 위 무력증이나 위절제술 후 위의 연동운동 장애가 있는 경우 위배출 영상 검사를 실시한다. 환자는 방사선 물질이 함유된 유동식이나 고형식을 섭취한 후 2시간에 걸친 위장 내 방사능의 변화로써 위 배출 능력을 평가한다.

2. 영양지원

심한 외상, 대수술, 패혈증, 화상 등의 중환자들은 대사 항진으로 에너지 소비량과 단백질 이화작용이 급격하게 증가한다. 또한 골격근이 에너지원으로 이용되면서 단백질과 에너지 결핍증을 유발한다. 여기에 각종 장기 기능 및 면역학적 기능이 저하되고 결국에는 장기 기능이 복합적으로 저하되어 사망을 초래할 수 있다. 그러므로 치료 초기에 적절

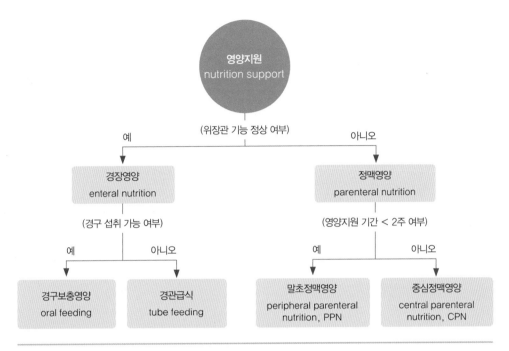

그림 2-2. 영양지원 종류

한 영양지원이 매우 필요하다.

　영양지원은 구강으로 음식섭취가 불충분하거나 불가능한 환자에게 영양공급을 지원하는 것으로 경장영양은 최소한의 위장 기능이 있는 환자에게 이용할 수 있는 영양지원 방법이고, 정맥영양은 위장 기능이 손상된 환자에게 정맥을 통해 영양공급을 지원하는 방법으로 중심정맥영양, 말초정맥영양이 있다. 영양지원의 종류는 **그림 2-2**와 같이 분류할 수 있다.

1) 경장영양

(1) 경구보충영양

　경구보충영양은 일반 식사로는 에너지 및 영양소 필요량을 충족시키기 어려울 때 식사와 함께 경구보충영양액을 제공하는 영양지원 방법이다. 환자의 식사 섭취량에 따라 경구보충영양액의 섭취량이 달라지며 경구로 섭취한다.

(2) 경관급식

경관급식tube feeding은 위장관의 소화·흡수 기능은 정상이나 구강으로 충분한 영양섭취가 어려운 환자에게 관을 통해 영양을 공급하는 영양지원의 한 방법이다. 구강 내 수술, 위장관 수술, 연하곤란, 혼수상태 등으로 경구 섭취가 불가능하거나 영양불량 상태, 영양불량의 위험이 높은 환자에게 제공한다.

영양공급을 위한 관을 위장관으로 삽입하여 영양액을 공급하며 사용 기간이 4주 미만일 때는 코를 통해 위까지 관을 삽입, 4주 이상일 때는 복부에 수술로 관을 삽입하여 영양액을 공급한다. 기도 흡인의 위험이 있을 경우에는 관의 끝 부분의 위치를 십이지장이나 공장으로 삽입한다.

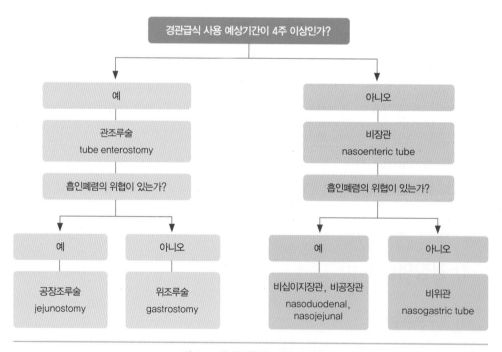

그림 2-3. 경관급식공급 경로의 결정

POINT

경관급식이 필요한 경우

- 혼수상태, 의식불명, 전신마비, 구강이나 인두의 심한 부상
- 신경계 질환으로 충분한 영양섭취를 할 수 없을 때
- 식도질환으로 음식물 섭취가 불가능한 경우
- 화상, 외상 등으로 단백질 및 에너지 필요량이 증가할 때
- 화학 치료 또는 방사선 치료를 받는 암 환자의 경우
- 수술 전후 영양 보충이 필요할 때
- 극심한 식욕부진 및 쇠약한 환자

① 경관급식 공급 경로

경관급식 공급 경로의 선택은 예상되는 급식 기간과 환자의 장 기능, 영양 필요량, 흡인 여부, 유당 가수분해효소의 결핍 여부 및 주입 방법에 따라 비장관급식과 장조루에 의한 급식으로 나뉜다. 일반적으로 4주 미만 단기간 사용하는 경우에는 관의 삽입이 비교적 쉽고 위험하지 않은 코에서 위로 관을 삽입하는 비위관 급식을 실시하고 4주 이상 장기간 사용하면서 얼굴이나 식도 쪽 장기가 손상되어 비위관 급식을 시행하지 못하는 경우에는 장조루술을 하여 위루, 공장루 급식을 실시해야 한다. 또한 영양액 공급 시 폐로 흡인될 가능성이 있는 경우에는 관의 끝이 십이지장이나 공장으로 연결되어 영양액을 공급할 수 있는 비십이지장관, 비공장관, 공장루 등을 이용해 급식을 실시한다. 위루, 공장루를 이용한 경관급식의 공급은 조루술을 시행하여 바로 위나 공장에 영양액을 공급하는 방법이다. 경관급식의 공급 경로, 적용 대상과 장단점은 **그림 2-4**, **표 2-9**와 같다.

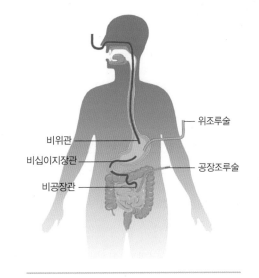

그림 2-4. 경관급식 공급 경로

표 2-9. 경관급식 공급 경로에 따른 장단점

공급 경로	적용 대상	장점	단점
비위관	• 흡인의 위험이 적은 환자 • 식도 역류가 없고 위장관 기능이 정상인 환자 • 단기간의 경관급식이 예상되는 환자	• 튜브의 삽입과 고정이 비교적 용이 • 수술 과정이 불필요 • 위를 사용하므로 저장 용량이 큼	• 흡인의 위험이 높음 • 환자에게 불편감 • 관의 지름이 작아 관이 막힐 우려
비십이지장관 또는 비공장관	• 흡인의 위험이 높은 환자 • 위무력이나 식도역류가 있는 환자 • 단기간의 경관급식이 예상되는 환자	• 흡인의 위험이 적음 • 수술 과정이 불필요 • 비공장관은 수술 후나 외상 후의 조기 영양공급이 가능	• 영양액의 주입 속도, 삼투압 농도에 따라 부적응 발생 가능성 • 관의 위치 확인을 위해 X-ray 촬영 등의 검사가 필요할 수 있음 • 환자에게 불편감 • 관의 지름이 작아 관이 막힐 우려
위조루술	• 흡인의 위험이 적은 환자 • 식도역류가 없고 위장관 기능이 정상인 환자 • 장기간 급식이 예상되는 환자 • 비강으로 관 삽입이 어려운 환자	• 환자의 불편함이 적음 • 관의 지름이 커서 관이 막힐 가능성이 적음 • 위장관 수술 시 병행 가능 • 위를 사용하므로 저장용량이 큼	• 흡인의 위험이 높음 • 수술 과정 필요 • 관 부위의 감염관리 필요 • 소화액 유출로 인한 피부의 찰상 발생위험 • 관 제거 이후 누공이 생길 수 있음
공장조루술	• 흡인의 위험이 높은 환자 • 위무력증이나 식도역류가 있는 환자 • 장기간의 경관급식이 예상되는 환자 • 상부 위장관으로의 관 삽입이 어려운 환자	• 흡인의 위험이 적음 • 환자의 불편감이 적음 • 위장관 수술 시 병행 가능 • 수술 후나 외상 후의 조기 영양공급 가능	• 수술 과정 불필요 • 관 부위의 감염관리 필요 • 소화액 유출로 인한 피부의 찰상 발생 • 관 제거 이후 누공 발생 가능

② 경관급식의 주입 방법

경장영양액의 주입 방법은 일시적으로 주입하여 환자가 급식시간 외에는 비교적 자유로운 볼루스 주입과 간헐적 주입이 있고, 일정 시간 계속적으로 주입하는 지속적 주입과 주기적 주입이 있다. 급식 시 자세는 누워있는 경우에 환자의 머리를 30~45°가량 올려주는 것이 좋다. 또한 경장영양액의 주입방법은 환자의 수용·적응도, 환자의 의식여부, 영양액의 종류, 환자의 운동성, 에너지·영양소 요구량 등을 고려하여 안정적으로 영양을 공급할 수 있는 방법을 선택해야 한다.

· 볼루스 주입

볼루스 주입bolus feeding은 주사기 또는 중력을 이용하여 4~6시간 간격으로 2~3분 내에 250~400mL씩 주입하는 방법으로 비교적 단시간 내에 주입하며 주입이 용이하다. 주로 위장관 기능이 양호한 환자에게 이용되며 설사, 복통 등 부적응증이 자주 일어나 주입 속도 및 영양액의 농도에 주의를 기울여야 한다.

· 간헐적 주입

간헐적 주입intermittent feeding은 4~6시간 간격으로 20~40분 동안 중력 또는 주입 펌프를 이용하여 100~400mL의 영양액을 주입하는 방법이다. 단시간 내에 주입하므로 빠른 주입 속도에 적응이 가능한 환자에 적용하며 설사, 복통 등이 자주 일어날 수 있다.

· 지속적 주입

지속적 주입continuous feeding은 중력을 이용하거나 주입 펌프 등을 사용하여 장시간 지속적으로 투여하는 방법으로 튜브가 십이지장이나 공장에 위치할 때 많이 적용하며 부작용이 적다. 주로 중환자, 흡인 위험이 높은 환자, 소장으로 영양을 공급해야 하는 환자, 위의 기능이 저하된 환자 등에 적용하는 방법이다.

· 주기적 주입

주기적 주입cyclic feeding은 8~16시간 또는 야간에 펌프를 사용하여 지속적 주입에 비해 다소 빠른 속도로 주입하며, 쉬는 시간 동안 활동이 자유롭다는 장점이 있다. 영양액을 농축시켜 제공하는 것이 필요할 수 있고, 위장관 부적응의 가능성이 다소 높다.

③ 경관급식의 부적응증

경관급식 시 나타날 수 있는 가장 일반적인 부적응증은 설사이며, 원인은 유당불내증, 영양액의 높은 삼투 농도, 빠른 주입 속도, 영양액의 오염 등이다. 설사 시에는 대두에 함유된 식이섬유, 펙틴 등을 사용할 수 있다. 부적응증의 원인과 대책은 **표 2-10**과 같다.

표 2-10. 경관급식의 부적응과 대책

부적응	원인	대책
설사	우유 부적응(유당불내증)	우유 및 유제품을 다른 식품으로 대체한다.
	주입 속도가 너무 빠름	천천히 주입한다(기준 : 240mL/20분).
	내용물의 온도가 차가움	실온으로 중탕하여 주입한다.
	부적절한 관의 위치	관의 끝부분 위치를 점검한다.
	세균 감염	사용기구 및 식품의 위생적 처리와 보관을 철저히 한다.
변비	내용물에 잔사가 부족함	잔사가 많이 함유된 식품(채소즙, 섬유음료)으로 대체한다.
	수분섭취의 부족 또는 탈수	수분섭취량을 늘린다(단, 섭취량이 배설량보다 500~1,000mL를 넘지 않도록 한다).
	간기능 및 장운동 저하	최대한 모든 방법을 동원하여 운동량을 늘려준다.
메스꺼움	주입량이 너무 많음	적응할 수 있는 정도에 따라 주입량을 점차 늘려준다.
	환자가 긴장한 상태에서 주입	환자의 긴장을 풀어준 후 주입한다.
과수화 현상	주입 전후 관을 씻어내기 위해 너무 많은 물을 사용함	물의 사용을 적절하게 줄인다.
흡인폐렴	혼수상태 시 내용물이 역류됨	머리 부분을 30°가량 높인 자세에서 급식한다.

POINT

재개급식 증후군

재개급식 증후군이란 장기간 기아상태였거나 영양공급이 불량한 상태에서 적극적인 영양공급을 시작할 때 나타날 수 있는 대사적 증상을 말한다. 혈액 내의 인, 마그네슘, 칼륨 등이 세포 내로 이동하며 혈중 무기질 농도가 급격히 저하되어 전해질 불균형이 나타나게 된다. 이에 따라 심부전, 부정맥, 경련, 빈혈 등 심혈관, 신경계 및 혈액에 이상이 발생하며 사망까지 이르는 경우도 있다. 재개급식 증후군을 예방하기 위해서는 환자에게 영양공급을 시작할 때 먼저 전해질 결핍을 교정한 후, 기초대사량 정도만 제공하고, 그 후 모니터링을 하며 영양공급량을 천천히 증가시킬 필요가 있다.

(3) 경장영양액의 성분

경장영양액은 환자의 질병상태, 에너지 필요량, 소화·흡수 능력 등에 따라 적절한 제품을 선택해야 하며 일반영양액, 농축영양액, 가수분해영양액, 특수질환용 영양액 등의 종류가 있다. 경장영양액은 직접 조제하거나 시판되고 있는 상업적 제품 등을 구입하여 사용할 수 있고 기간이 경과하여도 변화가 없는 것이 좋으며, 공급 온도는 실온이거나 차지 않게 체온 정도로 중탕하여 공급한다.

① 에너지

경장영양액은 일정한 용량에 적절한 영양소가 공급될 수 있어야 하며, 1mL당 1kcal를 기준으로 하고 농축영양액인 경우는 1mL당 1.5~2.0kcal를 기준으로 한다. 1일 1,500~2,000mL 정도로 공급하며, 총 공급 에너지에 대한 환자의 적응도와 수분 요구량에 따라 영양액을 농축시키거나 희석하여 공급할 수 있다.

② 탄수화물

경장영양액의 탄수화물은 주요 에너지원으로 총 에너지의 40~70%를 공급하며, 말토덱스트린, 이당류, 단당류 등이 이용된다. 대부분의 경장영양액은 설사를 방지하기 위해 유당을 포함하고 있지 않다.

③ 단백질

경장영양액의 단백질량은 보통 성인의 경우 표준체중 kg당 1g 정도로 하고, 중 정도의 스트레스가 있는 환자는 1.2~1.5g/kg, 심한 화상환자는 2.5g/kg을 기준으로 한다. 단백질 공급량은 영양액의 총 공급량을 조정하거나 단백질 농도가 다른 영양액을 선택 또는 단백질 보충제제를 첨가하여 조절할 수 있다.

④ 비타민과 무기질

비타민과 무기질 필요량은 한국인 영양소 섭취기준을 참고로 한다. 일반적인 경장영양액 제품으로 1,000~1,500mL 이상 공급 시 비타민과 무기질 권장량의 100% 이상을

그림 2-5. 경장영양액 제품

공급할 수 있으며 환자의 질병이나 영양상태에 따라 조절할 수 있다.

⑤ 식이섬유

활동량이 저하되고 위장관 기능이 저하된 경관급식 환자에게 나타날 수 있는 변비를 예방하기 위해 불용성 식이섬유를 공급하고, 혈청 콜레스테롤 감소 및 내당성 증가를 위해 수용성 식이섬유을 공급할 필요가 있다. 위장관에 이상이 있는 환자의 경우 식이섬유 공급에 주의해야 한다.

⑥ 수분

환자가 탈수되거나 부종이 생기지 않도록 수분의 균형을 잘 유지해야 한다. 정상 성인의 수분 요구량은 체중 kg당 30~35mL이다. 상업용 경장영양액(1kcal/mL인 경우)의 경우 80~85% 정도의 수분이 함유되어 있다. 볼루스 주입 또는 간헐적 주입 시 영양액 공급 전후로 물을 25~50mL씩 공급한다. 지속 주입의 경우 하루 동안 적당한 간격을 두고 물을 공급해야 하며, 최소 6시간당 300mL 이상 공급되도록 해야 한다.

2) 정맥영양

정맥영양은 일시적 또는 영구적으로 구강이나 위장관으로 영양공급이 어려운 환자에게 소화관을 이용하지 않고 직접 정맥으로 영양소를 공급하는 영양지원 방법으로, 투여 경로에 따라 말초정맥영양과 중심정맥영양이 있다. 예상 투여기간, 에너지 및 수분 요구

그림 2-6. 정맥영양의 분류

표 2-11. 정맥영양이 필요한 경우

심한 영양결핍 시	경구나 장으로 영양공급이 어렵고, 영양 필요량이 높은 경우
위장관 기능 이상	장 폐색, 장 마비, 위장 악성종양, 단장증후군, 중증 흡수 불량
장 휴식 필요시	장 누공, 치료되지 않는 크론병, 방사선 장염, 심한 설사, 췌장염

량 등에 따라 투여 경로를 선택한다.

(1) 말초정맥영양

말초정맥영양peripheral parenteral nutrition, PPN은 손이나 팔의 말초혈관을 통해 영양을 공급하는 방법이다. 일반적으로 단기간(2주 미만) 정맥영양 공급이 예상되거나 수분 제한이 필요 없고 영양액 농도가 800~900mOsm/L 이하인 경우 말초정맥영양이 고려된다. 영양소의 농도가 제한되어 환자의 영양 요구량만큼 충분한 에너지 및 영양소를 공급하기 어렵다. 따라서 에너지보다는 단백질 요구량의 100% 공급을 목적으로 한다. 2주 이상 말초정맥영양 사용 시 말초정맥염의 발생위험이 있으므로 2주 미만으로 사용기간이 제한되며 2~3일마다 주입 부위를 교체해야 한다.

(2) 중심정맥영양

중심정맥영양central parenteral nutrition, CPN은 포도당을 기본으로 한 고농도(15~30%)의 영양수액을 혈류량이 많은 상대정맥이나 하대정맥 내에 수술로 카테터catheter를 삽입하여 투여하는 방법이다. 2주 이상 장기간 금식이 예상될 경우 충분한 영양소 공급을 위해 시행된다. 중심정맥영양은 위와 장의 기능이 저하되고, 장 또는 말초정맥으로의 영양공급이 불충분할 때 이용된다.

심한 영양불량 상태나 외상 및 화상 환자와 성장, 발육 및 영양상태의 개선을 위해 주로 사용한다. 영양학적으로 건강한 사람이 보통 식품을 섭취하는 것과 같은 수준의 영양소를 공급할 수 있다.

POINT

중심정맥영양이 필요한 경우

- 광범위한 소장 절제, 위장관 협착, 장피 누공
- 심한 췌장염, 방사선 장염, 염증성 장질환
- 화학요법 및 방사선요법으로 치료 중인 암, 골수이식 환자
- 2주 이내에 경장영양을 하지 못한다고 예상되는 경우
- 대수술을 한 경우
- 심한 설사, 구토 및 흡수불량
- 심한 영양불량

(3) 정맥영양액의 성분

① 탄수화물

탄수화물은 정맥영양의 주된 열량원으로 덱스트로오스의 형태로 제공하며, 체중 kg당 34kcal를 5~25%의 농도로 공급한다. 최소 1mg/kg/min의 양이 필요하고 최대 5mg/kg/min 이상 공급하지 않도록 한다. 탄수화물의 과잉공급은 고혈당, 지방간 등을 초래할 수 있다.

② 단백질

정맥영양액의 단백질은 주로 필수아미노산과 비필수아미노산이 결정형 아미노산의 형태로 제공되며 요구량은 일반 성인 환자의 경우 0.8~1.0/kg, 중환자의 경우 1.5~2.5/kg로 정맥영양액의 3~20% 농도로 제공한다.

③ 지질

지질 유화액의 농도는 10%, 20%, 30%로 각각 1.1kcal/mL, 2kcal/mL, 3kcal/mL의 에너지를 공급할 수 있으며, 대체로 총 에너지의 20~30%까지 공급한다. 필수 지방산의 결핍을 막기 위해서는 총 에너지의 2~4% 정도를 리놀레산으로 공급하며 유화액의 성분은 장쇄중성지방, 인지질, 글리세롤로 구성된다.

④ 비타민과 무기질

정맥영양액에 함유된 칼슘, 마그네슘, 인, 나트륨, 칼륨, 염소 등의 전해질은 수분과 균형을 유지하기 위하여 매일 공급할 필요가 있으며 소화·흡수 과정을 거치지 않고 직접 흡수된다. 환자의 상태에 따라 필요량만큼 공급하도록 한다.

⑤ 수분

정맥영양액에 포함되어 공급하는 수분은 일반적으로 하루에 1,500~3,000mL이며 3,000mL를 초과하는 경우는 거의 없다. 심폐질환, 콩팥 및 간질환 환자에서는 특히 수분이 과잉되지 않도록 유의한다.

(4) 정맥영양의 합병증

정맥영양의 가장 위험한 합병증은 패혈증이며 기흉, 카테터 삽입 부위 감염, 고혈당증, 전해질 불균형, 위장관 점액 위축 등의 합병증이 나타날 수 있다. 정맥영양 시에는 혈당, 전해질 농도, 간 기능 등을 모니터링하여 합병증 발현을 예방해야 한다.

CHAPTER

3

소화기질환

소화기질환

소화관은 음식물의 교반, 소화액과의 혼합 및 운반 등의 운동, 각종 소화액의 분비와 소화, 흡수 및 배설 등의 기능을 한다. 소화관에 질병이 생기면 체내의 영양대사 이상을 초래하고 구강 건조, 입맛의 변화, 식욕부진, 오심, 구토 설사 등의 증세를 나타낸다. 소화관의 외과적 수술, 방사선 조사 및 투약 등의 치료는 식품의 소화와 흡수에 영향을 미칠 뿐만 아니라 식욕도 감퇴시키므로 이에 맞는 적절한 영양관리가 필요하다.

:: 용어 설명 ::

연하곤란(dysphagia) 음식물이 구강 내에서 인두, 식도를 통해 위장으로 이동하는 데 장애가 있는 상태

위식도 역류(gastroesophageal reflux disease) 구강과 식도를 거쳐 위로 들어갔던 음식물이 식도로 다시 올라와 속쓰림 등의 증상을 유발

식도열공 헤르니아(esophageal hiatal hernia) 분문의 괄약근 이상으로 위장의 일부가 횡경막의 식도열공을 통하여 흉강 내로 들어온 상태

만성위염(chronic gastrin) 위의 점막에 생긴 염증이 장기화되는 되는 질환으로, 위액 분비의 변화와 위벽의 점막이상 정도에 따라 무산성(저산성) 위염과 과산성 위염으로 구분

위하수증(gastroptosis) 위가 정상적인 위치를 벗어나 배꼽 아래까지 늘어진 상태

소화성 궤양(peptic ulcer) 위나 십이지장 부위의 점막 내층에 침식된 상처가 생긴 상태

덤핑증후군(dumping syndrome) 위 절제술이나 위장문합술 후 음식물을 섭취한 경우 음식물이 위에서 소장으로 신속하게 이동하면서 공장의 삼투농도가 높아져 나타나는 증세

급성장염(acute enteritis) 장에 생기는 질환으로 위염과 같이 오는 경우가 많고 흔한 질병이나 방치하면 만성화되어 치료하기 어려워짐

게실염(diverticulitis) 대장벽에 생긴 게실에 염증이 나타나는 질환

크론병(crohn's disease) 소장 말단의 회장에 염증이 발생한 염증성 장 질환

궤양성 대장염(ulcerative colitis) 대장점막에 염증과 궤양이 나타나는 염증성 장 질환

글루텐 과민성 장질환(gluten sensitive enteropathy, GES) 식품 중 글루텐 단백질 내에 있는 글리아딘 부분이 소장 점막을 손상시켜 융모의 손실을 초래하여 영양소 흡수에 장애가 생기는 만성 소화 장애증으로 '비열대성 스프루'라고도 함

1. 소화기관의 구조와 기능

소화기계digestive system는 소화관과 부속 소화기관으로 구성되어 있고, 음식물의 소화와 흡수에 관여한다. 소화관은 입, 인두, 식도, 위, 소장(십이지장·공장·회장), 대장(맹장·결장·직장), 항문으로 이어지는 약 9m의 관이고, 부속 소화기관은 소화액을 생성·분비하는 소화작용의 보조역할을 하는 타액선·췌장·간·담낭 등으로 구성되어 있다 **그림 3-1**. 소화digestion는 구강으로 섭취한 음식물이 우리 몸에 흡수absorption되기 쉬운 형태로 변화하는 것이며, 흡수는 소화된 음식물이 소화기의 장벽을 통하여 혈액과 림프로 이동하는 것이다.

소화에는 기계적 소화, 화학적 소화, 생물학적 소화가 있다. 기계적 소화는 단단한 고

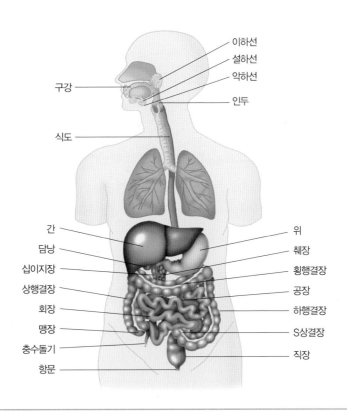

그림 3-1. 소화기관의 구조

형 성분을 구강 내에서 잘게 부수거나 타액과 섞어 연동운동으로 내려 보내는 과정이다. 화학적 소화는 소화효소에 의하여 영양소를 가수분해하는 과정이며 타액, 위액, 장액, 췌액이 관여하고 담즙은 용해, 중화 및 유화로 그 과정을 돕는다. 생물학적 소화는 소화되지 못한 식이섬유 등이 장내세균에 의하여 분해되는 과정이다.

1) 구강

구강oral cavity은 입의 내부로 혀와 치아로 구성되어 있다. 구강에서는 섭취한 음식물이 치아에 의해 잘게 부서지고(저작작용, 기계적 소화) 타액에 함유된 소화효소와 잘 혼합(화학적 소화)한다. 타액은 입 안의 타액선(이하선, 악하선, 설하선)으로부터 분비되는 액체로 하루 분비량은 약 1L로, 먹는 음식의 종류에 따라서 그 양이 달라지고, pH는 6.0~7.0이다. 타액에서 분비되는 프티알린(α-아밀라아제)은 전분을 덱스트린과 맥아당으로 가수분해하여 탄수화물의 소화를 시작한다.

2) 인두·식도

인두pharynx는 구강과 식도esophagus를 연결하는 소화관이면서 기도이기도 하다. 음식물이 인두 점막에 닿으면 반사적으로 삼키게(연하작용) 되는데, 연하중추는 연수에 있다.

식도는 인두에서 위로 음식을 전달하는 관이다. 연동운동에 의하여 식도에 들어온 음식물들이 위로 운반된다. 식도 상부에 있는 상부식도괄약근은 음식물을 삼킬 때를 제외하고는 공기가 위로 들어가는 것을 방지하기 위해 항상 닫혀 있고, 식도와 위의 경계에 있는 하부식도괄약근은 위의 내용물이 식도로 역류하는 것을 방지하기 위해 항상 수축하고 있다.

3) 위

위stomach는 횡경막의 바로 왼쪽 아래에 위치하며, J자 모양의 근육성 주머니로 위저부,

위체부, 유문부로 구성되어 있고, 식도와 연결되는 부분을 분문부, 소장으로 연결되는 부분을 유문부라고 한다. 분문부와 유문부에는 괄약근 구조로 이루어져 있어 음식물이 위로 넘어가면 역류를 막아주고, 섭취한 음식물을 저장하고 혼합하여 유미즙chyme의 형태로 만들어 소장으로의 배출을 조절한다 **그림 3-2**.

음식물이 위에 도달하면 유문선이 자극되어 가스트린gastrin이 분비되고 이것은 위액 분비를 촉진한다. 위액은 위선에서 분비되는 투명한 산성의 액체로 하루에 1~2L 정도 분비되고, 질병 시에는 8L에 달하는 경우도 있으며, 위산HCl, 펩신pepsin, 점액mucus과 내적인자intrinsic factor 등을 함유하고 있다.

위산은 평균 pH 1.6~2.0으로 강력한 살균 기능이 있어 위와 소장의 감염을 예방, 단백질 변성 및 펩시노겐을 펩신으로 활성화시켜 단백질 소화를 돕고, 철을 Fe^{3+}에서 Fe^{2+}로 환원시켜 철의 흡수를 돕는다. 내적인자는 비타민 B_{12}와 결합하여 회장에서 비타민 B_{12}의 흡수를 돕는다. 위 점막에서 분비되는 뮤신은 당단백질로 온열적·화학적 자극에 대한 방어 작용으로 위액 분비로 인한 자기 소화를 막는다 **표 3-1**.

위는 음식을 저장·혼합·소화하는 기능을 하며, 이 밖에 음식의 연동 및 살균작용이 일어나고 소량의 물, 알코올, 철, 일부 아미노산 등이 흡수되기도 하며, 소장으로의 이동 속도를 조절하는 기능을 한다.

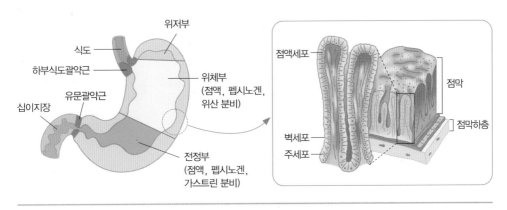

그림 3-2. 위(좌)와 위선(우)의 구조

표 3-1. 위액의 중요 성분

성분	분비 장소	기능
펩신	주세포(펩시노겐 분비→위산에 의해 활성화)	단백질의 가수분해
염산(HCl)	벽세포	펩신의 활성화에 필요한 산성 환경 제공
점액	점액세포와 점액선	위벽에 점액성, 알칼리성 방어막 제공
내적인자	벽세포	비타민 B_{12}의 흡수에 관여
가스트린	G-cell	위액 분비 촉진

4) 소장

소장small intestine은 위와 대장 사이에 있는 소화관으로 길이 약 6~7m, 직경 2.5~3cm 정도의 좁고 긴 관 형태로 십이지장duodenum, 공장jejunum과 회장ileum의 세 부분으로 구성되어 있다. 소장벽의 점막층에는 다수의 주름이 있고, 그 표면에 융모가 있어 음식물과 접촉 면적을 넓게 하여 소화·흡수를 돕는다 **그림 3-3**.

소장은 위에서 유미즙 상태로 내려온 음식물을 담즙, 췌액, 장액 등의 소화액과 섞고,

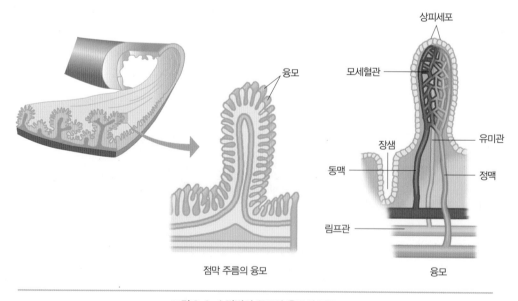

점막 주름의 융모

융모

그림 3-3. 소장벽의 구조와 융모의 구조

소장 내용물을 분쇄, 혼합, 교반하는 분절운동과 연동운동을 통해 대장 및 항문 쪽으로 이동시키며, 각종 영양소를 소화시키고 흡수시키는 중요한 기능을 한다. 또한 소장은 면역글로불린을 분비하여 생체방어작용을 한다.

십이지장벽에서 분비되는 세크레틴secretin은 위산의 분비를 억제하고 췌장에서 알칼리성 췌액(pH 7~8, 중탄산염)의 분비를 자극하며, 콜레시스토키닌cholecystokinin, CCK은 췌액 분비 촉진, 담낭 수축, 담즙 분비를 촉진한다 **표 3-2**. 십이지장의 연동운동으로 산성의 음식물은 알칼리성 췌액 및 담즙과 잘 섞여 본격적인 소화가 시작된다.

췌액에서는 분비되는 탄수화물을 분해시키는 α-아밀라아제, 단백질을 분해시키는 트립신, 키모트립신, 카르복시펩티다아제, 그리고 지질을 분해하는 리파아제 등의 소화효소가 포함되어 있다. 담즙은 지질을 유화시키고 리파아제의 작용을 촉진함으로써 지질의 소화와 지방산의 흡수를 돕는다. 소장액은 이당류 분해효소, 펩티다아제, 리파아제 등의 소화효소를 함유하고 있다 **표 3-3**.

소장에서는 탄수화물을 단당류로, 단백질은 아미노산으로, 지질은 지방산과 글리세롤

표 3-2. 소화에 관여하는 호르몬

호르몬	분비기관	분비 자극	표적 장기	기능
가스트린	위의 유문부	위 확장 위 내용물 중 단백질 커피, 알코올, 칼슘 미주신경자극	위	위산 분비 촉진 위 운동 촉진 위배출 억제
			담낭	수축
세크레틴	십이지장	소장 내 산, 펩타이드	위	위산 분비 억제 위 운동 억제
			췌장	중탄산염 분비 촉진
			간(담관)	중탄산염 분비 촉진
콜레시스토키닌	십이지장	소장 내 아미노산, 지방산	위	위산 분비 억제 위 운동 억제
			췌장	효소 분비 촉진
			담낭	수축
			오디괄약근	담즙과 췌장액이 십이지장으로 들어오도록 이완

표 3-3. 소화효소의 종류와 작용

영양소	분비기관	분해효소	기질	분해산물
탄수화물	타액선, 췌장	α-아밀라아제	전분	덱스트린, 맥아당
	소장	말타아제	맥아당	포도당
		락타아제	유당	포도당, 갈락토오스
		수크라아제	서당	포도당, 과당
단백질	위	펩신	단백질	폴리펩타이드
	췌장	트립신	단백질, 폴리펩타이드	펩타이드, 디펩타이드
		키모트립신	단백질, 펩타이드	펩타이드, 디펩타이드
		카르복시펩티다아제	폴리펩타이드	아미노산
	소장	아미노펩티다아제	폴리펩타이드	아미노산
		디펩티다아제	디펩타이드	아미노산
지질	췌장	리파아제	지질	모노글리세라이드, 지방산
	소장	리파아제	단쇄지방산 중쇄지방산	글리세롤, 단쇄지방산, 중쇄지방산

로 소화가 완료되어 십이지장과 공장 상부에서 대부분의 영양소가 흡수된다. 단당류와 아미노산 등의 수용성 영양소는 확산과 능동수송에 의해 문맥을 거쳐 간으로 운반되고, 지질 등의 지용성 영양소는 림프관을 통해 순환기계로 운반된다.

5) 대장

대장large intestine은 길이가 1.5~2m, 굵기는 소장의 2배 정도인 5~7cm 지름의 관 형태로, 맹장cecum, 결장colon ; 상행, 횡행, 하행, S상결장, 직장rectum의 세 부분으로 되어 있다. 대장의 점막에는 소장과 달리 융털돌기나 주름이 없다 그림 3-4.

대장은 소화과장이 일어나지 않고 소장에서 흡수되지 않은 수분과 전해질을 재흡수하고, 장내세균이 합성한 비타민 B 복합체를 흡수하며, 소화·흡수되지 않은 음식물 찌꺼기, 탈락된 장점막 상피세포, 장내세균 등으로 이루어진 변을 형성하여 배출시키는 것이 주된 기능이다.

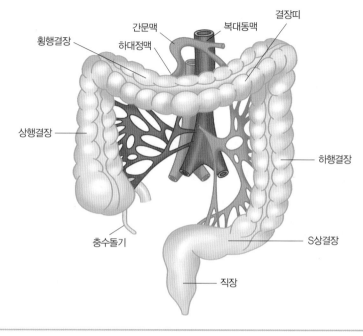

그림 3-4. 대장의 구조

2. 식도질환

1) 연하곤란

연하곤란_{dysphagia}은 음식물이 구강에서 위로 이동되는 연하과정에 장애가 생긴 것으로 음식물을 씹거나 삼키는 것이 어렵거나 불편한 증상을 말한다. 합병증으로 흡인성 폐렴 및 질식사를 유발할 수 있으므로 적극적인 관리가 필요하다.

(1) 원인

원인은 기계적인 것과 마비적인 것으로 나뉜다. 기계적인 연하곤란은 식도 수술, 종양이나 암에 의한 식도 폐쇄, 식도염 등이 원인이다. 반면, 마비적인 연하곤란은 뇌졸중, 머리 손상, 뇌종양, 신경계 질환 등에 의한 연하중추의 손상으로 일어난다. 그 밖에 노화에 의한 치아 손실, 잘 맞지 않는 의치 작용, 타액 감소, 인두와 식도의 연동작용 감소로 연하곤란이 나타나기도 한다.

(2) 증상

증상으로는 침을 흘리거나 식사 도중에 재채기하거나, 기도가 막히는 경우가 있다. 후각 및 미각의 감소, 식욕 저하, 타액 분비 감소, 수술 및 약물에 의한 영향 등으로 부적절한 식사섭취가 계속되면 체중감소, 탈수, 영양결핍 등을 초래할 수 있다.

(3) 식사요법

사레가 들지 않고 안전하게 음식을 삼키도록 하고 영양결핍, 탈수, 체중감소를 막는 것을 기본으로 한다.

체내 영양소가 결핍되기 쉬우므로 **고영양식**으로 제공한다.

너무 뜨겁거나 차가운 음식을 피하고 부드러운 음식을 제공한다. 끈끈한 음식이나 단 음식, 신맛의 감귤류 등은 타액의 분비를 증가시키므로 피하도록 한다. 식도에 폐쇄가 있는 경우에는 유동식으로 공급하고 **식사 중에는 자세를 바르게** 하여 음식이 잘 내려가게 한다.

신경계 이상인 환자의 경우 유동식이 기관지로 흡인될 위험이 있으므로 맑은 음식보다는 걸쭉한 형태로 제공하며, 점도증진제thickener agents를 사용하여 **점도를 조절하여** 제공한다. 연하곤란식은 유동식, 갈음식, 다짐식, 일반식으로 구분할 수 있고, 맑은 음식보다 된 음식이 삼키기 쉽기 때문에 다양한 점도증진제를 사용하여 음료나 유동식의 점도를 조절하기도 한다.

식사 시 숟가락을 사용하여 **천천히 식사한다.** 또한 식사 시 머리를 앞쪽으로 약간 숙이고 턱을 당긴 채 $90°$로 바르게 앉아서 식사하면 소화관이 일렬로 정렬되어 연하가 촉진된다. 식후 15~30분 정도 바른 자세로 앉아 있어야 하는데, 이는 기도의 흡인으로 인한 폐렴의 위험을 감소시킬 수 있다.

표 3-4. 연하곤란의 단계별 식사

구분	갈음식	다짐식	일반식
주식	죽을 갈아서 제공	죽을 갈지 않고 제공	된죽 또는 진밥 제공
부식	갈아서 걸쭉하고 부드러운 상태로 제공	곱게 다져서 제공	부드러운 음식으로 제공
유제품	요구르트(호상) 제공	요구르트(호상) 제공	요구르트(호상) 제공
국물*	묽은 액체 대신 되직한 액체 제공	적응도에 따라 국물 약간 제공 가능(주의, 관찰 필요)	적응도에 따라 국물 제공 가능 (주의, 관찰 필요)

* 유동식과 국물 : 점도증진제를 사용하여 점도를 단계적으로 조절하여 제공할 수도 있다.

2) 위식도 역류

위식도 역류gastroesophageal reflux는 하부 식도 괄약근lower esophageal sphincter, LES이 제 기능을 못해 수축력이 약화하여 위 내용물과 위산 등이 식도로 역류함으로써 식도 점막에 염증을 일으키고, 더 나아가서는 궤양과 출혈을 일으키는 질환으로 속쓰림, 복통, 가슴앓이 등을 동반한다.

(1) 원인

식도열공 헤르니아, 위식도 수술, 과민성 장질환 환자에게서 발생할 수 있다. 흡연, 알코올, 기름진 음식, 초콜릿, 가스 발생 식품(마늘·양파·계피·박하)은 괄약근의 압력을 저하시켜 위식도 역류를 악화시킬 수 있다. 비만, 임신, 몸에 꼭 끼는 옷도 복부 내의 압력을 증가시켜 위식도 역류를 유발할 수 있다.

(2) 증상

가장 흔한 증상으로는 위산에 의해 식도가 화끈거려 가슴 중앙 부위에 타는 듯한 가슴앓이(heartburn), 속쓰림, 신트림, 목에 이물질이 걸린 듯한 느낌, 마른기침, 소화불량 등이 있다. 역류성 식도염이 만성화되면 식도 점막이 손상되어 출혈이 발생하며 염증이나 궤양이 나타날 수 있고, 심한 경우 식도협착 및 식도암 등을 초래할 수 있다.

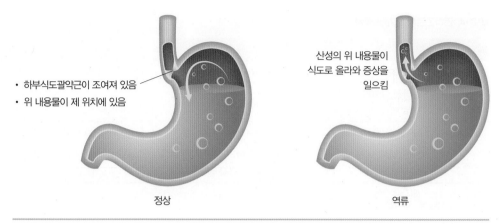

・ 하부식도괄약근이 조여져 있음
・ 위 내용물이 제 위치에 있음

산성의 위 내용물이
식도로 올라와 증상을
일으킴

정상   역류

그림 3-5. 식도역류 과정

(3) 식사요법

식도 자극과 위산 분비를 억제시키고 역류를 감소시키며 손상된 식도 점막조직을 재생하고 하부식도괄약근을 강화시키는 것이다.

부드럽고 담백한 식사로 저지방, 고단백 식품과 비타민 C를 충분히 섭취할 수 있는 식품을 선택한다. 소화가 잘 되는 음식을 **소량씩 자주 섭취하고, 식사는 천천히** 충분히 씹어 먹으며, 비만이나 과체중인 경우에는 **에너지를 조절하여** 표준체중을 유지할 수 있도록 단계적으로 조절한다.

위식도역류를 일으키는 알코올, 고지방 음식, 신맛이 강한 과일주스, 탄산음료, 초콜릿, 커피 및 카페인, 강한 향신료 등은 제한한다.

위액이 식도로 역류하는 것을 막기 위하여 식후에 바로 눕지 않도록 하며, 식후 30분 이상 앉아서 휴식을 취하고, 복압을 증가시킬 수 있는 꼭 조이는 옷은 삼간다.

3) 식도열공 헤르니아

식도열공 헤르니아esophageal hiatal hernia는 식도가 통과하는 횡격막의 열공이 느슨해져 위의 일부가 흉곽 내로 돌출되는 증상이다. 비만, 임신, 꼭 조이는 옷 등으로 복압이 항진되면 위 분문부에서 흉강 내로 식도열공 헤르니아가 일어난다. 탈장된 부분은 횡격막의 압력에 의해 위산의 역류가 발생하게 되고 심계 항진과 호흡곤란 등이 나타나며 누워 있거나, 구부리기가 어렵게 된다. 심한 경우에는 수술을 받는다.

식사는 자극적인 음식을 제한하고 소량씩 자주 섭취한다. 복압을 상승시키는 원인을 제거하고 식후 바로 눕지 않는다. 제산제를 투여하면 증상이 완화된다.

식도질환 식사요법

- 고지방식, 과식을 피하고, 균형 잡힌 식사를 한다.
- 소화가 잘되는 부드럽고 담백한 식사를 소량씩 자주 섭취한다.
- 염증 시 산도가 높고(감귤류 주스, 토마토 등) 매운 음식을 피한다.
- 술, 담배, 카페인, 초콜릿, 커피, 가스 발생 식품 및 강한 향신료는 제한한다.
- 눕기 2~3시간 전부터 음식물 섭취를 피하고, 식후 곧바로 눕지 않는다.
- 비만 또는 과체중 시 체중을 감량한다.
- 꼭 끼는 옷을 삼간다.

3. 위질환

위는 음식의 저장과 소화에 중요한 역할을 한다. 따라서 위질환 시에는 위에 이상이 있다고 하더라도 소화에는 심각한 지장을 주는 것이 아니므로 음식을 제한하는 것보다 손상된 조직을 회복하기 위하여 영양적으로 균형 잡힌 식사를 하는 것이 중요하다.

1) 급성위염

급성위염acute gastritis은 위 점막의 급성 염증으로 단기간에 회복이 될 수 있는 점이 특징이나 만성화되면 치료가 어려워진다.

(1) 원인

식사를 잘못해서 생기는 경우가 가장 흔하고 그 외에 유행성 감기나 특정 식품에 대한 알레르기 반응 등으로 나타난다. 단순성 위염은 대부분 식사성 요인이 원인으로 과음, 과식, 폭음, 폭식, 부패 또는 오염된 음식물 섭취, 저작 불충분, 소화가 잘 안 되는 식품 등으로 인해 발생한다. 세균성 식중독과 어육류에 의한 급성 알레르기, 급성 전염병

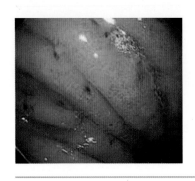
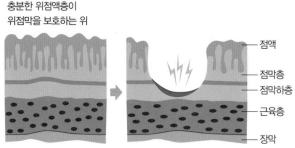

충분한 위점액층이
위점막을 보호하는 위

점액
점막층
점막하층
근육층
장막

그림 3-6. 식도역류 과정

헬리코박터 파일로리(Helicobacter pylori)

그람 음성 세균으로 몇 개의 편모를 가지고 있는 나선형 세균이며, 증식 속도가 느리고 움직임이 빠른 것이 특징이다. 점막층 아래에 군집을 이루고, 가지고 있는 요소분해효소(urease)는 요소를 암모니아로 분해해 위의 산성 환경에 저항하며 세균이 위장점막에서 살아가는 데 필수적인 구성성분이다. 또한 요소분해효소는 헬리코박터균의 유무를 확인하는 데 매우 유용하게 이용된다.

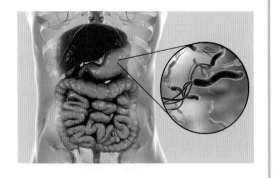

우리나라 성인의 60~70%가 이 균에 감염되어 있으며, 감염된 사람의 약 10~15%에서 만성위염과 위·십이지장 궤양을 유발하고, 1% 미만에서 위암이 나타난다. 가장 많이 쓰이는 치료법은 두 가지의 항생제와 강력한 위산 억제제를 병행하여 치료하며, 이러한 치료에 의한 헬리코박터균의 제거율은 80~90% 정도이다.

등도 원인이 된다. 이 외에도 아스피린과 같은 약제 복용과 방사선 치료, 수술, 스트레스 및 세균(헬리코박터 파일로리 등) 감염 등에 의해서도 발생할 수 있다.

(2) 증상

복통, 구토, 하품, 트림, 식욕부진, 전신 권태감, 발열, 두통, 피로감, 팽만감, 위액 분비 항진 등을 일으키고 심하면 설사, 토혈, 하혈, 쇼크 등을 일으킨다.

(3) 식사요법

급성위염의 식사요법 목표는 위점막의 염증을 자극하지 않고 통증을 완화하며 염증 조직을 재생시키는 데 있다.

1~2일간 금식, 증상 호전에 따라 식사를 조정한다. 급성인 경우 통증이나 구토를 동반하므로 위의 휴식을 위해 발병 1~2일간 금식하여 위를 안정시키고 구토가 심하면 비경구적으로 수분과 전해질을 공급한다. 그 후 보리차, 맑은 과일주스, 끓여서 식힌 물, 콩나물국 국물 등을 알맞은 온도로 맞추어 환자에게 소량씩 공급한다. 급성 증상이 나아지면 탄수화물을 위주로 한 맑은 유동식부터 시작하여 전유동식, 연식으로 이행한다. 증상에 따라 다르지만 대개 7~10일 정도면 일반식으로 회복한다.

위 점막을 자극하거나 **위산 분비를 촉진하는 음식을 제한한다.** 식사는 소화가 잘되고 자극이 적은 것으로 담백하게 한다. 탄수화물 식품은 위 점막의 자극도 적고 위 내 정체시간도 짧아 효과적이나 식이섬유가 많은 식품은 제한한다. 자극적인 음식, 향신료, 알코올, 카페인, 흡연 등은 제한한다.

2) 만성위염

만성위염chronic gastritis은 위의 점막에 생긴 염증이 장기화되는 질환이다. 만성위염은 위액 분비의 변화와 위벽의 점막이상 정도에 따라 무산성(저산성) 위염과 과산성 위염으로 나누어진다. 만성위염은 치료에 오랜 시간을 요하므로 인내심을 가지고 장기간 식사요법을 실시해야 한다.

(1) 과산성 위염

① 원인

점막 조직에 염증이 생겨 위 점막을 자극함으로써 위산 분비가 과다하게 일어나서 발생한다. 따라서 원인을 제거하고 위점막 보호에 노력해야 한다.

② 증상

주로 청·장년층에 나타나며 위산 분비가 항진된 상태이므로 음식물의 자극에 매우 예민하고, 증세는 소화성 궤양과 마찬가지로 공복 시 날카로운 통증을 느끼게 된다.

③ 식사요법

자극적인 음식을 제한한다. 즉, 자극에 예민하므로 진한 육즙, 자극성 있는 조미료, 탄산음료, 산이 많은 음식, 커피, 술은 제한한다. 그러나 염증 회복을 위해 적당량의 단백질을 공급해야 한다. 위산의 완충작용 및 위산 분비 촉진작용으로 상처 부위를 자극할 수

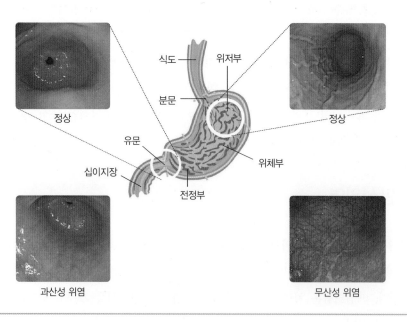

그림 3-7. 위염의 내시경 사진

있으므로 식사 처방 시 유의한다. 위에 부담이 적은 탄수화물 위주의 무자극 식사로 에너지를 충분히 공급한다.

(2) 저산성(무산성) 위염

① 원인

위벽세포의 위축으로 만성적으로 위액 분비가 저하되거나 위산이 극히 감소되며, 무산증, 감산증 또는 위축성 위염이라고도 한다. 노령 등으로 위선이 위축되어 위산의 감소 또는 헬리코박터 파일로리균의 만성적인 감염으로 인해 위 점막세포가 위축되어 발생한다. 감염 기간이 길고 연령이 높을수록 발생하기 쉽다.

② 증상

대부분 위축성 위염으로 위산의 분비가 감소되므로 단백질의 소화장애, 불충분한 살균작용, 위 내적인자의 결핍, 무기질 흡수 저하 등의 문제를 가진다. 즉, 펩신 분비도 감소하여 단백질의 소화장애, 세균에 대한 살균작용이 불충분하여 위 내에 세균 번식을 일으킨다. 일정하지는 않으나 식욕부진, 메스꺼움, 복부 팽만감, 설사, 피로 증상을 호소하고 장기적으로 비타민 B_{12} 흡수가 어려워 빈혈을 일으키거나 철과 칼슘의 소화·흡수가 저해된다.

③ 식사요법

위축성 위염으로 위점막을 보호하고, 환자가 식욕이 없으므로 어느 정도의 자극을 주어 **위액 분비를 촉진시킨다.** 자극적인 음식이나 양념을 이용하여 식욕을 돋우고 소화가 잘 되는 음식을 제공한다. 그러나 향신료는 과량을 사용하지 말아야 한다. 지질은 위산 분비를 저해하므로 줄이며, 알코올과 커피는 위액 분비를 촉진하지만 위염 상태에는 좋지 않다. 탄수화물 중 섬유질이 많거나 딱딱한 것은 피하고, 소화가 잘 되는 우유, 달걀, 치즈, 흰살생선, 간이나 굴과 같이 철이 많은 식품, 기름기를 제거한 육류와 같은 단백질 식품을 제공한다. 그러나 단백질은 위액 분비가 적은 저산성 위염에서는 소화가 어려우므로 적당량만 제공한다. 또한 위산과 내적인자 분비 감소로 인해, 각각 철과 비타민

B_{12}의 흡수장애가 발생하므로 충분히 섭취한다.

위액 분비가 감소되면 소화력도 떨어지므로 위의 부담을 줄이기 위해 소량의 식사를 여러 번에 나누어 규칙적으로 섭취한다. 영양가가 높고 식욕을 증가시키며 소화가 잘되는 음식을 제공하는 것이 중요하다.

급성위염

- 발병 초기 1~2일간 금식하고 수분과 전해질을 비경구적으로 공급한다.
- 호전되면 유동식, 연식, 일반식으로 단계적으로 진행한다.
- 소화되기 쉬운 부드럽고 담백한 식사를 규칙적으로 소량씩 자주 공급한다.
- 위산 분비를 자극하는 음식을 제한한다.

만성위염

- 단백질이 풍부하고 소화되기 쉬운 부드럽고 담백한 식사를 제공한다.
- 천천히 잘 씹고 규칙적으로 식사하는 식습관을 실천한다.
- 위산 분비 과다 시 자극적인 음식을 제한하고 에너지를 충분히 공급한다.
- 위산 분비 부족 시 위액 분비를 자극하고 식욕을 촉진하고 철이 풍부한 식사를 제공한다.

3) 소화성 궤양

소화성 궤양peptic ulcer은 위액 중의 염산이나 펩신 등의 소화작용에 의해 위나 십이지장의 소화기 점막을 침식시켜서 손상된 질환이다. 발생 부위에 따라 위궤양gastric ulcer과 십이지장궤양duodenal ulcer이 있다. 위궤양과 십이지장궤양은 병인과 증세가 거의 같아 모두 소화성 궤양이라 부르며 식사요법도 같이 취급한다. 스트레스가 소화성 궤양의 위험을 증가시킬 수 있으며, 보통 십이지장궤양이 위궤양보다 더 흔하고 남자가 여자보다 더 많다.

(1) 원인

십이지장궤양을 일으키는 공격인자와 위장관을 보호하는 방어인자가 평상시에는 평형상태를 유지하고 있다. 그러나 어떤 원인에 의해 공격인자가 강해진다거나 방어인자가 약해져 평형상태가 깨지면 궤양이 발생하게 된다. 공격인자로서는 위산, 펩신분비 촉진, 과도한 스트레스, 점막의 손상, 약물이나 카페인 등이며, 방어인자로는 점막의 저항성, 위벽을 보호하는 위장관벽의 혈류순환, 점액, 위산과 펩신 분비 억제 등이 있다. 폭음, 폭식, 단백질 섭취 부족, 과로, 스트레스, 흡연 등으로 위장과 십이지장의 점막이 손상되어 이 부분이 펩신에 의하여 자가소화된 것이다. 헬리코박터 파일로리균은 중요한 원인으로 지목되고 있으나, 만성적으로 헬리코박터 파일로리균에 감염된 사람들 중에서 10~15%만이 소화성 궤양으로 발전하며 정확한 기전은 알려져 있지 않다 **그림 3-8**.

(2) 증상

위가 비었을 때 위의 긴장도가 증가하여 공복 통증을 유발한다. 혈장 단백질 수준이 감소되고 빈혈과 체중감소, 출혈 및 위산 역류도 나타난다. 통증 이외의 증상은 오심, 구토, 소화불량, 식욕감퇴, 체중감소, 빈혈, 영양결핍증, 배변 시 피가 섞여 나오는 경우가 있고, 심한 경우 출혈되거나 천공, 협착 등이 발생하기도 한다.

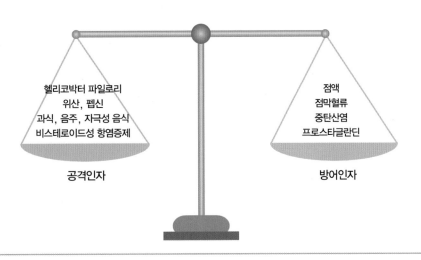

그림 3-8. 소화성 궤양의 공격인자와 방어인자

표 3-5. 위궤양과 십이지장궤양 구분

구분	위궤양	십이지장궤양
통증이 나타나는 부위	명치를 중심으로 넓은 부위	명치의 약간 오른쪽 국소 부위
통증이 나타나는 시기	식후 30~60분	식후 2~3시간, 야간
통증의 양상	쓰리거나 뒤틀리게 아픔	찌르듯이 아픔
증상	식후 복부 팽만감, 오심, 구토	공복감이 있으면서 통증을 느낌
식욕	저하	증가
출혈 양상	토혈	혈변
생활 환경	많은 스트레스	적은 스트레스

POINT

소화성 궤양 환자의 합병증

- **에너지와 단백질 결핍증** : 궤양의 치료 초기에 에너지와 단백질 결핍증이 흔히 나타날 수 있는데 이로 인하여 상처의 치료가 지연된다.
- **비타민 결핍증** : 무자극성 연질식을 장기간 이용하면 특히 비타민 C의 결핍증이 일어나기 쉽다.
- **빈혈** : 위산 분비가 감소되면 철의 흡수가 떨어져 빈혈이 유발되기도 한다.
- **알칼로시스** : 다량의 제산제 사용 등으로 인하여 발생한다.

(3) 식사요법

식사요법은 위점막을 보호하고 신속한 상처회복을 목표로 하며 적절한 음식과 영양소 섭취로 궤양의 유발 원인 제거, 위산 분비 감소, 점막조직의 저항력 증진, 좋은 영양상태를 유지하는 것이다.

궤양 치료를 위해 충분한 영양을 공급하고 특히 양질의 단백질, 철, 비타민 C를 충분히 섭취한다. 위액의 분비를 억제하는 지질은 위산의 중화에 필요하므로 식물성 기름을 주로 이용한다.

출혈이 없는 경우에는 위산 중화, 위산 분비의 억제 및 소화가 잘되고 자극성이 없는 식사를 통한 충분한 영양보충이 중요하다. 그러나 가벼운 출혈 시에는 지혈을 우선적 목표로 하여 1~2일간 금식을 해서 위점막을 보호하고, 출혈이 멈추고 증세가 좋아지면 단백질과 비타민, 무기질이 풍부한 적극적인 식사요법을 하도록 한다.

규칙적으로 식사를 하고 과식하지 않도록 한다. 특히 밤에 먹는 간식은 위산 분비를 자극하기 때문에 피한다. 통증이 심하면 자극이 적고 부드러우며 소화하기 쉬운 음식을 조금씩 자주 섭취하도록 하고 다양한 식품을 골고루 섭취하도록 한다.

표 3-6. 소화성 회복기 궤양 환자를 위한 허용식품과 제한식품

구분	허용식품	제한식품
곡류	도정한 곡류, 쌀밥, 죽, 정제된 밀, 빵, 비스킷, 크래커, 감자	통밀, 겨, 종자류, 현미, 도정하지 않은 곡류, 팝콘
어육류	육류, 생선, 닭고기, 달걀, 두부	향신료를 많이 사용한 육류, 훈제품, 말린 콩
국·수프류	향이 진하지 않고 섬유질이 많지 않은 채소로 된 국과 크림수프	진한 고깃국, 진한 멸치 국물
채소	통조림, 조리 또는 냉동한 것, 향이 약하고 섬유질이 많지 않은 채소	향이 강한 채소(셀러리, 미나리 등), 식이섬유가 많은 채소(산나물 등) 줄기와 껍질 부위
지방	크림, 버터, 식물성유	견과류, 양념을 많이 한 샐러드 드레싱
우유	우유, 두유	당분 함량이 높은 요구르트
과일	통조림, 조리한 과일, 주스, 시지 않은 과일	식이섬유가 많거나 신맛이 강한 과일, 잘 익지 않은 과일
후식	당분과 지방질이 많지 않은 후식류	수정과, 식혜, 잼, 초콜릿, 견과류가 포함된 사탕류
음료	곡류 음료, 카페인이 없는 커피	탄산음료, 커피
기타	간장, 소금, 버터, 마가린, 식용유, 설탕, 된장, 마요네즈	고춧가루, 후춧가루, 겨자, 파, 마늘, 카레, 매운 김치 등

소화성 궤양 식사요법

POINT

- 궤양 치료를 위해 충분한 영양을 공급하고 특히 양질의 단백질, 철, 비타민 C를 충분히 섭취한다.
- 출혈 시는 금식하고, 호전되면 유동식, 연식, 일반식으로 단계적으로 진행한다.
- 소화가 잘되는 부드럽고 담백한 식사를 규칙적으로 소량씩 자주 공급한다.
- 위산 분비를 증가시키거나 위점막을 손상시킬 수 있는 알코올, 자극적인 향신료, 카페인 등은 제한한다.

기계적, 화학적, 온도의 자극을 피하고 무자극성 식사를 점진적으로 공급한다. 알코올, 향신료(후추 : 염증이 있는 경우), 카페인, 차, 커피(디카페인 커피 포함), 탄산음료는 **위산과 펩신의 분비를 자극하므로 제한한다.** 흡연은 위 점막을 자극하고 궤양을 악화시키므로 피한다.

4) 위하수

위하수gastroptosis는 위의 긴장도가 떨어져서 배꼽 아래까지 길게 늘어진 상태이다. 소화·흡수 능력이 떨어지고 위 내용물을 장으로 내려 보내는 힘이 약해져 식사량이 많아지면 위가 불편해진다.

(1) 원인
활동량이 부족한 생활과 과식 및 폭식 등을 들 수 있다. 이러한 생활습관으로 위가 아래로 길게 늘어지며, 위근육의 긴장성 저하와 위 운동의 감소로 인해 소화기능이 떨어지고 위 내용물을 장으로 내려보내는 힘도 약해진다.

(2) 증상
위의 기능 저하, 소화능력 저하로 식욕이 없으며 혈액순환도 좋지 않아 얼굴이 창백하고 손발이 차가운 경우가 많다. 식사 후 위의 압박감이나 긴장감, 복부 팽만감 등이 보이고 소량의 식사에도 만복감을 느끼고 일반적으로 식사섭취량이 적어 변비를 일으키기 쉽다.

(3) 식사요법
식사요법은 소화가 잘 되고 위 안에 장기간 머물지 않는 식품으로 천천히 씹어 먹고, 소량씩 자주 섭취하여 위에 부담을 주지 않으면서 영양가가 높고 식욕을 촉진할 수 있는 것을 기본으로 한다.

충분한 단백질과 저식이섬유를 섭취한다. 주식으로 수분이 많은 죽 종류는 피하고 진밥이나 토스트 등을 제공한다. 위의 근육을 튼튼하게 하기 위하여 단백질은 필수적으로 소화가 잘 되는 연한 살코기나 흰살생선 등을 충분히 공급한다. 지질은 유화된 형태로 크림이나 버터 등으로 공급하고 튀김과 같은 음식은 제한한다. 식이섬유가 많거나 질긴 채소는 피하고, 향신료를 적당히 사용하여 식욕을 촉진한다. 또한 위산과 내적인자 분비 감소로 인해, 각각 철과 비타민 B_{12}의 흡수장애가 발생하므로 충분히 섭취한다. 장내에서 발효되거나 가스가 발생되는 식품은 피한다. 수분이 많은 주스 또는 우유는 식사 시에 마시는 것보다 간식으로 섭취한다.

무엇보다도 늘어진 위를 정상으로 하기 위해서는 내장과 복근을 단련하는 운동이 필수적이다. 조이는 옷은 삼가도록 한다.

5) 덤핑증후군

덤핑이란 '한꺼번에 쏟아버린다'라는 뜻으로, 위로 들어온 음식물이 유미즙이 되지 못하고 식후 약 10~15분이 지나 덩어리째 십이지장으로 넘어가는 현상을 말한다. 덤핑증후군dumping syndrome은 위 절제 혹은 위장문합수술 후 나타나는 복합적인 증상으로 수술환자 중 20~40% 정도가 증세를 보인다.

(1) 원인

수술 후 위의 용적이 작아지면서 식사 후 소화되지 않은 고농도의 음식물이 소장으로 한꺼번에 들어가서 소장의 내용물 농도가 높아지게 된다. 이때 혈장이나 세포외액이 소장으로 들어와 희석됨으로써 발생한다.

(2) 증상

조기 증상으로는 신경계와 순환계 이상으로 식사 직후에 전신 탈력감, 오한, 구토, 복부 팽만감, 경련성 복통, 설사, 발열, 현기증, 혼수, 맥박증가 등의 증상을 보인다. 후기 증상으로는 식후 1~3시간 사이에 소장에서 영양소 흡수가 빠르게 나타나면서 혈당 상승으로 고혈당이 나타나고, 이로 인해 인슐린이 과다 분비되어 저혈당이 나타나 식은땀, 손발

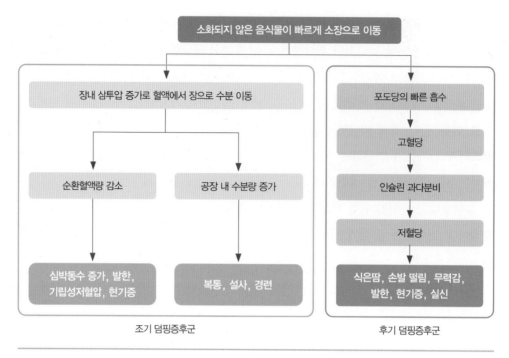

그림 3-9. 덤핑증후군의 증상

떨림, 불안, 현기증, 무력증 등의 증상이 나타난다 **그림 3-9**.

위를 절제함으로써 위산과 펩신의 분비 감소로 단백질 소화와 철 흡수에 장애가 생긴다. 또한 내적인자의 분비 감소로 비타민 B_{12}의 흡수가 저하되며, 칼슘의 섭취 부족과 흡수불량이 나타나고, 십이지장의 팽창으로 담즙 분비가 억제되어 지질의 소화·흡수가 어려운 대신 장내의 박테리아 작용이 활발해진다.

(3) 식사요법

식사요법의 목적은 위 절제수술 후 손실된 체조직의 재생과 손상된 위장기능을 돕고, 체중감소를 막기 위하여 적절한 에너지와 영양소를 공급하고 덤핑증후군을 감소시키는 것이다.

부드럽고 자극적이지 않은 음식을 하루에 5~6번 **소량으로 나누어 천천히** 잘 씹어서 섭취해야 한다.

수분은 식간에 섭취한다. 초기에는 수분섭취량을 1회에 1/2컵 정도로 제한하고 점차 증가시킨다. 식사 중에는 물이나 국을 가능하면 적게 먹고 식사 전후 1~2시간 내에 먹도록 한다.

탄수화물은 단순당은 제한하고, 복합당을 섭취한다. 위 내 체류시간이 짧은 단순당을 제한하고 체류시간이 긴 음식을 제공한다. 탄수화물은 1일 100~150g으로 공급하고 간식은 당분이 적은 것을 이용한다. 회복에 따라 단계적으로 섭취를 늘리되 하루 총 섭취량의 60% 이내로 제한한다. 과일이나 채소에 함유된 펙틴은 덤핑증후군을 완화시키는데 도움이 되기도 한다. 그러나 저혈당 쇼크가 덤핑증후군의 가장 무서운 합병증이므로 경과를 관찰하여 필요 시에는 단순당을 공급해 혈당을 올려야 한다.

고단백질과 중정도 지질을 섭취한다. 단백질은 체조직을 구성하고 위점막을 강화하므로 20% 정도의 기름기가 적은 양질의 단백질을 공급한다. 지질은 위를 통과하는 시간이 비교적 길고 소량으로도 고에너지를 얻을 수 있으므로 충분히 섭취한다. 지질흡수장애로 지방변이 있으면 중간사슬중성지방medium chain triglyceride, MCT을 사용할 수 있다.

초기 환자에게는 일시적인 유당불내증이 일어나므로 **우유나 유제품을 제한하지만** 점차 양을 증가시키도록 하며, **철과 비타민 B_{12}를 충분히 공급**한다. 덤핑 증상의 우려가 있으면 음식물이 소장으로 넘어가는 속도를 지연시키기 위하여 식후에 비스듬히 기대어 앉아 있도록 한다.

위 절제 후 식사요법

POINT

- 수술 후 3~5일은 금식, 정맥영양으로 공급한다.
- 정맥영양 후 유동식, 연식, 일반식으로 단계적으로 진행한다.
- 소량씩 자주 공급하고, 적응도에 따라 증량하여 5~6회로 구성한다.
- 충분한 에너지와 단백질을 공급한다.
- 초기에는 단순당을 제한하고 복합 탄수화물, 고단백, 적정 지질의 식사를 제공한다.
- 수분은 식사 중에는 피하고, 식간에 조금씩 섭취한다.
- 필요시 철과 비타민 B_{12}를 충분히 섭취한다.
- 자극적인 식품과 카페인의 섭취는 제한한다.

4. 장질환

1) 급성장염(acute enteritis)

장에 생기는 질환으로 위염과 같이 오는 경우가 많고 일상적으로 흔한 질병이나 방치하면 만성화되어 치료하기 어려워진다.

(1) 원인

각종 자극으로 인해 장관에 염증이 생기는 것으로, 감염성과 비감염성으로 분류된다. 감염성은 병원균, 이질균, 장염비브리오, 살모넬라, 콜라라 등의 세균과 바이러스 등이 원인이고, 비감염증은 폭음, 폭식, 유독성 물질에 의한 식중독, 약품이나 식품 알레르기, 난소화성 식품의 다량섭취 등이 원인이다.

(2) 증상

장 점막의 염증성 변화로 소화와 흡수에 장애가 일어나 설사, 복통, 구토, 발열 등이 일어나고 하루 10회 이상의 설사로 인해 탈수증을 일으켜 전신 쇠약 증상을 보인다. 탄수화물 소화불량인 경우 세균에 의해 발효로 설사를 하며 산취가 나고, 단백질 식품의 소화불량으로 가스를 발생하는 부패성 설사를 보이기도 하며 대변에서 악취가 난다.

(3) 식사요법

초기 1~2일간은 금식한다. 설사가 심한 경우 **탈수증을 예방하기** 위해 **수분과 전해질** (특히 나트륨과 칼륨), 덱스트로즈, 비타민 B 복합체를 정맥 내로 보충한다. 정맥주입이 48시간 이상 계속될 때, 아미노산 용액을 첨가하여 단백질 손실을 막는다. 끓인 물을 섭취하며, 초기에는 우유, 생채소, 생과일의 사용을 제한한다.

저잔사식, 저자극성식 섭취한다. 회복 정도에 따라 반유동식으로 이행하고 탄수화물을 위주로 한 구성에 부식으로는 부드러운 채소, 흰살생선, 달걀찜 등을 추가한다. 회복이 되어도 일정 기간은 저식이섬유식, 부드럽고 담백한 식사를 섭취한다. 지질은 장의 운

쉽게 배우는 식사요법

동을 촉진하여 설사를 유발할 수 있으므로 소화·흡수가 잘 되는 버터, 크림, 마요네즈 등 유화된 형태로 소량 사용하는 **저지방식**으로 식사를 계획한다. 자극적인 향신료, 조미료, 탄산음료, 알코올, 너무 차갑거나 뜨거운 음식, 가스 발생 식품은 피하도록 한다.

표 3-7. 가스 발생 식품

구분	발생 식품
콩류	강낭콩, 리마콩, 완두콩, 마른 콩 등
과일류	사과, 멜론, 수박, 바나나, 참외, 포도, 과일 주스 등
채소류	양배추, 브로콜리, 콜리플라워, 순무, 고추, 부추, 양파, 마늘, 오이, 가지 등
기타	옥수수, 견과류, 탄산음료, 캔디, 과당, 올리고당, 당알코올(솔비톨 등) 등

2) 만성장염(chronic enteritis)

(1) 원인

급성장염에서 만성화되는 경우가 많고 과음, 과식, 불규칙한 식습관, 약물의 남용, 궤양성 대장염, 아메바성 이질 등의 만성질환과 비타민 결핍증 등이 원인이 된다.

(2) 증상

급성장염의 증세가 지속되면서 배변이 불규칙하고 설사와 변비가 반복된다. 그 외 식욕부진, 복부 팽만감, 복통, 가스, 흡수장애로 인해 영양상태가 악화되어 체중감소와 빈혈이 나타나기도 한다.

(3) 식사요법

소화되기 쉽고 자극이 적은 음식을 제공하여 증상에 따라 적절한 상태의 식사를 선택한다. 규칙적으로 식사를 제공하고 소량씩 자주 섭취하도록 한다. 손상된 장 점막을 자극하지 않고, 소량으로도 영양가가 높으며 소화·흡수가 잘 되는 식품을 선택한다. 양질의 단백질과 비타민 및 무기질을 충분히 공급한다. 식이섬유는 장 점막을 자극하고 장내

세균의 분해로 생성되는 휘발성 산이 연동운동을 촉진시키므로 저잔사식을 제공하고, 지질도 장내에서 비누화 현상을 나타내어 장벽을 자극하므로 유화된 형태MCT-oil로 소량 제공한다(저지방식). 알코올, 뜨겁거나 찬 자극적인 음식, 가스를 발생하는 식품, 강한 향신료는 피한다. 설사가 장기간 계속되면 영양결핍이 일어나기 쉬우므로 식사를 지나치게 제한하지 않도록 주의한다. 모든 음식은 가열 조리하고 조미는 약하게 한다.

장염 식사요법

급성장염

- 초기 1~2일간 금식하면서 수분과 전해질을 충분히 보충한다.
- 가능한 한 빨리 구강급식 시작, 호전되면 유동식, 연식, 일반식으로 단계적으로 진행한다.
- 저잔사식, 저지방식, 소화되기 쉬운 부드럽고 담백한 식사를 제공한다.
- 자극성 식품, 가스발생 식품 등을 제한한다.

만성장염

- 단백질이 풍부하고 소화되기 쉬운 부드럽고 담백한 식사를 제공한다.
- 고에너지, 고단백질, 고비타민, 저잔사식, 소화되기 쉬운 식사를 제공한다.
- 자극성 식품, 가스발생 식품 등을 제한한다.
- 설사 시 수분과 전해질을 충분히 섭취한다.

3) 설사(diarrhea)

설사는 대장의 연동운동이 항진되며, 대장 점막에서 수분흡수가 저하되고, 점액의 분비가 증가한다. 수분이 많이 함유된 변을 배설하는 것이며 질병으로 인한 증상이다. 임상적으로는 배변 횟수가 4회 이상, 대변량이 하루 250g 이상의 묽은 변이 있을 때를 설사라 한다. 정상의 변에도 70~80%의 수분이 함유되어 있는데, 85%를 초과하면 변의 형태가 없어진다. 대체로 배변 횟수가 증가하고 1일 1회라도 수분량이 많은 경우는 설사라 한다. 성인에게서 4주 이상 지속되는 설사를 만성설사, 그 이하를 급성설사라 하고, 급성설사는 원인에 따라 감염성과 비감염성으로 나눈다.

(1) 원인

감염성은 독물, 세균, 바이러스, 기생충 등의 감염에 의해 일어나고 비감염성은 위, 간, 췌장질환으로 소화력 저하 등의 소화불량이나 과식으로 흡수되지 못한 영양소가 대장에서 장내세균에 의해 발효가스, 유기산, 유독물 등으로 변하여 장점막을 강하게 자극함으로써 장운동을 항진시킨다. 이외에도 식중독, 식품 알레르기, 중금속, 약물, 신경과민 등이 원인이다.

(2) 증상

설사가 지속되면 식욕부진, 복통, 복부의 불쾌감, 권태감 등이 나타나며 중증인 경우발열도 있다. 변에 점액이 섞이기도 하며 소장보다 대장에 병변이 있는 경우는 설사가 심하고 그로 인하여 탈수 현상이 초래된다.

(3) 식사요법

설사는 **원인에 대한 치료가 필요하다.** 감염성 설사인 경우 항생제나 장내 살균제를 사용하고, 비감염성 설사인 경우에는 우선 그 원인을 제거한다. 설사 환자에게 기본적인 영양지침은 수분과 전해질의 보충이다.

급성설사는 비교적 단시간에 치료되며 **증상의 회복에 따라 유동식, 연식, 일반식으로 이행한다. 무자극성 저잔사식을 제공하며** 흰살생선이나 닭고기 등을 이용하여 최소한의 단백질을 공급한다. 발효성 설사이면 탄수화물을 제한하고, 수분을 보충한다. 식사량은 점진적으로 증가시켜 체력을 증강시키고, 식이섬유가 많은 채소와 발효되기 쉬운 식품, 지나치게 뜨겁거나 차가운 음식은 장 점막을 자극하므로 피해야 한다. 부패성 설사의 경우에는 단백질을 제한한다.

만성설사는 초기에는 급성설사의 식사요법에 준하며, 만성설사로 인한 **체중과 체단백의 급격한 감소를 막기 위해 고에너지, 고단백식, 고비타민식을 공급**한다.

4) 변비(constipation)

배변하기 힘들거나 3일 이상 배변하지 못하는 등 배변 횟수가 적거나 변이 지나치게 굳고, 변이 아직도 남아 있다는 느낌이 드는 상태이다. 장 내용물이 결장 안에 오랫동안 정체되면 수분이 지나치게 흡수되므로 변이 굳어진다.

변비는 증상에 따라 이완성 변비와 경련성 변비로 나눌 수 있다. 일반적으로 변비라 하면 이완성 변비를 말하며, 경련성 변비는 과민성 대장증후군의 주된 증상이다.

(1) 이완성 변비(atonic constipation)
① 원인

이완성 변비는 장관의 긴장 및 장의 연동운동이 저하되어 장 내용물이 장관 내 오랫동안 머물러 있어 일어난다. 변의를 느끼지만 시간적인 제약 때문에 제때에 해결하지 못하면 만성화되어 일어난다. 특히 노인이나 임신부, 수술 후 환자에게 장의 근육이 약해져 변비 증세를 보이고 식이섬유가 부족한 식사, 운동 부족, 무리한 체중 감량 등도 장 근육 긴장을 저하시켜 변비가 된다.

가장 큰 원인은 장의 운동에 의한 자연스런 변의를 무시하는 것이다. 변의를 느끼면

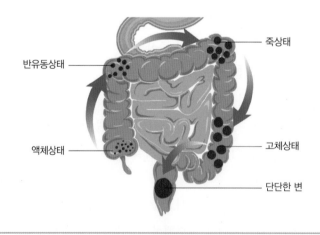

그림 3-10. 대변의 생성 과정

바로 배변하는 것이 변비를 예방할 수 있는 최선의 방법이다.

② 증상

자각증세가 없는 경우가 많으며 변비가 심해지면 연동운동이 약해져서 변이 결장에 오래 머물러 장내에 생긴 중독물질이 흡수되면서 복부 팽만감, 하복부의 통증과 불쾌감, 식욕부진, 두통, 신경과민, 피로감, 불면증 등이 나타난다.

③ 식사요법

일정한 대변용적을 만들고 장벽을 자극하여 연동운동을 촉진하는 음식을 섭취한다.

변의 용적을 늘리며 장내 통과시간을 빠르게 해주는 **고섬유식(하루 25~50g)으로** 현미, 잡곡류, 근채류, 과일, 해조류 등의 식품과 지질(비만의 경우 제외) 식품을 충분히 공급한다. 과일에는 식이섬유, 펙틴, 당분, 유기산 등이 많아 장 점막을 자극하여 배변을 돕는다. 변을 부드럽게 하기 위해 **수분을 충분히 섭취한다.** 장관의 통과시간이 곡류보다 긴 육류는 가능한 한 적게 이용하도록 한다. 장의 운동을 촉진하는 유기산, 효모, 비타민 B_2를 충분히 공급한다. 자두prune는 식이섬유가 많아 이완성 변비에 좋은 식품이다.

생활습관 개선과 식사요법으로 치료하는 것이 효과적이다. **식사는 규칙적으로** 하고, **규칙적인 배변습관**을 기르도록 한다. 또한 적당한 운동으로 복부 근육의 힘을 길러 변비를 예방한다.

(2) 경련성 변비(spastic constipation)

① 원인

경련성 변비는 자율신경계의 장애로 장기간의 스트레스와 긴장, 지나친 흡연, 항생제 과용, 매우 거친 음식의 섭취, 커피·홍차 등 카페인 과잉섭취, 알코올의 과음, 다량의 하제 복용, 장의 감염과 수면 부족, 과로, 수분섭취 부족 등이다. 일종의 과민성 대장증후군을 나타낸다.

② 증상

신경성 요인으로 장에 경련성 변화가 있어서 변은 소량으로 토끼똥처럼 굳고 작은 덩어리 형태이다. 복통과 메스꺼움을 느끼고 장의 팽창에 대해 불쾌감을 느낀다. 가스가 차고 경련이 일어나고 속이 쓰리고 배가 팽창되며, 변비와 설사가 반복된다. 흔히 체중감소와 신경질적 증세가 나타난다.

③ 식사요법

장에 자극을 주지 않는 **저잔자식, 저식이섬유식(하루 10~15g)**을 제공하여 과도한 장운동을 억제한다. 단, 장관의 점막을 자극시키지 않는 연한 섬유질 식품만 이용한다. 육식을 피하고 흰살생선이나 으깬 채소를 공급하며 기름기가 많거나 자극성이 있는 식품은 피한다. 무엇보다도 규칙적인 식생활과 배변습관을 가지는 것이 중요하다. 자극성이 강한 조미료와 향신료, 음료 중 커피, 콜라, 홍차, 녹차 등은 피한다.

표 3-8. 식이섬유 조절식

종류	식이섬유량	작용	대상
고식이섬유식	25~50g/일	• 대변량 증가, 장 내압 감소, 장 통과시간 단축 • 발암성분 희석, 발암성분의 형성을 낮춤	• 이완성 변비 • 대장암
저식이섬유식	10~15g/일	• 대변량 감소 • 장 팽창 억제	• 게실염 • 장폐색 • 장누공
저잔사식*	10g/일 미만	• 장 휴식을 위해 대변량 최소화 • 장기간 지속 시 영양소 함량이 부족할 수 있으므로 비타민, 무기질 보충	• 장염 • 염증성 장질환 • 장폐색

* 저잔사식 : 효과를 증명할 과학적 근거가 부족하여 미국영양사협회에서는 저잔사식의 대안 식단으로 저식이섬유식을 권고했으나, 본 교재에서는 이해를 돕기 위해 저잔사식을 분리하여 작성하였다.

5) 게실증(diverticulosis)·게실염(diverticulitis)

(1) 원인

게실diverticula은 장에 오랫동안 축적된 높은 압력이 장벽의 약한 부분을 밀어내어 풍

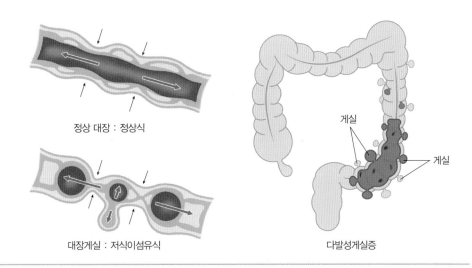

정상 대장 : 정상식

대장게실 : 저식이섬유식

게실

게실

다발성게실증

그림 3-11. 게실이 생기는 기전

선 모양의 작은 주머니를 형성한 것으로, 게실이 많아져 집합체를 형성한 것을 게실증이라 한다. 게실염은 게실에 생성된 변의 자극이나 장내세균 감염으로 염증이 발생한 것을 말한다 **그림 3-11**. 게실증과 게실염은 저식이섬유 식사나 노화가 장의 압력을 높여 게실 형성을 증가시키고, 운동량이 부족하면 소화기의 운동도 느려지기 때문에 게실증의 발생을 높일 수 있다.

(2) 증상

게실증인 상태에서는 특별한 증상이 없으나 게실염으로 발전하면 다양한 증세가 나타난다. 대장 하부가 강직되고 모양이 변하여 내면이 좁아지고 이에 따라 작은 변 덩어리와 변비, 때로는 설사가 동반된다. 게실염이 진행되면 왼쪽 하복부에 통증이 나타나며, 메스꺼움, 구토, 복부팽만, 경련, 발열도 동반된다. 증세가 진행되면 장폐색이나 천공이 일어나므로 수술이 필요한 경우도 있다.

(3) 식사요법

고열과 통증이 심한 경우에는 천공을 막기 위하여 당분간 장을 완전히 휴식하도록 해야 하므로 **급성기에는 금식하고 정맥으로 영양을 공급**한다. 상태가 좋아지면 맑은 유동식에서 점차적으로 자극성이나 식이섬유가 적은 전자사식을 공급하고, 단백질은 적절히 공급한다. **회복 속도에 따라 점차적으로 식이섬유 섭취를 증가**시킨다. 식이섬유를 충분히 섭취하면 변이 부드럽고 양이 많아져 배변이 원활해지므로 대장 내 압력을 줄일 수 있으나 가스가 찰 수 있으므로 조금씩 천천히 늘려가도록 한다. **충분한 수분(2~3L/일)을 섭취**하고, 스트레스를 피하며 규칙적인 운동을 병행한다.

노년기의 게실염을 예방하기 위해서는 고식이섬유 식사와 함께 수분을 충분히 섭취해야 한다.

6) 염증성 장질환(inflammatory bowel disease)

소장이나 대장에 만성적으로 염증이나 설사와 통증을 유발하는 질환으로, 원인과 염증이 생기는 부위에 따라 대표적으로 궤양성 대장염과 크론병으로 나눌 수 있다.

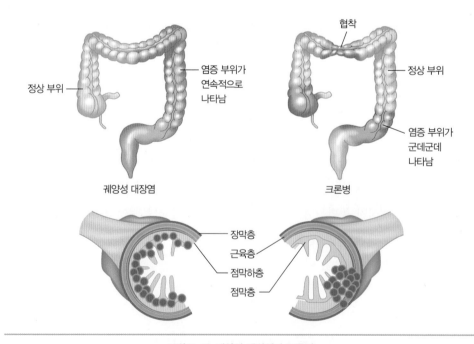

그림 3-12. 궤양성 대장염과 크론병

(1) 원인

아직 정확한 원인은 밝혀진 것이 없지만, 일반적으로 서구식 식생활, 흡연, 감염성 물질, 장내 세균총 그리고 스트레스 등 환경적 요인, 유전, 장내미생물 감염, 면역학적 요인 및 정신적 요인이 중요한 발병원인으로 여겨지고 있다.

(2) 증상

① 궤양성 대장염(ulcerative colitis)

난치성 만성염증성 장질환으로 직장과 S상 결장에 발병한다. 특히 직장의 점막에 염증과 궤양이 생기는데 주된 조직의 변화는 점막과 점막하층에서 일어난다. 장점막에 궤양이 발생하여 잦은 설사, 복통, 점액변 등이 나타나고 심하면 발열, 혈변, 저단백혈증, 빈혈, 체중감소, 복통 등이 나타난다.

② 크론병(Crohn's disease)

소화기관 어느 부위에도 발생할 수 있으나 주로 회장과 대장에서 발생한다. 궤양성 대장염과는 다르게 정상 부위와 병변 부위가 섞여 있는 특징을 가지고 있으며 염증이

표 3-9. 궤양성 대장염과 크론병의 비교

구분	궤양성 대장염	크론병
발생 부위	• 대장(직장, S상 결장)에서 주로 발생 (연속적 진행) • 점막층과 점막하층에 나타남 • 장벽이 얇아짐	• 소화기관 어디에서나 발생 가능, 회장과 대장에서 주로 발생(비연속적 발생) • 점막층까지 침범 • 장벽이 두꺼워지며 협착이 주로 발생
발병률	• 20~40대에 가장 많이 발병	• 15~25세에 가장 많이 발병
임상 증상	• 혈액이 섞인 설사, 점액변 • 복부 통증, 구토, 고열 • 저알부빈혈증, 체중감소, 빈혈	• 궤양성 대장염과 임상 증상이 비슷함 • 만성설사(심한 체중감소와 영양불량 초래) • 지방변
합병증	• 심한 출혈, 장관 협착 • 대장염, 대장 내 천공	• 장관의 협착, 폐색, 농양, 누관 형성 • 소장이나 대장암 발병률 증가
예후	• 악화와 소강상태가 만성적으로 반복 • 국지적 염증은 수술 불필요	• 궤양성 대장염보다 염증이 심함 • 약 70%가 수술을 요함, 재발이 흔함

장세포에 퍼지고 장점막층까지 침범하면서 광범위하게 발생하는 게 특징이다. 상처난 조직은 장벽이 두껍고 단단해져 협착, 폐색, 농양 등의 증상을 수반한다. 오랫동안 지속되면 빈혈, 비타민 결핍증, 탈수, 식욕부진, 발열, 체중감소 등이 나타나고 장 협착 및 폐색이 발생할 수 있다.

(3) 식사요법

질병을 소강상태로 유지시키고 영양상태를 개선하기 위해, 적절한 영양공급으로 영양상태를 유지하고 장점막의 상처를 치유하며 염증과 협소해진 장 부위에 대한 자극을 최소화함을 목표로 한다.

① 급성기(설사, 혈변, 복통이 심할 때) : 영양지원에서 단계적 식사(저잔사식, 저식이섬유식)

급성기에는 장의 휴식을 위해 정맥영양이나 경관급식을 실시한다. 환자의 증상이 완화되면 유동식으로 시작하여 연식, 일반식으로 단계적으로 진행한다. 염증성 장질환의 급성기와 장관이 좁아지거나 협착이 있는 경우에는 장 부위에 대한 자극을 최소화하기 위하여 저잔사식, 저식이섬유식으로 소량씩 자주 공급한다. 유당, 과당, 당알코올, 가스 형성 식품, 자극성 식품, 카페인 음료 등은 장을 자극하여 증상을 악화시킬 수 있고 지방의 다량섭취는 지방변을 일으킬 수 있으므로 제한한다. 충분한 에너지와 단백질 섭취를 위해 필요시 영양보충 음료를 이용할 수 있다.

② 안정기(소화기 증상이 없을 때) : 고에너지식, 고단백질, 비타민과 무기질 충분히

증상이 호전되면 식이섬유를 소량씩 늘리고 식사적응도에 따라 개별화하여 식사를 조정한다. 단백질을 비롯한 비타민(엽산, 비타민 B_{12}), 무기질(철, 칼슘, 마그네슘, 아연)이 부족하기 쉬우므로 환자의 영양상태에 따라 보충제 사용을 고려한다. 또한 프로바이오틱스와 프리바이오틱스가 풍부한 식품 및 보충제 섭취가 염증성 장질환의 증상을 완화시키고 항염증 지표 개선에 도움이 된다.

7) 글루텐 과민성 장질환(gluten sensitive enteropathy)

글루텐 과민성 장질환은 실리악병celiac disease 또는 비열대성 스프루nontropical sprue라고 불린다. 체내의 효소대사 과정에서 어떤 유전적 결함으로 식품 중 글루텐 단백질 내에 있는 글리아딘 부분이 소장 점막을 손상시켜 융모가 위축되고 납작해져서 영양소 흡수에 장애가 생긴다.

(1) 원인

밀의 글루텐 단백질을 소화할 수 있는 효소가 선천적으로 없거나 부족하여 흡수장애를 일으킨다. 특히 식품 중 글루텐 내에 있는 글리아딘 부분이 소장 점막을 손상시켜 융모가 위축되고 납작하게 되어 영양소 흡수불량이 생긴다. 장점막 손상 기전은 정확히 알려진 바가 없으나 유전, 면역학적·환경학적 요인이 관여하는 것으로 보인다.

(2) 증상

설사, 지방변, 복부 팽만, 체중감소, 쇠약감 등이 나타나며 글루텐이 함유된 식품을 계속 섭취하면 증세가 더 심해진다. 단백질뿐만 아니라 탄수화물, 지질, 칼슘, 철, 마그네슘, 아연, 지용성 비타민, 비타민 B_{12} 등 각종 영양소의 흡수불량으로 빈혈 증세와 비타민 결핍, 골다공증, 골연화증이 나타날 수 있다.

(3) 식사요법

식사에서 **글루텐이 함유된 식품을 철저히 제한**하여 임상적 증상을 완화시키고 흡수기능을 정상화시켜 점막 내 융모를 재생시킨다. 글루텐 성분이 함유되어 있는 밀, 보리, 호밀, 오트밀 등을 제거하고 쌀, 감자, 고구마, 전분 등을 주식으로 제공하면 증상이 개선된다. 국수, 빵 등의 밀가루 음식 외에도 만두, 크래커, 약과, 쿠키, 크림수프, 햄버거, 전유어 등 글루텐이 함유되어 있는 음식섭취를 피한다.

흡수장애와 이에 따른 체중감소를 회복하기 위해 **고에너지식, 고단백식을 제공**하고, 필요한 경우 비타민과 무기질의 보충이 필요하다. 지질은 유화된 형태MCT-oil 등로 사용한

표 3-10. 글루텐 함유 식품

구분	함유 식품
곡류	밀, 보리, 메밀, 시리얼, 국수, 라면, 수제비, 밀가루, 빵가루, 수프 등
어육류	어묵, 전유어, 햄버거, 돈가스, 탕수육, 소시지, 핫도그 등
간식류	과자류, 한과류, 케이크, 빵, 파이, 푸딩, 아이스크림, 초콜릿, 코코아 등
음료류	맥주, 식혜, 보리음료, 미숫가루 등

다. 빈혈이 있으면 철분·엽산·비타민 B_{12}를, 출혈이 있으면 비타민 K를, 골다공증이 있으면 칼슘과 비타민 D를 보충한다. 심한 설사로 탈수를 보이면 수분과 전해질의 보충이 필요하며, 설사나 지방변으로 손실된 칼슘·마그네슘·지용성 비타민을 보충한다. 증상이 완화되어 특별한 증상이 없다 해도 글루텐 제한식은 평생 지속적으로 실시해야 한다.

Memo

간·담도계 및 췌장질환

간·담도계 및 췌장질환

간은 영양소 대사에 중심적인 역할을 하며, 혈장 삼투압 조절, 혈액 응고인자 생성, 담즙 생성, 요소 생성, 해독 및 면역작용 등과 배설 기능을 수행한다.

담낭은 답즙을 저장, 농축하며 담관은 간에서 생성된 담즙을 수집하여 십이지장으로 배출하는 통로이다. 십이지장으로 출구가 연결된 담관과 췌관은 공통의 관으로 상호 간의 기능 면이나 질병이 생기는 면에서 서로 밀접한 관련이 있다.

췌장은 소화액을 만드는 외분비 기능과 혈당을 조절하는 인슐린 등 여러 호르몬을 만드는 내분비 기능이 있다. 췌장에서 만들어진 췌액은 췌장 속에 그물처럼 존재하는 췌관이라고 하는 가느다란 관을 통하여 십이지장으로 배출되어 영양소 소화에 중요한 역할을 한다.

:: 용어 설명 ::

간염(hepatitis) 바이러스, 알코올, 약제, 자기면역 등의 원인에 의해 간에 염증이 생긴 상태

황달(jaundice) 피부나 안구 색깔이 노랗게 변화는 것으로 정상적인 담즙으로 배설되어야 할 적혈구의 대사물인 빌리루빈이 혈액에 축적되어 발생하는 현상

빌리루빈(bilirubin) 반복된 염증으로 인해 담즙에 존재하는 황갈색 물질. 수명이 다한 적혈구가 분해될 때 적혈구의 구성성분인 헤모글로빈이 대사되면서 생성되는 물질

지방간(fatty liver) 간세포 안에 지방이 비정상적으로 많이 축적된 상태. 간에서 중성지방 비율이 5% 이상인 경우

간경변(liver cirrhosis) 간세포의 지속적인 파괴로 섬유화가 진행되고, 재생결절이 생기면서 간 기능에 점진적인 저하가 발생한 상태

복수(ascites) 수분이 복강 내에 비정상적으로 축적되어 있는 현상

간성뇌증(hepatic encephalopathy) 간에 장애가 생겨 해독되지 않은 혈액이 뇌에 영향을 미쳐 의식장애나 행동에 변화를 일으키는 질병상태

알코올성 간질환(alcoholic liver disease) 과다한 음주로 인해 발생하는 간질환을 의미하며 무증상 단순 지방간에서부터 알코올성 간염과 간경변 및 이에 의한 말기 간부전에 이르기까지의 다양한 질환군을 일컬음

담낭염(cholecystitis) 세균 감염, 담즙 성분의 변화, 췌액의 역류 및 담석에 의한 담도의 폐쇄 시 발생되는 담낭의 염증질환

담석증(cholelithiasis) 간, 담낭 혹은 담도에 결석이 형성된 것

급성 췌장염(acute pancreatitis) 주로 술이나 담석 때문에 췌장에 생긴 염증으로 호전되면 정상 췌장으로 돌아올 수 있음

만성 췌장염(chronic pancreatitis) 반복된 염증으로 인해 췌장에 돌이킬 수 없는 손상이 와서 췌장의 외분비와 내분비 조직이 모두 파괴되는 것

1. 간의 구조와 기능

1) 간의 구조

간liver은 인체에서 가장 큰 장기로 체중의 2.5~3%를 차지하며, 무게는 1.2~1.5kg 정도이다. 그 사이에 담관, 간동맥, 문맥, 신경 및 림프관이 지나고 있다. 간 기능의 기본 단위는 간소엽이며 간동맥으로 산소가 풍부한 동맥혈이 유입되고, 간문맥으로 위나 장에서 흡수된 영양분을 함유한 정맥혈이 유입된다.

간은 혈류 공급을 이중으로 받고 있는데, 약 25%는 간동맥을 통해서 산소가 풍부한

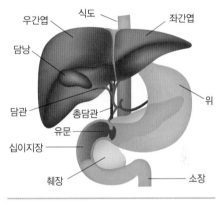

그림 4-1. 간의 구조

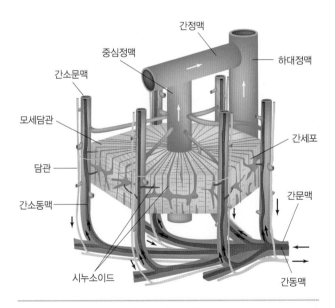

그림 4-2. 간소엽의 구조

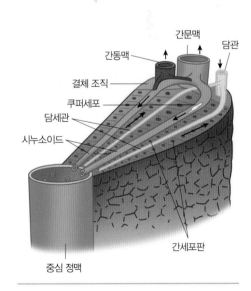

그림 4-3. 간소엽 단면과 혈관

동맥혈이 유입되고, 약 75%는 문맥을 통해서 위나 장에서 흡수된 영양소를 함유한 정맥혈이 유입된다. 간의 정상적인 기능을 수행하기 위해서는 간 내의 혈액 순환이 정상적으로 이루어져 간세포에 충분한 산소와 영양이 공급되어야 한다. 간소엽에 있는 모세혈관망인 시누소이드sinusoid는 간동맥과 문맥으로부터 중심정맥으로 연결되어 있어 인체가 필요로 하는 영양소를 온몸으로 공급하고 대사작용 결과로 생성된 노폐물을 대정맥으로 보내는 역할을 한다.

2) 간의 기능

간은 생명유지에 필요한 여러 가지 물질을 합성 저장하며 체내에서 이용하기 쉽게 가공하고 유해한 물질을 분해하는 등의 다양한 작용으로 인체의 화학공장으로 비유된다. 약 80%가 파괴되어도 작용을 하고 있으므로 침묵의 장기라고 불릴 만큼 잠재력과 빠른 재생력을 보유하고 있다. 간은 영양소 대사에 중요한 역할을 하며, 담즙을 만들어 지방의 소화·흡수를 돕고 해독과 면역작용을 한다.

(1) 탄수화물 대사

섭취한 탄수화물은 포도당, 과당 및 갈락토오스로 가수분해되어 문맥을 통하여 간으로 들어간다. 단당류의 흡수로 혈당이 높아지면 여분의 포도당은 간과 근육에서 글리코겐으로 합성glycogenesis되어 저장되고, 반대로 혈당이 낮아지면 간의 글리코겐이 포도당으로 분해glycolysis되어 혈당을 조절한다. 또한 간에서는 아미노산, 글리세롤, 젖산, 당질 이외의 물질로부터 당신생작용gluconeogenesis을 통하여 포도당을 합성한다. 이처럼 간은 혈당을 조절하는 능력이 있으므로 간의 기능이 손상되면 간의 글리코겐 저장량도 감소하고 당신생이 저하되어 저혈당이 된다. 저혈당은 만성보다는 급성간염이나 알코올성 간질환에서 볼 수 있다.

(2) 지질 대사

섭취한 지질은 글리세롤과 지방산으로 분해된다. 간에서 지방산의 합성과 분해가 이루어지기 때문에 정상인의 경우에는 간에 저장되어 있는 지질은 활발히 대사되며, 항지방간 인자인 메티오닌, 콜린, 레시틴, 셀레늄, 비타민 E 등의 작용으로 일정량 이상은 증가되지 않는다. 특히 간세포의 미토콘드리아에서 β-산화에 의해 아세틸 CoA로 분해되어 에너지를 생성한다. 체내 지방산 산화의 60%가 간에서 진행된다. 또한 지단백질을 합성하고 혈액을 통하여 각 조직으로 운반하며 아세틸 CoA로부터 콜레스테롤을 합성한다. 그러나 간에 이상이 생기면 간에 지방이 축적되어 지방간이 되고, 당뇨병이나 단식 등으로 인해 체지방의 분해가 급속히 이루어질 때 간에서 지방산 분해로 생성된 아세틸 CoA부터 케톤체를 생성한다.

(3) 단백질 대사

간은 단백질 대사의 합성과 분해에 있어서 중추적 역할을 한다. 문맥을 통하여 간으로 들어온 여러 가지 아미노산으로부터 단백질이 합성된다. 혈청 100mL에는 약 6~8g 정도의 단백질이 있고, 이 중 90%가 간에서 만들어진다. 알부민, 글로불린, 피브리노겐, 지단백질 외에 트랜스페린, 레티놀 결합단백질 등의 영양소 운반 단백질이 합성된다. 단백질 대사과정에서 생성된 암모니아는 간에서 요소회로를 통해 무독성의 요소로 전환되어 배설된다. 간 손상 시에는 혈중 암모니아가 상승하여 간성혼수가 발생된다.

(4) 비타민과 무기질 대사

간은 각종 비타민과 무기질의 대사, 활성화, 수송뿐 아니라 저장에 관여한다. 특히 비타민 A, D, E, K와 같은 지용성 비타민과 아연, 철, 구리, 마그네슘, 비타민 B_1, 비타민 B_{12}, 비타민 C 등이 간에서 저장된다. 간에서는 카로틴이 비타민 A로, 엽산과 비타민 D는 활성형으로 전환되며, 비타민 K를 프로트롬빈으로 합성시키는 기능이 있다. 그러므로 간기능이 저하되면 무기질과 비타민 결핍증상과 대사장애가 나타날 수 있다.

(5) 담즙과 빌리루빈 대사

간에서 1일 500~1,000mL가 생성되는 담즙은 빌리루빈, 담즙산, 콜레스테롤, 지질, 요산, 레시틴 및 염류로 구성되어 있다. 헤모글로빈의 대사로 생성된 빌리루빈은 알부민과 결합하여 간으로 이동해 담즙을 통해 대사된다. 간질환으로 혈액 중의 빌리루빈이 간으로 유입되지 못하면 황달 증상이 나타난다.

담즙은 지질과 콜레스테롤의 소화 및 흡수에 중요한 역할을 한다. 소장으로의 담즙 배출에 장애가 생기면 장내에서 지질이 유화되지 않아 지질의 소화·흡수가 나빠지고 지방변을 보게 된다. 또한 장내 세균에 의해 산화되어 빌리베리딘biliverdin이 되어 녹변을 보게 된다.

(6) 해독과 면역작용

간에서 약물과 중간 대사산물로 생긴 여러 유독물질은 독성이 적은 물질로 바뀌거나 배설되기 쉬운 수용성 물질이 되며, 알코올과 암모니아가 처리된다.

아미노산의 대사 분해물인 암모니아는 간에서 이산화탄소와 결합하여 대사를 통해 독성이 낮은 요소로 만들어져 소변이나 담즙을 통하여 배설된다. 알코올은 간세포 효소인 ADHalcohol dehydrogenase, MEOSmicrosomal ethanol oxidizing system 및 카탈라아제catalase에 의하여 아세트알데히드로 만들어지고, 이는 다시 아세트산acetic acid을 거쳐 소변으로 배설된다.

이 밖에도 간의 시누소이드에 있는 쿠퍼세포Kupffer's cell의 식균작용에 의해 이물질을 제거하고 면역글로불린이나 면역체 형성 등에 관여한다.

3) 간기능 검사

간기능 검사 시 기본적으로 실시하는 것이 혈액으로 검사하는 생화학검사로, 해독 및 배설, 대사 및 생합성, 혈액응고인자 합성 등의 간 기능과 관련된 성분을 측정한다 **표 4-1**.

이 밖에도 간질환을 위해 간 조직검사, 간염 바이러스 표지자에 대한 면역검사, 간의 비대 및 간세포의 지방 침착 유무를 알아보는 간 초음파검사, 방사선 동위원소를 이용하여 간 혈류 간의 변화를 알아보는 간 조영검사 등의 다양한 방법이 이용된다.

표 4-1. 주요 간기능 검사 항목

검사 항목	정상치	간질환 시 변화	임상적 의의
AST(sGOT)(U/L)	40 이하	↑	• 간세포 손상 시 증가 • 심장과 근육 손상 시에도 증가되므로 비특이적
ALT(sGPT)(U/L)	40 이하	↑↑	• 간 세포 손상 시 혈청에 300 이상으로 증가 • 간염성 간염에 간세포 탐지에 민감성이 높은 지표로 AST보다 특이적
AST/ALT ratio	1	↑	• 알코올성 간질환 시 대체로 2 이상 증가
ALP(U/L)	30~120	↑	• 간질환, 담도폐쇄로 활성 증가 • 뼈질환, 임신, 성장 시에도 증가될 수 있어 특이성은 떨어짐
알부민(g/dL)	3.5~5.2	↓	• 간질환(단백질 합성 감소에 의해)과 염증상태 시 감소
글로불린(g/dL)	1.5~3.8	↑	• 염증이 있을 때 증가
혈청단백질(g/dL)	6.0~8.0	↓	• 간질환과 염증상태 시 감소
총 빌리루빈(mg)	0.3~1.2	↑	• 빌리루빈의 과잉생산, 간의 담즙생성 및 배설장애에 의해 증가, 황달 증상 보임

AST : aspartate amino transferase, ALT : alanine amino transferase, ALP : alkaline hosphatase

2. 간질환

간질환은 급성 또는 만성, 전체적 또는 부분적, 선천적 또는 후천적에 따라 다양하게 분류될 수 있고, 간조직 손상 및 장애가 초래된 경우를 말한다. 간 전체가 장애를 받는 경우에는 지방간, 간염, 간경변증 등이 있고, 간의 일부가 장애를 받은 경우로는 간암, 간종양 등이 있다. 간질환의 진행 예는 **그림 4-4**와 같다.

간질환의 일반적인 영양관리 목표는 영양불량의 해소와 좋은 영양상태 유지, 간질환의 진전과 간세포의 손상 방지, 간세포의 재생과 간기능의 정상화 촉진, 다른 대사 방해 물질을 예방하고 경감하는 것이다.

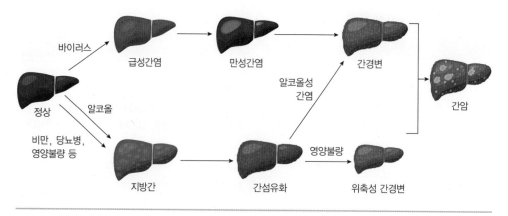

그림 4-4. 간질환의 진행

1) 간염

간염hepatitis은 어떤 원인에 의해 간이 손상을 받아 간에 염증이 초래되는 것을 말하고, 간염은 치유기간과 지속성에 따라 급성과 만성으로 분류된다.

(1) 급성간염(acute hepatitis)
① 원인

원인에 따라 바이러스에 의한 바이러스 간염과 약물 또는 유해물질에 의한 중독성 간염 등으로 구분된다. 가장 흔한 원인은 바이러스성 감염으로 A·B·C·D·E형이 있고, 우리나라에서는 A·B·C형이 많이 발병되며, 그중 2/3는 B형 간염이다. A형은 일시적인 경우가 많지만, B·C형은 만성간염, 간경변증, 간암으로 진전되기도 한다. 그러므로 급성 간염의 경우 회복기에 병이 재발하지 않도록 유의해야 한다.

· A형 간염 주로 청소년기에 흔하며 환자의 대변, 오염된 음식물(어패류, 생채소)과 음료수 섭취를 통한 경구감염이다. 겨울에서 봄에 걸쳐 많이 발생하는 유행성 간염으로, 대부분은 만성으로 되지 않고 3개월 이내에 회복된다.

· B형 간염 혈액 외에도 정액, 타액, 모유 등에 의해서 감염되고, 그 외에 비위생적인

쉽게 배우는 식사요법

치과기구, 주사바늘, 비위생적인 침술, 면도기, 귀걸이 시술, 문신 등과 같은 피를 보는 경우를 통해 전염될 수 있다. 주로 전염 경로는 모체로부터 신생아로의 수직감염이다.

연중 어느 때나 산발적으로 나타나고, 회복률은 높으나 5~10%는 만성화되어 간경변, 간암으로까지 진행될 수 있다. B형 간염은 회복률이 90% 정도이며 예방백신이 있으므로 미리 접종할 것을 권장한다.

· C형 간염　혈액이나 혈액제제, 사람과의 접촉 등에 의해 감염되며 근래에 감염이 증가하는 추세이다. C형 간염은 만성화율이 매우 높고 잠복기가 길며, 급성기에는 증상이 없거나 가벼운 경우가 많다. 수혈 후 발생된 C형 간염이 수혈 후 발생된 B형 간염에 비해 만성화되는 경우가 많다. C형 간염은 B형 간염과 달리 아직 예방 백신이 없어서 예방하기가 어렵다.

· D형 간염　혈액을 통해서 주로 감염된다. D형 바이러스는 복제를 위해 B형 바이러스가 필요하다. D형 바이러스에 감염되려면 먼저 B형 바이러스에 감염이 되어야 하고, 대부분 약물중독이나 혈우병 환자 같은 혈액이나 혈액 제품 사용자들이 주로 감염된다.

· E형 간염　A형과 유사하며 5~15세에서 발병률이 높고, 황달과 가려운 증상이 나타난다.

표 4-2. 간염 바이러스의 종류별 특징

구분	A형	B형	C형	D형	E형
감염 종류	급성	급성/만성	급성/만성	급성/만성	급성
감염 경로	경구(오염된 물이나 음식), 대변	비경구(혈액, 체액, 성접촉 등)	비경구(혈액, 체액, 성접촉 등)	비경구(혈액, 체액, 성접촉 등)	경구 (A형과 유사)
특징	잦은 발열, 정도가 가볍고, 급속히 발병, 만성화되지 않음	열은 없으나, 정도가 심하고, 서서히 발병, 만성화 됨	열은 없으나, 정도가 심하고, 서서히 발병, 만성화율 높음	B형 간염과 동시에 감염되거나 이차적으로 중복 감염	만성화는 드물고, 6개월 이내에 거의 회복 됨
예방법	환자와 접촉을 피하고 음식물 주의 ※ 면역 글로블린	주사기, 면도기 주의 ※ 예방백신	주사기, 면도기 주의 ※ 예방백신 없음	주사기, 면도기 주의 ※ 예방백신 없음	환자와 접촉을 피하고 음식물 주의 ※ 예방백신 없음

② 증상

급성 바이러스 간염의 증상은 4단계로 나뉜다. 첫 번째 단계는 배양단계incubation phase 로 불편감, 식욕부진, 구역질, 우상복부 통증 같은 비특이적 증상이 나타나기도 한다. 두 번째 단계에는 황달 전기pre-icteric phase가 일어나는데 배양단계에서 나타난 비특이적 증 상과 더불어 10~20%의 환자는 발열, 관절통, 관절염, 발진, 혈관부종 같은 면역반응으로 인한 증상이 발생한다. 세 번째 단계는 황달기icteric phase로 황달과 갈색뇨가 있으며, 황달 은 안구와 얼굴에 먼저 나타난다. 마지막 단계는 회복기로 황달과 기타 증세가 가라앉기 시작한다. 이러한 증상으로 인해 식사섭취가 불량해져서 체중감소와 영양불량 상태를 초 래할 수 있다. 급성간염의 종류별 특징은 **표 4-2**와 같다.

③ 식사요법

절대안정과 충분한 영양공급이 필요하며 무엇보다 예방이 중요하다. 절대안정이 필요 한 이유는 간의 주된 작용이 대사기능이고 많이 움직이면 간의 작용이 왕성해지므로 안 정을 취함으로써 간의 작용을 줄이기 위함이다. 누워 있을 때 간에 유입되는 혈류량이 활동 시보다 2~3배 많아지기 때문에 간조직에 충분히 산소와 영양분을 공급하여 재생 을 촉진시킬 수 있기 때문이다. 식사요법의 목적은 간에 부담을 주지 않고, 영양상태 개 선, 손상된 간세포 재생, 간기능 유지 및 개선이다.

간세포의 회복을 위하여 **충분한 에너지를 공급하고, 고단백질, 중등도의 지질, 비타 민·무기질이 충분한 식사가 기본이다.** 그러나 대부분의 간염 환자는 식욕부진이 일어나 므로 우선 식욕을 증진하도록 하고 섭취하기 쉬운 형태의 음식을 조금씩 자주 공급한다. 지속적인 식욕부진 환자는 필요한 경우 경관급식이나 비경구적 영양공급을 실시한다. 발 병 초기에 탄수화물 위주의 유동식으로 간을 보호하고 충분한 음료수를 제공하여 탈수 가 되지 않도록 한다. 점차 식욕이 증가되면 고에너지식, 고단백질식을 섭취한다. 지질은 총에너지의 20% 정도로 담즙의 이용이 원활하지 못하므로 우유, 버터, 치즈, 난황 등 유 화된 형태로 제공하며, 지용성 비타민이 결핍되지 않도록 한다. 알코올은 금하고 환자를 위해 사용한 음식과 식기기구 등은 철저히 소독해야 한다. 식욕이 없고 구토 또는 구역 질로 식사량이 감소될 수 있으므로 식욕을 돋울 수 있는 조리방법을 고려하고, 자극적인

황달(jaundice)

- 황색의 빌리루빈이 필요 이상으로 과다하게 쌓여 눈의 흰자위, 피부, 점막 등이 노랗게 착색되는 현상
- 혈청빌리루빈 농도가 2.1mg/dL 이상인 경우 피부에 황달 증상 발현

눈의 황달

① 원인(혈중 빌리루빈 농도의 상승 원인)
  - 간질환 : 빌리루빈의 간으로의 유입 감소와 담낭으로 분비되지 못할 때
  - 담낭질환 : 담석증이나 담낭염으로 인해 담관이 폐색되었을 때

② 증상
  피부와 안구결막이 노랗게 변하고, 피부 가려움, 서맥, 담즙분비 장애로 지방의 유화작용이 저하되어 지방변이 나타남

③ 식사요법
  급성간염과 유사하나 저지방식으로 지방은 1일 10~20g으로 제한, 유화된 형태로 공급

음식은 간세포의 염증을 자극하므로 담백한 음식을 제공한다.

(2) 만성간염(chronic hepatitis)

급성간염이 호전되지 않고 간의 염증과 간세포 괴사가 6개월 이상 지속되는 경우와 처음부터 만성화하는 경우로, 간의 염증뿐만 아니라 간세포 괴사까지도 나타난다. 5~10년에 걸쳐 서서히 회복되나 그중 일부(10~15%)는 간경변증으로 이행된다.

① 원인

간염 바이러스, 알코올, 약물, 자가면역, 대사 이상 등이 있으며 급성간염이 치료되지 않고 이행되기도 한다. 대개 B형과 C형 간염 바이러스에 의해 전파되는 경우가 많다.

② 증상

원인불명의 피로감, 무력감, 전신 권태감, 식욕부진, 오심, 체중감소 등의 증상이 있고

자각증상을 전혀 느끼지 못하는 경우도 있다.

간세포의 파괴로 혈청 중 AST와 ALT가 증가한다. 특징적으로는 알부민의 합성이 저하되어 알부민/글로불린의 비가 감소한다.

③ 식사요법

식사요법의 목적이자 만성간염의 치료 원칙은 적극적인 영양공급으로 손상된 간세포를 재생시키는 것이다. **충분한 에너지, 고단백질, 중등도의 지질, 비타민·무기질을 충분히 공급**하고 체단백질의 손실을 막기 위하여 충분한 탄수화물을 공급한다. 에너지가 과다하면 비만과 지방간의 우려가 있으므로 표준체중을 유지하도록 한다. 간성혼수가 나타나는 경우에는 저단백질식이나 무단백질식을 제공한다. 복수가 있을 때는 저염식을 병행하며, 혼수상태로 음식의 섭취가 불가능할 때는 경관급식을 공급한다.

2) 지방간

지방간fatty liver은 과도한 지방섭취나 간 내 지방합성이 증가하거나 배출이 감소되어 간세포의 변화 없이 간세포 내에 지방이 축적되는 것을 말한다. 정상인 간의 지방은 총 중량의 3~5% 정도로 간 100g당 5g 정도이다. 지방간은 크게 알코올성 지방간과 비알코올성 지방간으로 나눌 수 있다 **표 4-4**. 지방간인 경우 대부분 중성지방이지만, 때로는 유전적 대사이상 질환과 같은 콜레스테롤 에스테르cholesterol ester와 함께 당지질, 인지질 등이 축적되기도 한다. 지방간은 간 총 중량의 5% 이상 중성지방이 초과되는 경우로, 심하면 40%까지 증가하기도 한다.

(1) 원인

지방간의 주원인은 음주로 인한 알코올성 지방간과 술과 관계없이 비만, 당뇨, 폐결핵, 약물남용, 고지방식, 양질의 단백질 부족, 장기적인 중심정맥, 항지방간 인자 부족 등에 의해 발생되는 비알코올성 지방간으로 나눌 수 있다.

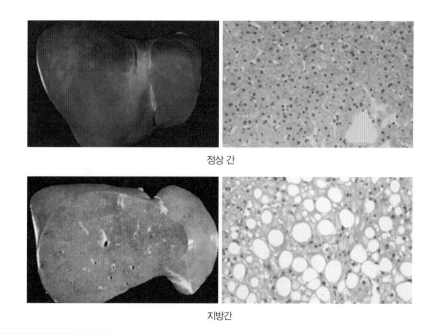

정상 간

지방간

그림 4-5. 정상 간과 지방간의 비교

(2) 증상

중성지방이 증가하면서 간의 크기가 비대해져 간혹 상복부 통증을 호소하는 경우도 있으나 대부분 초기 증상은 잘 나타나지 않는다. 전신권태감, 피로, 식욕부진, 체중 감소 등에 이어 간의 비대로 약간의 동통이 나타나기도 한다. 초기에는 간에 큰 영향을 주지 않으나 지속적인 지방 축적과 만성화로 인해 간세포에 영향을 주고 간에 손상을 초래한다.

(3) 식사요법

식사요법의 목적은 간에 축적된 중성지방을 감소시키고 간 기능을 정상화시키는 것이다.

알코올성 지방간은 안정을 취하고 금주와 양질의 식사를 섭취한다. 비알코올성 지방간은 먼저 원인이 되는 질환(당뇨병, 비만 등)을 치료한다. **비만이나 당뇨로 인한 지방간의**

경우에는 체중조절을 원칙으로 하고, 영양불량성 지방간의 경우에는 영양불량 개선과 표준체중 유지에 필요한 양을 개별적으로 처방한다. 과체중 또는 비만의 경우 급격한 체중 감량은 간 염증성 괴사와 섬유화 같은 문제를 일으킬 수 있으므로 점차적으로 감량하도록 한다. 식사요법을 잘 준수하면서, 꾸준히 유산소 운동을 하는 것이 필요하다.

단백질은 권장량에 맞춰 충분히 공급한다. 영양불량인 경우에는 양질의 단백질 (1~1.5g/kg) 식사를 통해 지방간을 개선한다.

탄수화물의 과잉섭취는 중성지방의 합성을 증가시키므로 하루 총에너지의 60%가 넘지 않도록 하고, 특히 단순당 섭취를 제한한다. 육류, 생선, 달걀, 우유 및 유제품 등 양질의 단백질을 충분히 섭취한다. 지질은 총에너지의 20~25% 정도로 구성하고, 고지혈증이 있는 경우 포화지방산과 콜레스테롤 섭취를 제한한다. 항지방간 인자는 간의 중성지방 침착을 막는 데 도움을 주는 물질로 콜린, 메티오닌, 레시틴, 셀레늄, 비타민 E를 공급한다. 비타민과 무기질은 간 대사를 촉진하기 위하여 충분히 공급한다.

3) 간경변증

간경변증liver cirrhosis이란 정상적인 간세포가 파괴되고 이 부분이 섬유성 결체조직으로 대치됨으로써 간의 정상 구조가 소실되고 간 조직이 섬유화되어 간이 굳어지는 현상을 말한다 **그림 4-6**. 일단 간경변증이 되고 나면 혈액 흐름이 차단되어 간세포는 정상 기능을 잃고 재생이 어려워진다.

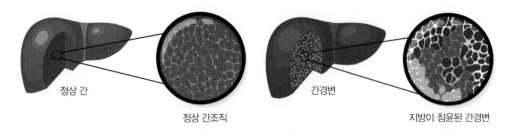

정상 간   정상 간조직   간경변   지방이 침윤된 간경변

그림 4-6. 정상 간조직과 간경변증 조직의 비교

(1) 원인

급성 바이러스 B형, C형 간염이 완치되지 않고, 환자가 자각 증상을 느끼지 못한 사이에 만성간염을 거쳐 간경변증이 된 경우, 만성 알코올 간질환이 가장 일반적이고 담도 폐쇄, 대사이상, 만성 영양불량, 유전적 질환, 비알코올성 지방간, 자가면역 질환, 독소 및 감염 등에 의해 발생하기도 한다. 우리나라의 간경변증 환자의 70~80%는 B형 간염 바이러

정맥류

간경변증이 진행되면 딱딱해진 간으로 혈액이 이동하기 어려워진다. 문맥 혈압이 높아져 혈액이 간으로 들어가지 못하고, 위와 식도 주변의 압력이 낮은 작은 혈관을 따라 우회하면서 가느다란 혈관이 크게 확장되고, 일부의 식도 내로 돌출되어 정맥류를 형성한다. 이는 정맥류, 출혈, 복수의 중요한 원인이 된다.

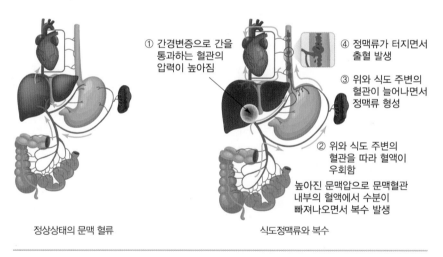

① 간경변증으로 간을 통과하는 혈관의 압력이 높아짐

② 위와 식도 주변의 혈관을 따라 혈액이 우회함

높아진 문맥압으로 문맥혈관 내부의 혈액에서 수분이 빠져나오면서 복수 발생

③ 위와 식도 주변의 혈관이 늘어나면서 정맥류 형성

④ 정맥류가 터지면서 출혈 발생

정상상태의 문맥 혈류

식도정맥류와 복수

그림 4-7. 정맥류의 발생기전

- 정맥류 식사요법 – 무자극성식
  - 기계적 자극을 피하기 위해 부드럽고 담백한 식사를 소량씩 제공한다.
  - 거칠고 단단한 음식, 식이섬유가 많은 채소와 과일, 결체조직이 많은 식품은 피한다.
  - 단백질, 필수지방산, 비타민 C의 섭취를 증가시킨다.
  - 혈액응고에 필요한 칼슘과 비타민 K를 공급, 출혈 시에는 철을 보충한다.

스에 의해, 10~15%는 C형 간염 바이러스에 의해 만성감염이 진행되어 나타나는 간경변증이고, 나머지 10~15%는 만성 알코올 중독이나 기타 원인에 의한 간경변증이다. B형 간염이 가장 심각한 문제로 현재 B형 간염 보균자들의 빈도가 높아 지속적인 예방관리가 필요하다.

간경변의 3대 주요 합병증은 복수, 식도정맥류 출혈 및 간성혼수이며 간 기능 장애에 의한 더 많은 다른 합병증도 동반한다. 초기에는 전형적인 자각증상이 없는 경우가 많으며 처음에는 간이 커지지만 나중에는 위축된다.

(2) 증상

간경변증의 증상은 매우 다양하고, 영양불량이 흔하다. 초기에는 증상이 없으나 식욕감퇴, 피로, 오심, 구토, 허약감, 체중감소, 복부 팽만감 등의 위장관 증세와 잇몸에서 피가 나거나 코피를 자주 흘리는 것과 같은 증상을 보인다. 점차 진행되면서 황달, 소양증(가려움), 담석증, 발열, 간성혼수, 지방변증, 혈액이나 뇌에 독성물질의 유입, 약제에 대한 감수성 증가, 정신증상, 간암 등이 발생하며 심하면 사망하게 된다. 부종과 복수는 문맥압의 항진portal hypertension 외에도 혈청 단백질 중 알부민의 감소와 알도스테론이나 항이뇨호르몬의 기능장애로 인한 수분과 나트륨의 체내 보유로 나타난다.

(3) 식사요법

식사요법의 목표는 금주, 충분한 에너지와 적절한 영양소 섭취, 합병증 예방 및 치료를 기본으로 간조직의 재생을 촉진하고, 합병증을 예방 또는 개선하며, 잔여 간 기능을 최대한 유지·향상시키는 것이다. 간경변 환자에게 영양결핍이 흔하다. 간 기능이 양호한 상태에서도 영양결핍이 일어날 수 있으므로 초기부터 영양관리를 하는 것이 바람직하다.

에너지는 30~35kcal/kg, 또는 기초대사량의 1.2~1.5배의 충분한 에너지 섭취가 필요하다. 감염, 패혈증 등의 스트레스가 있는 경우에는 부종이 없는 상태인 건조체중당 40kcal/kg 이상으로 증가된다. 탄수화물은 간의 기능을 회복하고 간 내의 글리코겐의 저장과 합성을 보충하고 단백질을 절약하며 회복을 위해서 300~400g 정도로 충분히 섭취한다. 단백질은 질과 양적인 면에서 충분하게 섭취하여 간세포를 재생하고 보호하는 것이 원칙이나, 간질환의 진행과 간기능의 회복 정도에 따라 양적 조절이 필요하다. 일반적으로는 1.0~1.5g/kg을 권장하고 간염, 패혈증, 소화관 출혈 등의 스트레스가 있을 때는 1.5g/kg 이상으로 하며, 간성뇌증 또는 간성혼수에서는 혈중 암모니아를 저하시켜야 하므로 단백질은 하루 0.5~0.7g/kg 이하로 권장한다. 담즙의 생성이 감소되고 지질을 소화시키는 능력이 저하되므로 지질을 제한하고 총에너지의 20% 내외를 권장하며 MCT-oil이나 유화지방을 권장한다. 비타민과 무기질은 충분히 보충하고 특히 지용성 비타민의 흡수 감소와 비타민 B 복합체의 필요량이 증가한다.

복수와 부종이 있을 때는 나트륨을 제한한다. 나트륨 섭취량은 하루 2g(소금 5g) 이하로 제한하고 이뇨제를 쓸 경우, 저칼륨혈증에 유의한다. 식도정맥류가 있을 때에는 딱딱하거나 거친 음식은 피하고 부드럽고 담백한 식품을 선택한다. 간경변증 환자는 보통 아침에 식욕이 좋지만, 시간이 지날수록 메스꺼움이 증가하므로 아침식사를 충분히 섭취하도록 한다.

4) 간성뇌증

간성뇌증hepatic encephalopathy은 간성혼수hepatic coma라고도 하며 간경변증, 바이러스, 약물로 인한 간 손상으로 인해 간 기능이 심하게 저하되었을 때 발생되는 합병증으로 중추신경계의 기능에 장애가 나타나는 경우를 말한다.

(1) 원인

간성뇌증은 간세포의 파괴나 기능 저하로 처리되지 못한 암모니아가 간의 우회로로 순환을 하여 뇌까지 들어가게 되어 뇌 기능을 저하시키고 운동장애와 의식장애를 유발하는 것이다. 장내에 흡수되지 않은 메티오닌이 세균에 의해 탈탄산반응으로 메르캅탄(mercaptan)이 되어 중추신경 장애를 유발하기도 한다. 콩팥질환으로 인한 요소의 증가, 심한 변비로 인한 암모니아 생성물의 증가 등도 혈중 암모니아를 상승시키는 요인이 된다.

또 다른 원인으로는 간에 의존하는 방향족 아미노산AAA, aromatic amino acid : tyrosine, phenylalanine, tryptophan이 대사되지 않고 혈중 농도가 증가되는 것을 들 수 있다. 반면 분지 아미노산BCAA, branched chain amino acid : leucine, isoleucine, valine은 에너지원으로 근육과 지방조직에서 산화되어 간 기능이 저하되면서 감소한다. 결국 신경전달물질neurotransmitter의 전구체인 방향족 아미노산의 비정상적인 증가는 신경전달물질의 균형을 깨트려 간성뇌증을 일으킨다.

(2) 증상

초기 증상으로는 집중력 부족과 불안감 증가로부터 시작하여 어눌한 말이나 불편한 동작과 같은 행동장애와 기억력 부족, 수면장애와 같은 신경상태 변화로 진전되어 더 나아가 혼수 또는 사망하게 된다.

(3) 식사요법

식사요법의 목적은 적절한 영양상태를 유지하여 체조직의 이화를 막고, 부종과 복수를 조절하고 간성뇌증을 최대한 완화시키는 데 있다.

간성뇌증이 심할 때는 암모니아 공급원이 되는 단백질을 식사에서 완전히 제거한다. 비경장영양으로 수분과 전해질을 보충해 준다. 회복이 되면 에너지는 충분히 섭취하게 하고, 암모니아의 생성을 최소화하기 위해 일반적으로 단백질 섭취를 제한(0.5~0.7g/kg)한다. 장기간 단백질 섭취가 제한되면 근육의 이화가 촉진되므로 회복 정도에 따라 간 기능에 맞게 단백질의 섭취량을 조절한다. 또한 우유와 식물성 단백질(콩, 두부 등)은 육류보다 분지 아미노산(BCAA)은 많고, 방향족 아미노산(AAA)이 적어서 더 바람직하다.

POINT

- **분지 아미노산(branched chain amino acid, BCAA)**
  아미노산 중 발린, 류신, 이소류신으로 다른 필수 아미노산과는 달리 간에서는 거의 대사되지 않고 골격근에서 주로 대사된다. 특히 당신생과 케톤체 합성이 저하된 경우 골격근, 심장, 뇌에서 필요한 에너지의 약 30%를 제공한다. 따라서 간 기능이 심하게 저하된 말기 간질환 환자는 분지 아미노산을 주 에너지원으로 사용하므로 혈액 내 농도가 감소한다.
- **BCAA / AAA의 비가 높은 음식**
  우유, 발효유, 대두, 두부, 된장, 완두, 밤, 수수, 율무, 옥수수, 굴, 연어, 붕어, 닭고기 등 복수와 부종이 동반된 경우에는 나트륨을 제한한다. 단백질이 제한된 식사는 칼슘, 철, 인, 비타민 B_1, 비타민 B_2, 나이아신, 엽산 등이 부족되기 쉬우므로 비타민과 무기질의 보충이 필요하다. 또한 변비는 식욕감퇴와 간성뇌증을 악화시킬 수 있으므로 채소, 과일의 섭취와 가벼운 운동 및 규칙적인 생활습관이 필요하다. 식이섬유는 암모니아의 장내 흡수를 억제하므로 식이섬유가 많은 채소를 공급하는 것은 좋으나, 식도정맥류가 있는 경우 출혈의 위험이 있으므로 식이섬유를 제한한다.

5) 알코올성 간질환

알코올성 간질환alcoholic liver diseaes은 과다한 음주로 인해 발생되며, 금주하면 바로 정상으로 돌아갈 수 있다. 회복이 쉬운 편이나 지속적인 과도한 알코올 섭취는 지방간, 간염, 간경변의 순서로 진행된다. 알코올성 간질환은 알코올의 종류보다 알코올의 총 섭취량과 음주 기간, 영양상태와 관련이 있다.

알코올은 위에서 10~20%, 소장에서 80~90%가 흡수되어 간에서 대사되는데, 보통 사람은 1시간당 약 15mL(17.8°인 소주의 약 85mL)의 알코올을 산화시킨다. 알코올의 서로 다른 효소체계, 즉, 알코올 탈수소효소ADH : alcohol dehydrogenase, 마이크로좀 에탄올 산화체계microsomal ethanol oxidizing system, MEOS, 그리고 카탈라아제catalase에 의해 분해되어 아세트알데히드acetaldehyde를 생성한다.

정상인은 ADH에 의해 주로 분해되나 만성 과음 시에는 ADH 60%, MEOS에 40% 정도가 분해에 관여하고 병적인 경우에는 카탈라아제가 활발히 관여한다. 아세트알데히드는 아세트알데히드 탈수소효소acetaldehyde dehydrogenase에 의하여 초산acetate으로 된 후 다시 아세틸-CoA로 전환한다. 이러한 경로들을 통해 섭취한 알코올이 거의(95%) 대사되고 소량(5%)은 소변, 대변, 땀, 유즙 등으로 배출된다. 과음을 하게 되면 아세트알데히드가 세포벽에 손상을 주고 세포괴사를 일으킨다. 또한 알코올 산화로 생성된 아세틸-CoA는 TCA 회로로 들어가지 못하고 지방산 합성을 증가시켜 간 내에 중성지방이 축적된다 **그림 4-8**. 이것은 지방간의 원인이 되고 지방간은 알코올성 간염, 알코올성 간경변증으로 발전할 수 있다. 알코올성 간경변증은 간암이 될 위험이 높다.

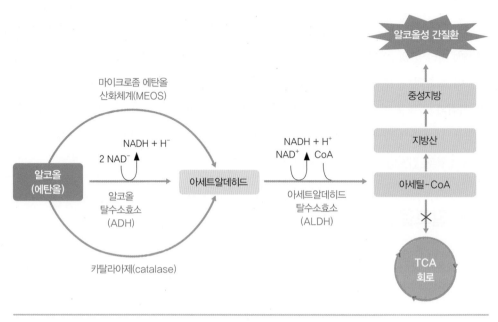

그림 4-8. 알코올성 간질환의 알코올 대사과정

(1) 원인

알코올성 간질환은 주로 과음, 지방간, 케톤증, 간세포 손상, 통풍, 영양불량증 등에 의해 발생된다. 알코올이 정상적으로 대사되어 아세틸 CoA로 산화되는 과정에 TCA 회로로 들어가지 못한 아세틸 CoA가 글리세롤 인산과 결합하여 중성지방을 형성하고 간에 축적되어 발생한다. 알코올 그 자체가 주요 원인이며 여기에 알코올 대사로 인하여 영양대사의 장애가 일어나 간질환을 가중시킨다.

(2) 증상

일반적인 증상으로는 식욕부진, 입맛의 변화, 오심, 구토, 소화·흡수 불량 등의 증상이 있으며, 위장관 세포의 점막이 손상되어 점액 분비에 손상을 받는다. 또한 위염이나 췌장염 등에 걸리게 되면 알코올 대사의 결과로 지방산 산화가 감소하고, 지방간과 고지혈증이 유발된다. 단백질 합성이 저하되고 젖산이 증가하여 산독증acidosis을 일으키며 요산이 증가하고 통풍이 되기 쉽다. 굶으면서 알코올을 섭취하면 간에서 당신생 저하로 저혈당이 유발한다. 알코올은 에너지 이외에는 다른 영양소를 공급하지 않으며, 과음은 위,

쉽게 배우는 식사요법

췌장, 소장에 염증을 일으켜 비타민 B_1, B_{12}, 엽산, 비타민 C와 같은 영양소의 흡수를 저해한다. 이외에도 마그네슘 요구량이 증가되고 활성형 비타민 $D(25-OH-D_3)$가 감소한다.

알코올성 간질환은 알코올성 지방간, 알코올성 간염, 간경변증의 세 단계로 진행된다. 알코올성 지방간은 알코올 섭취를 중단하면 회복할 수 있지만, 만약 알코올 섭취를 지속하면 다음 단계의 간염이나 간경변으로 진행될 수 있다. 또한 만성적으로 과량의 알코올을 섭취하면 간세포의 장애뿐만 아니라 위장, 췌장, 뇌, 신경, 조혈기관, 면역기관에도 치명적인 영향을 줄 수 있다. 단백질-에너지 결핍이 알코올 간질환 환자에게 비교적 흔하게 나타나며 감염증, 간성혼수, 복수 등의 여러 합병증이 증가할 수 있다.

(3) 식사요법

알코올이 원인이므로 **금주**하는 것이 가장 중요하다. 간세포에 지방이 정상적으로 회

표 4-3. 간기능장애에 따른 증상과 기작

간기능장애	증상	기작
알부민 합성 저하	복수, 말초부종	• 저알부민혈증 → 혈장 삼투압 저하 → 혈중 수분의 복강 내 축적 → 복수 → 조직 내 나트륨 저류 → 말초부종
혈액응고인자 합성 저하	출혈	• 혈액 내 프로트롬빈 감소 → 출혈
간혈류장애	문맥고혈압, 복수, 소화관출혈	• 문맥 울혈 → 문맥압 상승 → 위식도정맥류 → 파열로 인한 출혈 → 복강 내 수분, 나트륨 축적 → 복수
담즙 생성·분비장애	황달, 지방변증	• 혈중 빌리루빈 증가 → 황달 • 담즙 생성 및 분비 감소 → 지방 소화·흡수장애 → 지방변증
요소 생성 장애	간성뇌증	• 요소 생성 감소로 고암모니아혈증 → 간성뇌증
혈당조절 이상	고혈당	• 공복혈당, 식후 2시간 혈당 상승 → 고혈당
에너지 대사이상	혈중유리지방산 증가, 근육 소모	• 체지방 분해 증가 → 혈중 유리지방산 증가, 지방간 • 체단백질 분해 증가 → 근육 소모
아미노산 대사이상	간성뇌증	• 근육단백질 분해 → 혈중 아미노산 조성 변화(곁가지아미노산 ↓, 방향족 아미노산 ↑) → 신경전달물질이상 → 뇌신경장애
비타민, 무기질 대사이상	골다공증, 빈혈	• 비타민 D 활성화 저하 → 골다공증 • 비타민 A, 철, 구리, 아연 저장량 및 운반 감소 → 빈혈

복하려면 보통 4~8주를 지나면서 간에서 지방이 제거되기 시작하므로, 알코올성 간질환 환자는 영양적으로 균형 있는 식사를 장기간 제공하는 것이 중요하다.

식사요법은 체조직의 이화를 막고 표준체중을 유지할 수 있는 정도로 개개인에 알맞게 에너지를 공급하고, 간세포의 재생을 위해 표준체중 kg당 1~1.5g 정도의 충분한 단백질 섭취가 필요하나 간성뇌증이 있는 경우 단백질을 제한한다. 부족되기 쉬운 단백질, 탄수화물, 비타민, 무기질을 충분히 보충한다. 동물성 지방은 가급적 제한하고, 비타민과 무기질을 충분히 보충하기 위해 신선한 채소를 많이 섭취하는 것이 좋다. 메스꺼움과 고열 증상이 있는 환자에게는 정맥영양을 통한 수분 및 전해질 보충이 요구된다.

표 4-4. 간질환 종류별 1일 영양기준량

구분	급성간염	만성간염·간경변증	간성뇌증
영양목표	• 충분한 칼로리와 단백질 공급 • 간세포 재생 촉진 • 체중감소 방지	• 적절한 칼로리와 단백질 공급 • 간세포 재생 촉진 • 합병증 방지영양결핍 교정	• 암모니아를 낮추기 위한 단백질 제한 • 저혈당 예방 • 체조직의 이화 방지
에너지	• 35~40kcal/kg	• 30~35kcal/kg*	• 30kcal/kg*
단백질	• 급성 : 1.5~2.0g/kg 또는 100~120g/day	• 1.0~1.5g/kg* 또는 60~100g/day	• 0.5~0.7g/kg 또는 30~40g/day
탄수화물	• 300~400g(에너지의 50~60%)	• 300~400g(에너지의 50~60%)	• 300g 전후
지질	• 50~60g • 초기에 지질 제한 • 황달 시 지질을 20g 이하로 제한	• 50~60g	• 40~50g
비타민 무기질	• 충분히	• 충분히	• 충분히
나트륨	• 복수나 부종 시 2g 이하로 제한	• 복수나 부종 시 2g 이하로 제한 • 이뇨제 사용 시 칼륨보충	• 복수나 부종 시 2g 이하로 제한 • 이뇨제 사용 시 칼륨보충
기타	• 식욕부진 시 소량씩 자주 공급하거나 경관급식 고려 • 금주	• 위·식도 정맥류가 있으면 무자극성 식사 • 금주	• 분지아미노산이 많은 우유, 유제품 및 식물성 식품 이용

* 건조체중 또는 표준체중

3. 담도계의 구조와 기능

1) 담도계의 구조

담도계는 담낭gallbladder과 담관bile duct을 총칭하는 것이다. 담낭은 간 아래쪽 복부 우측에 위치한다. 담낭의 기능은 담즙의 수분을 제거해서 농축 저장하고, 십이지장으로 담즙의 운반을 조절하는 것이다. 담관은 담즙을 간에서 십이지장으로 운반하는 관으로 간의 좌엽과 우엽에서 나온 간관이 합쳐져 총간관common hapatic duct이 되고, 담낭관과 합쳐져 총담관common bile duct이 된다. 총담관은 췌장관과 만나 십이지장 상부로 연결되는데, 담관과 십이지장의 연결부에는 오디괄약근이 있어 담즙이 십이지장으로 배출되는 양을 조절한다.

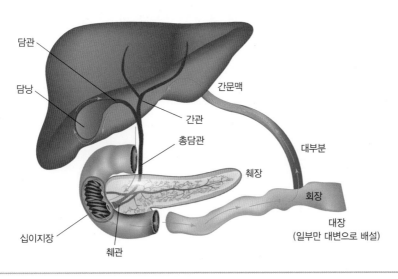

그림 4-9. 담도계의 구조와 담즙의 장-간 순환

2) 담도계의 기능

담즙은 간에서 생성되고, 담낭는 담즙을 농축·저장하며, 담관은 담즙을 소화관으로 운반하는 역할을 수행한다.

고지방식을 섭취하거나 십이지장 부위로 지방이 도달하면 소장 점막에서 호르몬인 콜레시스토키닌이 분비되어 담낭을 수축시키고 오디괄약근을 이완시켜 담즙의 분비가 촉진된다.

담즙은 약알칼리성의 녹갈색 점조성의 액체로 콜레스테롤, 빌리루빈, 담즙산염을 주성분으로 하고 무기염, 지방산, 인지질, 점액 등이 함유되어 있다. 빌리루빈은 담즙색소로 헤모글로빈의 분해산물이고 담즙산염은 간에서 콜레스테롤로부터 합성된다. 담즙산염은 십이지장에서 지방의 유화와 지방 분해효소의 작용을 촉진시켜 지질 및 지용성 비타민의 소화·흡수를 돕는 역할을 한 후, 대부분 회장에서 재흡수되어 간으로 되돌아가는 장-간 순환enterohepatic circulation을 한다. 소장 내에서 담즙산염은 지방 유화, 지방분해효소작용 및 미셀 형성을 촉진함으로써 지방의 소화·흡수를 돕는다. 이 외에도 지용성 비타민, 특히 비타민 K의 흡수, 소장운동의 촉진, 소장 상부에서의 비정상적인 세균번식 억제, 담즙색소나 노폐물 및 기타 생체 이물질 등의 배설, 콜레스테롤 용해작용 등의 역할을 한다.

4. 담도계 질환

1) 담낭염(cholecystitis)

(1) 원인

담낭염은 담낭 또는 담관에 염증이 생긴 것이며 급성과 만성 담낭염이 있다. 담낭염 원인의 90% 이상은 담석에 의한 담낭관 입구의 폐쇄로, 폐쇄되면 담낭벽에 염증이 시작되고 담즙이 정체되며, 이차적으로 세균감염에 의해 염증이 나타난다. 그 밖에 외상, 선천성 담낭이나 담관의 기형, 당뇨병, 간염, 허혈 등과도 관계가 있다. 담관염은 총담관의 폐쇄와 간염으로 인하여 염증을 보인다.

(2) 증상

급성 담낭염은 고열, 우측 상복부의 통증, 구토, 메스꺼움 등의 증상을 보인다. 만성 담낭염은 가끔 발열 또는 미열이 있고 지속적 또는 간헐적으로 통증이 오며 일반적으로 복부의 불쾌감, 팽만감, 둔통을 느끼며 오한과 황달을 보이기도 한다. 대부분의 담낭염 환자는 담석을 가지고 있다. 감염 과정에서 담낭점막이 변하여 담즙의 수분, 담즙산염, 기타 성분이 과잉으로 흡수되면서 담즙 성분의 용해 비율이 달라져서 담즙 내 콜레스테롤의 침전으로 결정을 만들고 담석이 형성된다.

(3) 식사요법

급성기에는 금식하고 정맥으로 수분과 전해질을 보충한다. 심한 통증이 진정되면 탄수화물 위주의 식사로 유동식을 시작하는데, 지질은 제한하고 소화하기 쉬운 식품으로 공급한다. 회복기에 들어서면 저지방, 저식이섬유로 된 연식을 거쳐 일반식으로 이행한다. 저지방식 제공 시 포화지방산은 담낭수축 촉진, 통증유발 가능성이 높으므로 제한하고, 필수지방산과 지용성 비타민이 결핍되지 않도록 유의한다. 우유는 저지방 우유를 1컵 미만으로 제한하고, 음식은 찜, 조림, 구이 등의 조리법을 택하는 것이 좋다. 필수지방산의 섭취를 위해 3~4g의 식물성 기름을 사용한다. 알코올, 카페인, 탄산음료, 향신료, 가스를 형성한 식품들은 담낭을 수축시키므로 적응 정도에 따라 제한한다.

2) 담석증(cholelithiasis)

담석증은 담즙 내 구성성분의 농도가 높거나 지나치게 농축 및 침전되어 간, 담낭 혹은 담관에 결석이 형성된 것을 말한다. 담도계 질환 중 가장 흔하게 발생한다.

담낭, 총담관 또는 간내 결석으로 급성 복통과 황달 등을 유발하고 합병증으로 담낭염, 담낭암 등을 일으키며, 반복적인 통증은 삶의 질을 저하시킨다.

(1) 원인

담석의 정확한 원인은 밝혀지지 않았으나 비만, 당뇨, 염증성 장 질환 환자에게 많이 발생한다. 담석은 콜레스테롤과 빌리루빈 대사 이상, 담도계에 농축된 담즙의 울체, 담도의 염증, 담즙의 성분 변화 등에 의해 담즙 내에 있던 콜레스테롤이나 담즙색소인 빌리루빈이 침전하여 결정화됨으로써 나타난다. 담석은 주성분에 따라 콜레스테롤 결석, 색소성 결석, 혼합결석 등으로 분류되며 형태, 크기, 색, 수가 각양각색이다. 일반적으로 담낭결석은 콜레스테롤계가 많고, 담관결석은 빌리루빈계가 많다.

(2) 증상

주요 증상은 담석증 발작이다. 이는 갑자기 심한 통증이 상복부에서 일어나고, 오한과 발열·구토 등이 일어나기도 한다. 처음에는 상복부 전체에 통증을 느끼지만 차츰 진정되면 오른쪽 상복부에 국한하게 되며, 이튿날에 발열 또는 황달이 나타나기도 한다. 복통은 흥분, 과로, 음주, 특히 지방식을 섭취했을 때 담석이 담낭, 담낭관, 총담관 사이를 이동하면서 일어난다. 담석이 이동하여 담낭 내에 들어가거나 십이지장으로 배출되면 통증이 없어진다. 그 외 확실한 증상은 느낄 수 없지만 상복부에 불쾌감, 팽만감, 둔통을 느끼는 경우도 있고, 전혀 자각 증상이 없이 지내는 경우도 있다.

(3) 식사요법

통증이 있거나 급작스런 발작이 있는 경우 1~2일 금식하고 정맥주사로 수분과 영양을 보충해야 한다. 통증이 사라진 후 유동식, 연식, 일반식으로 이행하며 저에너지식으로 공급한다. 지방이 많은 어육류, 햄, 소시지, 베이컨 등의 식품은 제한한다. 고탄수화물 식으로 공급하고 비타민과 무기질을 보충한다. 자극성이 적은 식품을 공급하고, 단백질은 정상 수준으로 공급한다. 지방질은 유화된 형태로 유의하여 사용하고 중쇄지방medium chain triglyceride, MCT을 이용하며, 식사는 담낭염에 준하여 제공한다.

식사는 규칙적으로 하면서 지방이 많은 육류나 생선, 훈제식품, 튀김, 도넛과 케이크, 버터 및 기름이 많이 든 음식, 알코올음료, 카페인음료, 탄산음료, 향신료 및 짜고 매운 자극성 식품 등의 섭취는 제한한다.

담도계 질환 식사요법

- 급성기에는 절식 후 유동식 → 연식 → 상식으로 이행한다.
- 저지방식을 한다.
- 단백질은 담즙 분비를 촉진하므로 급성기에는 제한하고, 회복 정도에 따라 서서히 증가시킨다.
- 자극성 식품, 식이섬유가 많은 식품, 가스를 형성하는 식품은 적응 정도에 따라 제한하다.
- 비만 시 에너지 섭취를 제한하여 정상체중을 유지한다.
- 규칙적으로 식사하고 폭식, 과식을 금한다.

---

5. 췌장의 구조와 기능

1) 췌장의 구조

췌장은 길이가 약 13~15cm 정도로 왼쪽 상복부의 뒤쪽으로 위치하고 있는 기관으로 췌액을 분비하는 췌관과 호르몬을 분비하는 랑게르한스섬이 있다. 췌관은 총담관과 합류하여 십이지장으로 이어져 있다. 두부, 체부, 미부로 구분할 수 있으며, 췌두부는 위의 대만부와 십이지장의 만곡부로 둘러싸여 있고, 췌미부는 약간 좁고 비장에 접하고 있다.

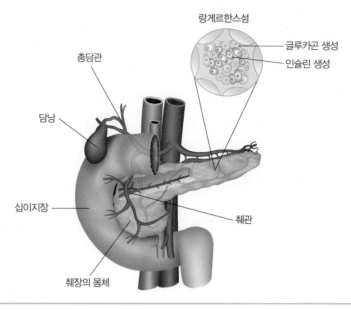

랑게르한스섬
글루카곤 생성
인슐린 생성
총담관
담낭
십이지장
췌관
췌장의 몸체

그림 4-10. 췌장의 구조

2) 췌장의 기능

췌장은 내분비조직과 외분비조직을 가지고 있다. 랑게르한스섬으로 불리는 내분비조직의 베타조직에서 인슐린insulin, 알파세포에서는 글루카곤glucagon, 델타세포에서는 소마토스타틴somatostain이 분비되어 당 대사 조절에 중요한 역할을 한다. 외분비조직에는 탄수화물, 단백질 및 지질의 소화에 관여하는 각종 소화효소 및 중탄산염을 분비하고 췌관상피세포에서 담당한다.

하루에 분비되는 췌액은 1~2L에 달하며, 그 분비량은 섭취한 음식물의 양과 종류 등에 의해 변동된다. 췌액의 분비는 소장점막에서 분비되는 호르몬인 세크레틴secretin과 콜레시스토키닌cholecystokinin, CCK에 의해 조절된다. 위에서 십이지장으로 넘어온 유미즙 중 산이 장벽에 닿으면 세크레틴에 의해 췌장의 중탄산이온(HCO_3^-)이 분비되어 유미즙을 중화시켜 췌장효소의 최적 pH를 만들어주고, 지방산과 아미노산이 장벽에 닿으면 콜레시스토키닌에 의해 췌장효소 분비가 촉진된다.

6. 췌장질환

1) 급성 췌장염(acute pancreatitis)

췌장에 염증이 생겨서 췌액의 외분비기능이 저해됨에 따라 췌장세포에서 생성된 각종 소화효소가 활성화되어 췌장조직 자체가 자기소화작용을 받게 되는 질환이다.

(1) 원인

담석증, 담낭염 등 담낭질환의 합병, 알코올음료의 상습적 과음, 지방성 음식의 과식, 복부수술 및 복부의 심한 외상 등을 들 수 있으며 원인불명의 것도 있다. 담석이 원인인 경우에는 담즙이 췌장으로 역류되어 췌장염을 일으키게 된다. 급성 췌장염은 병원균성 염증이 아니고 췌장조직의 선 세포 및 췌관의 변성과 파괴에 의해 발생한다. 췌장 내 효소가 활성화되어 혈액 중에 유출되며 심장, 콩팥, 간 등 다른 장기의 기능장애를 일으키기도 한다.

(2) 증상

갑자기 상복부에 심한 통증이 일어나며 중증일 경우에는 발열, 설사, 구역질, 구토, 복수, 콩팥장애가 일어난다. 경우에 따라서 당뇨병이 나타나기도 하고 쇼크가 일어나기도 한다. 복통과 동시에 백혈구 증가, 혈청 아밀라아제 및 요 중 아밀라아제 증가, 콩팥장애, 혈중 요소 질소의 증가가 현저하다. 중증일수록 소장이 마비되고 복부팽만이 일어난다.

(3) 식사요법

급성췌장염의 식사요법의 목적은 췌액의 분비를 억제하는 것이다. 급성기에는 췌장액 분비를 억제함으로서 췌장을 쉬게 한다.

급성기에는 금식을 하여 췌장을 쉬게 하고 정맥영양으로 수분과 영양소를 공급한다. 염증이 없어지고 회복기에 들어서면 탄수화물 위주의 맑은 유동식을 공급하고 단계적으로 농도를 높인다. 지질은 제한하고 소화가 쉬운 중쇄지방이나 유화된 형태로 공급하고 회복기에도 소량 공급한다. 초기에는 단백질을 제한하고 증상이 호전되면 조직재생을 위해 단계적으로 양을 늘린다. 자극이 적은 식품으로 소량씩 자주 공급하고 알코올은 절대 금한다.

2) 만성 췌장염(chronic pancreatitis)

만성 췌장염은 염증으로 췌장 조직에 섬유질이 증가하고 석회화 등이 일어나 췌장의 내분비와 외분비 기능이 상실된 질환을 말한다.

(1) 원인
급성 췌장염이 치료되지 않으면 만성 췌장염으로 이행될 수 있다. 알코올의 상습적인 과음을 주요 원인으로 들 수 있고, 담낭염, 담관결석, 담석증 등의 담낭질환, 십이지장염, 간염, 당뇨병이 원인이 되기도 하지만 확실치 않은 경우가 많다.

(2) 증상
만성 췌장염은 특징적인 자각 증상은 별로 없으나 복통, 허리통증, 식욕부진, 메스꺼움, 구토, 설사 등을 보인다. 일반적으로 원인불명의 소화장애, 체중감소, 빈혈 등의 영양장애가 일어난다. 이러한 영양장애는 외분비 기능 저하로 인한 소화효소 및 알칼리(중탄산염) 분비 부족 때문에 영양소의 소화·흡수가 저하되는 것에서 기인한다. 또한 췌장의 모양이 변해 기능에 영구적인 장애가 생긴다. 따라서 소화장애, 체중감소, 영양결핍, 당뇨병 등이 발생할 수 있다.

(3) 식사요법
췌장의 기능이 90% 정도까지 감소되면 지질과 단백질의 소화·흡수가 어려워 식사와 함께 소화효소제를 복용하도록 한다. 중탄산염의 분비 감소로 인해 장의 pH가 감소하므로 pH 조절을 위하여 제산제를 복용한다. 통증이 심하면 강력한 소화효소제를 다량 투여하고 소화불량으로 인한 영양부족이 되지 않도록 고영양식을 제공하며 절대 금주한다.

　식사요법은 통증을 최소화하기 위해 소화가 잘 되는 식품을 선택하여 부드럽게 조리한다. 지질은 제한하고 소화가 쉬운 중쇄지방이나 유화된 형태로 공급한다. 단백질 식품은 지방이 적고 부드러운 부위의 육류, 흰살생선, 닭가슴살, 달걀, 탈지우유, 요구르트 등을 자극성 없이 찌는 조리법을 사용하거나 약한 불로 부드럽게 조리하며 자극성이 강한 향신료는 금한다. 당뇨병이 합병증일 경우 당뇨병 식사요법에 준한다.

췌장염 식사요법

POINT

급성췌장염

- 급성기에는 금식하고 정맥영양을 실시한다.
- 탄수화물 위주로 소량식 자주 제공한다.
- 저지방식(유화지방, MCT 사용)을 제공한다.
- 초기에는 단백질을 제한하고 증상이 호전되면 점차 증량한다.
- 금주한다.

만성췌장염

- 소화되기 쉬운 부드럽고 담백한 식사를 제공한다.
- 저지방식(유화지방, MCT 사용)을 제공한다.
- 단백질은 권장섭취량 수준으로 제공한다.
- 비타민과 무기질은 충분히 제공한다.
- 금주한다.

심혈관계
질환

심혈관계 질환

심장질환과 뇌혈관질환은 암에 이어 한국인의 주요 사망원인이며, 특히 심혈관계 질환은 동물성 식품 소비 증가, 신체활동 부족 등의 생활습관 변화 및 생리적·정신적 스트레스 증가로 인하여 서구뿐만 아니라 국내에서도 환자가 급격히 증가하는 추세이다. 이상지질혈증은 혈중 콜레스테롤 또는 중성지방의 수준이 비정상적인 상태로서 동맥경화증을 유발하는 요인이 될 수 있으며, 동맥경화로 인하여 동맥벽의 탄력이 저하되면 고혈압을 초래하거나 악화시킨다. 즉 혈중 지질로 인해 혈관 벽이 손상되면 플라크나 혈전 생성이 용이한 조건이 형성되므로 이상지질혈증, 동맥경화 및 고혈압은 상관관계가 높은 질환들이다. 허혈성 심장질환은 관상동맥의 경화나 흡착 또는 확장기 저혈압으로 인해 심장 내 혈류가 불충분해지고 산소 공급량이 부족할 때 나타나는 질환이다. 뇌졸중(腦卒中)은 허혈성인 뇌경색과 출혈성 뇌졸중을 통틀어 일컫는 용어로서 뇌졸중이 발생하면 뇌 기능의 손상과 함께 삶의 질을 급격히 저하시키게 된다. 따라서 심혈관계 질환을 이해하고 과학적인 식사요법을 실천함으로써 치료식의 역할과 더불어 질환의 회복을 도와야 한다.

:: 용어 설명 ::

고혈압(hyper blood pressure) 고혈압은 동맥 혈압이 정상보다 높아진 상태로서 우리나라의 기준은 수축기 혈압 140mmHg 이상이거나, 이완기 혈압 90mmHg 이상인 경우에 해당함

RAA계(Renin-Angiotensin-Aldosterone system) 레닌-안지오텐신-알도스테론 시스템은 세포외액량의 감소 시 작동하여 혈압을 상승시키는 기전으로 세포외액의 항상성 유지에 관여함

이상지질혈증(dyslipidemia) 혈중 총콜레스테롤, LDL-콜레스테롤, 또는 중성지방이 기준치보다 증가하거나, HDL-콜레스테롤이 기준치보다 감소된 상태로서 이 중 하나 이상에 해당될 때 이상지질혈증으로 진단함

저밀도 지단백(LDL) 간이나 장의 콜레스테롤을 조직으로 운반하는 지단백으로 콜레스테롤을 가장 많이 함유하며, 동맥경화증을 유발하므로 일명 나쁜 콜레스테롤

고밀도 지단백(HDL) 단백질 함량이 50% 정도인 지단백으로 조직의 콜레스테롤을 간으로 운반하여 처리하므로 동맥경화증을 예방하는 일명 좋은 콜레스테롤

카일로마이크론(chylomicron) 식사성 지질로부터 소장 벽에서 생성된 후 림프관을 통해 간으로 운반되는 지단백으로 총 지질과 중성지방 비율은 가장 높고 단백질은 가장 낮음

플라크(plaque) 콜레스테롤, 인지질, 칼슘 등을 함유한 물질이 동맥 내벽에 축적되어 굳어진 것

동맥경화증(atherosclerosis) 플라크가 동맥 내벽에 쌓여 동맥벽이 두꺼워지고 탄력을 잃는 질환으로 혈류장애, 혈전 형성, 뇌졸중, 심근경색 등을 유발할 수 있음

허혈성 심장질환(ischemic heart disease) 관상동맥 경화나 협착, 확장기 저혈압으로 인해 심근에 산소 공급이 부족하여 나타나는 질환으로 협심증, 심근경색 등이 있음

울혈성 심부전(congestive heart failure) 정맥 협착 또는 폐쇄로 인해 전신과 혈관에 혈액이 비정상적으로 증가되는 울혈이 발생함으로써 혈액순환이 감소하고 심장 기능이 저하되는 질환

뇌졸중(stroke) 뇌혈관이 막혀서 발생하는 뇌경색과 뇌혈관 파열로 인해 뇌 조직 내부로 혈액이 유출되는 뇌출혈을 통틀어 일컫는 용어

1. 심혈관계의 이해

1) 심혈관계의 구조

심혈관계는 심장과 심장으로 출입하는 혈관들을 합해서 부르는 이름이다. 심장은 특수한 근육조직으로서 일생 동안 쉼 없이 혈액을 전신으로 공급하여 생명을 지속시켜주므로 생명 유지의 핵심 기관이다. 심장은 보통 성인의 경우 무게 250~300g, 길이 14cm, 직경 9cm 정도로 자기 주먹보다 약간 크다. 좌우 2개의 심방과 2개의 심실로 나누어져 있으며 심방atrium은 정맥으로부터 혈액을 받아들이고 심실ventricle은 동맥을 통해 혈액을 박출한다. 심방과 심실은 두 쌍의 판막으로 구분되어 있다. 판막이 한 방향으로만 열림으로써 혈액의 역류가 방지되는데 판막이 닫히면서 심장 특유의 박동 소리를 내며 분당 약 70회의 박동수를 나타낸다. 심장이 일생 동안 혈액을 박출하기 위해서는 산소와 영양소 공급이 원활하게 이루어져야 하는데 관상(冠狀)동맥이라 불리는 특수한 심장동맥이 있으므로 가능하다. 즉 좌우 관상동맥이 심방과 심실을 관상(冠狀)으로 둘러싸서 심근과 바깥 막에 혈액을 공급함으로써 산소와 영양소가 전달된다.

2) 혈액순환과 혈압

인체의 혈액순환은 폐순환과 체순환으로 구분된다. 폐순환은 소순환이라고도 하며 우심실에서 시작하여 폐동맥을 통해 폐로 들어가서 이산화탄소와 산소의 교환이 이루어진 후 산소가 풍부한 혈액이 되어 폐정맥을 통해 좌심방으로 들어오는 과정을 말한다. 체순환은 대순환이라고도 하며 좌심방으로 들어온 산소가 풍부한 혈액이 좌심실로 내려온 후 좌심실이 수축할 때 대동맥을 거쳐서 전신으로 나가게 되며 모세혈관을 통해 물질교환이 이루어진 정맥혈이 대정맥을 통해 우심방으로 들어오는 과정을 말한다 그림 5-1.

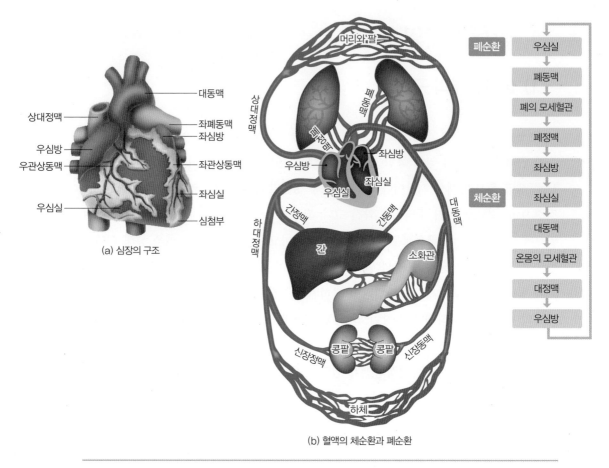

그림 5-1. 심장의 구조 및 혈액의 체순환과 폐순환

혈압blood pressure은 혈액이 혈관의 내벽에 미치는 압력을 말하며 심박출량과 혈관의 저항 정도에 의해 결정된다. 심박출량은 심장박동수, 수축력, 혈액의 양에 따라 달라지며, 혈관의 저항 정도는 혈액의 점성, 교감신경, 혈관의 직경 등이 영향을 준다. 혈중 지질 농도가 상승하면 혈액의 점성이 증가하고 동맥경화증으로 인해 혈관의 구경과 탄력이 저하하면 혈압이 상승한다. 심실이 수축할 때 유입된 혈액은 동맥벽을 부풀게 하며 수축이 끝나면 동맥벽은 위축된다. 맥박을 통해 표피 근처 동맥벽의 팽창과 위축이 반복되는 것을 감지할 수 있다. 좌심실이 수축할 때 많은 양의 혈액을 대동맥으로 밀어내므로 동맥의 압력이 높아지는데 이때의 혈압을 수축기 혈압systolic blood pressure, SP 또는 최고 혈압이라

부른다. 폐순환을 통하여 좌심방으로 돌아온 혈액이 좌심실에 유입되는 시기는 좌심실이 이완하게 되므로 동맥 내의 압력이 떨어지는데 이때의 혈압을 이완기 혈압diastolic blood pressure, DP 또는 최저 혈압이라고 한다. 맥압이란 최고 혈압과 최저 혈압의 차이를 말한다. 인체가 스트레스를 지속적으로 받게 되면 교감신경계가 자극되어 혈압이 상승하게 된다.

혈중 지질 및 지단백의 명칭

- TC : total cholesterol, 총 콜레스테롤
- TG : triglyceride, 중성지방
- Chylomicron : 카일로마이크론, 암죽미립
- VLDL : very low density lipoprotein, 초저밀도 지단백
- IDL : intermediate density lipoprotein, 중간밀도 지단백
- LDL : low density lipoprotein, 저밀도 지단백
- HDL : high density lipoprotein, 고밀도 지단백
- LDL-C : LDL-cholesterol, LDL-콜레스테롤
- HDL-C : HDL-cholesterol, HDL-콜레스테롤
- non-HDL-C : 비HDL-콜레스테롤(TC에서 HDL-C을 뺀 것을 의미함)

2. 이상지질혈증

혈액의 약 55%를 차지하는 혈장은 90%가 수분이므로 중성지방이나 콜레스테롤 같은 소수성 물질이 잘 운반되기 위해서는 친수성인 단백질과 결합된 지단백lipoproteins의 형태로 존재한다. 지단백은 구성성분의 차이에 의해 카일로마이크론chylomicron, 초저밀도 지단백VLDL, 중간밀도 지단백IDL, 저밀도 지단백LDL, 고밀도 지단백HDL 등으로 분류된다. 혈액 내 콜레스테롤과 중성지방의 농도를 재거나 지단백의 분석을 통하여 이상지질혈증 dyslipidemia을 진단한다. 이상지질혈증은 식사성 요인, 흡연, 유전 등에 의해 초래되며 뇌졸중, 심근경색과 같은 심뇌혈관질환의 주요 원인 질환이 된다.

1) 지단백의 종류

카일로마이크론chylomicron은 지질이 흡수될 때 소장 벽에서 만들어지며 림프관을 통해 간으로 운반되는 지단백으로 음식으로 섭취한 중성지방을 운반하므로 중성지방의 비율이 가장 높다. 초저밀도 지단백VLDL은 간에서 생성되며 내인성 중성지방을 높게 함유하는 지단백으로 내인성 중성지방을 지방조직과 근육으로 운반한다. 중간밀도 지단백IDL은 VLDL이 LDL로 전환되는 중간단계로서 VLDL에 비하여 지질은 적고 아포단백질 비율은 높다. 저밀도 지단백LDL은 콜레스테롤이 주요 지질 성분이며 간이나 장 등 대부분의 세포에서 순환하는 콜레스테롤의 대부분을 운반한다. LDL은 크기와 밀도가 다양하며 구경이 작고 밀도가 높을수록 동맥벽 투과가 쉽고 산화가 쉬우므로 동맥경화 유발을 촉진한다. 고밀도 지단백HDL은 단백질 함량이 50% 정도인 지단백으로 조직의 콜레스테롤을 간으로 운반하여 처리하므로 항산화, 항염증, 항혈전, 항동맥경화에 기여한다고 알려져 있다.

표 5-1. 지단백의 종류와 특성

구분		Chylomicron	VLDL	IDL	LDL	HDL
밀도(g/mL)		< 0.930	0.930~1.006	1.006~1.019	1.019~1.063	1.063~1.210
직경(nm)		75~1,200	30~80	25~35	18~25	5~12
주요 지질		중성지방	중성지방	중성지방, 콜레스테롤	콜레스테롤	콜레스테롤, 인지질
구성성분 (%)	중성지방	83	52	20	9	3
	콜레스테롤	8	22	35	47	19
	인지질	7	18	20	23	28
	단백질	2	8	15	21	50
생성		장점막	간	근육과 지방조직	대부분의 세포	말단 조직세포
역할		식사성 중성지방을 말초조직과 간으로 운반	내인성 중성지방을 지방조직과 근육으로 운반	VLDL에서 중성지방이 제거된 후 LDL로 되는 중간단계	순환하는 콜레스테롤의 대부분을 말초조직 세포로 운반	말초조직의 잉여 콜레스테롤을 간으로 운반

다섯 가지 지단백 유형에 대하여 밀도, 직경, 주요 지질 및 구성성분, 생성 및 역할에 대하여 **표 5-1**에 요약하였다.

2) 분류

(1) Fredrickson 분류체계

이상지질혈증은 미국예방위생연구소의 프레드릭슨Donald S. Fredrickson, 1967에 의해 제I형에서 제V형의 다섯 가지로 분류한 이래 세계보건기구에서 II형을 a와 b로 나누어 여섯 가지로 분류하였다. 이 체계는 ApoB 단백질이 들어 있는 주요 지단백인 chylomicron, LDL 및 VLDL에 대하여 이들 중 한 가지 지단백이 상승하는 유형인 I형chylomicron, IIa형LDL 및 IV형VLDL과 두 가지 지단백이 동시에 상승하는 유형인 IIb형LDL, VLDL과 V형chylomicron, VLDL으로 분류하였다. 끝으로 III형은 ApoE 단백질이 매개하는 VLDL과 chylomicron의 제거에 장애가 발생함에 따라 콜레스테롤이 풍부한 찌꺼기가 축적되는 유형이다. 제I형, IV형, V형은 고중성지방혈증으로 chylomicron 또는 VLDL이 증가하거나 둘 다 증가한 상태이다. 비만인에게 흔히 나타나며, 단순당과 열량의 과잉섭취, 음주, 운동 부족, 당뇨병 등으로 유발된다. IIa형은 LDL이 증가한 고콜레스테롤혈증으로 유전이나 고지방식사에 의해서 유발되며 당뇨병, 갑상샘 기능 저하, 신증후군의 합병증에 의해 이차성으로 발생된다. IIb형과 III형은 혈중 중성지방과 콜레스테롤이 모두 높은 복합형으로 분류된다.

① 제I형

Chylomicron이 증가한 유형으로서 리파아제 활성이 감소하여 중성지방이 가수분해되지 않으므로 고중성지방혈증이 나타난다. 선천성인 경우도 많으나 당뇨병, 췌장염, 만성 알코올중독증 등과 함께 후천적으로 나타나기도 한다. 고지방 식사 후에 많이 나타나므로 지방과 알코올 섭취를 제한한다.

② 제IIa형

LDL이 증가한 유형으로서 콜레스테롤이 높은 질환이다. LPL을 활성화시키는 LDL 수용체인 아포단백질 C2의 결손으로 간에서 콜레스테롤 합성이 증가되거나 콜레스테롤의 제거 부족으로 콜레스테롤 수치가 220~1,000mg/dL 정도로 높게 나타난다. 포화지방산과 콜레스테롤이 높은 식사 후에 많이 발병되므로 이를 제한해야 하며 비만일 때는 열량도 제한한다.

③ 제IIb형

LDL과 VLDL이 증가한 유형으로서 콜레스테롤과 중성지방이 모두 증가하며, 아포단백질 B의 합성이 항진된 상태이다. 비만, 동맥경화증, 고요산혈증 등이 함께 나타나기도 하고, 허혈성 심장질환이 발생하기 쉽다. 에너지, 탄수화물, 포화지방산, 콜레스테롤 등이 높은 식사에서 유발되기 쉬우므로 제한한다.

④ 제III형

VLDL이 LDL로 대사되는 과정의 결함으로 인해 IDL이 증가한 유형으로 혈청 콜레스테롤과 중성지방이 증가한 상태이다. 제III형은 고지방·탄수화물 식사가 원인이 될 수 있으며 죽상동맥경화증과 고요산혈증을 유발하기 쉽다. 에너지, 지질, 탄수화물, 알코올을 제한한다.

⑤ 제IV형

VLDL이 증가한 유형으로 혈중 내인성 중성지방이 높다. 간에서 VLDL 합성이 증가되며 VLDL의 이화작용 저하로 인해 발생한다. 지속적인 고당질 식사를 하거나 비만일 경우에 많이 발생한다. 그 외에도 당뇨, 지방간, 담석증, 간 기능장애, 고요산혈증, 동맥경화증 등과 관련이 많다. 탄수화물과 알코올 과잉섭취로 인해 발생하므로 에너지, 탄수화물, 알코올을 제한한다.

표 5-2. 이상지질혈증의 분류(Fredickson/WHO)

유형	혈청 지질 변화		증가된 지단백	원인	식사요법
	콜레스테롤	중성지방			
I	정상~↑	↑↑↑↑	chylomicron	LPL 감소, 변형된 Apo C2	• 지질, 알코올 제한
IIa	↑↑	정상	LDL	LDL 수용체 결함	• 비만이면 에너지 제한 • 포화지방산과 콜레스테롤 제한
IIb	↑↑	↑↑	LDL & VLDL	LDL 수용체 감소, Apo B 증가	• 비만이면 에너지 제한 • 탄수화물, 포화지방산, 콜레스테롤 제한
III	↑↑	↑↑↑	IDL	Apo E 합성 결함	• 에너지. 지질, 탄수화물, 알코올 제한
IV	정상~↑	↑↑	VLDL	VLDL 생산 증가와 제거 감소	• 에너지, 탄수화물, 알코올 제한
V	↑~↑↑	↑↑↑↑	chylomicron & VLDL	VLDL 생산 증가, LPL 감소	• 에너지, 지질, 탄수화물, 알코올 제한

⑥ 제V형

제V형은 제I형과 제IV형이 겹친 것으로 흔하게 나타나지는 않는다. 내인성과 외인성 중성지방이 모두 증가하는 유형이다. HDL의 부족으로 chylomicron이 대사되지 못하므로 chylomicron과 VLDL이 모두 증가한다. 에너지, 지질, 탄수화물, 알코올을 제한한다.

(2) 한국인의 이상지질혈증 진단 기준

이상지질혈증은 공복 후 지질 검사를 통해 총콜레스테롤, 중성지방, HDL-콜레스테롤, 및 non-HDL-콜레스테롤을 측정하여 진단한다. LDL-콜레스테롤은 Friedewald 공식에 따라 총콜레스테롤, 중성지방, HDL-콜레스테롤 값으로부터 추정할 수 있다.

Friedewald 공식

LDL-콜레스테롤 = 총콜레스테롤 − (HDL-콜레스테롤) − (중성지방/5)

한국인에 있어 혈중 콜레스테롤과 중성지방에 의한 이상지질혈증의 진단 기준을 **표 5-3**에 나타내었다. LDL-콜레스테롤 ≥ 160mg/dL, 총콜레스테롤 ≥ 240mg/dL, HDL-

표 5-3. 한국인의 이상지질혈증 기준

종류	기준	혈중 농도(mg/dL)	이상지질혈증 진단 기준	
LDL-콜레스테롤	매우 높음	≥ 190	≥ 160	고LDL-콜레스테롤혈증, 고콜레스테롤혈증, 고중성지방혈증 및 저HDL-콜레스테롤혈증 중 하나 이상에 해당하면 이상지질혈증
	높음	160~189		
	경계	130~159		
	정상	100~129		
	적정	< 100		
총콜레스테롤	높음	≥ 240	≥ 240	
	경계	200~239		
	적정	< 200		
중성지방	매우 높음	≥ 500	≥ 200	
	높음	200~499		
	경계	150~199		
	적정	< 150		
HDL-콜레스테롤	낮음	< 40	< 40	
	높음	≥ 60		

콜레스테롤 < 40mg/dL 및 중성지방 ≥ 200mg/dL의 한 가지 이상에 해당될 때 이상지질혈증으로 진단한다. 한편 HDL-콜레스테롤 ≥ 60mg/dL은 심혈관계 질환 보호인자로 간주하여 진단된 심혈관계 질환 위험인자의 개수에서 하나를 감할 수 있다.

3) 위험인자

이상지질혈증은 대체로 증상이 없으므로 치료가 필요한 사람을 찾아내기 위해서는 선별 검사가 필수다. 총콜레스테롤 증가, LDL-콜레스테롤 증가, 중성지방 증가, HDL-콜레스테롤 감소는 이상지질혈증 진단의 근거가 되며 위험인자로 간주할 수 있다. 그 밖에 연령, 관상동맥질환 가족력, 고혈압, 흡연도 위험인자에 포함된다. 그 밖에 비만이나 당뇨

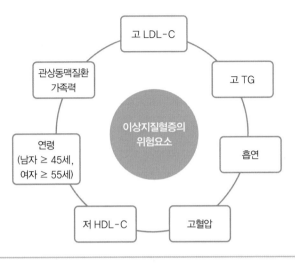

그림 5-2. 이상지질혈증의 위험요소

병, 고혈압 등의 동반질환을 보유할수록 이상지질혈증 유병률이 증가한다 그림 5-2.

식습관, 영양소 섭취, 체중조절, 운동 등 생활습관을 교정함으로써 이상지질혈증의 중요한 원인인 체내 지단백 수준을 변화시키는 데 도움이 되는 것으로 보고되었다. 유럽심장학회/유럽동맥경화학회는 총콜레스테롤과 LDL-콜레스테롤 저하, chylomicron과 VLDL-콜레스테롤 저하 및 HDL-콜레스테롤 증가에 미치는 각 생활습관 영향력의 크기를 상(> 10%), 중(5~10%), 하(< 5%)로 제시하였다 표 5-4.

표 5-4. 생활습관이 주요 지단백 수준에 미치는 효과

목표	생활습관의 변화	효과 크기
총콜레스테롤 및 LDL-콜레스테롤 저하	식사성 트랜스지방산 제한	중
	포화지방산 섭취 감소	중
	식이섬유 섭취 증가	중
	파이토스테롤이 풍부한 기능성 식품 이용	중
	홍국쌀 함유 식품보조제 이용	중
	과도한 체중 줄이기	중
	식사성 콜레스테롤 감소	하
	습관적 신체활동 증가	하

(계속)

목표	생활습관의 변화	효과 크기
Chylomicron과 VLDL-콜레스테롤 저하	알코올 섭취 감소	상
	습관적 신체활동 증가	중
	총 탄수화물 섭취 감소	중
	오메가-3 지방산 보충제 이용	중
	단당류와 이당류 섭취 감소	중
	과도한 체중 줄이기	하
	포화지방을 단일불포화지방과 다불포화지방으로 대체	하
HDL-콜레스테롤 증가	습관적 신체활동 증가	상
	식사성 트랜스지방 제한	중
	과도한 체중 줄이기	중
	식사성 탄수화물을 줄이고 불포화지방으로 대체	중
	적절한 음주 습관	중
	금연	하

4) 식사요법

(1) 적정 체중 유지

간은 잉여의 탄수화물로부터 중성지방을 합성하므로 밥, 빵, 떡, 국수, 사탕, 잼, 젤리, 벌꿀, 케이크, 과자류 등의 고탄수화물 식품을 과잉섭취하면 혈청 중성지방이 높아진다. 식사성 중성지방은 chylomicron의 형태로 이동하고 지단백분해효소$_{LPL}$에 의해 지방산으로 분해되어 근육과 지방세포로 유입된다. 지방세포는 다시 중성지방 형태로 전환하여 저장하므로 체지방과 체중 증가의 원인이 된다. 자신의 신장 대비 표준체중을 산출한 후 체중(kg)당 25~30kcal를 섭취하는 것이 좋다.

현대인은 활동 부족으로 인하여 비만이 되기 쉽다. 비만이나 과체중인 사람은 에너지 섭취 제한과 함께 운동을 통한 에너지 소비량도 늘려야 적정체중의 유지가 가능하다. 운동은 체내 에너지 소비를 높이고 간의 콜레스테롤 합성을 저하시키며 HDL-콜레스테롤을 높이는 역할을 한다. 따라서 빨리 걷거나 뛰기, 에어로빅 등의 유산소 운동을 통해 체지방 연소를 높이고 근력 운동을 통하여 근육량을 늘림으로써 기초대사량을 높이는 것이 체중 감량에 효과적이다. 식품섭취를 통해 유입되는 에너지와 운동을 통해 연소시킬 수 있는 에너지 함량을 바르게 이해하고 적절한 운동량 유지와 주기적이고 지속적인 운동습관을 길러야 한다.

(2) 포화지방산 · 트랜스지방산 · 콜레스테롤 섭취 감소와 불포화지방산 섭취 증가

① 포화지방산

이상지질혈증 환자는 포화지방산의 섭취를 특히 주의해야 한다. 포화지방산의 섭취를 줄이면 총콜레스테롤 및 LDL-콜레스테롤 수준이 감소된다. 우리나라 성인의 포화지방산의 에너지 적정 섭취비율은 총에너지의 7% 미만이다. 포화지방산은 적색육을 포함하는 육류, 베이컨·소시지·햄 등의 육가공품, 햄버거·피자 등의 패스트푸드, 치즈·버터 등의 고지방 유제품, 기름에 튀긴 음식에 많이 함유되어 있으며, 육류의 지방과 닭고기의 껍질을 제거한 후 요리하는 것이 좋다. 빵이나 케이크 등도 우유, 버터, 달걀을 넣을 경우 포화지방산의 섭취를 높일 수 있고 팜유와 코코넛유는 식물성 식품이지만 포화지방산 함량이 높은 편이다.

② 트랜스지방산

트랜스지방산은 혈중 LDL-콜레스테롤은 높이는 반면에 예방인자인 HDL-콜레스테롤은 감소시키므로 건강 위해가 가장 큰 지방산이다. 천연에는 거의 존재하지 않으며, 식물성 기름에 수소를 첨가하여 경화할 때 주로 생성되고, 고온에서 장시간 가열한 기름에도 많은 편이다. 트랜스지방산의 에너지 적정비율은 총에너지의 1% 미만이 적당하다. 가공식품의 영양표시에 트랜스지방산 표기는 의무사항이지만 함량이 0.2g 미만인 경우 '0'으로 표시할 수 있으므로 지나친 가공식품의 섭취는 유의해야 한다.

③ 콜레스테롤

콜레스테롤이 높게 함유된 식품에는 달걀노른자, 간, 어란, 내장, 육류, 오징어, 문어, 낙지, 새우, 조개류, 버터 등이 있다. 단, 혈중 콜레스테롤은 식사를 통한 외인성보다는 간에서 합성되는 내인성의 비중이 더 높으므로 콜레스테롤이 높은 식품을 무조건 피하기보다는 지질의 지나친 섭취를 줄이는 것이 더 바람직하다. 올리브유, 카놀라유, 채소류, 해조류, 등푸른생선, 견과류는 혈중 콜레스테롤 수치를 낮추는 데 도움이 되므로 권장되며 달걀흰자는 콜레스테롤이 거의 함유되어 있지 않으므로 섭취해도 된다. 식습관 개선만으로 교정되지 못할 경우 콜레스테롤강하제를 이용하여 조절해야 한다.

④ 불포화지방산

포화지방산SFA을 단일불포화지방산MUFA으로 대체하는 경우 총콜레스테롤, LDL-콜레스테롤, 중성지방을 감소시키는 효과가 나타났으며, 포화지방산을 다불포화지방산PUFA으로 대체하면 총콜레스테롤 및 중성지방 수치를 개선하는 데 도움이 된다는 보고가 있다. 특히 오메가-3 지방산은 LDL-콜레스테롤과 중성지방을 낮추는 효과가 확인되었다. 이처럼 불포화지방산은 이상지질혈증의 개선에 도움이 되므로 단일포화지방산을 높게 함유한 올리브유나 카놀라유의 섭취, 오메가-3 지방산이 풍부한 등푸른생선 및 들깨 등을 섭취하도록 한다.

(3) 단순당 섭취 감소 및 식이섬유 섭취 증가

탄수화물의 주요 급원인 밥류, 빵류, 면류, 떡류 및 단순당과 설탕을 높게 함유한 케이크, 과자류, 아이스크림, 사탕, 잼, 꿀, 청량음료 등을 다량 섭취하면 간에서 중성지방 합성이 높아진다. 따라서 밥을 주식으로 하는 한국인의 경우 중성지방 합성을 가속화시키지 않으려면 탄수화물을 적정 수준인 총에너지의 55~65% 정도로 섭취하여야 한다.

과일, 해조류, 콩 등에 풍부한 팩틴, 구아검, 글루코만난, 갈락토만난 등의 식이섬유는 위장관을 거치면서 소화 흡수되지 않으며 장내 수분을 흡수하여 대변량을 늘리고 배변 작용을 촉진한다. 또한 담즙산과 콜레스테롤을 흡착하여 배설시킨다. 성인(19세 이상)의 식이섬유의 일일 충분섭취량은 남자 30g 및 여자 20g이다.

(4) 절주 및 금연

알코올의 에너지는 7kcal/g로 탄수화물이나 단백질에 비해 높으며, 습관적 음주나 폭음은 비만과 알코올성 간질환 등을 초래할 수 있다. 알코올은 대사 과정에서 중성지방을 합성하게 되므로 고중성지방혈증 환자는 반드시 절주가 요구된다. 소량의 알코올 섭취와 혈중 HDL-콜레스테롤 수준의 양의 상관관계가 보고되기도 하지만 이상지질혈증을 예방하고 개선하기 위해서는 가능한 한 음주는 자제하는 것이 바람직하다. 흡연은 고혈압과 고지혈증의 위험요소이므로 금연하여야 한다.

이상에서 살펴본 바와 같이 이상지질혈증의 식사요법은 적정 체중을 유지하고 혈중 지질상태를 개선하는 데 역점을 두고 실시하여야 한다. 즉, 직접적인 지질섭취뿐만 아니라 대사 과정을 통해 지방으로 전환될 수 있는 탄수화물과 당류 및 알코올의 섭취도 잘 관리하여야 한다. 이상지질혈증을 개선하기 위한 탄수화물, 지방, 알코올의 섭취 수준과 주요한 식품군의 섭취 요령은 **표 5-5**와 같다. **표 5-6**은 이상지질혈증을 위한 식품 선택 요령을 제시하였다.

표 5-5. 이상지질혈증 개선을 위한 식사지침

항목	식사요법
에너지	• 적정 체중을 유지할 수 있는 수준으로 에너지를 섭취할 것
지방	• 지질은 1일 섭취 에너지의 30% 이내로 섭취할 것 • 포화지방산은 1일 섭취 에너지의 7% 이내로 섭취할 것 • 오메가-6 지방산은 1일 섭취 에너지의 10% 이내로 섭취할 것 • 트랜스지방은 최대한 적게 섭취할 것 • 콜레스테롤 섭취는 1일 300mg 이내로 제한할 것
탄수화물	• 탄수화물은 1일 섭취 에너지의 65% 이내로 섭취할 것 • 당류는 1일 섭취 에너지의 20% 이내로 섭취할 것(단, 첨가당은 10% 이내) • 식이섬유는 1일 25g 이상 섭취할 것
알코올	• 1~2잔 이내로 제한하며 가급적 금주
식품섭취	• 주식은 통곡물이나 잡곡으로 매끼 2/3~1회 분량 섭취할 것 • 다양한 채소를 매끼 2.5~3회 분량 섭취할 것 • 생선·살코기·달걀·콩류를 매끼 1~2회 분량 섭취할 것 • 생선, 특히 등푸른생선을 주 2~3회 섭취할 것 • 과일은 주스 대신 생과일로 하루 1~2회 분량 섭취할 것

표 5-6. 이상지질혈증의 식품선택 요령

식품군	권장식품	주의식품
곡류	• 현미, 잡곡, 통밀	• 백미, 백밀가루
고기·생선·달걀·콩류	• 기름을 제거한 쇠고기와 돼지고기 • 껍질 제거한 가금류 • 생선, 조개류 • 달걀흰자 • 콩류, 두부	• 삼겹살, 갈비, 육류의 내장(간, 허파, 콩팥, 곱창, 모래주머니), 갈은 고기 • 튀긴 닭, 가금류 껍질 • 고지방 육가공품(햄, 베이컨, 소시지 등) • 튀긴 생선·조개류, 생선알, 젓갈류, 건오징어, 뱀장어, 새우 • 달걀노른자
채소류	• 생채소, 채소주스, 해조류	• 튀기거나 버터·치즈·크림소스가 첨가된 채소
과일류	• 생과일, 과일주스	• 당절임 과일, 당 첨가 건조과일, 과일통조림
우유·유제품류	• 저지방 우유, 탈지분유 • 저지방 요구르트 • 저지방 치즈	• 일반우유, 연유 • 치즈, 크림치즈 • 아이스크림 • 커피프림(분말, 액상)
유지류	• 옥수수유, 올리브유, 대두유, 들기름, 해바라기유 • 저지방/무지방 샐러드드레싱	• 버터, 라드, 쇼트닝, 마가린, 베이컨기름, 소기름 • 치즈, 전유로 만든 샐러드드레싱 • 단단한 마가린
간식 등	• 견과류(아몬드, 호두, 땅콩 등)	• 버터, 마가린이 주성분인 빵, 케이크, 파이, 도넛 • 식물성 경화유를 함유한 가공식품 • 코코넛기름·야자유로 튀긴 간식류 • 초콜릿 및 기타 단 음식
국	• 조리 후 지방을 제거한 국	• 기름이 많은 국, 크림수프

POINT **이상지질혈증의 식사요법**

• 적절한 식사와 활동량 증가를 통해 적정 체중을 유지한다.

• 포화지방산, 콜레스테롤, 트랜스지방산의 섭취를 제한한다.

• 단일불포화지방산과 다불포화지방산의 섭취를 증가시킨다.

• 복합당질과 식이섬유의 섭취를 증가시키고 단순당은 제한한다.

• 절주 및 금연을 생활화한다.

국내 이상지질혈증 치료 지침

한국지질동맥경화학회는 심혈관 위험도에 따른 LDL-콜레스테롤 및 non-HDL-콜레스테롤 목표치를 제시하였다(2022). 위험도는 아래의 다섯 단계로 구분하며, 심혈관질환 주요 위험인자란 연령(남자 : ≥45세, 여자 : ≥55세), 조기 심혈관질환 발생 가족력, 고혈압, 흡연 및 낮은 HDL-콜레스테롤(< 40mg/dL)을 가리킨다. 치료 지침은 생활습관 교정(A), 생활습관 교정 및 투약 고려(B) 및 생활습관 교정 및 투약 시작(C)의 세 등급으로 구분하였다.

① 초고위험군 : 관상동맥질환 환자에 해당하며, LDL-콜레스테롤 목표치 < 55mg/dL 및 LDL-콜레스테롤 기저치 대비 50% 이상 감소를 동시에 권고한다. 급성심근경색증은 기저치 농도와 상관없이 스타틴을 투약해야 한다.
② 고위험군 : 죽상경화성 허혈뇌졸중 및 일과성 뇌허혈발작, 경동맥질환, 말초동맥질환 및 복부대동맥류 환자에 해당하며, LDL-콜레스테롤 목표치 < 70mg/dL 및 기저치 대비 50% 이상 감소를 동시에 권고한다. 유병기간 ≥ 10년, 주요 심혈관 위험인자 1~2개, 또는 표적장기손상(알부민뇨, 만성콩팥병, 망막병증, 신경병증, 좌심실비대)을 가진 당뇨병 환자는 고위험군으로 간주하고 LDL-콜레스테롤 목표치 < 55mg/dL를 선택적으로 고려할 수 있다.
③ 당뇨병 : 환자 중 유병기간이 10년 미만이며 주요 심혈관질환 위험인자가 없는 경우는 고위험군으로 분류하지 않으며 LDL-콜레스테롤 목표치는 < 100mg/dL이다.
④ 중등도 위험군 : LDL-콜레스테롤을 제외한 주요 심혈관질환 위험인자가 2개 이상인 경우에 해당하며 LDL-콜레스테롤 목표치는 < 130mg/dL이다.
⑤ 저위험군 : LDL-콜레스테롤을 제외한 주요 심혈관질환 위험인자가 1개 이하인 경우에 해당하며 LDL-콜레스테롤 목표치는 < 160mg/dL이다.

※ 심혈관 위험도에 따른 LDL-C과 non-HDL-C 목표치 및 치료 지침

위험도	목표치(mg/dL)		LDL-C(mg/dL) 수준별 치료 기준					
	LDL-C	non-HDL-C	< 55	55~69	70~99	100~129	130~159	≥ 160
초고위험군	< 55	< 85	B	C	C	C	C	C
고위험군	< 70	< 100	A	B	C	C	C	C
당뇨병	< 100	< 130	A	A	B	C	C	C
중등도위험군	< 130	< 160	A	A	A	B	C	C
저위험군	< 160	< 190	A	A	A	A	B	C

A : 생활습관 교정. B : 생활습관 교정 및 투약 고려. C : 생활습관 교정 및 투약 시작

* 혈중 중성지방 농도가 200mg/dL 이상이면 체중 증가, 음주 및 탄수화물 섭취 증가 등 생활습관 요인을 파악하고 식사 조절, 운동 및 체중 조절을 통해 우선 이들을 교정하여야 한다.

3. 고혈압

1) 혈압의 이해

(1) 혈압의 분류

고혈압hypertension은 우리나라 성인의 주요 사망원인인 관상동맥질환과 뇌졸중의 가장 큰 원인 질환이며 노령화가 빠르게 진행되는 우리나라의 경우, 고혈압 유병률이 더욱 높아질 것으로 예상된다. 반면에 효과적으로 관리한다면 의료비용을 줄이고 건강을 향상시킬 수 있는 조절 가능한 만성질환이기도 하므로 고혈압의 원인 및 관리 방법에 대한 바른 이해가 필요하다. 대한고혈압학회에서는 심혈관질환의 발병 위험이 가장 낮은 최적 혈압을 정상 혈압으로 정의하며 정상을 벗어나 혈압이 증가한 상태를 주의 혈압, 고혈압 전단계, 고혈압 1기, 고혈압 2기 및 수축기 단독 고혈압으로 분류하고 있다 표 5-7.

대부분의 고혈압은 일차성(본태성) 고혈압으로 다양한 인자들이 관여한다고 알려져 있으나 구체적인 병인은 불분명하며 콩팥질환, 대동맥 협착, 쿠싱증후군, 알도스테론증, 수면무호흡증 등 다른 질환에 의해 이차적으로 발생하는 고혈압은 전체 발생의 약 5~10%를 차지한다.

한편, 저혈압이란 혈압이 100/60mmHg 이하일 때를 의미한다. 저혈압의 원인은 심

표 5-7. 혈압의 분류

(단위 : mmHg)

혈압 분류		수축기 혈압		이완기 혈압
정상 혈압*		< 120	그리고	< 80
주의 혈압		120~129	그리고	< 80
고혈압 전단계		130~139	또는	80~89
고혈압	1기	140~159	또는	90~99
	2기	≥ 160	또는	≥ 100
수축기 단독 고혈압		≥ 140	그리고	< 90

* 심혈관질환의 발병위험이 가장 낮은 최적 혈압

장 쇠약, 암, 영양부족, 내분비계 질환 등이 있으며 무기력, 피로, 어지럼증, 두통, 불면, 사지냉증 등의 증상을 보인다. 저혈압 극복을 위해서는 균형식의 규칙적 섭취, 정상체중 유지, 운동 및 스트레스 해소 등이 필요하다. 기립성 저혈압이란 일어선 후 3분 이내에 측정한 혈압이 앉은 상태의 혈압에 비해 수축기 혈압 20mmHg 또는 이완기 혈압 10mmHg 이상이 감소하는 경우를 말한다. 이완기 혈압이 65~70mmHg 이하로 내려갈 경우 사망률과 심혈관질환 발생률이 증가한다는 연구 결과가 보고되었다. 따라서 수축기 혈압뿐만 아니라 이완기 혈압이 지나치게 내려가지 않도록 관리하는 것이 바람직하다.

(2) RAA계에 의한 혈압 상승 기전

RAA계(레닌-안지오텐신-알도스테론계renin-angiotensin-aldosterone system)는 출혈, 탈수, 혈류량 감소 등으로 인하여 혈압이 저하될 시에 활성화되어 혈관 수축 및 수분과 나트륨 재흡수를 유도하여 혈압을 올리는 기전이다 **그림 5-3**. 콩팥에서 분비된 레닌은 안지오텐시노겐을 안지오텐신 I로 전환하며, 폐에서 생성된 ACE(Angiotesin Converting Enzyme)

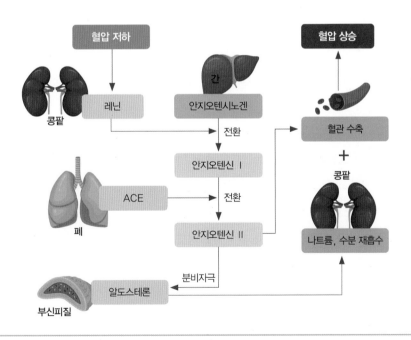

그림 5-3. 레닌-안지오텐신-알도스테론(RAA)계의 혈압 상승 기전

이 안지오텐신 I을 안지오텐신 II로 전환시킨다. 안지오텐신 II는 시상하부에 작용해 갈증을 유발하고, 혈관을 수축하여 혈압을 높이며, 부신피질에서 알도스테론 분비를 촉진하여 콩팥에서 나트륨과 수분의 재흡수가 증가되고 분비는 감소되어 혈압이 올라간다. 만약 수혈을 통해 혈액량이 증가하고 혈압이 상승하면 콩팥에서 수분의 배설량이 증가되어 혈액량을 줄임으로써 혈압이 다시 낮아진다.

2) 원인

고혈압은 유전, 연령, 성별 등의 선천적 요소 및 식사, 활동량, 음주, 흡연, 스트레스 등을 포함하는 생활습관이 영향을 줄 수 있으며, 혈관 수축에 관여하는 기전이 활성화됨으로써 혈압이 상승하게 된다.

(1) 유전, 연령, 성별

혈압의 유전성은 부모와 자녀 간 및 일란성 쌍생아 간 혈압의 상관관계가 높은 것에서 알 수 있다. 혈압의 결정요인 중 1/3~1/2이 유전적 요인이라고 보고되었다. 연령이 증가하면 혈관도 노화하므로 탄력이 줄어들고 딱딱해져서 혈압이 높아지게 된다. 50대 이전에는 남성에서 고혈압 발생이 높으나, 50대 이후에는 폐경으로 인한 에스트로겐 생성 감소로 여성에서 고혈압 발생이 더 높아지는 것으로 보고되었다.

(2) 나트륨 과다섭취

나트륨을 지나치게 섭취하면 체액의 삼투 농도가 증가하면서 세포 외액량이 증가하고 세포 내 수분 감소로 인하여 갈증을 느끼고 물을 많이 마시게 되므로 혈액의 양이 증가하게 된다. 우리나라 고혈압 환자의 1/3~1/2 정도는 나트륨에 대한 감수성이 높아서 나트륨의 섭취가 혈압에 많은 영향을 주는 것으로 보고되었다. 고혈압 임상진료지침제정위원회는 저염식 식사를 하고 하루 소금 6g 이하로 섭취할 것을 권고하였다 .

나트륨과 소금 함량 환산법	
나트륨 함량(mg) x 2.5 = 소금 함량(mg)	소금 함량(mg) x 0.4 = 나트륨 함량(mg)

(3) 칼륨, 칼슘, 마그네슘 부족

칼륨은 나트륨과 길항작용을 하므로 칼륨의 섭취가 부족하면 혈압이 상승하고 칼륨이 풍부한 식사를 하면 혈압이 저하된다. 우리나라 남녀 12~64세의 칼륨 충분섭취량은 3,500mg으로 나트륨의 충분섭취량인 1,500mg보다 훨씬 높은 수준이다(2020 KDRI). 칼슘과 마그네슘의 섭취 부족도 혈압 상승과 관련이 있다고 보고되었다.

(4) 활동량 부족과 비만도 증가

고혈압 환자의 20~30%는 비만으로 알려져 있다. 비만은 체액량과 심장박동을 증가시켜 혈압을 상승시키게 되는데 프래밍햄 연구Framingham study에서 체중이 10% 증가할 때 혈압은 7mmHg 정도 상승하는 것으로 나타났다. 활동량이 저하되면 고혈압 발병률이 30~50% 정도 높아진다고 보고되었다. 한편 대한고혈압학회에 따르면 비만은 정상인에 비해 고혈압 위험이 약 5배가량 높고, 체지방률이 10% 상승하면 수축기 및 이완기 혈압이 각각 8mmHg, 4mmHg 상승된다. 따라서 활동량 증가와 체중감소로 고혈압을 예방할 수 있다.

(5) 음주 및 흡연

지속적인 음주습관은 혈압을 높이며 일일 알코올 섭취량이 45g 이상 될 때 혈압이 3mmHg 정도 상승한다고 보고되었다. 흡연으로 인해 손상된 혈관 벽에 지방이 침착하면 동맥경화를 유발하게 되며 혈관 벽 손상과 구경 축소는 혈압을 상승시킨다. 비흡연자와 비교할 때 흡연자는 연령에 무관하게 고혈압 유발 위험이 높으며 흡연은 일시적으로도, 장기적으로도 혈압을 높이는 것으로 알려져 있다.

3) 증상과 합병증

고혈압으로 인하여 혈관이 손상되고 혈전이 생성되면 동맥벽이 두꺼워지고 동맥경화가 촉진된다. 또한 동맥경화로 인해 혈관이 좁아지면 혈류를 방해하여 고혈압을 초래하거나 악화시킨다. 따라서 고혈압과 동맥경화는 상호 밀접한 관련이 있으며 모세혈관이 밀집한 신체의 다양한 영역에서 혈류장애와 혈전 형성을 유발함으로써 다양한 증상과 합병증을 초래한다. 고혈압은 뚜렷한 증상이 없어 검사나 진찰 중에 우연히 발견되는 경우도 적지 않으나 두통, 현기증, 이명, 시력 저하 등 혈압 상승에 의한 증상을 호소하기도 하며 이차성 고혈압의 경우 원인 질환의 증상을 나타낸다.

POINT

고혈압의 증상과 합병증

두통, 현기증, 이명

뇌동맥의 혈압이 상승하면 머리가 무겁고 두통이 발생하며 현기증과 이명현상이 잦아진다.

뇌졸중

고혈압이 심하면 뇌졸중이 발생하여 혼수에 이를 수 있다.

시력 저하 및 시력 상실

안구의 망막에 동맥경화가 발생하면 시력 저하를 초래하고 실명할 수 있다.

콩팥 기능 저하

콩팥으로 충분한 혈액이 전달되지 못하면 콩팥 고유의 기능이 손상된다.

심근경색 등 관상동맥질환 위험 증가

관상동맥으로부터 충분한 혈액 공급이 이루어지지 못하면 심실이 약화되어 심부전을 초래한다. 또한 관상동맥 내의 높은 혈압으로 인해 동맥류를 유발하여 파열될 수 있다.

4) 관리와 식사요법

(1) 체중조절

비만은 혈중 포화지방산과 콜레스테롤의 상승과 동맥경화를 유발하기 쉬우므로 고혈압을 초래할 뿐만 아니라 인슐린 저항성을 증가시켜서 신세뇨관에서의 나트륨 재흡수가 촉진되므로 고혈압을 더욱 악화시킨다. 대부분의 고혈압 환자는 체중 감량을 통하여 혈압강하 효과를 볼 수 있으며, 체중을 1kg 감량하면 수축기와 이완기 혈압이 각각 1.6mmHg 및 1.3mmHg 감소한다고 보고되었다. 운동은 세포의 인슐린 저항성을 개선하고 건강한 체중을 유지하는 데 도움을 주므로 식사요법과 운동요법을 병행한 체중

감량이 바람직하며 체중을 서서히 감소시키는 것이 환자에게 무리가 덜 가게 된다.

(2) 나트륨 적정 섭취

우리나라 성인의 나트륨 충분섭취량은 1,500mg/일, 만성질환위험감소섭취량은 2,300mg/일로 제시되고 있으나(2020 KDRI), 실제섭취량은 훨씬 높으며 특히 남자가 여자에 비해 나트륨 섭취량과 고혈압 유병률 모두 높다(2020 국민건강통계). 하루 소금 6g 이하 섭취 시 수축기와 이완기 혈압이 각각 5.1mmHg와 2.7mmHg 감소한다고 보고되었다. 나트륨 섭취 감소가 혈압 조절에 크게 반응하는 소금 민감성 고혈압은 당뇨병, 만성 콩팥질환, 고혈압이 있는 비만 중장년층과 노인에서 종종 나타난다.

한국인의 나트륨 목표 섭취량으로 제시된(2015 KDRI) 나트륨양(2,000mg)인 식염 5g은 고혈압 환자를 위한 식사요법에서 종종 활용되는 것으로 알려져 있다. 한국인의 식단을 구성하는 국, 찌개, 김치, 각종 조림이나 볶음, 젓갈 등은 나트륨 기여도가 높은 편이며 조리 시 첨가하는 장류 및 소스류도 나트륨의 주요한 급원이다. 저염식을 실천하기 위해서는 식염 함유량이 높은 인스턴트 식품이나 냉동·가공식품, 각종 소스류의 사용을 제한하고, 조리 시에는 정해진 염분만 사용할 수 있도록 엄격하게 관리해야 한다. 나트륨 제한식을 실천하기 위한 요령을 **표 5-8**에 나타내었다. 싱겁게 조리한 음식이라도 섭취량이 과도할 경우 나트륨의 총량은 증가하므로 섭취량 모니터링이 중요하다. **표 5-9**는 미국심장협회가 제시한 소금 섭취 저감화 요령이다.

표 5-8. 나트륨 제한식의 실천 요령

종류	제한식품	종류	제한식품
국류	소금, 된장, 해조류, 멸치를 넣은 국	지방류	버터(가염), 마가린(가염)
육류	통조림, 소금에 절인 고기, 베이컨, 햄, 장조림, 조린 고기나 치즈	음료수	염분이 들어 있는 통조림 채소즙(토마토즙)
생선류	소금에 절인 생선, 조리 생선	빵, 과자류	소금을 넣고 만든 빵류, 베이킹파우더나 소다를 넣어 만든 빵, 케이크, 과자
채소류	김치, 깍두기, 장아찌, 통조림 채소, 해조류, 냉동채소류	기타	간장, 된장, 고추장 등 양념류, 마요네즈(소금을 넣은 것), 조미료

표 5-9. 소금섭취 저감화 가이드라인(미국심장협회)

<table>
<tr><td colspan="1">식품 및 가공식품 구매 시</td></tr>
</table>

- 포장식품·가공식품은 제조사별로 비교하여 나트륨 함량이 가장 낮은 것을 택한다.
- 신선·냉동 가금류는 염지 처리하지 않은 것을 선택한다.
- 간장, 샐러드드레싱, 소스, 케첩, 케이퍼, 머스터드, 오이피클, 올리브, 렐리시 등 양념류는 나트륨 함량이 매우 높을 수 있으니 신중하게 고른다.
- 채소 통조림은 "소금 첨가되지 않은"이라고 표시된 제품을 이용한다.
- 미국심장협회가 건강식품으로 인증한 '하트-체크' 라벨이 붙어 있는 제품을 구입한다.
- 1회 분량당 나트륨 양을 확인하고 용기 전체에 몇 회 제공량이 들어 있는지 확인한다.
- 간편식은 FDA의 건강한 식사의 나트륨 상한선인 600mg 미만 제품을 선택한다.
- 식료품 구매 시 매장에 나트륨 함량이 낮은 제품들의 목록이 있는지 확인한다.
- 매장 내 저나트륨 제품 구매 요령을 알려줄 전문가에게 도움을 받는다.

요리 시

- 양파, 마늘, 허브, 향신료, 감귤류 주스, 식초 등을 활용하면 풍미를 더하면서 소금을 대체하거나 줄일 수 있다.
- 콩 통조림과 채소 통조림은 육수를 빼고 헹굼으로써 나트륨을 40%까지 줄일 수 있다.
- 저염제품을 선호하지 않을 경우 저염제품과 일반 제품을 동량 섞어서 사용하면 맛의 차이는 크게 느끼지 못하면서 나트륨을 줄일 수 있다(특히 육수, 수프, 토마토 파스타 소스).
- 쌀, 파스타, 핫 시리얼을 소금을 넣지 않고 요리한다면 다른 향미를 내는 재료를 사용하게 되고 자연스레 소금을 찾지 않게 된다.
- 재료 자체의 풍미를 끌어내는 구이, 찜, 볶음, 시어링, 소테(sauteing)법으로 조리할 경우 소금을 추가해야 할 필요성을 줄여준다.
- 고구마, 감자, 녹색 채소, 토마토, 저염 토마토소스, 흰콩, 강낭콩, 저지방 요구르트, 오렌지, 바나나, 칸탈루프 멜론 등 칼륨이 높은 식품을 활용하면 나트륨과 길항작용을 해서 혈압 저하에 도움 된다.

외식 시

- 메뉴를 주문하기 전에 영양정보를 물어보고 나트륨이 더 낮은 메뉴를 선택한다.
- 주문한 음식에 대하여 소금을 더 첨가하지 않도록 요청한다.
- 풍미를 높이고자 하면 소금을 첨가하기 전에 먼저 후춧가루, 레몬즙, 라임즙을 섞어서 맛을 본다. 레몬과 후추는 생선, 닭고기, 채소류에 특히 좋다.
- 절임, 침지, 바비큐, 숙성, 훈연, 육수, 간장, 미소된장, 데리야키 소스 등의 단어가 있는지 잘 보아야 한다. 이들은 대체로 나트륨 함량이 높다.
- 그릴에 굽거나, 데치거나 오븐에 구운 음식은 나트륨 함량이 낮은 편이다.
- 음식량을 줄이면 나트륨양도 줄이므로 작은 사이즈 주문이 가능한지 물어보거나, 친구와 나눠 먹거나 절반은 포장해 달라고 미리 요청한다.

* 일부 내용은 국내 실정에 맞게 수정함

(3) 칼륨의 충분섭취

칼륨은 수분과 나트륨의 배설을 촉진하며, 레닌과 안지오텐신 분비를 억제하고 아드레날린 긴장을 감소시키며 나트륨-칼륨 펌프의 활성을 자극하여 혈압을 낮춘다. 칼륨에 의한 혈압 강하 효과는 정상인보다 고혈압 환자나 염분섭취가 높은 사람에게서 더 크게 나타난다. K/Na비는 칼륨과 나트륨의 섭취량을 동시에 고려할 때 유용한 지표로서 1이상일수록 칼륨섭취에 도움이 된다. **표 5-10**은 일부 식품의 가식부 100g에 대한 K/Na를 나타내었다. 동일한 식품군이라도 식품에 따라 K/Na는 다양하며, 대체로 식물성 식품이 동물성 식품이나 가공식품보다 K/Na가 높다. 특히 바나나와 사과는 칼륨의 우수한 급원 식품임을 알 수 있다.

표 5-10. 일부 식품의 K/Na 비율(가식부 100g 기준, mg)

	백미	현미	보리	감자	고구마	밀가루	밤(생것)
K/Na	88/2	248/3	239/18	335/1	428/6	115/1	439/1
	44	82.7	13.3	335	73.1	115	439
	소등심	삼겹살	닭가슴살	오리고기	갈치	고등어	참조기
K/Na	241/56	239/56	371/45	215/70	260/100	329/25	329/51
	4.3	4.3	8.2	3.1	2.6	13.2	6.5
	꽃게	건멸치	달걀	메추리알	대두콩	풋고추	상추
K/Na	216/418	70/2377	133/163	154/137	692/4	270/1	488/6
	0.5	0.03	0.8	1.1	173	270	81.3
	오이	미역	다시마	사과	오렌지	포도	바나나
K/Na	161/2	1112/361	1242/75	107/0	138/2	180/1	355/0
	80.5	3.1	16.6	∞	69	180	∞
	우유	요구르트	체다치즈	백설기	롤케이크	비스킷	콜라
K/Na	143/36	60/17	62/928	31/212	95/162	111/481	2/2
	4.0	3.5	0.07	0.1	0.6	0.2	1

(4) 포화지방산과 콜레스테롤의 제한

총 지방의 섭취를 전체 에너지의 20~25% 정도로 제한하고 다가불포화지방산, 단일불포화지방산, 포화지방산의 비(P/M/S)를 1/1.0~1.5/1로 제공한다. 또한 오메가-3 지방산의 섭취를 늘리기 위해 노력하고 오메가-6/오메가-3 지방산 비를 4~10/1로 권장한다. 이를 위해서는 동물성 지방을 제한하고 콩기름, 들기름 등의 식물성 지방을 이용하며 등푸른생선의 섭취도 권장한다. 불포화지방산, 특히 단일불포화지방산과 오메가-3 지방산의 섭취를 증가시키면 동맥경화증과 이상지질혈증의 위험을 감소시킴으로써 혈압 감소에 도움이 된다.

(5) 금연과 적당한 음주

흡연은 혈관을 직접적으로 손상시키므로 고혈압 환자가 흡연하면 혈액순환 장애나 동맥경화증이 유발되어 고혈압을 악화시킬 수 있다. 담배의 니코틴은 중독뿐만 아니라 혈관을 수축하고 혈압을 상승시켜서 심장질환의 위험을 증가시킨다. 고혈압 환자가 금연할 경우 심장 돌연사, 급성심근경색 등의 위험이 낮아진다고 보고되었다.

알코올 섭취는 혈압을 상승시킬 수 있고 고혈압 약에 대한 저항성을 증가시키며 과음하는 사람은 그렇지 않은 사람보다 대체로 혈압이 높다. 심뇌혈관 질환을 예방하기 위해서는 술을 가급적 하루에 한두 잔 이하로 줄이도록 권고하는데 이는 알코올 기준 대략 30~60g 정도에 해당한다. **표 5-11**에는 국내에 시판되는 술의 종류와 용량에 따른 알코올 도수와 함량을 예시로 나타내었다.

표 5-11. 술의 종류에 따른 알코올 함량(예시)

술의 종류	용량(단위)	알코올 도수	알코올 함량(g)
맥주	500mL(병, 캔)	4.5도	22.5
소주	360mL(병)	17도	61.2
포도주	750mL(병)	12도	90
막걸리	1,000mL(병)	6도	60
위스키	500mL(병)	40도	200

(6) 수분

고혈압 환자의 대부분은 수분이 부족한 상태에 있으며 특히 이뇨제를 복용 중인 환자는 수분 부족 위험이 더 높다. 수분이 부족해지면 뇌, 심장, 간 등 주요 장기에 수분을 우선적으로 공급하기 위해 상대적으로 중요도가 낮은 사지 말단 부위의 혈액 공급은 감소한다. 즉 혈관 확장물질의 분비 감소와 혈관 수축이 발생하는데 이는 고혈압 환자에게 상당한 부담을 초래하고 혈압 상승 결과를 초래하게 된다. 따라서 정상인뿐만 아니라 대부분의 고혈압 환자는 물을 충분히 마셔야 하며 이뇨작용을 통해 혈액 내 독소 배출도 가능해진다.

(7) 식이섬유

김치를 포함한 채소류, 과일류, 해조류, 잡곡 및 통곡식 등의 식이섬유가 풍부한 식품을 섭취하면 변비를 예방하고 콜레스테롤의 흡수율을 낮추어 고혈압과 관련 있는 이상지질혈증이나 동맥경화증을 예방한다. 또한 식이섬유가 풍부한 식품은 칼륨, 마그네슘, 칼슘도 높은 편이므로 혈압 저하에 도움을 준다. 채식 위주의 건강한 식습관은 나트륨 제한, 운동, 절주, 체중 감량에 비해 혈압 저하 효과가 훨씬 크다고 보고되었다(2022 고혈압 진료지침, 대한고혈압학회).

(8) 운동 및 생활습관 개선

적당한 운동은 말초혈관을 확장하여 긴장 완화와 혈압 저하에 도움을 준다. 고혈압 환자는 적당한 시간 동안 빠르게 걷는 등의 유산소 운동이 좋다. 주 5일 이상, 하루 30~50분씩 운동하면 수축기 혈압 4.9mmHg, 이완기 혈압 3.7mmHg이 감소한다고 알려져있다. 단, 지나친 고강도 운동이나 추운 겨울날 말초혈관이 수축된 상태에서 하는 운동은 오히려 혈압을 상승시키므로 위험할 수 있다. 평상시 육체와 정신의 과로와 스트레스를 줄이는 것이 건강한 혈압관리에 도움을 준다.

5) 고혈압 예방과 치료를 위한 DASH 요법

DASHDietary Approaches to Stop Hypertension 요법은 고혈압을 예방하기 위한 유동적이고 균형잡힌 식사지침으로서 나트륨 감소, 포화지방산, 콜레스테롤, 그리고 트랜스지방산의 감소, 칼륨, 칼슘, 마그네슘, 식이섬유 및 단백질의 충분 섭취를 골자로 하고 있다. DASH 요법에서 섭취 권장 및 섭취 제한 식품군을 그림 5-4에 나타내었다. 나트륨은 일일 2,300mg을 초과하지 않도록 권고하며 일일 1,500mg의 나트륨 섭취는 혈압을 더욱 감소시킬 수 있다. 표 5-12는 하루 2,100kcal를 제공하는 식단 계획을 할 때 DASH 지침을 적용한 예를 나타내었다.

그림 5-4. DASH 식단의 섭취 권장 및 섭취 제한식품군

표 5-12. DASH 식단 작성을 위한 식품군별 1일 교환단위수(예시)

에너지 (kcal)	곡류군	채소군	과일군	무·저지방 우유·유제품	저지방 육류, 가금류, 생선	견과류, 종실류, 콩류	지방과 기름	당류와 첨가당
1,600	6	3~4	4	2~3	3~6	3/주	2	0
2,000	6~8	4~5	4~5	2~3	≤ 6	4~5/주	2~3	≤5/주
2,600	10~11	5~6	5~6	3	6	1	3	≤ 2

표 5-13. DASH 요법의 목표 영양기준량(2,100kcal/일 예시)

영양소	기준량	영양소	기준량
총 지방	총 열량의 27%	나트륨	2,300mg
포화지방산	총 열량의 6%	칼륨	4,700mg
단백질	총 열량의 18%	칼슘	1,250mg
탄수화물	총 열량의 55%	마그네슘	500mg
콜레스테롤	150mg	식이섬유	30g

POINT

고혈압의 식사요법

- 건강체중을 유지하고 비만을 예방한다.
- 고혈압 예방식단인 DASH 요법을 실천한다.
- 나트륨 섭취를 줄이고 칼륨, 식이섬유, 수분을 충분히 섭취한다.
- 포화지방산과 콜레스테롤 섭취를 제한한다.
- 운동을 생활화하고 생활습관을 개선한다.

2022 국내 고혈압 진료 지침

대한고혈압학회는 주기적 혈압 측정 권고 대상을 기존 40세에서 20세 이상 성인으로 하향 조정하였고, 대응혈압 개념을 도입하였으며 백의 고혈압과 가면 고혈압의 개념까지 확대하는 새로운 고혈압 진료 지침을 발표하였다. 특히 심혈관 질환 및 고위험군의 목표 수축기 혈압을 이전보다 강화된 지침인 '130mmHg 미만'으로 권고하였다.

가면 고혈압은 병원 밖에서 혈압이 높게 나오지만 진료실에서는 정상으로 측정되는 경우이며, 백의 고혈압은 병원 밖에서는 정상이지만 진료실에서는 혈압이 높게 나오는 것을 의미한다. 고혈압 치료를 받는 환자 중 가면 효과를 가지면 가면비조절고혈압(masked uncontrolled hypertension, MUCH), 백의 효과를 가지면 백의비조절고혈압(white-coat uncontrolled hypertension, WCUH)으로 정의한다. MUCH 환자의 예후가 가면 고혈압 환자보다 나쁘고, 백의 고혈압 환자의 예후가 WCUH 환자보다 나쁜 것으로 나타났다. 따라서 진료실 밖 혈압 측정을 통해 MUCH와 WCUH를 적극적으로 찾을 것을 강조하였다. 국내 연구에 의하면 MUCH 유병률은 45.5%로 실제 많은 환자가 혈압 조절이 잘 되지 않는 것으로 드러났고, 스페인 연구에서도 진료실 혈압이 잘 조절되는 환자의 31%가 MUCH에 해당되었고 이들의 혈압은 혈압조절군에 비해 유의하게 높았다.

▶▶ 올바른 혈압 측정방법의 강조와 함께 진료실 밖 혈압인 대응혈압 측정의 정확도를 높이기 위해 모든 환자에게 가정혈압 측정법을 교육할 것을 권고하였다. 진료실 혈압, 하루 및 주 평균 활동혈압과 가정혈압에 있어 수축기 혈압의 기준치는 다음과 같다.

(단위 : mmHg)

구분	진료실 혈압	24시간 활동혈압		가정혈압
		일일 평균혈압	주간 평균혈압	
수축기 혈압	140	130	135	135
	130	125	130	130

▶▶ 고혈압 단계별 위험도에 따른 치료 지침은 다음과 같다. 고혈압 전 단계이고 위험인자 2개 이하면 약물치료 없이 생활방식 변화만으로 치료가 가능함을 알 수 있다.

혈압(mmHg) / 위험도	고혈압 전 단계 (130~139/80~89)	고혈압 1기 (140~159/90~99)	고혈압 2기 (≥ 160/100)
위험인자[a] 0개	생활방식 변화	생활방식 변화[d] 또는 약물치료	생활방식 변화와 약물치료
위험인자 1~2개	생활방식 변화	생활방식 변화와 약물치료	생활방식 변화와 약물치료
위험인자 3개 이상, 당뇨병, 무증상 장기손상[b]	생활방식 변화 또는 약물치료[e]	생활방식 변화와 약물치료	생활방식 변화와 약물치료
심뇌혈관질환[c], 만성콩팥병	생활방식 변화 또는 약물치료[e]	생활방식 변화와 약물치료	생활방식 변화와 약물치료

[a] 위험인자 : 연령(남자 > 45세, 여자 > 55세, 고령자 > 65세), 전심혈관질환 가족력, 흡연, 비만, 이상지질혈증, 전당뇨병의 6가지.
[b] 무증상 장기 손상 : 좌심실비대증, 미세단백뇨, 죽상동맥경화증, 자궁내경동맥 증가, 동맥경직, 3,4단계 망막증.
[c] 심뇌혈관질환 : 관상동맥질환, 말초동맥질환, 대동맥질환, 심부전 포함, 뇌혈관질환(뇌졸중, 일과성 허혈성 발작, 혈관성치매 포함).
[d] 1기 고혈압의 경우 생활요법은 수주에서 3개월 이내로 실시함
[e] 고혈압 전단계의 약물치료는 목표 혈압에 따라서 나타날 수 있음
** 10년간 심뇌혈관질환 발생률 : ■■ 낮은 위험(5~10%), ■■ 중간 위험(10~15%), ■■ 높은 위험(> 15%)

4. 동맥경화증

동맥경화증arteriosclerosis은 동맥의 내벽에 콜레스테롤, 인지질, 칼슘 등이 축적되어 굳어진 일명 플라크plaque 또는 죽종atheroma 섬유상 덩어리가 쌓여서 동맥벽이 단단해지고 두꺼워지며 탄력성을 잃게 되는 증상이다. 동맥벽에 축적된 플라크는 시간이 지남에 따라 파열되며 여기에 혈액응고인자인 혈소판이 침착하게 되어 혈전이 형성된다. 혈전은 혈관을 더욱 좁히고 혈액을 통해 돌아다니다가 혈관의 폐색을 일으킨다. 죽상동맥경화증은 이상지질혈증(특히 고LDL), 고혈압, 흡연, 당뇨병 등이 주요 유발인자로 알려져 있으며 주로 대동맥, 관상동맥, 뇌동맥에 발생하여 심근경색과 뇌경색을 일으킨다. 그 외에 대퇴동맥, 경골동맥 등의 말초동맥의 중막에 칼슘이 침착되어 석회화가 일어나는 중막동맥경화증과 콩팥, 비장, 췌장, 간 등 내장의 세동맥에 발생하는 세동맥경화증이 있다. 그림 5-5에는 정상적인 동맥에 지질 침착, 죽죽 형성 및 심화를 거쳐 동맥 협착, 동맥류 형성과 파열 및 혈전증 발생에 이르는 과정을 도식화하였다.

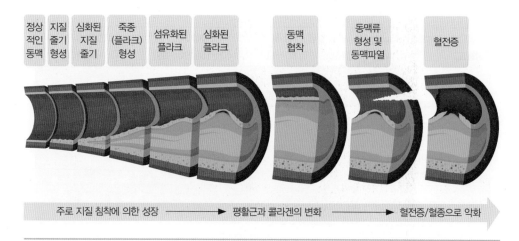

| 정상
적인
동맥 | 지질
줄기
형성 | 심화된
지질
줄기 | 죽종
(플라크)
형성 | 섬유화된
플라크 | 심화된
플라크 | 동맥
협착 | 동맥류
형성 및
동맥파열 | 혈전증 |

주로 지질 침착에 의한 성장 ⟶ 평활근과 콜라겐의 변화 ⟶ 혈전증/혈종으로 악화

그림 5-5. 정상적인 동맥의 혈전증 발생 단계

1) 원인

동맥경화증의 정확한 원인은 불분명하나 고혈압, 흡연, 고콜레스테롤혈증. 당뇨병, 비만, 스트레스, 운동 부족, 노화 등이 위험인자로 알려져 있다. 동맥이 경화되는 과정은 필히 동맥 내경이 좁아지는 결과를 초래하므로 고혈압을 유발하거나 악화시키고 다시 고혈압은 동맥경화증을 촉진하게 된다. 따라서 고혈압은 적극적으로 치료해야 한다. 흡연은 흡인된 일산화탄소로 인해 저산소증을 유발하고 말초혈관을 수축시켜 혈류를 저하시킬 수 있고 혈액 응고를 항진시켜 동맥 부위에 혈전을 유발할 수 있으므로 동맥경화증을 촉진시킨다. 고지방 또는 고탄수화물 식사, 운동 부족, 감염, 피로와 스트레스, 비만 등은 고콜레스테롤혈증을 초래할 수 있다. 이러한 식사성 및 비식사성 요인으로 인해 발생한 고콜레스테롤혈증은 동맥경화증을 유발한다. **그림 5-6**은 동맥경화증의 위험요인을 간략하게 나타내었다. 미국심장협회는 동맥경화성심장질환(ASCVD)의 주요 위험인자로서 고LDL-콜레스테롤에 더하여 연령(남자 ≥ 45세, 여자 ≥ 55세), 가족력[부모나 형제(남자 < 55세, 여자 < 65세) 중 심혈관질환 발병], 고혈압(≥ 140/90mmHg), 흡연, 저HDL-콜레스테롤 수준(HDL < 40mg/dL)을 제시하였다.

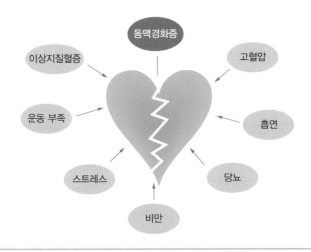

그림 5-6. 동맥경화증의 위험요인

2) 증상

관상동맥에 폐색이 일어나면 협심증과 더 나아가 심근경색이 발생하여 가슴, 등, 어깨, 팔에 심한 통증을 느끼게 된다. 뇌혈관 폐색이 생기면 뇌졸중으로 인해 의식장애, 언어장애, 시력장애, 편마비가 나타난다. 말초동맥이 막히면 막힌 부위의 아랫부분에 보행 시 통증이 발생하며 심하면 휴식 시에도 근육통을 느끼게 되고, 피부가 차게 느껴지며 창백하거나 청색을 보인다. 또한 피부가 건조해지거나 피부 표면에 궤양이 생기고 발톱이 약해지기도 한다. 복부대동맥이나 총장골동맥의 점진적 협착은 둔부와 허벅지 경련 및 보행 시 통증을 유발한다.

3) 식사요법

동맥경화증의 식사요법은 동맥경화증의 원인 질환인 고혈압, 이상지질혈증, 비만, 당뇨병 등을 예방하는 식사요법을 적용한다.

(1) 에너지 조절을 통한 적정 체중 유지

비만은 고혈압, 고중성지방혈증, 고콜레스테롤혈증의 원인이 되므로 체중을 적정하게 유지함으로써 이들 질환도 예방할 수 있고 동맥경화의 예방과 개선도 가능해진다. 에너지 섭취량은 표준체중 유지를 목표로 조절하여야 하며 과식과 과음하지 않도록 유의한다. 특히 탄수화물의 과잉섭취는 비만을 일으키고 혈중 중성지방과 콜레스테롤을 증가시켜 동맥경화증을 촉진하므로 주의해야 한다.

(2) 이상지질혈증 예방 식단의 실천

동맥경화증의 주원인은 이상지질혈증이므로 지질섭취 시에는 각별한 주의가 필요하다. 지질섭취량은 총에너지 섭취량의 20% 이하로 공급하고 다가불포화지방산PUFA, 단일불포화지방산MUFA, 포화지방산SFA의 비(P : M : S)는 1.0 : 1.0~1.5 : 1.0로 한다. 콜레스테롤은 1,000kcal당 100mg 이하로 공급하며 하루 200mg 이하로 제한한다. 혈중 콜레스테롤은 2/3 이상이 내인성이지만 식사를 변화시킴으로써 다소 감소시킬 수 있다. 혈중 콜레스테롤을 증가시키는 포화지방산과 트랜스지방산의 섭취를 제한한다.

(3) 고혈압 예방 식단의 실천

고혈압은 동맥벽을 손상시킴으로써 동맥경화증을 악화시키므로 고혈압을 예방하는 식사요법인 DASH 요법의 실천, 적절한 에너지 섭취, 저염식과 칼륨섭취 증가, 알코올 섭취 제한, 식이섬유와 수분섭취 증가 등을 포함하는 식생활이 바람직하다.

(4) 양질의 단백질 섭취

동맥경화로 인하여 좁아지고 약해진 혈관을 튼튼하게 개선하기 위해서는 양질의 단백질을 충분히 섭취하는 것이 바람직하다. 체중 kg당 1.0~1.5g을 총 열량의 15~20% 정도가 되도록 공급하되, 아미노산가가 높은 양질의 달걀, 대두 등 저지방 어육류군 식품을 위주로 선택하는 것이 튼튼한 혈관과 심장을 유지하는 데 좋다.

(5) 식이섬유 충분 섭취

식이섬유는 체내 콜레스테롤 흡수를 막아주므로 식이섬유가 많은 덜 도정된 곡류, 채소류, 두류, 감자류 등을 적극적으로 활용한다. 수용성 식이섬유인 펙틴(과일에 다량 함유), 글루코만난(곤약, 마, 토란), 알긴산(다시마, 미역 등의 해조류) 등의 섭취를 증가 시키도록 한다. 심혈관계 질환의 예방을 위해서 하루 20~35g의 식이섬유 섭취를 권장 하도록 한다.

(6) 비타민과 무기질의 올바른 섭취

나트륨 섭취량은 1,000kcal당 1g으로 하여 하루 총섭취량이 3g(소금으로 7.5g)을 넘 지 않도록 한다. 또한 칼슘, 마그네슘, 아연, 요오드 등을 충분히 섭취한다. 황산화 작용이 있는 녹황색 채소와 과일을 충분히 섭취하도록 한다. 특히 지질 대사에 관여하는 비타민 B_6, 비타민 C, 비타민 E를 충분히 공급한다.

(7) 운동

지속적인 유산소 운동은 HDL을 높이는 데 효과적이며 근력 운동은 근육량을 증가시 켜 기초대사량을 높이므로 에너지 소비량 증가에 도움을 준다. 운동을 통한 에너지 소비 량의 지속적 증가는 체중 조절에 영향을 주며 나아가 고혈압을 개선할 수 있다. 대표적인 유산소 운동인 걷기를 하루에 30분 정도 하면 심장과 혈관을 강화시키고 근육량 증가에 도 도움이 된다.

(8) 금연

담배의 니코틴은 혈관 벽을 손상시키고 혈소판 침착을 유발하여 혈전 생성을 초래하 므로 동맥경화증을 유발하거나 악화시킨다. 따라서 금연이 바람직하다.

동맥경화증의 식사요법

- 에너지 섭취량 조절을 통하여 건강 체중을 유지한다.
- 이상지질혈증과 고혈압 식사요법을 함께 실천한다.
  - 지질은 총에너지의 20% 이하로 공급한다.
  - 포화지방산, 트랜스지방산 및 콜레스테롤을 제한한다.
  - 저염식을 실천한다.
  - 칼륨, 식이섬유, 수분을 충분히 섭취한다.
- 금연, 절주, 운동 등 건강생활을 실천한다.

5. 심장질환

심장박동, 즉 심장근육의 수축과 이완은 인체의 다른 기관과 달리 생명현상의 시작부터 끝까지 중단되지 않는 유일한 기능이다. 이러한 심근에 혈액을 공급하는 특별한 동맥이 관상동맥이며 산소 및 영양소의 원활한 공급을 통해 심장박동은 정상적으로 유지된다. 심장질환은 크게 허혈(虛血)성과 울혈(鬱血)성으로 구분되는데 글자 그대로 허혈이란 조직이 국부적으로 빈혈상태를 겪는다는 뜻이며 울혈이란 몸속 장기나 조직의 모세혈관에 정맥혈이 괴어 있다는 뜻이다. 허혈성 심장질환ischemic heart disease은 관상동맥성 심장질환Coronary Heart Disease, CHD과 비슷한 의미로 사용된다. 관상동맥에 생긴 문제로 인하여 심근의 혈액 공급에 차질이 생기게 되어 협심증, 심근경색, 심부전 등의 결과를 초래하는 것을 말한다. 울혈성 심장질환은 주로 울혈성 심부전congestive heart failure(심장 기능 저하)이라 칭하는데 심장이 심장판막증, 심내막염, 심근염, 고혈압, 심근경색, 기타 심장병 등으로 인하여 심근의 기능이 약해져 전신으로 혈액을 충분히 박출하지 못하게 되고 인체는 여분의 전해질과 수분을 충분히 제거하지 못하게 됨으로써 다리나 발목이 울혈로 부어오르고 쉽게 피로해지고 호흡이 짧아지는 등의 증상을 보이는 증후군이다.

1) 허혈성 심장질환

(1) 원인

관상동맥 경화나 협착 또는 확장기 저혈압으로 인해 심장 내 혈류가 불충분해지고 심근의 산소 요구량에 비하여 관상동맥으로부터 산소 공급량이 부족할 때 생긴다. 특히 관상동맥 경화나 협착은 동맥벽에 콜레스테롤 같은 지방질이 쌓이는 죽상경화증과 이에 동반된 혈전 때문에 주로 유발된다. 위험요인으로는 연령, 가족력, 흡연, 고혈압, 당뇨병 등이 있다.

(2) 증상

① 협심증(angina pectoris)

관상동맥의 경화로 협착이 생겨 혈류가 지장을 받게 되면 심근에 산소 공급량이 감소되면서 일시적인 심근의 허혈로 갑작스런 통증을 느끼게 된다. 운동을 하거나 힘든 일을 하거나 정신적으로 심한 스트레스를 받을 경우는 심장에 더 큰 부담을 주므로 통증을 느끼지만 휴식 중에는 어느 정도 회복이 되기도 한다.

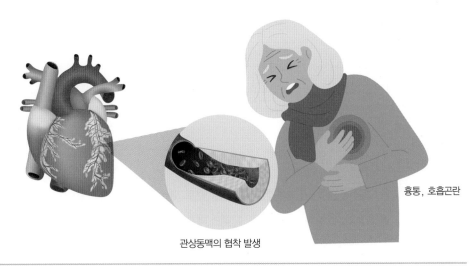

관상동맥의 협착 발생

흉통, 호흡곤란

그림 5-7. 관상동맥성 심장질환의 이해

② 심근경색증(myocardial infarction)

협심증과 달리 협착이 발생한 관상동맥이 완전히 막혀서 그 부위 혈관 지배 영역의 심근이 괴사하는 것이다. 이때는 휴식을 취하더라도 흉통이 30분 이상 계속되며, 식은땀을 흘리고 죽음이 다가오는 것 같은 공포를 느낀다. 심근경색증이 악화되면 심부전으로 진행하여 1시간 이내에 사망할 수 있다.

(3) 식사요법

심근경색 직후에는 통증, 불안, 피로감, 호흡곤란 등으로 인해 섭취량이 감소할 수 있다. 최소 1일은 금식하고 2~3일째부터 유동식으로 시작해서 연식, 정상식으로 이행한다. 심장이나 소화관의 부담을 최소화하기 위해서는 식사의 에너지를 높지 않도록 조절하고 1회 공급하는 음식과 음료의 양도 줄이면서 횟수를 늘리는 것이 좋다. 심근경색 발생 후 며칠 혹은 몇 주 동안은 울혈성 심부전이 나타날 수 있다. 심장 부담을 줄이고 울혈성 심부전을 예방하며 고혈압 조절을 위해 나트륨 제한이 요구된다.

① 에너지

비만은 관상동맥질환의 유발 가능성을 증가시키므로 표준체중의 90% 정도의 에너지를 공급한다. 탄수화물은 주로 복합당질로 제공한다.

② 단백질

쇠고기나 돼지고기보다는 닭고기나 어류 등을 이용하여 충분한 단백질을 공급한다.

③ 지질

P/S비(PUFA/SFA비)가 1~1.5가 되도록 불포화지방산을 충분히 공급한다. 혈청 콜레스테롤치가 높은 경우에는 다가불포화지방산을 주로 공급하고, 중성지방이 높을 때에는 탄수화물이나 알코올의 섭취를 제한한다. 콜레스테롤량은 1일 300mg 이하로 제한한다.

④ 나트륨

나트륨의 급원으로는 식품 조리 시 첨가되는 소금, 간장, 된장, 고추장 등이 있으며, 기타 나트륨 화합물인 베이킹파우더, MSG, 자연식품에 나트륨이 함유된 우유, 치즈, 달걀, 고기, 가금류, 콩, 푸른 콩, 셀러리, 케일, 당근, 무, 시금치 등이 있다. 또한 음료수 중에도 나트륨이 포함되어 있다. 질병 정도에 따라 무염식salt free diet, 저염식low salt diet, 중염식mild salt diet으로 나누어 처방할 수 있다. 다만, 환자의 저염식 수용도를 고려하여 효과적인 식사요법을 실시하여야 한다.

⑤ 식이섬유

콜레스테롤과 중성지방의 흡수를 방해하여 심장질환 예방에 중요한 역할을 하므로 충분히 공급한다.

⑥ 카페인

간혹 카페인으로 인하여 서맥, 빈맥, 부정맥 등이 발생할 수도 있으므로 커피, 홍차 등 카페인 함유 음료는 적게 섭취하도록 한다.

POINT

허혈성 심장질환의 식사요법

- 심근경색 발작 직후는 금식하며 이후 유동식, 연식 등으로 이행한다.
- 총에너지 및 1회 식사량은 높지 않도록 하고 식사의 횟수를 증가시킨다.
- 양질의 단백질, 식이섬유, 불포화지방산을 충분히 공급한다.
- 탄수화물은 복합 당질 위주로 공급한다.
- 콜레스테롤을 300mg/일 이하로 제한한다.
- 질병 정도에 따라 염분의 양을 제한한다.
- 알코올과 카페인 음료는 제한한다.

2) 울혈성 심부전

(1) 원인

울혈성 심부전은 허혈성 심장질환, 고혈압, 대동맥판막과 승모판막의 질환, 기타 심근 질환으로 인하여 심장 기능이 손상되면 박출량이 저하되므로 조직이나 기관이 요구하는 혈액의 양을 제대로 공급할 수 없게 된다. 따라서 정맥의 울혈이 발생하고 심장을 더욱 수축시키거나 혈압을 상승시키는 기전이 작동하게 된다.

(2) 증상

좌심은 폐에서 받은 혈액을 전신에 보내는 곳이다. 따라서 **좌심부전**은 일련의 연쇄반응(좌심실 박출 저하 → 좌심실 혈액 저류 → 좌심방압 상승 → 폐정맥압 상승 → 폐모세혈관압 상승 → 폐 모세혈관 혈장 누출)을 일으켜 폐부종으로 진행된다. 좌심부전은 호흡곤란, 발작성 야간 호흡곤란, 기침, 객혈, 청색증 등의 폐증상, 좌심실 비대, 빈맥, 피로 등의 증상을 나타낼 수 있다. 콩팥의 혈류 부족으로 레닌-안지오텐신-알도스테론계 renin-angiotensin-aldosterone system가 활성화되어 나트륨과 수분 배설이 억제되고 혈액량의 증가와 혈압이 상승한다. 뇌에 저산소증이 생기면 자극과민, 불안 증상 등이 생기고 심하면 혼수가 올 수도 있다.

우심은 전신의 순환혈을 폐로 보내는 곳이다. 따라서 **우심부전**은 일련의 연쇄반응(우심실 박출 저하 → 우심방압 증가 → 체순환계 정맥압 증가 → 전신 울혈 → 허파를 제외한 전신 부종)으로 인해 하지 부종, 복수, 흉수 저류, 간비대, 황달, 심장성 간경화, 간문맥 울혈로 인한 식욕부진, 오심, 복통, 단백질 누출성 위장증 등 전신 울혈로 인한 증상과 기능장애를 일으킬 수 있다. 이상과 같이 좌심부전, 우심부전, 혹은 좌우심부전이 모두 발생함으로써 심장의 기능이 저하 또는 상실된다. 그림 5-8에는 울혈성 심부전의 징후를 나타내었다.

(3) 식사요법

울혈성 심부전의 식사요법은 부종을 제거하고 심장 기능에 부담을 주지 않기 위해 나

쉽게 배우는 식사요법

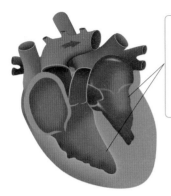

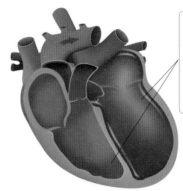

이완기
- 뻣뻣하고 두꺼워진 심방과 심실
- 충분한 혈액을 채우지 못하게 됨
- 전신 울혈 초래

수축기
- 늘어나고 얇아진 심방과 심실
- 충분한 혈액을 박출하지 못하게 됨
- 폐울혈 초래

그림 5-8. 울혈성 심부전의 징후

표 5-14. 울혈성 심부전의 에너지 및 영양섭취 기준

구분	에너지(kcal)	단백질(g/kg)	지질(g)	소금(g)	물(L)
경증	2000	1~1.5	30~35	5~7	1.5~2
중등증	1500	1	20~30	3~5	1.2~1.5
중증	1000	1	15~20	3 이하	1.2 이하

트륨 제한, 수분 관리, 양질의 단백질 공급, 적당한 에너지 공급, 콜레스테롤과 포화지방산 제한을 기본방침으로 식사요법을 실시한다. 울혈성 심부전의 증상 정도에 따른 에너지, 단백질, 지질, 식염 및 물의 섭취 기준을 **표 5-14**에 나타내었다.

① 증상에 따른 영양섭취 기준

- 경증

식욕 증진을 위하여 적절한 운동이 필요하며 에너지는 2,000kcal/일 정도로 제공한다. 소금은 5~7g/일, 단백질 1~1.5g/kg, 지방 30~35g/일로 제공한다. 이뇨제를 사용하는 경우 나트륨 배설량과 칼륨 배설량도 고려해서 공급한다.

· 중등도

에너지는 1,500kcal/일 수준으로 식사량을 적게 하고 소화가 잘 되는 식품을 선택한다. 부종이 있으므로 소금은 1일 3~5g으로 제한하고, 수분은 1일 소변량에 따라 가감한다. 이뇨제를 사용하는 경우에는 저나트륨혈증이 되지 않도록 주의한다. 양질의 단백질로 1일 1g/kg 이상, 지방은 20~30g을 공급하며 불포화지방산이 많은 식물성 기름을 사용한다.

· 중증

부종, 결뇨, 호흡곤란 등으로 인하여 식사가 곤란한 중증기에는 절대 안정을 취해야 한다. 소금은 1일 3g 이하로 엄격히 제한해야 하며 조리 시에 소금을 함유한 조미료를 전혀 사용하지 않는다. 나트륨 함량이 높은 우유, 치즈, 달걀, 고기, 생선 등의 식품이나 베이킹파우더, MSG를 사용한 가공식품의 섭취도 제한한다. 수분은 1일 1,200mL 이하로 공급하며, 1,000kcal/일 정도의 저에너지식으로 가능한 한 심장에 부담이 되지 않도록 한다. 지방은 15~20g/일의 저지방식을 하고, 단백질은 양질의 단백질을 1g/kg 이상 공급한다. 소화관의 부종에 의한 구토와 설사 증세가 있으면 소화가 잘 되는 것을 소량씩 자주(5~6회/일) 공급한다. 증상이 점차 회복되면서 요(尿) 양이 증가하면 식사량을 단계적으로 증가시킨다.

(4) 울혈성 심부전의 식품선택 요령

닭고기, 생선, 해산물, 콩류, 전곡류, 신선한 과일과 채소의 섭취는 소금, 콜레스테롤 및 포화지방산이 낮으므로 꾸준하게 섭취한다. 식사나 음료로 섭취한 특정 식품이 체내 수분 저류, 혈당 상승, 및 비만을 유발시킬 경우 섭취를 줄이거나 중단하여야 한다. 즉, 알코올, 소금, 고도로 정제된 곡류, 가공육, 카페인은 심부전 환자가 일반적으로 금해야 하는 것이며 수분 저류를 개선하기 위해 수분의 섭취량을 항상 조절하도록 한다.

① 알코올

알코올은 심장의 정상적인 펌핑 기능을 악화시키고 심근을 약화시킨다. 와인을 포함하여 어떠한 알코올도 마시지 않는 것이 가장 바람직하나, 남성은 하루 2잔, 여성은 하루 1잔 이하로 최대한 절제하는 것이 좋다.

② 소금

지나친 소금섭취는 건강인에서도 수분 저류와 부종을 유발하며, 심부전 환자의 경우는 고혈압을 더욱 심화시킬 수 있으므로 기존의 심부전이 더욱 악화되기 쉽다. 특히 고염식사는 대체로 고지방과 고에너지식이 많으므로 비만과 관련 문제를 야기할 수 있다. 가공식품, 간편식, 통조림식품 및 훈제식품은 대체로 식염의 함유량이 높은 편이므로 주의한다. 지나친 나트륨 제한은 환자의 음식 기호도를 저하시킬 수 있으므로 환자의 상태에 따른 개별적인 접근이 필요하다.

③ 고도로 정제된 곡류

백미, 백밀가루와 국수 및 가당 시리얼 등의 고도로 정제된 곡류는 식이섬유 함유량이 매우 낮다. 특히 심부전 환자가 제2형 당뇨병이나 고콜레스테롤혈증을 동반하는 경우는 고도로 정제된 곡류를 제한하고 현미, 통밀 등 비정제된 곡류를 선택하도록 한다.

④ 가공육

햄버거나 스테이크와 같이 가공육과 숙성육은 나트륨 함량이 대체로 높으므로 제한하여야 하며, 특별히 간을 하지 않았더라도 육류는 동맥경화를 유발할 수 있는 지질의 함유량도 높으므로 제한하도록 한다. 육류를 먹어야 하는 경우라면 보이는 지방을 제거하고 닭고기의 껍질을 제거하도록 한다. 연어, 참치, 다랑어, 대구 등의 생선을 활용하여 가공육을 대체한다면 혈중 콜레스테롤과 중성지방을 낮추는 데 도움이 되는 오메가-3 지방산의 섭취는 높이고 포화지방산의 섭취는 줄일 수 있다. 포화지방산을 함유하는 식품으로는 고지방 식육 외에도 버터, 코코넛유, 팜유, 아이스크림 등이 있다.

⑤ 음료수

울혈성 심부전 환자는 물을 포함하여 하루 중 마시는 액상 음식과 음료를 주의 깊게 살펴야 한다. 즉 국류, 커피, 수분이 많은 과일 등 다양한 형태의 음식이나 식품에 포함된 수분량은 모두 계산되어야 한다. 지나친 수분섭취는 체내에 여분의 수분 저류를 일으키므로 하루 2L 이하로 수분섭취를 제한하여야 한다. 스포츠 음료 등 소금이 포함된 음료는 마시지 않는 것이 좋다.

⑥ 기타

울혈성 심부전 환자는 1회 음식섭취량이 높은 경우 복부팽만감을 유발하고 심장에 부담을 줄 수 있으므로 소량씩 자주 섭취하는 것이 좋다. 심부전 환자는 활동 부족, 콩팥 기능 손상, 칼슘 대사에 영향을 미치는 약제 복용 등으로 인해 골다공증의 위험이 높아진다. 과도한 카페인은 심부전을 악화시킬 수 있으므로 커피, 소다, 초콜릿 등 카페인 함유 식품은 지나치게 섭취하지 않도록 한다. ACE(angiotensin converting enzyme) 저해제와 안지오텐신 수용체 차단제는 혈중 칼륨 수준을 증가시킨다. 반대로 대부분의 이뇨제는 칼륨 손실을 유발하므로 혈중 칼륨 농도를 모니터링 하여 필요시 보충하여야 한다.

POINT

심부전 환자의 식욕 부진 해소법

- 적은 양의 음식을 더 자주(2~3시간마다) 섭취한다.
- 식욕이 좋을 때는 더 많은 음식을 섭취한다.
- 한 입 한 입 세면서 먹어본다. 반이라도 먹는 것이 아무것도 먹지 않은 것보다는 낫다.
- 영양가 있는 간식의 예 : 통곡물 크래커, 땅콩버터, 과일 한 조각과 약간의 치즈, 그래놀라와 그릭요거트+ 냉동 베리류 또는 달걀, 치킨 샐러드, 참치 샌드위치
- 물, 육수, 차 또는 커피와 같은 저에너지 액체 대신 우유, 밀크셰이크, 요거트 음료 또는 경구 영양보충제를 선택한다.
- 요리하고 싶지 않을 때는 쉽게 준비되는 식사나 간식을 준비한다(에너지단백질바, 무염 견과류, 그리스 요거트, 푸딩 또는 치즈와 크래커 등).
- 매끼 올리브유나 카놀라유 등 액체 기름 몇 스푼을 넣어 음식의 에너지 함량을 높인다.
- "가벼운", "저지방", "무지방"이라는 라벨이 붙은 음식과 같은 저지방 음식을 피한다.
- 수프, 시리얼, 스크램블 에그 등에 분유를 첨가함으로써 단백질을 추가로 섭취한다.

울혈성 심부전의 식사요법

· **부종 제거와 심장 부담 감소를 위한 식사요법을 실천한다.**

  – 총에너지와 1회 식사량은 높지 않도록 하며 식사의 횟수를 증가시킨다.

  – 나트륨양과 수분 섭취량을 적절히 제한한다.

  – 양질의 단백질을 공급한다.

  – 콜레스테롤과 포화지방산을 제한한다.

  – 단순당과 알코올을 제한한다.

6. 뇌졸중

뇌졸중은 뇌혈관이 막혀서 발생하는 뇌경색(허혈성 뇌졸중)과 뇌혈관의 파열로 인해 뇌 조직에 혈액이 유출되어 발생하는 뇌출혈(출혈성 뇌졸중)을 통틀어 일컫는 용어이다. 즉, 뇌 기능에 부분적 또는 전체적으로 발생한 장애가 상당 기간 지속되는 것으로 뇌혈관의 병 이외에는 다른 원인을 찾을 수 없는 상태를 의미한다. 뇌혈관에 발생한 죽상동맥경화증으로 인해 주변의 뇌 조직이 산소와 영양분을 잘 공급받지 못하게 되어 뇌경색과 뇌출혈이 발생하는 것이므로 동맥경화증을 예방하기 위한 노력이 선행되어야 한다.

1) 원인

대표적인 원인으로 고령, 동맥경화 및 고혈압이 포함되며 당뇨병, 관상동맥질환, 알코올 과다섭취도 뇌졸중의 원인이 될 수 있다. 고혈압 환자는 정상혈압인에 비하여 뇌졸중 발생 비율이 4~7배 높고, 흡연자는 비흡연자에 비해 1.5~3배 높다고 알려져 있다.

2) 증상

뇌졸중은 뇌압이 갑자기 높아지면서 두통, 메스꺼움, 구토 등을 일으키고 의식장애, 언어장애, 운동 기능장애 등을 보이며 심할 경우 사망에 이를 수도 있다. 허혈성 뇌졸중인 뇌경색이 3시간 이상 지속되면 뇌세포가 손상되어 심각한 후유증이 나타나고, 심하면 생명이 위태로워진다.

3) 식사요법

뇌졸중의 식사요법은 뇌졸중 발작 직후에 영양공급 방안과 경구섭취가 가능한 시점으로 나누어 시행하여야 한다. 환자가 뇌졸중을 일으켜 혼수상태라면 경관급식을 통해서 영양을 공급한다. 만약 환자가 의식이 있다면 연하곤란식 등의 유동식을 공급한다. 환자에게 뇌부종이나 뇌압이 항진되지 않도록 전해질과 수분공급에 유의하여야 한다.

(1) 뇌졸중 발작 후의 영양공급

뇌졸중 발작을 일으킨 직후에는 탈수가 흔하므로 환자의 탈수 정도, 발한 여부, 체내 전해질 상태에 따라 정맥영양을 실시하여 수분과 전해질 공급을 위해 노력해야 한다. 발작 후 3~4일 정도 경과하고 구강섭취가 불가능한 상태에서 환자의 소화·흡수 능력이 양호하며 흡인의 위험이 없다면 비위관 영양지원을 실시한다. 비위관 영양지원을 통한 에너지 공급은 1,200~1,500kcal/day 정도로 하며 혈청 알부민 농도가 저하되지 않도록 단백질 공급에 유의하여야 한다. 또 영양액의 온도가 너무 차거나 주입 속도가 지나치게 빠르지 않아야 설사를 예방할 수 있다.

(2) 경구섭취로의 이행

뇌졸중 환자는 구강 근육 마비가 동반되어 음식을 잘 씹지 못한 채 삼킬 수가 있으므로 입안에서 음식물이 새어 나올 수도 있고 음식물이 기도로 넘어가거나 기침을 통해 내뱉는 반사작용이 둔하여 질식의 위험이 따른다. 따라서 경관급식에서 경구섭취로의 이행 여부를 결정하기 전에 먼저 환자를 주의 깊게 살펴보아야 한다. 작은 얼음조각을 입 안에 넣었을 때 환자가 혀를 움직이는지, 입 안에서 굴리는지, 또는 삼키려고 하는지 등의 움직임을 관찰한다. 연하운동이 가능하다고 확인되면 경구섭취로 이행하여 유동식부터 실시하여 서서히 농도와 양을 늘리면서 연식으로 이행하는 것이 안전하다. 연하곤란을 예방하기 위해 음식의 온도는 체온 정도로 하고 찰지거나 조직이 치밀한 음식과 자극적인 음식을 피하고 잘게 썰어서 제공하여야 한다. 연식에 이용 가능한 음식에는 반숙달걀, 달걀찜, 연두부, 커스터드, 푸딩 등이 있으며 환자가 음식을 잘 씹어서 삼킬 수 있도록 연습을 되풀이하면서 점차 회복식으로 이행할 수 있다. 연하곤란으로 인해 수분섭취량이 부족할 경우에는 점도증진제를 이용하여 수분이 있는 음식의 섭취를 도울 수 있다.

한편 뇌졸중 발작으로 인하여 수저를 사용하는 데 장애를 나타내면 숟가락에 고무줄 등을 감아서 뭉툭하고 미끄럽지 않게 해주거나 접시나 컵, 빨대 등 식판에 놓인 식기류를 잘 고정함으로써 환자의 사용 불편을 최소화하고 환자가 음식을 잘 삼킬 수 있도록 환자의 머리를 뒤로 젖히는 등 세심한 식사 보조가 필요하다.

뇌졸중의 식사요법　　　　　　　　　　　　　　　　　　　　　　　　POINT

- 환자의 상태와 행동을 잘 살펴서 적절한 영양공급 방법을 결정한다.
  - 혼수상태라면 경관급식을 하되 총에너지 수준과 혈청알부민 농도의 저하를 방지한다.
  - 환자의 의식이 회복되면 유동식을 공급하되 연하곤란을 예방하기 위한 수칙을 준수한다.
- 뇌부종과 뇌압 항진 예방을 위해 전해질과 수분 공급에 유의한다.
- 구강 근육의 마비 정도를 파악하여 식사 보조 등 환자의 불편을 최소화한다.

비만과
체중조절

비만과
체중조절

비만은 21세기 신종 전염병이다. 세계보건기구(WHO)는 비만을 치료가 필요한 질병으로 분류하면서 신종 전염병으로 규정하였다. 우리나라의 경우, 비만을 한국표준질병·사인분류에 따라 질병코드 E66으로 부여하고 있다. 비만은 에너지의 섭취와 소비의 불균형으로 인하여 체지방이 과도하게 축적된 상태를 말한다. 비만은 고혈압, 당뇨, 지방간, 심장병, 공맥경화증 등의 만성질환 발생률을 증가시키고 생활의 불편함과 업무의 능률을 저하시킨다. 특히 인슐린 저항성을 초래하는 강력한 유발인자이다. 지방량이 늘어 체중이 증가하면 인슐린 감수성을 떨어뜨리고 생식 건강에 해로운 영향을 미치는 호르몬 불균형을 유발할 수 있다. 이처럼 비만이 원인이 되어 여러 질병을 유발할 수 있기에 건강 문제가 논란이 되고 있다. 비만의 치료 방법에는 식사요법, 운동요법, 행동수정요법 및 의학적인 처치법이 제시되고 있다.

:: 용어 설명 ::

고정점이론(set-point theory) 신체가 항상 같은 상태를 유지하기 위하여 세팅된 체중의 기준점이 있다는 이론

과체중(overweight) 표준체중의 10% 이상 초과된 상태로 지방조직이 과도하게 증가한 상태(근육성 체중증가)

비만(obesity) 체지방이 과다하게 증가한 상태로 치료가 필요한 만성질환이며 임상적으로는 BMI 25 이상인 경우

신경성 식욕부진증(anorexia nervosa) 비만을 우려하여 음식 섭취를 거부하는 식사장애

신경성 폭식증(bulimia nervosa) 열량 식품을 많이 섭취한 후 구토제나 하제 등을 이용하여 체중감량을 시도하는 식사장애

신경성 대식증(bulimia nervosa) 탐식증이라고도 함. 고에너지 음식을 빠른 속도로 많은 양을 먹은 후 체중 증가가 두려워 의도적으로 구토하거나 하젠 이뇨제 복용으로 배설하는 것

요요현상(yoyo effect) 운동이나 식사요법을 중지하였을 때 원래의 체중이나 그 이상으로 체중이 증가하는 현상

저체중(underweight) 표준체중의 90% 이하 또는 BMI가 18.5 이하인 경우로 체지방조직이 감소된 상태

체질량지수(BMI) 체중(kg)/신장(m²)의 값으로 25 이상이면 비만으로 분류

대사증후군(metabolic syndrome) 만성질환의 위험인자를 복합적으로 가지고 있는 상태로 복부비만, 고중성지방혈증, 저HDL혈증, 고혈압, 고혈당 중 3개 이상에 해당할 경우 진단함

1. 비만

비만obesity은 체내에 지방이 과도하게 축적된 질병이다. 음식을 필요 이상으로 과다하게 섭취하면 에너지 불균형으로 인해 많은 양의 지방이 피하조직과 복강 등에 축적된다. 단순히 체중이 많다고 비만은 아니다. WHO는 지방이 건강을 해칠 때 비만으로 정의한다.

적절한 지방조직은 에너지 저장원으로 총저장에너지의 85%를 차지하며 외부에 대한 방어 및 단열제로서 역할을 하지만 그 이상 축적되면 대사장애를 초래한다. 즉 비만은 제지방성분lean body mass에 비해 지방조직adipose tissue이 과도하게 축적된 상태를 일컫는다.

신체는 체지방adipose tissue과 제지방Lean Body Mass, LBM으로 구성되어 있다. 체지방은 조직지방과 저장지방으로 나눌 수 있으며, 저장지방은 갈색지방과 백색지방으로 구분한다. 체중의 증가는 제지방조직과 비교하여 체지방량이 늘어나는 것을 의미한다. 신체의 구성요소는 **그림 6-1**과 같다.

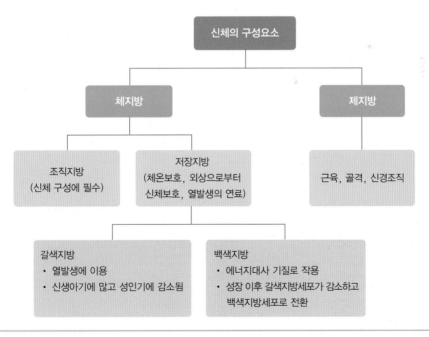

그림 6-1. 체지방과 제지방 조직

1) 원인

비만은 원인에 따라 단순성 비만과 증후성 비만으로 구분할 수 있다. 단순성 비만은 식습관, 연령, 인종, 사회·경제적 요소 등의 다양한 위험요인이 복합적으로 관여하고, 증후성 비만은 유전 및 선천성 장애, 약물, 신경 및 내분비계 질환, 정신과 질환 등을 고려해야 한다. 단순성 비만은 에너지섭취량과 소비량의 불균형으로 체중과 체지방이 증가된 상태로 증후성 비만에 대한 주요 원인을 **표 6-1**에 제시하였다.

표 6-1. 증후성 비만의 원인

분류	원인
유전 및 선천성 장애	• 사람에게서 비만을 유발하는 것으로 알려진 유전자 • 비만과 관련된 선천성 장애
약물	• 항정신병약물 • 삼환계 우울제 • 알파-2 길항제 • 선택적 세로토닌 재흡수 억제제 • 항전간제 • 당뇨병치료제 : 인슐린, 설폰요소제 • 글리나이드 제제, 티아졸리디네디온 • 세로토닌 길항제 • 항히스타민제 • 베타 차단제 • 알파 차단제 • 스테로이드 제제 : 경구 피임제, 당질 코르티코이드 제제
신경 및 내분비계질환	• 시상하부성 비만 • 쿠싱증후군 • 인슐린종 • 다낭난소증후군 • 성인 성장호르몬 결핍증
정신질환	• 폭식장애 • 계절성 정동장애

(1) 유전적 요인

유전은 개인의 체중과 체조직의 조성에 영향을 미친다. 체중 조절 관련 다양한 호르몬과 신경, 지방세포 수와 크기, 체지방의 분포와 기초대사량이 유전적 영향을 받는다.

양쪽 부모가 비만일 경우에 자녀가 비만이 될 확률은 약 70~80%, 한 쪽 부모가 비만한 경우에 자녀가 비만이 될 확률은 40~50%, 부모가 모두 비만이 아닌 경우에는 자녀가 비만이 될 확률은 10% 이하인 것으로 알려져 있다.

특정 사람에게만 에너지 불균형을 일으켜 비만유전자가 발견되기도 한다. 유전요인이 비만 자체를 일으킨다기보다는 비만이 될 수 있는 민감성을 결정하여 식품 섭취량, 활동량, 대사과정에 광범위하게 영향을 미친다.

(2) 환경적 요인

대부분 비만은 섭취에너지가 소비에너지보다 많아서 여분의 에너지가 지방으로 저장되기 때문에 나타난다. 불규칙한 식사, 과식, 폭식, 야식 등과 패스트푸드의 과잉 섭취 등 부적절한 영양관리로 에너지를 과잉 섭취하지만 활동량은 증가되지 않아서 에너지 균형이 이루어지지 않기 때문이다. 활동량 감소는 대사 상태를 변화시켜서 저장 에너지를 증가시킨다. 과거에 비하여 식사의 양과 섭취에너지가 감소하였음에도 비만이 증가한 것은 가사 노동의 자동화와 기계화 그리고 교통수단의 발달로 활동량이 감소하였기 때문이다. 스트레스와 심리적 요인도 비만의 원인이 되며, 사회적 요인, 인종적 요인, 약물 사용 등도 원인이 된다.

비만과 관련된 식사 행동요인에는 불규칙한 식사, 과식, 폭식, 야식, 칼로리가 높은 외식 및 패스트푸드 섭취 등이 있다. 정상인은 식사 후 혈당치가 120~130mg/dL 정도일 때 포만감을 느낀다. 음식을 빨리 먹으면 포만감을 느끼기 전에 많은 양의 음식을 섭취하여 과식을 하게 된다. 식사를 하루에 1~2회에 걸쳐 다량 섭취하는 것보다 같은 양의 식사를 여러 번에 나누어 먹는 것이 저장되는 에너지가 더 적다. 또한 공복시간이 길어지면 기초대사가 저하되고 사용하는 에너지가 적어져 여분의 에너지가 저장된다. 야식은 식사 후 운동량이 적고 먹은 만큼 소화·흡수가 잘되어 저장에너지가 증가한다.

(3) 내분비성 요인

호르몬 대사이상이나 신경계 질환도 비만 발생과 밀접한 관련이 있다. 식욕과 에너지 대사를 조절하는 호르몬에 이상이 생기면 체중이 증가하게 된다. 비만과 관련된 호르몬으로는 갑상샘호르몬, 인슐린, 부신피질호르몬, 렙틴 등을 들 수 있다. 갑상샘호르몬 수준이 저하되면 기초대사량이 저하되어 소비에너지가 감소되고 인슐린이 과잉 분비되면 지방합성이 증진되어 비만해진다. 이 경우, 식사섭취량이 많지 않아도 비만이 유도되므로 체중 감량이 어렵다. 부신피질호르몬의 분비 과잉으로 인한 쿠싱증후군은 체단백질을 분해하고 몸통 부위에 지방을 축적한다. 시상하부에 질환이 있는 경우에도 대뇌의 섭식중추와 포만중추 간의 균형에 장애가 생겨 과식으로 비만이 된다. 폐경기 여성은 에스트로겐의 분비가 감소하면서 기초대사량이 낮아져서 폐경 이전과 같은 양의 식사를 하여도 비만이 된다.

(4) 사회적 · 심리적 요인

정신적인 스트레스와 심리적인 불안을 음식섭취로 해결하려고 과식을 하게 된다. 과보호 어린이, 외동아이 및 홀로된 노인은 고독과 스트레스 해소를 위한 보상 행위로 과식을 하여 비만이 되기도 한다. 사회·경제적 환경이 열악한 경우에 비만 유병률이 높은 것으로 알려져 있다. 과도한 스트레스는 폭식을 유도하여 비만을 발생하게 하고 폭식증 환자는 정상체중이라도 정상인에 비해 체지방이 높은 편이다.

(5) 약물

약물에 대한 반응은 사람에 따라 차이가 있다. 유전자 구성, 연령, 신체 크기, 다른 약물 및 건강 보조식품의 사용, 음식 섭취, 질병의 존재, 약물 보관, 내성 및 저항성 발달 등의 영향을 받는다. 이처럼 약물 반응에 영향을 미치는 요인은 매우 다양하므로 전문가의 처방에 따라 신중하게 조절해야 한다. 항정신성 약물, 일부 우울증 치료제, 당뇨병 치료제 등의 복용은 체중 증가를 유발하기도 한다.

렙틴(leptin)

렙틴은 지방세포에서 만들어지는 호르몬이다. 체중 증가로 지방세포가 커지면 렙틴 분비가 많아진다. 렙틴이 증가하면 뇌의 포만중추를 자극하여 식욕을 저하시키고 교감신경을 통하여 소비에너지를 늘린다. 지방이 증가되었다는 신호를 뇌에 전달하여 식욕을 억제하고 대사율을 증가시켜 체중을 감소한다. 우리 몸의 에너지 균형을 유지하는 훌륭한 되먹임기전(feedback mechanism)이다.

그렐린(ghrelin)

그렐린은 식욕을 증가시키는 호르몬이다. 위장관의 내분비 세포, 특히 위에서 생성되는 순환호르몬으로 음식섭취를 증가시키기 때문에 '배고픔 호르몬'이라고 불린다. 그렐린은 위산 분비와 위장 운동을 증가시켜 배고프게 한다. 배가 고프면 식사 전에 그렐린의 혈중 농도가 가장 높고 식사 후에는 더 낮은 수치로 돌아간다.

렙틴 저항성

인슐린 과잉과 렙틴 저항성은 밀접한 관련이 있다. 인슐린 수치가 높으면 렙틴 저항성이 발생할 가능성이 커진다. 복내측 시상하부에 만성적으로 인슐린이 증가한 상황에서는 포만 중추에 보내는 렙틴의 신호가 억제된다. 렙틴 저항성을 해결하려면 인슐린 수치를 낮춰야 한다.

체중 증가와 '렙틴'의 작동 정도

렙틴은 식욕을 억제해서 과식을 막아주기 때문에 살 빠지는 호르몬이라고 부른다. 렙틴은 지방에서 분비되는 호르몬으로 포만 중추를 자극하여 식욕이 안정될 수 있도록 뇌에 작용한다. 체중이 증가하면 렙틴의 분비량이 감소하는데 이때 렙틴을 활성화시킬 수용체가 제대로 작동하지 않아서 점점 체중이 증가하게 된다.

POINT

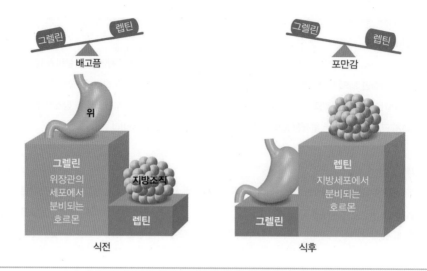

그림 6-2. 그렐린과 렙틴

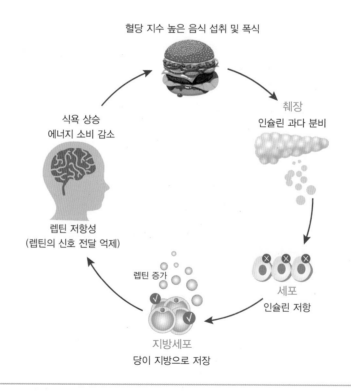

그림 6-3. 인슐린 과잉과 렙틴 저항성

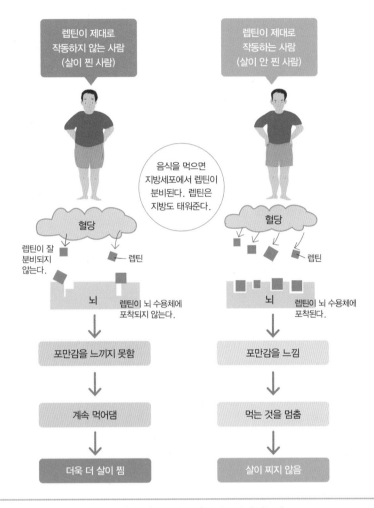

그림 6-4. 살이 찔수록 '렙틴'이 작동하지 않는다.

2) 분류

(1) 원인에 의한 분류

① 단순성 비만

단순성 비만은 과식이나 운동 부족에 의한 비만으로 전체 90% 이상을 차지한다. 유전적 요인이 크게 관여하며 신체의 에너지 소모량에 영향을 미칠 수 있다. 기초대사율이 낮은 것도 체중 증가의 요소가 된다.

② 증후성 비만

증후성 비만은 시상하부 장애로 인한 포만중추 장애, 대사성 장애 및 염색체 이상 외에도 쿠싱증후군, 갑상샘 기능저하증, 성선 기능저하증, 성장호르몬 결핍증 및 고인슐린혈증 등의 호르몬 분비 이상으로 비만이 유발되기도 한다.

(2) 발생 시기에 의한 분류
① 지방세포 증식형 비만

지방세포 증식형 비만은 지방세포의 수가 증가한 상태로 소아비만이라고도 하며 성장기에 과잉의 에너지 공급으로 발생한다. 최근 다양하고 풍요로운 식생활로 소아비만이 증가하고 있다. 대부분 부모로부터 비만 유전자를 가지고 태어나거나 호르몬 대사 이상 및 식습관과 관련 있다. 지방세포의 수도 많고 크기도 커서 체중조절을 하여도 세포의 수를 감소시키기 어렵고 고도비만이 되기 쉽다.

② 지방세포 비대형 비만

지방세포 비대형 비만은 지방세포의 크기가 증가한 상태로 비만의 60% 이상이 이에 해당하며 지방세포의 수는 정상이나 크기가 커지는 성인비만이다. 복부비만과 관련이 있으며 고혈압, 당뇨, 고지혈증, 관상동맥질환과 같은 대사성 질환의 원인이 된다. 지방세포 비대형 비만은 식사요법과 운동으로 조절이 가능하다.

③ 혼합형 비만

혼합형 비만은 성인기에 과량의 에너지 공급으로 이미 존재하는 지방세포의 크기가 최대에 이르면 지방세포이 수가 다시 증가하는 혼합형 형태를 나타낸다. 비만한 아동이 성인이 되어 다시 비만이 된 경우 혼합형 비만이 많은 편이다.

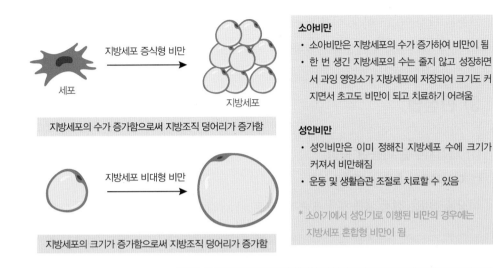

그림 6-5. 소아비만과 성인비만의 지방세포

(3) 체지방 분포에 의한 분류

① 상체비만

체지방의 분포 정도에 따라 상반신 비만(upper-body obesity)과 하반신 비만(lower-body obesity)으로 분류한다. 허리·엉덩이둘레 비율(waist-hip circumference ratio, WHR)은 상반신(허리와 복부) 및 하반신(엉덩이 부근)의 체지방 분포 정도를 구별할 수 있는 간단한 측정방법이다. WHR이 높을수록 체지방량 증가와 관련이 있기에 복부지방이 많을수록 만성질환의 발병 위험률을 예측하는 주요 지표로 이용된다.

상반신 비만은 WHR의 수치가 남자는 0.95 이상, 여자는 0.85 이상인 경우에 분류하며, 당 대사이상, 고지혈증, 고혈압 등의 합병증이 발생하기 쉽다.

② 하체비만

허리둘레는 복부비만 판정에 유용한 지표다. 허리둘레와 엉덩이둘레가 동시에 증가하면 WHR은 변하지 않기 때문에 허리둘레가 WHR보다 복부 체지방량과의 상관관계가 높은 것으로 알려져 있다. 특히 허리둘레 측정은 간편하고 실용적으로 조사할 수 있기에 WHO는 복부지방을 판정하는 지표로 허리둘레 사용을 권고하였다. WHO의 비만판정 기준은 남자 90cm 이상, 여자 80cm 이상이지만, 우리나라 대한비만학회에서는 남자 90cm 이상, 여자 85cm 이상을 비만판정의 기준으로 제시하였다.

3) 판정법

(1) 체격지수를 이용한 판정

① 이상체중비 혹은 상대체중

이상체중비는 실제 체중에서 표준체중으로 나눈 값에 100을 곱한 값이다.

이상체중을 구하는 식	이상체중비의 비만판정법	
	범위(%)	판정
	< 90	체중 미달
이상체중비 = $\dfrac{\text{실제체중}}{\text{표준체중}} \times 100$	90 ≲ ~ < 110	정상
	110 ≲ ~ < 120	과체중
	120 ≲ ~ < 140	경도 비만
	140 ≲ ~ < 160	중등도 비만
	≥160	고도 비만

- 브로카법에 의한 표준체중

  신장이 160cm 이상일 경우, [신장(cm) − 100] × 0.9

  150cm 이상 160cm 미만인 경우, [신장(cm) − 150] × 0.5 + 50

  150cm 미만인 경우, [신장(cm) − 100]을 사용한다.

- 체질량지수법에 의한 표준체중

  남자 : 표준체중(kg) = 키$(m)^2$ × 22

  여자 : 표준체중(kg) = 키$(m)^2$ × 21

② 체질량지수

체질량지수Body Mass Index, BMI는 체중(kg)을 신장(cm)의 제곱으로 나눈 값으로 신장과 체중을 이용하여 간단하게 비만을 판정할 수 있는 방법이다. Quetelet's index라고도 한다. 체지방의 직접적인 척도는 되지 못하지만 비교적 편리하고 신뢰할 수 있어 체지방도

체질량지수를 구하는 식	대한비만학회 비만진료지침	
	범위(%)	판정
$$체질량지수 = \frac{체중(kg)}{[신장(m)]^2}$$	< 18.5	저체중
	18.5 ~ 22.9	정상
	23~24.9	비만 전 단계 (과체중 or 위험체중)
	25~29.9	1단계비만
	30~34.9	2단계비만
	≥ 35	3단계비만(고도비만)

를 가늠하여 비만을 판정하는 지표로 이용된다.

③ 허리둘레와 허리-엉덩이둘레비

허리둘레는 매우 간편하고 실용적인 신체계측 조사이다. 신장에 관계없이 복부비만 정도를 잘 반영하여 내장지방량보다 전체지방량의 영향을 더 크게 받는다.

허리-엉덩이둘레비는 체지방 분포를 나타내는 지표로서 특히 피하지방과 복부지방의 분포를 구별하는 간단한 측정방법이다.

표 6-2. 한국인에서 체질량지수와 허리둘레에 따른 동반질환 위험도

분류	체질량지수 (kg/m^2)	허리둘레에 따른 동반질환의 위험도	
		< 90cm(남자), < 85cm(여자)	≥ 90cm(남자), ≥ 85cm(여자)
저체중	< 18.5	낮음	보통
정상	18.5~22.9	보통	약간 높음
비만 전단계	23~24.9	약간 높음	높음
1단계 비만	25~29.9	높음	매우 높음
2단계 비만	30~34.9	매우 높음	가장 높음
3단계 비만	≥ 35	가장 높음	가장 높음

(2) 체지방비율을 이용한 판정

① 생체전기저항측정법

생체전기저항측정법은 다리와 팔에 미세한 전류를 통과시켜 전기저항으로 신체 내 수분량을 측정하고 이를 통해 체지방량을 예측하는 방법이다. 인체에 전류를 통과시키면 제지방 조직처럼 물에 전해질이 용해되어 있는 조직에서는 전류가 전달되지만 지방이나 세포막 같은 비전도성 조직에서는 저항이 발생하는 원리를 이용한 방법이다.

② 피부두겹두께

피부두겹두께는 캘리퍼를 이용하여 체지방률을 간접적으로 측정할 때 가장 널리 사용하는 방법이다. 캘리퍼로 피부두겹두께를 측정하여 피하지방량을 추정하고 추정된 피하지방량을 이용하여 총 체지방량을 추정하는 것이다.

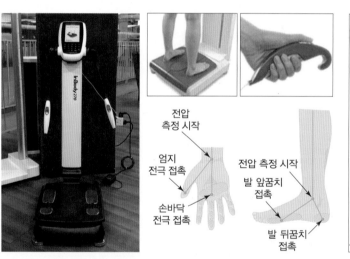

(a) 생체전기저항측정법 : 인체의 구조적 특성을 이용하여 좌우 손과 발에 각각 전류와 전압전극을 2개씩 배치하여 총 8개의 전극을 쥐거나 밟아 측정한다.

(b) 생체전기저항측정법 결과지 예시

그림 6-6. 생체전기저항측정법 및 결과지

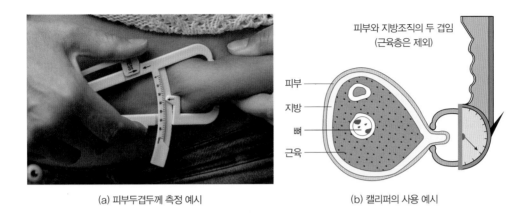

피부와 지방조직의 두 겹임
(근육층은 제외)

피부
지방
뼈
근육

(a) 피부두겹두께 측정 예시   (b) 캘리퍼의 사용 예시

그림 6-7. 피부두겹두께 측정법

4) 합병증

(1) 대사증후군

대사증후군은 비만과 인슐린 저항성, 고혈압, 이상지질혈증 등이 상호 연관되어 나타나는 임상증상이다. 비만인 경우, 지방조직에서 중성지방 합성이 항진되고 인슐린 분비가 증가되어 말초조직에서 인슐린 저항성을 보인다. 복부비만은 내장지방이 장기 사이에 쌓여 지방이 축적된 것이며 이상지질혈증, 내당능장애, 고혈압, 고인슐린혈증 등과 복합적으로 발생하면 동맥경화성 질환이 증가한다.

표 6-3. 대사증후군의 진단 기준

항목	진단 기준
허리둘레	남자 90cm, 여자 85cm 이상
혈압	130/85mmHg 이상 또는 약물치료 중
공복 시 혈당	100mg/dL 이상 또는 약물치료 중
중성지방	150mg/dL 이상 또는 약물치료 중
HDL-콜레스테롤	남자 40mg/dL, 여자 50mg/dL 미만 또는 약물치료 중
※ 위의 진단 기준 중 3개 이상에 해당되면 대사증후군으로 판정함	

(2) 당뇨병

당뇨병은 인슐린의 부족이나 작용의 결함 때문에 고혈당이 야기되는 대사질환이다. 혈당이 콩팥 역치인 170~180mg/dL 이상인 경우 당이 콩팥에서 재흡수되지 못하고 소변으로 배설되어 당뇨 현상을 나타낸다. 당이 소변으로 배설되면서 다량의 수분을 동반하게 되어 다뇨증, 다음증이 나타난다. 비만은 정상인에 비하여 당뇨병에 걸릴 확률이 8배 정도 높다.

(3) 심장순환계 질환

비만인의 경우, 피하뿐만 아니라 장기의 내부와 혈관까지 지방이 축적되어 있다. 특히 심장과 대동맥 주변에 지방이 축적되면 심장박동에 부담을 주고 숨이 가쁘며 가슴이 두근거리는 심장병 증상이 나타난다. 고혈압, 이상지질혈증, 동맥경화증, 심근경색, 심부전 등의 혈액순환계 질환은 대부분이 2~3가지가 동시에 발생하는 경우가 많다.

(4) 간·담낭질환

지방간의 주원인은 알코올이지만 최근에는 비만과 당뇨에 의한 지방간이 증가하고 있다. 지나친 체지방은 콜레스테롤의 합성을 촉진하며 담즙의 분비도 증가하고 담즙 내 콜레스테롤의 농도가 높아져서 담석이 형성된다.

(5) 통풍 및 관절염

통풍은 관절 부위에 요산이 다량 축적되어 발생하는 대사질환으로 비만인에게 많이 발생한다. 체중이 증가하면 허리, 무릎, 발목, 발바닥 등에 과도한 무게가 가해져서 통증을 유발하고 심한 경우에는 관절이나 관절 주위의 인대에 충격을 주어 관절염의 원인이 된다.

(6) 암

유방암과 자궁암의 발생률은 마른 여성보다 비만 여성에게 2~3배 더 높은데 이는 지방의 과잉섭취와 관련이 있다. 비만인 경우 여성은 담낭과 담즙 계통의 암 발생률이 높고 남성은 전립선암, 대장암 및 췌장암의 발생 위험이 높다.

(7) 생식기 장애

비만으로 내분비 대사에 불균형이 초래되며 생식기 기능에 이상이 생긴다. 여성은 월경불순, 불임이 되기 쉽다. 임신이 되어도 자궁과 난소의 기능이 약해져서 정상적인 여성보다 임신중독증, 난산, 요통 등의 부작용을 일으킬 확률이 높아진다. 남성은 정자 감소 증세를 보인다.

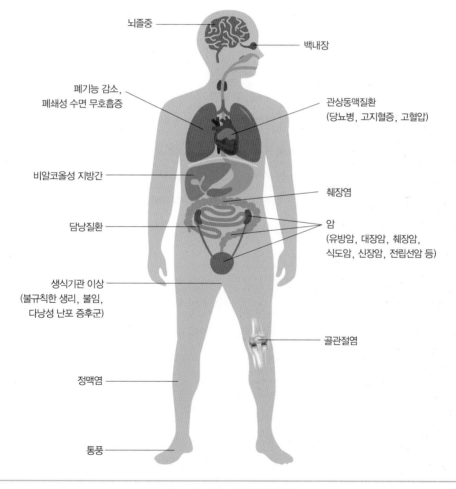

그림 6-8. 비만과 관련된 합병증

(8) 기타

과도한 지방 축적은 호흡기의 운동능력까지 제한하여 조금만 움직여도 숨이 차게 된다. 지방 축적으로 기도가 좁아지면서 수면 중에 호흡이 멈추기도 하는 수면무호흡증이 나타날 수 있고 심하면 수면 중 돌연사를 일으킨다. 또한 살이 찌면서 피부가 트고 지나친 땀 분비와 걸을 때 피부가 서로 마찰되어 피부염을 유발하기도 한다. 그 밖에도 비만으로 피로, 무기력 및 작업 능률의 저하를 초래한다.

5) 비만치료

(1) 식사요법
① 에너지 제한

비만은 에너지 섭취량이 많은 경우에 고혈압, 심장질환, 당뇨병 등 만성질환의 위험을 유발한다. 반대로 에너지 소비량이 섭취량보다 많은 경우에는 체지방이 감소되어 체중조절에 도움이 된다. 체중조절을 위해서는 적절한 운동과 건강한 식습관을 통해 섭취에너지와 소비에너지의 균형을 유지하는 것이 중요하다.

적당한 체중감소는 체중이 한 달에 2kg 혹은 일주일에 0.5kg 정도 감소하는 것이다. 따라서 일주일에 0.5kg의 체중을 감량할 경우에는 하루에 500kcal씩 필요에너지를 감하면 된다. 극단적인 에너지 제한식에 의한 체중 감량은 유지하기 어렵고 부작용의 우려가 있기에 주의해야 한다.

바람직한 체중조절은 체지방 연소를 유도하면서 체단백질의 손실을 최소화하고 기초에너지 대사율 저하를 막기 위해서 1년 동안 체중의 10~15%를 줄이는 것을 권장한다.

저에너지 식사는 800~1,500kcal까지 시행할 수 있지만 1,200kcal 미만의 다이어트는 최단 기간에 끝내야 하고 비타민과 무기질, 단백질 결핍 예방을 위해 종합비타민제를 복용해야 한다.

② 에너지 영양소의 비율 조정

저탄수화물 고지방식이는 탄수화물에서 100g 미만 혹은 에너지비 20% 미만으로 하

소비 에너지		소비 에너지		소비 에너지
소비에너지 < 섭취에너지		소비에너지 = 섭취에너지		소비에너지 > 섭취에너지

그림 6-9. 섭취에너지와 소비에너지

면서 지방 에너지비는 55~65%, 단백질 에너지비는 15~25%가 되도록 섭취하는 것이다.

지나친 저탄수화물식이는 인슐린 저하를 가져와 극심한 체지방 분해를 일으키면서 체중은 빨리 감소하나 케톤체 생성이 늘어나면서 부작용을 유발한다. 또한 충분한 식이섬유를 섭취하기 어렵고 지나친 고지방식이가 되어 심혈관질환의 위험이 높아진다.

저탄수화물 고단백식이는 탄수화물 에너지비를 30~40%의 최소한으로 섭취하면서 달걀, 생선, 닭고기, 육류 위주의 식사를 하는 방법이다. 저탄수화물 고지방식이와 마찬가지로 케톤체 생성이 늘어나면서 부작용이 나타나며 혈중 요산이 증가하여 콩팥에 부담을 주게 된다.

균형잡힌 저에너지식사는 저지방 중탄수화물 식사로서 지방 에너지 비율은 15~20% 내외로 유지하면서 탄수화물은 50~60%, 단백질은 20~25%로 하는 전통 다이어트식이다.

(2) 운동요법
① 유산소 운동과 근력운동

유산소 운동은 호흡수를 증가시켜 체지방을 연소시킬 수 있을 정도로 충분한 시간을 지속하는 운동이다. 근력운동으로 근육량의 감소를 예방하면서 기초대사량 감소를 막는다. 체중 감량에는 유산소 운동을 주로 하면서 근력운동을 함께 한다. 근력운동은 하루에 20~30분간, 이틀에 한 번씩, 일주일에 3번 실시하고 근력운동 후에는 충분한 휴식기간을 취해서 근육을 회복시킨다.

② 운동의 강도와 지속시간

운동에는 강도와 지속시간이 중요하다. 이 두 가지 요소는 상호 반비례하는데, 강도를 높이면 지속시간이 짧아지고 강도를 낮게 하면 지속시간이 길어진다. 체중감소를 위한 적정한 운동 강도는 최대산소소모량의 60~80%를 소모하는 중정도의 운동을 20분 이상 지속해야 한다. 이는 운동 강도에 따라 산소가 소모되는 정도와 우선 소모되는 영양소가 다르기 때문이다.

운동의 강도가 강해질수록 근력운동이 되고 탄수화물을 주 에너지원으로 사용한다. 중정도 운동은 최대산소소모량의 60~80% 정도이고 전체적으로 소비하는 에너지가 높으므로 체중 감량을 위한 유산소 운동 시에 유리하다. 한편 저강도 운동에서는 최대산소소모량의 약 50% 정도의 산소를 소비하여 지방을 에너지원으로 사용한다.

(3) 행동수정요법

비만의 행동수정요법은 비만을 유발하는 좋지 않은 행동을 구체적으로 파악한 후, 그 행동을 수정한다. 비만인은 일반적으로 식사 속도가 빠르고 식사 횟수가 적으며 한 번에 과식을 하거나 야식과 군것질을 많이 하는 경향이 있기에 식습관을 수정하여 에너지 섭취를 줄이고 에너지 소비는 증가시킨다.

행동수정요법의 첫 번째 단계는 자신을 관찰하여 문제점을 발견하고 목표를 세우는 자기 관찰단계, 두 번째 단계는 과식을 가져오는 환경을 조절하면서 식행동과 운동습관을 수정하는 자극 조절단계, 세 번째 단계는 바람직한 행동에 대해 보상을 하는 단계로 행한다.

(4) 약물치료 및 수술치료
① 약물요법

비만은 식사요법, 운동요법, 행동수정요법이 기본적인 치료법이다. 이러한 비약물요법이 효과가 없을 경우에는 약물요법을 사용한다. 약물요법은 식사, 운동, 행동수정요법과 병행하면 효과가 나타나지만 단독으로 사용하면 효과가 적다.

약물의 안정성 및 투약 중지 후의 체중 재증가 등의 문제가 발생할 수 있기에 약물

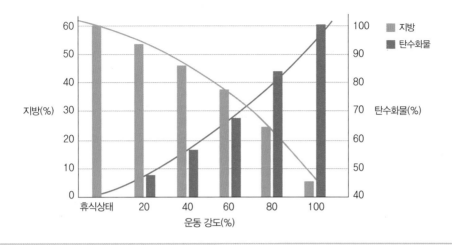

그림 6-10. 운동 강도에 따른 탄수화물과 지질의 에너지원 비율

사용에 따른 결과물 확인 후, 약물요법의 결정을 권장한다. 비만치료제로 허용된 약의 종류에는 지니칼(Genical)과 프로작(Prozac) 등이 있으며 체중감량을 위한 생리활성물질로는 공액리놀렌산과 가르시니아 캄보지아 추출물 등이 있다.

표 6-4. 식사일기 작성 요령

- 그날 먹은 음식의 이름과 양은 식사 외 간식, 야식, 음료 등도 모두 먹은 즉시 기록한다.
- 식사시간, 장소, 음식명, 자료명, 양은 자세하게 기록하되 섭취한 음식의 양은 공기 및 숟가락 등과 같은 단위 또는 비유를 통해 가능한 정확하게 기록한다.
- 매 식사 후에는 식후 배부른 정도를 1, 2, 3으로 표시한다.
  (1 : 배부르지 않았음, 2 : 적당히 배부름, 3 : 매우 배부름)
- 본인의 식사일기에 대한 평가 시간을 갖는다.

- 식사일기의 예

시간	장소	음싱, 음료/양	상황	목적	동반 행동	배고픔 정도	기분	개선점
오후 11시	집	소보로빵 1개, 우유 1잔	이른 저녁 식사 후 배고픔	허기 채움	노래 듣기	3	우울함	규칙적인 시간에 적정량의 저녁식사 시간 후 간식 섭취

- 배고픈 정도를 1, 2, 3, 4로 표시(1 : 배부르지 않았음, 2 : 적당히 배부름, 3 : 매우 배부름)

표 6-5. 비만치료 약물

약물명(상호명)	작용기전	주요 부작용	주요 금기증
Orlistat (지니칼)	췌장 라이페이스 작용 억제/ 지질흡수 억제	지방변, 배변 증가	흡수불량증후군 환자
Lorcaserin (벨빅)	5HT2c 수용체 작용 촉진제/ 식욕 억제	구역질, 설사, 피로, 근육통, 상기도 감염, 피부 발진	약물 남용 병력자
Naltrexone-bupropin (콘트라브)	아편류 진통제 길항제/ 항우울제/식욕 억제	구역, 변비, 두통, 구토, 설사, 안면홍조, 고혈압, 미각이상, 빈맥	고혈압, 발작, 중추신경계종양, 대식증 또는 신경성 식욕부진
Liraglutide (삭센다)	GLP-1 유사제/식욕 억제	구역, 설사, 소화장애, 저혈당, 피로, 수면장애	갑상샘 수질암, 다발성 내분비선 종양 2형

② 수술요법

체질량지수가 35kg/m^2 이상인 고도비만 환자가 비수술적 치료로 체중 감량에 실패한 경우, 수술치료를 고려한다. 수술요법으로는 베리아트릭 수술(bariatric surgery, 위우회술)과 위밴드 설치술 등이 있다.

표 6-6. 비만치료에 적용되는 수술요법

구분	조절형 위밴드술	위소매절제술	루와이위우회술	담췌우회술/십이지장전환술
모식도				
수술 방법	• 조절형 밴드를 거치하여 15~20mL 용적의 작은 위주머니 형성	• 위를 수직 방향으로 약 80% 절제하여 위 용적을 감소시킴	• 약 30mL 용적의 작은 위주머니를 형성하고 잔여 위와 상부 소장 일부를 우회함	• 위소매절제술 후 유문을 보존한 상태에서 십이지장, 회장을 문합하여 공장 전체와 상부 회장을 우회함
장단점 및 합병증	• 체내에 삽입한 이물질로 인한 장기 합병증 발생이 상대적으로 빈번함 • 최근 시행 빈도가 급감하는 추세(10년 내 30~40%가 밴드 제거 혹은 교정 수술 필요)	• 수술 후 위식도 역류질환 발생 혹은 악화 가능 • 장기 추적 시 체중 재증가 발생 빈도가 상대적으로 높음	• 우회된 위에 대한 정기적 내시경 검진이 어려움 • 덤핑증후군 발생의 위험 있음 • 미량 원소 결핍이 발생할 수 있어 주기적 검사 및 적절한 보충이 필요함	• 단백질 및 미량영양소 결핍 발생이 빈번하여 평생 결핍 가능한 영양소 보충 섭취가 필요함

2. 저체중

저체중underweight은 표준체중의 90% 미만 또는 BMI가 18.5 미만인 경우로 체지방조직의 감소뿐만 아니라 건강상 여러 가지 위험이 따른다. BMI가 정상치보다 높으면 질병 발생률이 급격히 증가하는데 저체중도 사망률을 급격히 높인다. BMI와 사망률의 상관관계는 그림 6-11과 같으며 BMI 23~24.9 사이에서 사망률이 가장 낮다.

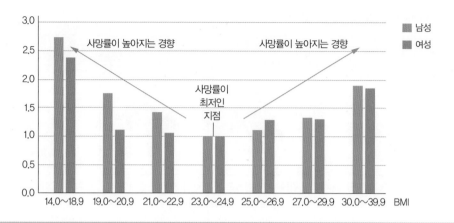

그림 6-11. BMI와 사망률의 상관관계

1) 원인

저체중의 원인은 섭취하는 식사의 양과 질 부족, 영양소의 소화·흡수장애, 이용장애, 배설 증가, 대사항진에 따른 소모성 질환, 만성질환, 정서적 스트레스 등이 있다.

2) 증상

심한 저체중은 영양실조로 갑상샘이나 부신 등의 기능이 저하되고 내분비 장애를 유발할 수 있다. 신체의 면역기능도 저하되어 감염성 질환에 잘 걸리게 된다. 기초대사가 낮아지며 피부가 건조해지고 체온이 낮아지며 쉽게 피로감을 느낀다. 체중 부족이 심한 여성들은 골다공증, 생리불순, 불임 및 유산이 발생할 위험성도 높다.

3) 식사요법

체중 부족의 근본 원인을 우선 치료한다. 심리적 원인이 있다면 근본적인 근심과 불안을 줄인다. 1주일에 0.5~1kg 정도의 체중 증가를 목표로 하고 체중 부족이 심하면 영양보충제나 정맥주사로 영양을 공급한다.

쉽게 배우는 식사요법

(1) 에너지

1일 총 에너지 필요량에서 500~1,000kcal 정도를 더하여 책정하되 너무 많은 음식을 섭취하면 양으로 압도되므로 농축에너지 식품을 이용한다. 가능하면 좋아하는 음식을 많이 먹도록 한다.

표 6-7. 에너지를 높이는 음식의 조리 예

식품군	음식의 조리 예
곡류	볶음밥, 버터 바른 빵, 프렌치토스트, 케이크, 잼과 크림을 이용한 빵, 샌드위치
어육류	어육류를 이용한 국이나 찌개, 튀김류, 전류, 볶음류
채소류	마요네즈를 이용한 샐러드, 볶은 음식, 기름을 이용한 튀김
우유류	우유, 치즈, 아이스크림
과자류	캐러멜, 쿠키, 과자
견과류	잣, 호두, 땅콩

(2) 단백질

양질의 단백질로 1일 100g 이상 권장하며 체중 부족이 심한 경우 위장관에서 단백질의 소화능력이 저하되어 있으므로 정맥으로 결정형 아미노산을 공급한다.

(3) 탄수화물과 지질

탄수화물은 쉽게 소화되며 적당량의 지질은 식욕을 촉진한다. 급격한 과잉의 탄수화물 섭취는 혈당을 상승시키므로 주의한다. 당질 공급원으로는 어패류죽, 버터토스트, 치즈크래커, 감자 등이 좋고 식물성 기름을 이용한 나물, 김구이, 견과류 등도 좋은 지질공급원이다.

3. 섭식장애

섭식장애eating disorder는 질병이나 건강 문제를 초래하는 식행동을 말한다. 체중증가에 대한 공포감이나 체중을 감소하고자 하는 시도로 생기는 신경성 식욕부진이나 신경성 폭식증, 그리고 마구먹기장애가 있다.

1) 신경성 식욕부진증

(1) 원인

신경성 식욕부진증anorexia nervosa은 자신의 체형에 대한 잘못된 이미지를 갖고 있어 의도적으로 비만에 대한 우려로 식사를 기피하며 굶거나 토하거나 무리하게 운동하여 체중을 조절하는 섭식장애의 일종이다. 최소한의 정상체중 유지를 거부하면서 계속해서 음식의 섭취를 제한하는 것이 특징이다. 본인이 저체중 상태의 심각성을 부인하고 체중이 정상 이하로 매우 낮음에도 불구하고 여전히 본인이 뚱뚱하다고 생각한다.

그림 6-12. 섭식장애 환자의 왜곡된 신체상에 대한 사례

(2) 증상 및 진단

신경성 식욕부진증이 장기간 지속되면 무월경, 맥박수 감소, 저체온, 솜털 머리카락, 갑상샘 기능 저하, 골다공증, 변비, 빈혈 등의 생리적 변화가 나타나며 면역기능도 저하되어 질병에 대한 저항력이 떨어질 수 있다.

진단을 통해 신경성 식욕부진증의 식사 제한형과 식사 폭식형으로 구분한다. 식사 제한형은 음식섭취를 거부하는 경우이고, 식사 폭식 및 제거형은 반기아 상태와 폭식을 번갈아 반복하는데 폭식 후에는 완하제 및 이뇨제의 사용으로 구토를 통해 강제 배설 행

쉽게 배우는 식사요법

표 6-8. 식사장애의 특징 및 치료법

형태	신경성 식욕부진증	신경성 폭식증	마구먹기장애
취약군	• 사춘기 소녀	• 성인 초기	• 디이어트에서 실패한 경험이 많은 비만인 중 여성
식습관	• 성공적 다이어트에 대해 자부심을 느끼며, 극도로 쇠약해짐	• 반복적 폭식 후 제거 행위	• 폭식하지만 제거 행위가 없음
현실자각과 원인	• 자신이 비만하다고 왜곡되게 믿고 자신의 행동이 비정상적임을 인정하지 않음	• 자신의 행동이 비정상적임을 인정하고 폭식과 장 비우기를 비밀리에 함	• 자신을 통제할 수 없다고 포기함
치료법	• 식사량을 증가시켜 우선 기초대사량을 유지할 수 있는 체중을 회복한 후 문제의 원인을 찾도록 정신과 치료	• 영양교육과 함께 자신을 인정하도록 하는 정신과 치료	• 생리적으로 배고플 때만 먹도록 학습시킴

위를 하는 경우가 나타난다.

(3) 식사요법

극심한 체중감소를 방지하고 목표 체중을 유지하기 위해서 점진적으로 에너지 섭취를 증가시키며 규칙적이고 균형 잡힌 식사습관을 갖도록 한다. 급격한 체중 증가를 예방하기 위해 저탄수화물을 실시하는 것이 바람직하며 끼니를 거르지 않고 소량씩 자주 먹도록 한다.

2) 신경성 폭식증

(1) 원인

식사성 폭식증bulimia nervosa은 일종의 식사혼돈 현상으로 체중증가에 대한 두려움으로 폭식 후, 구토, 설사, 심한 운동 등의 제거행동을 반복한다. 약 2시간 이내의 단시간에 보통 사람들이 먹을 수 있는 양보다 명백히 많은 양을 먹으며 음식 섭취에 대해 통제력을 잃는다. 거식증과 유사하게 성취 지향적이고 날씬함에 대한 사회적 기대에 부응하고

자 하는 경향이 지나친 경우에 발병하기도 한다.

(2) 증상 및 진단

신경성 폭식증 환자는 폭식 후에 체중 증가를 두려워하여 목구멍에 손가락을 넣어 구토를 유발하거나 설사약, 관장약, 이뇨제 등을 남용한다. 폭식 후, 음식을 거부하거나 격렬한 운동을 통해 체중을 감량하려는 행동을 보인다.

일반적으로 초콜릿, 아이스크림, 케이크 등의 고에너지 음식을 선호하며 혼자만의 공간에서 빨리 먹는 경우가 많고 심지어 씹지 않고 삼키기도 한다. 구토를 자주 하는 경우, 토사물에 의해 치아가 손상되거나 충치가 생기기 쉽다.

(3) 식사요법

건강을 유지하는 데 필요한 영양소가 골고루 담긴 균형 잡힌 식사를 규칙적으로 한다. 환자가 허기를 느끼거나 달콤하고 에너지가 높은 음식에 대한 갈망을 느낄 수 있으므로 하루 동안 필요한 에너지를 계산하여 그 범위를 넘지 않는 정도에서 적절한 간식을 먹도록 한다.

음식, 체중, 체형 등에 대한 잘못된 신념을 교정하는 인지행동치료가 도움이 될 수 있다.

3) 마구먹기장애

(1) 원인

마구먹기장애binge eating disorder는 다이어트에 실패한 경험이 많은 비만인 중 특히 여성이 잘 걸린다. 신경성 폭식증처럼 폭식이 반복적으로 일어나지만 폭식에 대한 통제력이 없다.

폭식 행동인 마구먹기장애는 폭식 시에 정상 식사 시보다 지방질을 더 섭취하고 단백질을 덜 섭취하는 경향을 보인다. 섭식태도에 문제가 있는 사람들은 높은 우울 수준, 낮은 자아 존중감, 자신의 신체에 불만족하는 특징을 보인다.

(2) 증상 및 진단

일단 먹기 시작하면 폭식을 통제할 수가 없어 배가 불러 몸이 불편해질 때까지 먹는다. 대부분 폭식은 몰래하고 남들 앞에서는 적게 먹는다. 폭식 후에는 심한 자책감, 우울감, 자신에 대한 혐오감을 느끼며, 자가 유도 구토나 이뇨제, 하제 등을 사용하지 않는다.

폭식은 탄수화물과 에너지가 많은 음식을 먹는데 장기적으로 체중에 영향을 끼칠 것이라는 불안감을 갖고 있고 우울증이 흔하다.

(3) 식사요법

마구먹기장애를 치료하기 위해 체중 변화를 검사하고 체중감소 프로그램을 시도한다. 심리치료, 인지행동치료, 대인관계치료, 항우울제 같은 약물요법을 사용한다. 초저에너지 다이어트 프로그램을 통한 영양관리는 체중감소뿐만 아니라 폭식의 감소에도 효과가 있다. 영양사, 의사, 심리치료사 등이 구성된 팀 치료가 이상적이다.

CHAPTER

당뇨병

당뇨병은 인슐린이 분비되지 않거나 분비된 인슐린이 정상적으로 작용하지 않아 혈액 중 포도당이 세포 내로 유입되지 못함에 따라 고혈당과 당뇨가 나타나는 탄수화물 대사장애이다. 당뇨는 병명에서 알 수 있듯이 혈중 포도당 농도가 콩팥의 포도당 재흡수 역치(170~180mg/dL)를 넘어 콩팥에서 여과된 포도당이 재흡수 되지 못하고 소변으로 당이 검출되는 질환이다. 최근 우리나라 당뇨병 유병률은 해마다 증가하고 있으며, 사망원인 중 당뇨병이 차지하는 비율도 점점 높아져 사망원인 6위 질환에 이르고 있다. 당뇨병은 조기 진단과 치료에 의해서 발병률과 합병증을 감소시킬 수 있으므로 환자와 가족에 대한 적극적인 교육과 관리가 매우 중요하다.

:: 용어 설명 ::

공복혈당장애 8시간 이상 공복 상태의 혈장 혈당치가 100~125mg/dL인 상태

내당능장애 혈당이 정상보다는 높으나 당뇨병으로 진단할 만큼 높지는 않은 상태로 75g 경구 포도당부하검사 2시간 후 혈장 혈당이 140~199mg/dL이며 비만, 노화, 운동 부족 및 특정 약물복용과 관련이 있고 제2형 당뇨병으로 진행할 수 있음

당뇨병 인슐린의 분비와 작용의 결함으로 인하여 부적절하게 고혈당이 초래되는 대사질환

당지수 섭취한 식품의 혈당 상승 정도와 인슐린 반응을 유도하는 정도를 순수 포도당을 100으로 비교하여 수치로 표시한 지수

당부하지수 당지수에 식품의 1회 섭취량을 반영한 것

콩팥 역치 혈당이 170~180mg/dL 이상 되면 콩팥 세뇨관의 최대 재흡수량을 넘어 소변으로 당이 배설되는 한계점

저혈당증 인슐린 과다 사용, 심한 운동, 구토, 경구 혈당강하제의 과다 복용 등에 의해 혈당이 50mg/dL 이하로 저하되어 쇼크를 일으킨 상태

제1형 당뇨병 소아 당뇨라고도 하며 인슐린 분비량 부족으로 인슐린 주사가 절대적으로 필요한 당뇨병

제2형 당뇨병 성인기 당뇨병의 대부분으로 비만자에게서 많이 발생하며 인슐린 주사가 꼭 필요하지 않은 당뇨병

케톤증 탄수화물 대사가 되지 않음에 따라 지방의 다량 산화로 케톤체가 많이 생성되어 산독증이 나타나며 혼수가 초래됨

1. 당뇨병의 개요

1) 췌장의 구조와 기능

췌장은 위와 십이지장 사이에 존재하는 기관으로 소화액을 분비하는 외분비선과 호르몬을 분비하는 내분비선의 기능을 모두 갖춘 기관이다. 췌장의 구조는 머리, 몸체, 꼬리로 구분되고 췌장의 랑게르한스섬은 알파, 베타, 델타세포로 구성되어 있다. 랑게르한스섬의 알파세포에서는 혈당을 높여주는 역할을 하는 글루카곤이 분비되고 베타세포에서는 혈당을 낮추어 주는 인슐린이 분비되며 델타세포에서는 글루카곤과 인슐린의 기능을 견제하는 소마토스타틴이 분비된다.

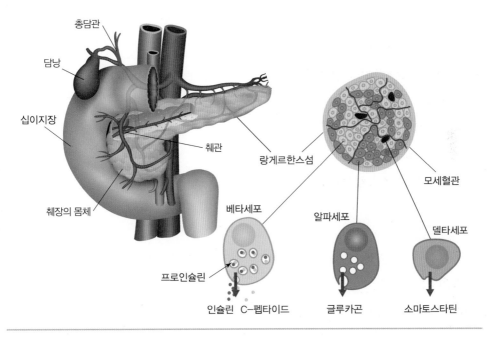

그림 7-1. 췌장의 구조와 랑게르한스섬

2) 당뇨병의 원인

당뇨병(diabetes mellitus)이란 인슐린이 분비되지 않거나 분비된 인슐린이 정상적인 작용을 하지 못해 혈액 중 포도당이 세포 내로 유입되지 못함에 따라 고혈당과 당뇨가 나타나는 탄수화물 대사 장애이다.

당뇨병의 원인은 유전적 요인과 환경적 요인의 복합적인 작용에 의해 나타나는 것으로 알려져 있다. 유전적 요인으로는 가족력이 해당되며 부모가 모두 당뇨병일 경우 자녀에게 당뇨병이 나타날 확률은 30% 정도이고, 한쪽 부모가 당뇨병일 경우 자녀가 당뇨병일 확률은 15% 정도로 나타나고 있다. 환경적 요인으로는 나이, 비만, 운동 부족, 스트레스, 부적절한 식습관 등이 해당된다. 일반적으로 연령이 증가함에 따라 인슐린 합성이 감소하고 인슐린 수용체의 수 또한 감소하여 내당 능력이 저하된다. 또한 비만의 경우 인슐린 저항성이 증가하고 인슐린의 민감성이 저하되며 지속적인 스트레스에 노출될 경우 부신수질호르몬의 분비가 증가되어 내당 능력이 저하되어 당뇨가 발생한다.

2. 당뇨병의 분류

1) 당뇨병 전 단계

정상인의 경우 공복 시 혈당은 100mg/dL 미만을 나타내고 식후 혈당이 상승하였다가 식후 2시간 후가 되면 혈당은 140mg/dL 미만으로 떨어진다. 그러나 당뇨 환자의 경우 공복 시 혈당 126mg/dL 이상, 식후 2시간 후 혈당은 200mg/dL 이상을 나타낸다.

이러한 혈당 조절장애는 당뇨병 전 단계와 당뇨병으로 나눌 수 있다. 당뇨병 전 단계는 혈당 유지의 항상성이 손상된 단계로 정상인보다 혈당이 높고 당뇨 환자보다는 낮은 상태로 공복혈당장애와 내당능장애로 구분할 수 있다. 공복혈당장애는 공복 시 혈당이 100~125mg/dL인 경우, 내당능장애는 식후 2시간 후 혈당이 140~199mg/dL인 경우이며 이러한 당뇨병 전 단계는 당뇨병으로 진행될 위험성이 매우 높으므로 지속적인 점검과 관리가 필요하다.

2) 제1형 당뇨병

제1형 당뇨병은 전체 당뇨 환자의 10%가량을 차지하고 손상된 자가면역 기전에 의해 자기 몸에서 생성된 항체와 면역세포가 췌장조직을 외부의 항원과 구분하지 못하고 공격하여 췌장의 베타세포 손상으로 인해 인슐린 합성 및 분비 능력이 손상되어 나타난다. 주로 어린이나 젊은 연령층에서 많이 발병하여 소아 당뇨라고도 한다. 일반적으로 췌장 베타세포의 75% 이상 파괴 시 당뇨병 증상이 나타나는데, 초기에는 췌장의 기능이 일부 남아 있어 인슐린이 소량 합성되기도 하나 시간이 경과할수록 췌장의 기능이 점점 손상되어 인슐린의 합성 및 분비가 불가능해진다. 따라서 제1형 당뇨병의 경우 인슐린 치료가 필수적으로 요구되고 다음, 다뇨, 다갈, 다식, 케톤산증, 체중감소 등의 증상을 나타낸다.

3) 제2형 당뇨병

제2형 당뇨병은 비만, 노화, 운동 부족, 스트레스 등으로 인해 인슐린 저항성이 증가하여 인슐린이 제기능을 하지 못해 나타난다. 전체 당뇨병 환자의 85~90%가량을 차지하고 주로 40세 이후에 발병되어 성인 당뇨라고도 부른다. 일반적으로 제2형 당뇨는 비만인에게 많이 나타나는 것으로 알려져 있으나 우리나라의 경우 비비만 환자의 비율이 높은 편이다. 제2형 당뇨병의 경우 혈중 인슐린 농도는 정상인과 비슷하거나 오히려 높게 나타나 제1형 당뇨와 달리 인슐린 치료를 필수적으로 요하지는 않는다.

4) 임신성 당뇨

임신성 당뇨란 임신 전에는 정상이었던 여성이 임신으로 인한 호르몬 변화로 에스트로겐, 프로게스테론, 태반락토겐 등의 분비량이 증가하여 인슐린 저항성 증가로 고혈당이 심화되어 당뇨병으로 진단받은 경우이다. 주로 임신 24~28주 사이에 많이 나타나 임산부들은 이 시기에 임신성 당뇨 검사를 받게 되는데 임신성 당뇨로 진단을 받게 되면 난산, 기형아 및 거대아 출산율 증가, 태아의 태내 사망률이 증가하게 된다.

5) 이차성 당뇨

췌장 베타세포의 유전적 결함, 인슐린 작용의 유전적 결함, 각종 내분비 질환 및 약물, 화학물질, 수술, 영양불량 등에 의해 수반되는 당뇨를 이차성 당뇨라고 부른다. 이러한 이차성 당뇨는 당뇨병 치료와 함께 원인 질환에 대한 치료가 병행되어야 한다.

표 7-1. 당뇨병의 분류

- 당뇨병 전 단계
  - 공복혈당장애(impaired fasting glucose, IFG)
  - 내당능장애(impaired glucose tolerence, IGT)
- 당뇨병
  - 제1형 당뇨병(Type 1 diabetes)
  - 제2형 당뇨병(Type 2 diabetes)
- 임신성 당뇨병(gestational diabetes mellitus)
- 이차성 당뇨

3. 당뇨병의 증상

1) 당뇨(glucosuria)

혈당이 콩팥의 포도당 재흡수 역치를 초과하여 소변으로 당이 배설되는 증상이다. 일반적으로 혈당이 180mg/dL 미만인 경우 콩팥의 사구체에서 여과된 포도당은 세뇨관에서 거의 재흡수가 이루어지나 혈당이 180mg/dL 이상 되면 여과된 모든 포도당이 재흡수 되지 못하고 소변으로 배설되는 당뇨 증상이 나타난다.

쉽게 배우는 식사요법

표 7-2. 제1형 당뇨병과 제2형 당뇨병의 특징 비교

특징	제1형 당뇨병	제2형 당뇨병
주요 발병 시기	30세 이전(유년기, 청소년기)	40세 이후(성인기)
발병 원인	바이러스 감염, 손상된 자가면역 기전 등에 의해 췌장 베타세포 손상으로 내분비 기능 상실	비만, 노화, 유전, 스트레스 등
발병 형태	갑자기 발병	증상이 없거나 서서히 발병
체중	정상 또는 저체중	과체중, 비만
인슐린 분비량	0~극소량	소량 또는 정상 분비
인슐린에 대한 반응	정상	인슐린 저항성 증가
혈당 수준	췌장 베타세포의 손상 정도와 인슐린 투여량에 따라 혈당의 변동 폭이 큼	제1형 당뇨병보다 혈당 변동 폭이 작고 인슐린 투여량에 크게 영향을 받지 않음
증상	고혈당, 당뇨, 다뇨, 다음, 다식	
급성합병증	당뇨병성 케톤산증	고삼투압 고혈당 비케톤성 증후군
인슐린 치료	반드시 필요	경우에 따라 필요(20~30%)
경구혈당강하제 치료	부적절	효과적
식사요법	모든 환자에게 필요하나 식사 조절만으로 불충분	식사 조절만으로 치료 가능
발생 비율	전체 당뇨병의 약 5~10%	전체 당뇨병의 90~95%

2) 다뇨(polyuria)

소변으로 당이나 케톤체가 배설될 경우 많은 양의 수분과 함께 배설된다. 따라서 혈당이 높을수록 소변을 통한 당 배설이 많아지게 되고 결국 많은 양의 소변을 보게 되는 다뇨 증상이 나타나게 된다.

3) 다음(polydipsia)

당뇨 환자의 경우 콩팥을 통해 당과 함께 다량의 수분이 배설될 경우, 신체 내 수분 부족현상이 나타나 이에 대한 보상작용으로 환자는 갈증을 느끼고 많은 양의 수분을 섭

취하게 된다.

4) 다식(polyphagia)

당뇨 환자들의 경우 인슐린 부족, 인슐린 저항성 증가로 인해 혈중 포도당이 세포 내로 유입되지 못하고 결국 세포는 기아상태를 유지하게 된다. 따라서 세포 내 포도당 부족으로 잦은 배고픔을 느껴 음식 섭취량이 증가하게 된다.

5) 기타

이외에도 당뇨 환자들의 경우 포도당이 에너지원으로 사용되지 못함에 따라 체내에서는 근육 단백질을 이용한 포도당 신생작용이 활발해지고 그 결과 체근육이 손실된다. 또한 체지방이 분해되어 에너지원으로 사용됨으로써 생성된 아세틸 CoA는 TCA 회로로 들어가지 못하고 케톤체를 생성하여 혈액 내 케톤체 농도가 증가하여 케톤산증을 유발하게 되고 체중이 감소하게 된다.

4. 당뇨병의 진단

당뇨병을 진단하는 방법으로는 공복혈당 측정, 경구 당부하 검사, 당화 혈색소 농도 측정, 요당 및 인슐린과 C-펩타이드 농도 측정 등이 있다.

1) 공복혈당 측정

식후 12시간 이상이 지난 후 혈당을 측정하여 공복혈당치가 100~125mg/dL인 경우 공복혈당 장애, 126mg/dL 이상일 경우 당뇨병으로 진단한다. 단, 일회성 측정이 아닌 2회 이상 측정하여 평균 수치를 적용한다. 정상인의 경우 공복혈당치는 100mg/dL 미만이다.

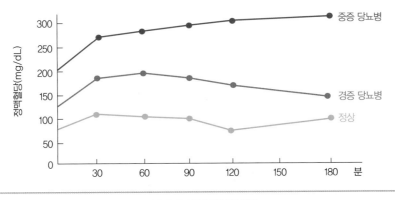

그림 7-2. 경부 당부하 검사

2) 경구 당부하 검사

경구 당부하 검사는 당뇨병 전 단계인 사람을 대상으로 시행한다. 12시간 이상 금식 후 공복상태에서 혈당을 측정하고 성인의 경우 포도당 75g을, 어린이의 경우 체중 kg당 포도당 1.75g을 섭취시킨 후 30분, 60분, 90분, 120분 후 각각 혈당을 측정하여 변화를 확인한다.

정상인의 경우 당부하 30~60분 후 혈당이 최고치에 이른 후 점점 감소하여 2시간 후에는 공복 시 혈당과 유사한 수준으로 떨어지게 된다. 그러나 당뇨 환자의 경우 공복 시 혈당도 높지만 당부하 2시간 후 혈당도 높게 유지되므로 당부하 2시간 후 혈당이 140~199mg/dL인 경우 내당능장애, 200mg/dL 이상인 경우 당뇨로 진단한다.

3) 당화혈색소 농도 측정

당화혈색소란 적혈구의 혈색소인 헤모글로빈이 포도당과 비가역적으로 결합하여 생성된 것으로 당뇨 환자의 경우 혈당치가 높아 당화혈색소 생성도 많아지게 된다. 또한 한 번 생성된 당화혈색소는 적혈구의 수명이 다해 파괴될 때까지 소멸되지 않는다. 따라서 당화혈색소는 과거 2~3개월 동안의 장기간 혈당 수준을 반영하는 지표로 사용된다. 당화혈색소 농도가 6.5% 이상일 경우 당뇨병으로 진단한다.

4) 요당 검사

앞서 설명하였듯이 콩팥에서 포도당 재흡수 역치는 170~180mg/dL이다. 혈당치가 역치 수준 이상일 경우 포도당은 완전히 재흡수되지 못하고 소변으로 검출되어 요당이 나타나게 된다. 일반적으로 소변 검사용 스틱에 부착된 검사지 색의 변화로 요당 검출 여부를 판단할 수 있다.

5) 인슐린과 C-펩타이드 농도 측정

췌장 랑게르한스섬 베타세포에서 분비되는 인슐린은 인슐린과 C-펩타이드가 결합된 프로인슐린 형태로 분비되고 그 후 C-펩타이드가 분리되면서 인슐린이 활성화된다. 따라

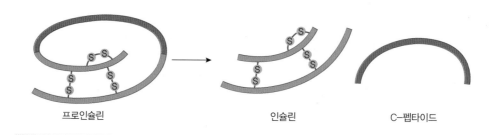

프로인슐린　　　　　　　　　인슐린　　　　　　　C-펩타이드

그림 7-3. 인슐린의 활성화에 따른 C-펩타이드 분리 과정

표 7-3. 당뇨병의 진단 기준

구분		공복 시 혈당[1]	당부하 후 2시간 혈당[2]	당화 혈색소
정상 혈당		< 100 mg/dL	< 140 mg/dL	–
당뇨병 전 단계 (당뇨병 고위험군)	공복혈당장애	100~125 mg/dL	–	5.7~6.4%
	내당능장애	–	140~199 mg/dL	–
당뇨병[3]		≥ 126 mg/dL 또는	≥ 200 mg/dL 또는	≥6.5%

1) 공복혈당 : 8시간 이상 금식 후 측정한 혈당
2) 75g 경구 포도당부하 2시간 후 측정한 혈당
3) 공복혈당과 당부하 후 2시간 혈당 조건 외에 당뇨병의 전형적인 증상(다뇨, 다음, 설명되지 않는 체중 감소)이 있으면서 무작위 혈장포도당(식사시간과 무관하게 낮에 측정한 혈당) 200mg/dL 이상인 경우도 당뇨병으로 진단함

그림 7-4. 공복혈당과 당부하 2시간 혈당을 기준으로 한 당 대사이상의 분류

서 C-펩타이드가 검출되지 않을 경우 인슐린이 분비되지 않는 것을 의미하므로 이는 인슐린 의존형 당뇨병을 진단하기 위한 지표로 사용된다.

5. 당뇨병과 영양소 대사

혈당 조절에 관여하는 대표적인 호르몬으로 인슐린과 글루카곤이 있다. 식사섭취 등으로 혈당이 상승하게 되면 췌장의 랑게르한스섬 베타세포에서 인슐린이 분비되어 혈액 내 포도당을 세포 내로 유입하여 혈당이 정상 수준으로 감소한다. 또한 인슐린은 동화작용에 관여하는 호르몬으로 간에서 글리코겐 합성 및 지방합성을 촉진하는 역할을 한다. 이러한 인슐린이 부족하거나 인슐린 저항성이 증가하여 기능이 저하될 경우 체내 영양소 대사에도 변화를 초래하게 된다. 반면, 단식, 식사시간 지연 등으로 혈당이 정상 이하로 떨어지게 되면 췌장의 링게르한스섬 알파세포에서 글루카곤이 분비되어 간에 저장된 글리코겐을 포도당으로 분해시켜 혈액으로 방출하고, 간에서 포도당 신생작용을 증가시켜 생성된 포도당을 혈액으로 방출함으로써 혈당을 정상 수준으로 유지시킨다.

인슐린과 글루카곤 외에도 카테콜아민, 글루코코르티코이드, 성장호르몬, 갑상샘 호

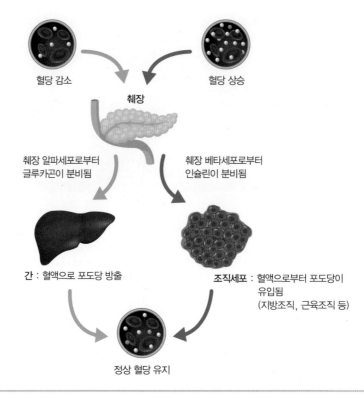

그림 7-5. 인슐린과 글루카곤의 혈당 조절

르몬 등도 간에서 포도당 신생작용과 간에 저장된 글리코겐의 분해를 촉진함으로써 혈당 상승에 영향을 미친다.

1) 탄수화물 대사

인슐린은 혈액 내 포도당을 세포 내로 유입시키는 작용을 통해 세포의 에너지원을 제공하게 된다. 또한 에너지원으로 사용되고 남은 포도당을 이용하여 간에서 글리코겐을 합성하여 저장하고 잉여분은 지방으로 전환하여 저장할 뿐 아니라 간에서 당신생 과정을 억제하는 역할을 한다.

이러한 인슐린이 부족할 경우, 혈액 내 포도당이 세포 내로 유입되지 못함에 따라 간

표 7-4. 혈당에 영향을 주는 호르몬

호르몬	혈당	분비기관	작용
인슐린	감소	췌장	• 세포 내로의 혈당 유입 증가 • 글리코겐, 지방합성 증가
글루카곤	상승	췌장	• 간 글리코겐 분해 • 포도당 신생작용 증가
에피네프린 노르에피네프린	상승	부신수질 교감신경말단	• 근육 글리코겐 분해 • 포도당 신생작용 증가 • 체지방 사용 촉진, 글루카곤 분비 촉진
글루코코르티코이드	상승	부신피질	• 간의 포도당 신생작용 증가
성장호르몬	상승	뇌하수체전엽	• 간에서의 당 배출 증가 • 지방 이용 증가
갑상샘호르몬	상승	갑상샘	• 간 글리코겐 분해, 포도당 신생 증가

에서는 글리코겐 분해가 증가되고 당신생 과정이 활성화되며 글리코겐 합성은 감소한다. 간의 글리코겐은 포도당으로 분해되어 혈액으로 방출되고 당신생 과정에 의해 생성된 포도당도 혈액으로 방출되어 고혈당이 유발되고 고혈당의 정도가 심해지면 소변으로 당이 배설되는 당뇨 증상이 나타나게 된다.

말초조직으로 유입되지 못한 포도당은 계속 혈액 내에 축적되어 고혈당과 당뇨 증상이 나타난다.

2) 단백질 대사

세포는 인슐린이 부족한 상태에서 기본적인 에너지원인 포도당이 공급되지 못함에 따라 체단백질을 분해하여 에너지원으로 사용하게 된다. 체단백질이 감소함에 따라 당뇨 환자들의 체중이 감소하고 병에 대한 저항력 또한 감소하는 결과를 가져온다. 또한 체단백질 분해로 생성된 아미노산 중 일부는 간에서 포도당을 생성하는 당신생 과정에 사용되고 이렇게 생성된 포도당은 혈액으로 방출되어 고혈당을 유발하며 류신, 이소류신, 발린과 같은 분지형 아미노산은 혈액 내 농도가 증가하게 된다. 또한 단백질이 분해됨에 따라 질소화합물의 생성량이 증가하여 소변을 통한 질소 배설량은 증가한다.

3) 지질 대사

당뇨 환자들은 인슐린 부족 또는 저항성 증가로 인해 세포 내 포도당 공급이 원활하지 않아 체단백질과 체지방을 분해하여 에너지원으로 사용하게 된다. 따라서 당뇨 환자들의 지방조직에서는 지방합성이 감소하고 반대로 지방의 분해가 증가하며 이를 에너지원으로 사용하기 위해 지방산의 산화 또한 증가한다. 지방산이 산화되면서 생성된 중간 산물인 아세틸 CoA 합성이 증가하는데 해당작용 저하로 인해 옥살로아세트산 생성이 부족하여 아세틸 CoA는 TCA 회로로 들어가지 못하고 아세토아세트산, 베타-하이드록시뷰티르산, 아세톤과 같은 케톤체를 형성하여 혈액 내 케톤체 농도가 증가함에 따라 케톤산증을 유발하게 된다.

또한 이렇게 생성된 아세틸 CoA는 콜레스테롤 합성 원료로 사용되어 혈중 콜레스테롤 농도가 증가함에 따라 심혈관계 질환의 발병위험을 높이는 요인이 된다.

4) 수분 및 전해질 대사

당뇨 환자들의 경우 혈액 내 포도당이 세포 내로 유입되지 못하고 혈액에 축적되어 혈당이 높아지고 소변을 통해 배설되어야 하는 포도당의 양도 많아져 소변을 통한 수분 배설량 또한 증가함에 따라 탈수를 유발할 수 있다.

인슐린 부족 시 체단백질을 분해하여 에너지원으로 사용함에 따라 체단백질의 분해와 함께 세포에 포함된 전해질의 유출도 증가하고 소변을 통한 전해질 배설량이 증가하여 전해질 불균형을 초래할 수 있다.

6. 합병증

당뇨병 환자들의 경우 당뇨로 인한 사망보다 당뇨병 합병증으로 인한 사망률이 높아지게 된다. 따라서 당뇨 환자들은 적극적인 치료를 통해 혈당을 조절하고 합병증 발병을 예방하는 것이 매우 중요하다. 당뇨병으로 인한 합병증은 급성 합병증과 만성 합병증으로 나눌 수 있는데 급성 합병증에는 당뇨병성 케톤산증, 고삼투압 고혈당 비케톤성 증후군, 저혈당이 있다. 만성 합병증으로는 당뇨병성 신경병증, 당뇨병성 망막병증, 당뇨병성 콩팥질환 및 심혈관계 합병증으로 구분할 수 있다.

1) 급성 합병증

(1) 당뇨병성 케톤산증(diabetic ketoacidosis)

당뇨병성 케톤산증은 인슐린 주사를 중단하거나, 처방된 식사량보다 부족하게 섭취한 경우에 주로 나타나는 급성 합병증이다. 세포는 포도당 대신 단백질 및 지방을 에너지원으로 사용함에 따라 중간산물인 아세틸 CoA 생성량이 증가하게 된다. 아세틸 CoA는 옥살로아세트산과 함께 TCA 회로로 들어가 에너지 생성에 사용되어야 하나 해당작용 저하로 옥살로아세트산 생성량이 부족하여 아세틸 CoA는 TCA 회로로 들어가지 못하고 케톤체를 생성하는 데 사용된다. 따라서 혈액 내 케톤체 농도가 증가하여 혈액이 산성으로 기우는 케톤산증을 유발하게 된다.

케톤산증의 증상은 호흡 시 아세톤 냄새를 내며 무기력함, 구토, 탈수, 식욕부진, 호흡곤란을 유발하고 심할 경우 혼수에 이를 수 있다. 케톤산증으로 인한 혼수 시 신속한 인슐린 투여가 필요하고 의식이 있는 환자일 경우 정맥주사로 수분과 전해질을 공급해 주도록 한다.

(2) 고삼투압 고혈당 비케톤성 증후군(hyperosmolar hyperglycemic nonketotic syndrome)

제2형 당뇨환자에게 흔히 발생하는 합병증으로 인슐린 길항 호르몬의 과다 분비로 유발된다. 인슐린 길항 호르몬이 과다하게 분비될 경우 포도당 생성량이 증가하여 혈당이 높아지고 이는 중추신경계 장애를 유발할 수 있다. 증상으로는 고혈당, 혈장 삼투압 증가, 탈수, 저혈압, 혼수 및 혈중 요소질소(BUN)와 크레아틴이 상승하게 된다. 고삼투압 고혈당 비케톤성 증후군이 나타났을 경우 수분을 공급하고 적정량의 인슐린을 투여하도록 한다.

(3) 저혈당(hypoglycemia)

일반적으로 혈당이 60mg/dL 이하인 경우 저혈당이라고 한다. 인슐린 및 혈당강하제의 과다한 사용, 극심한 운동, 결식, 불규칙한 식사 및 식사량 감소, 구토, 설사 등에 의해 유발될 수 있다. 증상으로는 구토, 전신무력, 발한, 의식장애, 경련, 혼수뿐 아니라 사망에 이를 수도 있다.

의식이 있는 저혈당 환자의 경우 10~20g의 탄수화물이 포함된 과즙이나 꿀물을 섭취시키고 환자가 의식이 없는 경우 포도당을 정맥주사로 공급하게 된다. 저혈당 증세는 주로 밤~새벽녘에 발생하므로 저녁시간 인슐린 투여량을 감소시키거나 취침 전 간식량 증가를 통해 예방할 수 있다.

표 7-5. 저혈당 시 당질 공급 식품

구분	15g 당질	20g 당질	30g 당질
사과/오렌지주스	120mL	180mL	240mL
포도주스	90mL	120mL	180mL
우유	300mL	360mL	420mL
사탕	5개	7개	10개

2) 만성 합병증

(1) 당뇨병성 망막병증(diabetic retinopathy)

당뇨병성 망막병증은 황반변성, 녹내장과 함께 실명을 유발하는 3대 안과적 질환의 하나이다. 이는 혈당 조절이 되지 않아 고혈당이 지속되면 망막에 솔비톨이 축적되어 혈관 손상, 통증, 시력 저하 등을 유발하게 된다. 솔비톨 축적으로 인한 혈관 손상으로 혈류의 흐름이 원활하지 않아 조직에 산소 공급이 부족하게 되고 이는 결국 조직의 괴사를 초래한다. 이에 대한 보상작용으로 새로운 혈관이 생성되는데 신생 혈관이 초자체 밑으로 뻗어나게 되어 초자체 출혈과 망막박리를 초래하게 되고 이는 실명을 유발할 수 있다.

따라서 당뇨환자 가운데 망막병증 합병증을 동반할 경우 내과적 치료와 함께 망막 클리닉을 통한 치료가 병행되어야 한다.

(2) 당뇨병성 신경병증(diabetic peripheral neuropathy)

당뇨병성 신경병증은 지속적인 고혈당으로 인해 혈액의 점성이 증가하고 신경세포 내 솔비톨이 축적됨에 따라 혈류의 흐름이 장애를 받게 된다. 따라서 신경세포에 혈액을 통한 산소 및 영양 공급이 저하되고 결국 신경조직이 손상되어 신경 자극의 전달이 둔화되어 나타난다.

신경병증의 증상으로는 말초신경의 경우 감각을 잃고 통증을 느끼지 못함에 따라 발, 다리와 같은 말초 부위에 괴사현상을 유발하게 된다. 따라서 당뇨 환자들의 경우 발 관리를 강조하게 되는데 이는 발의 티눈, 무좀, 내성 발톱 등과 같은 작은 문제가 적절히 관리되지 못하여 감각 및 통증을 느끼지 못함에 따라 병변 부위의 증상이 심해져 결국 해당 부위를 절단하는 경우에 이를 수 있기 때문이다.

또한 당뇨 환자에서 갑작스러운 돌연사가 유발되기도 하는데 이는 자율신경계 손상으로 위 마비, 위 배출 지연 및 혈관, 심장 등 기능의 이상을 초래함에 따라 심근경색으로 인한 통증을 느끼지 못해 갑자기 돌연사하는 경우까지 초래될 수 있어 주의가 필요하다.

(3) 당뇨병성 콩팥질환(diabetic nephropathy)

고혈당 상태가 지속되면 혈류의 흐름이 원활하지 못하고 콩팥 혈관 내 솔비톨이 축적되어 콩팥으로 충분한 산소와 영양이 공급되지 못해 콩팥 기능의 저하를 가져온다. 이를 방치할 경우 콩팥이 제기능을 하지 못하는 신부전을 유발하게 되고 투석을 필요로 하게 된다.

당뇨 환자에서 콩팥질환 합병증이 동반될 경우 증상으로는 단백뇨, 고혈압, 부종 등이 나타날 수 있으며 이러한 증세가 나타날 경우 혈당 관리는 물론 콩팥질환에 대한 치료가 병행되어야 한다.

(4) 심혈관계 합병증

당뇨 환자는 지질 대사 이상으로 인해 혈중 콜레스테롤과 중성지방의 농도가 높은 고콜레스테롤혈증과 고중성지방혈증이 나타난다. 이는 동맥경화증 및 심혈관계질환의 발병 위험을 증가시키는 요인으로 작용한다. 또한 당뇨병은 뇌졸중(뇌경색)의 원인이 되기도 한다.

7. 당뇨병의 치료

당뇨병의 치료 방법은 약물요법, 운동요법, 식사요법으로 나눌 수 있다. 당뇨병의 원인에 따라 치료 방법이 다르므로 제1형 당뇨병과 제2형 당뇨병의 치료법은 다르게 적용된다. 제1형 당뇨병의 경우 인슐린 분비 결함에 의한 것으로 인슐린 치료가 필수적이지만 제2형 당뇨병의 경우 인슐린 저항성 증가에 의한 것으로 인슐린 치료를 필수적으로 요하지 않는다. 다만 경우에 따라 식사요법만 필요한 경우, 식사요법과 경구혈당강하제를 필요로 하는 경우, 인슐린 치료를 필요로 하는 경우로 나눌 수 있다.

1) 약물요법

(1) 경구혈당강하제

당뇨병에서 경구혈당강하제는 주로 제2형 당뇨 환자들에게 사용된다. 가장 흔하게 사용되는 경구혈당강하제는 설폰요소제, 비구아나이드제, 알파글루코시다제 억제제 등이 있다.

설폰요소제의 경우 췌장에서 인슐린 분비 증가, 간에서 당신생 작용 억제, 말초조직에서 인슐린 저항성을 감소시키며, 비구아나이드제의 경우 간에서 당신생 작용 억제를

표 7-6. 혈당강하작용이 있는 각 약제의 효과

구분	1차적인 작용 기전				혈당에 대한 1차 효과	
약제	탄수화물 흡수 지연	인슐린 분비 증가	간의 당신생 감소	말초조직으로 포도당 유입 증가	공복혈당 감소	식후혈당 감소
설폰요소제		+++	+++	+++	+++	+
비구아나이드제	+		+++	+	+++	+
알파글루코시다제 억제제	+++		+		+	+++

통해 공복혈당을 감소시키고, 알파글루코시다제 억제제는 알파글루코시다제의 활성을 억제하여 탄수화물의 소화와 흡수를 지연시킴으로써 식후 혈당 감소 효과를 나타낸다. 이와 같이 각각의 작용 기전이 조금씩 다르므로 환자의 상태에 맞게 선택적으로 사용하면 된다.

(2) 인슐린 치료

당뇨 환자에서 인슐린 치료는 제1형 당뇨환자, 식사요법과 경구혈당강하제로 혈당 조절이 잘 되지 않는 제2형 당뇨 환자, 임신성 당뇨 환자, 수술을 앞두고 철저한 혈당 관리가 필요한 제2형 당뇨 환자 등에 사용한다. 뿐만 아니라 당뇨병성 케톤산증, 고삼투압 고혈당 비케톤성 증후군 같은 급성 합병증 치료 시 사용된다.

인슐린은 종류에 따라 효과 발현시간, 최대 효과시간, 효과 지속시간이 다르고 작용시간에 따라 초속효성, 속효성, 지속성으로 구분하며 초속효성 또는 속효성과 지속성을 혼합한 혼합형으로 구분한다. 이러한 인슐린의 특성, 효과 발현시간과 지속시간에 따라 식사량과 식사시간 등을 조정하여 적용하면 된다. 일부 환자의 경우 철저한 혈당 조절을 위해 인슐린 펌프를 이용하여 24시간 지속적으로 인슐린이 분비되도록 하는 지속적 피하 인슐린 주입법을 사용하기도 한다.

• 초속효성 인슐린 식후 고혈당 조절을 용이하게 할 수 있으며 응급 시에 사용한다.

표 7-7. 인슐린의 종류와 인슐린별 특성

구분		인슐린 종류(상품명)	효과 발현	최대 효과	작용시간
초속효성 인슐린(맑은 용액)		• 휴마로그®(Lispro)	15분 이내	30~90분	3~4시간
		• 노보래피드®(Aspart)	15분 이내	30~90분	3~4시간
		• 애피드라®(Glulisine)	15분 이내	30~90분	3~4시간
속효성 인슐린(맑은 용액)		• 휴물린 알®(Regular)	30~60분	2~3시간	4~6시간
지속형 인슐린		• 휴물린 엔®(NPH)	1~4시간	6~10시간	10~16시간
		• 란투스®(Glargine)	1~4시간	피크가 없음	24시간
		• 레버미어®(Detemir)	1~4시간	피크가 없음	24시간
혼합형 인슐린	지속성 + 속효성	• 휴물린 70/30®	30~60분	2~3시간* 6~10시간	10~16시간
	지속성 + 초속효성	• 휴마로그믹스 70/30®	15분	90분	10~16시간
		• 노보믹스 70/30®	15분	90분	10~16시간
		• 노보믹스 50/50®	15분	90분	10~16시간

* 속효성 인슐린의 최대 효과와 지속형 인슐린의 최대 효과가 각각 나타난다.

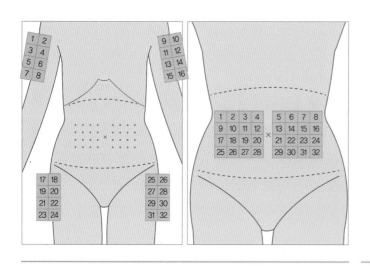

그림 7-6. 인슐린 주사 부위

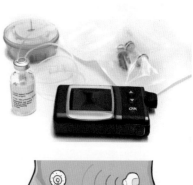

그림 7-7. 인슐린 펌프와 착용 모습

출처 : 이보경 외(2023). 이해하기 쉬운 임상영양관리 및 실습 개정 3판. 파워북

쉽게 배우는 식사요법

그러나 초속효성으로 인한 저혈당의 위험도 크므로 철저한 교육이 필요하다.

- 속효성 인슐린　속효형 인슐린은 빠른 작용시간과 짧은 지속시간을 특징으로 한다. 식전에 주사하여 식후혈당의 상승을 교정할 수 있다. 즉각적인 혈당 강하를 처치해야 할 때 사용한다.
- 중간형 인슐린　속효성과 지속성의 중간 정도의 지속시간을 갖고 있으며 속효성 인슐린에 비해 서서히 작용하므로 오전에 맞을 경우 오후에 최고에 달한다. 1일 1회 또는 2회 처방한다.
- 혼합형 인슐린　중간형과 속효형 인슐린이 일정한 비율(70 : 30)로 섞여 있으며 가장 많이 사용된다. 1회 주사로 2회의 최고 작용시간을 갖는다.
- 지속형 인슐린　주사 6시간 후부터 효과가 18~24시간 지속되며, 주사 후 10~16시간 사이에 최대효과가 나타난다. 위급할 때 빨리 효과를 내지 못하는 단점이 있다.

2) 운동요법

당뇨 환자에서 운동요법은 개인에 따라 치료에 도움이 될 수도 있고 오히려 해로울 수도 있으므로 운동 종류, 시간, 횟수, 강도에 대한 고려가 필요하다.

제1형 당뇨 환자의 경우 인슐린 치료와 운동을 병행할 경우 저혈당 위험이 있으므로 인슐린 투여 1시간 후, 식후 1~2시간 후에 운동을 시작하고 환자는 운동하는 동안 자신의 혈당 변화를 파악한 후 운동을 시행해야 한다. 또한 혈당 조절이 잘 이루어지지 못하는 환자의 경우 운동 시 혈당이 증가할 위험이 있으므로 주의해야 한다.

제2형 당뇨 환자의 경우 운동요법은 식사요법, 약물요법과 함께 치료 방법 중 하나로 활용된다. 규칙적인 운동을 하게 되면 근육과 지방세포에서 인슐린 민감성이 증가하게 되고 체중 조절을 통해 제2형 당뇨의 원인이 되는 비만을 개선할 수 있다. 그러나 공복 시 또는 식전 운동을 할 경우 저혈당이 유발될 수 있으므로 식후 30~60분 후에 운동을 실시할 것을 권장하고 운동 시 탈수 방지를 위해 적당한 수분섭취가 필요하며 갑작스러운 저혈당에 대비하여 간식을 준비해야 한다. 당뇨 환자들의 경우 강도가 높은 무산소 운동보다 중등도 강도의 걷기, 조깅, 자전거 타기, 수영과 같은 유산소 운동으로 하루 40~60분 정도 권장된다. 이러한 운동은 근육에서 포도당 이용을 촉진하여 혈당을 개선시키는 효과가 있고 인슐린 민감도를 증가시키고 적정체중 유지 및 혈청 지질 수준을 개선시키는 효과가 있다.

당뇨 환자의 치료 방법 중 운동요법이 중요한 이유는 운동을 통해 발달된 근육은 우리 체내에서 간과 함께 글리코겐 저장소 중 하나이기 때문이다. 또한 근육의 수축과 이완작용 시 포도당을 에너지원으로 소비하도록 하여 근육량이 많아지면 글리코겐의 저장 능력 및 포도당 소비 능력이 증가하여 혈당 상승 억제에 도움이 된다.

3) 식사요법

(1) 에너지

당뇨병 관리에서 식사요법은 치료 방법 중 하나로 매우 중요한 역할을 한다. 당뇨병 환자들을 위한 식사 계획 시 가장 먼저 고려해야 할 사항은 적절한 에너지 섭취량을 결정하는 것이다. 이를 위해 환자의 목표 체중과 일상 생활에서 활동량을 산정하는 것이 중요하다. 제1형 당뇨 환자 중 저체중인 경우 충분한 에너지를 공급하고 제2형 당뇨 환자의 경우 체중 조절을 통해 적정 체중을 유지함으로써 인슐린 저항성, 혈중 지질 수준을 개

POINT

건강한 당뇨병 식사계획 원칙

- 규칙적인 식사습관
- 알맞은 에너지 섭취
- 탄수화물, 단백질, 지방의 균형있는 배분
- 비타민, 무기질의 적절한 섭취
- 나트륨 섭취 주의
- 금주
- 약물요법, 운동요법과의 조화

출처 : 대한당뇨병학회(2023), 당뇨병 식사 계획을 위한 식품교환표 활용 지침

선시킬 수 있다. 또한 성장기 어린이, 임신부, 수유부와 같이 에너지 요구량이 높은 경우 충분한 에너지를 공급하도록 한다.

① 표준체중 계산
- 남자 : 표중체중(kg) = 키(m)의 제곱 × 22
- 여자 : 표중체중(kg) = 키(m)의 제곱 × 21

② 하루 총 필요에너지 계산
- 육체 활동이 거의 없는 경우 : 표준체중(kg) × 25~30(kcal/kg)
- 보통 활동을 하는 경우 : 표준체중(kg) × 30~35(kcal/kg)
- 심한 육체 활동을 하는 경우 : 표준체중(kg) × 35~40(kcal/kg)

(2) 탄수화물

탄수화물 섭취는 1일 총에너지 섭취량의 50~60% 정도로 자유롭게 섭취할 것을 권장한다. 같은 양의 탄수화물을 섭취하더라도 식품의 종류, 형태 및 조리 방법에 따라 혈당에 미치는 영향은 다르게 나타난다. 당뇨 환자에서 탄수화물의 급원은 당지수가 낮은 전곡류, 과일, 채소류 등 복합탄수화물 위주로 섭취하도록 한다. 당지수가 낮은 음식은 혈당을 천천히 올리는 것으로 알려져 있으나 동일한 음식에 대해 개인차가 있고 당지수가 측정된 식품이 많지 않으며 당지수가 낮은 음식이라도 조리 방법, 함께 섭취하는 음식의 종류, 형태, 가공 정도에 따라 혈당에 미치는 영향이 달라질 수 있으므로 주의한다.

- 당지수(Glycemic Index, GI)란

식품섭취 후 혈당의 상승 정도를 식품별로 비교한 것으로 포도당 섭취 시 나타나는 혈당의 상승 정도를 100으로 기준하여 각 식품의 혈당 반응 정도를 나타낸 것이다. 일반적으로 당지수가 55 이하인 경우 당지수가 낮은 식품, 70 이상인 경우 당지수가 높은 식품으로 구분한다. 당부하지수는 당지수에 식품의 1회 섭취량을 반영한 것으로 당지수에 식품의 1회 섭취량에 포함된 탄수화물의 양을 곱한 후 100으로 나누어 구한다.

> 당부하지수 = (해당 식품의 당지수) × (해당 식품의 1회 분량에 포함된 탄수화물의 양(g)) / 100
>
> 예 고구마의 당부하지수 = 61 × 28 / 100 = 17

표 7-8. 식품별 혈당지수와 혈당부하지수

식품정보	혈당지수 (포도당 = 100)	1회 섭취분량(g)	1회 섭취분량당 탄수화물량(g)	1회 섭취분량당 혈당부하지수
대두콩	18	150	6	1
우유	27	250	12	3
사과	38	120	15	6
배	38	120	11	4
밀크초콜릿	43	50	28	12
포도	46	120	18	8
쥐눈이콩	42	150	30	13
호밀빵	50	30	12	6
현미밥	55	150	33	18
파인애플	59	120	13	7
패스트리	59	57	26	15
고구마	61	150	28	17
아이스크림	61	50	13	8
탄산음료	68	250	34	23
수박	72	120	6	4
늙은호박	75	80	4	3
이온음료	78	250	15	12
콘플레이크	81	30	26	21
구운 감자	85	150	30	26
흰밥	86	150	43	37
떡	91	30	25	23
찹쌀밥	92	150	48	44

(3) 단백질

단백질은 1일 총에너지 섭취량의 15~20%를 섭취하도록 한다. 당뇨 환자의 경우 체단백질 이화작용으로 근육량이 감소하여 성장지연, 질병에 대한 저항력 저하 등을 예방하기 위해 양질의 단백질을 충분히 섭취하도록 한다.

(4) 지질

당뇨 환자들은 심혈관계 합병증을 예방하기 위해 지질섭취에 주의해야 한다. 포화지방산과 콜레스테롤 섭취를 제한하고 트랜스지방 섭취에 주의한다. 오메가-3 계열의 지방산을 포함하여 불포화지방 섭취는 증가시킨다.

(5) 식이섬유

식이섬유의 충분한 섭취는 혈당 조절 능력 개선, 혈중 콜레스테롤 농도 저하, 포만감 유지로 인한 과식 방지로 적정 체중 유지 등에 도움이 되므로 식이섬유가 많이 포함된 잡곡, 채소류 및 해조류 섭취를 권장한다.

(6) 나트륨

혈압 조절 및 합병증 예방을 위해 나트륨은 2,300mg/일 이하로 섭취할 것을 권장한다.

(7) 알코올

알코올 섭취는 케톤체 합성 증가, 저혈당, 혈중 중성지방 농도 상승을 유발한다. 뿐만 아니라 알코올은 간에서 당신생작용을 억제하여 저혈당을 유발한다. 따라서 알코올 섭취 시 적정량의 음식과 함께 섭취하도록 하고 가급적 절주를 권장한다.

인공 감미료

많은 당뇨병 환자들이 음식의 맛을 증진시키기 위해 인공 감미료를 사용하고 있다. 인공 감미료의 사용이 권장되지는 않으나 실제로는 사용이 불가피하므로 각 감미료의 특성, 적정 사용량, 혈당 조절 정도를 고려하여 적절히 선택해야 한다.

감미료는 에너지를 내는 감미료와 에너지를 내지 않는 감미료로 구분된다. 에너지를 내는 감미료에는 설탕, 꿀, 옥수수 시럽, 덱스트로오스, 당밀, 맥아당, 과일주스, 농축액 등이 있다. 솔비톨, 만니톨, 자일리톨 등의 당알코올도 에너지를 내는데 설탕이나 다른 탄수화물에 비해서 혈당 상승이 적은 편이다.

대표적인 감미료의 특성

감미료 종류	구분	에너지[1](kcal/g)	감미도[2]	당지수
당류	설탕(자당)	4	1.0	68
	포도당	4	0.7	100
	과당	4	1.2~1.4	19
	유당	4	0.2~0.4	43
당알코올	솔비톨	2.4	0.5~0.6	9
	말티톨	2.4	0.8~0.9	26~36
	자일리톨	2.4	0.7~0.8	7~13
	에리스리톨	0	0.4~0.6	2
올리고당	프로락토올리고당	3	0.6~0.7	25~40
	이소말토올리고당	2.4	0.4~0.5	25~40
기능성당	자일로스	4	0.4~0.6	17
	타가토스	1.5	0.8~0.9	3
	알룰로스	0	0.5~0.7	3
	필라티노스	4	0.4~0.5	32~44
	트레할로스	4	0.4~0.6	70
고감미료	스테비아 추출물	0	200~400	0
	나한과 추출물	0	200~300	0
	감초 추출물	0	200	0
	스크릴로스	0	600	0
	아세설팜 K	0	100~200	0
	사카린	0	200~300	0
	아스파탐	4	150~200	0

1) 에너지 : 무수물 기준 표시값, 국내기준
2) 감미도 : 설탕 기준 상대 감미도(설탕 = 1)

4) 당뇨 환자의 식사관리

당뇨 환자의 식사관리는 식품교환표를 이용한다. 인슐린 치료를 받는 당뇨 환자의 경우 처방된 인슐린의 종류, 용량 및 작용시간을 고려하여 식사를 계획하고 식사시간과 식사량을 일정하게 규칙적으로 식사를 하는 것이 혈당의 항상성 유지를 위해 중요하다.

당뇨병 환자의 식단을 식품교환표를 이용하여 다음과 같이 작성할 수 있다.

(1) 1단계

총에너지와 탄수화물, 단백질, 지방의 필요량을 충족시킬 수 있는 에너지별 식품교환단위 배분표를 활용한다.

표 7-9. 에너지별 식품교환단위 배분의 예(탄수화물 50~55%)

식품군									영양소 구성						
에너지 (kcal)	곡류군	어육류군		채소군	지방군	우유군		과일군	에너지 (kcal)	탄수화물 (%)	단백질 (g)	지방 (g)	탄수화물 (%)	단백질 (%)	지방 (%)
		저지방	중지방			저지방	일반								
1,200	5	1	3	6	3	0	1	1	1,211	155	60	39	51.2	19.8	29.0
1,300	6	1	3	6	3	0	1	1	1,311	178	62	39	54.3	18.9	26.8
1,400	6	2	3	6	3	0	1	1	1,361	178	70	41	52.3	20.6	27.1
1,500	7	2	3	7	4	0	1	1	1,526	204	74	46	53.5	19.4	27.1
1,600	7	3	3	7	4	0	1	1	1,576	204	82	48	51.8	20.8	27.4
1,700	8	3	3	7	4	0	1	1	1,676	227	84	48	54.2	20.0	25.8
1,800	8	3	3	8	5	1	1	1	1,823	240	92	55	52.7	20.2	27.1
1,900	9	3	3	8	5	1	1	1	1,923	263	94	55	54.7	19.6	25.7
2,000	9	3	3	8	5	1	1	2	1,971	275	94	55	55.8	19.1	25.1
2,100	9	3	4	8	6	1	1	2	2,093	275	102	65	52.8	19.5	28.0
2,200	10	3	4	8	6	1	1	2	2,193	298	104	65	54.3	19.0	26.7
2,300	10	3	5	8	6	1	1	2	2,270	298	112	70	52.5	19.7	27.8
2,400	11	3	5	8	6	1	1	2	2,390	324	116	70	54.2	19.4	26.4
2,500	12	3	5	9	6	1	1	2	2,490	347	118	70	55.7	19.0	25.3

(계속)

식품군									영양소 구성						
에너지 (kcal)	곡류군	어육류군		채소군	지방군	우유군		과일군	에너지 (kcal)	탄수 화물 (%)	단백질 (g)	지방 (g)	탄수 화물 (%)	단백질 (%)	지방 (%)
		저지방	중지방			저지방	일반								
2,600	12	3	6	9	7	1	1	2	2,612	347	126	80	53.1	19.3	27.6
2,700	12	3	6	10	8	1	1	3	2,725	362	128	85	53.1	18.8	28.1
2,800	13	3	6	10	8	1	1	3	2,825	385	130	85	54.5	18.4	27.1

출처 : 대한당뇨병학회(2023), 당뇨병 식사 계획을 위한 식품교환표 활용 지침

(2) 2단계

에너지별 식품교환단위를 결정하여 끼니별로 교환단위를 분배한다. 하루 세끼와 간식으로 분배한다.

표 7-10. 1일 섭취 에너지 1,800kcal 탄수화물 섭취비율 50~55%

구분	곡류군	어육류군			채소군	지방군	우유군		과일군
		저지방	중지방	고지방			일반	저지방	
1일 교환단위	8	3	3	–	8	5	1	1	1
1끼 교환단위	2~3	2			2.5~3	1~2	–		–
식품군	아침		점심		저녁				
곡류군	2교환단위		3교환단위		3교환단위				
	현미밥 140g 2/3공기		흑미밥 210g 1공기		보리밥 210g 1공기				
어육류군	2교환단위		2교환단위		2교환단위				
	두부 80g 조기 50g		새우 50g 소고기 40g		달걀 55g 오징어 50g				

(계속)

식품군	아침	점심	저녁
채소군	2.5교환단위	2.5교환단위	3교환단위
	근대 35g 깻잎순 70g 백김치 50g	오이 35g/가지 35g 오이고추 35g 깍두기 50g	무 35g/콩나물 70g 미나리 35g/오이 20g 부추 50g
지방군	2교환단위	2교환단위	1교환단위
	식용유 5g 참기름 5g	식용유 10g	참기름 5g
우유군	우유 200mL 액상요구르트(농후, 플레인) 100mL		
과일군	바나나 80g		

출처 : 대한당뇨병학회(2023), 당뇨병 식사 계획을 위한 식품교환표 활용 지침

(3) 3단계

메뉴와 식품을 선택하여 식단을 완성한다.

표 7-11. 1,800kcal의 식단

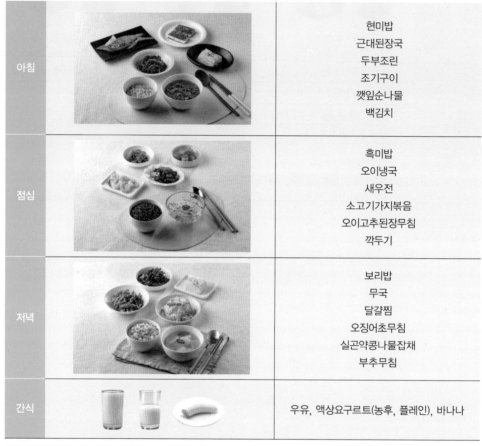

아침		현미밥 근대된장국 두부조림 조기구이 깻잎순나물 백김치
점심		흑미밥 오이냉국 새우전 소고기가지볶음 오이고추된장무침 깍두기
저녁		보리밥 무국 달걀찜 오징어초무침 실곤약콩나물잡채 부추무침
간식		우유, 액상요구르트(농후, 플레인), 바나나

출처 : 대한당뇨병학회(2023), 당뇨병 식사 계획을 위한 식품교환표 활용 지침

당뇨병의 식사요법

- **에너지** : 적정 체중 유지를 통해 인슐린 저항성 개선
- **탄수화물** : 1일 총에너지 섭취량의 50~60%, 복합탄수화물 위주로 섭취 권장
- **단백질** : 양질의 단백질을 충분히 섭취(1일 총에너지 섭취량의 15~20%)
- **지질** : 포화지방산, 콜레스테롤 섭취 제한
- **식이섬유** : 충분히 섭취(혈당 조절 능력 개선, 비만 예방)
- **나트륨** : 2,300mg/일 이하로 섭취
- **알코올** : 절주 권장

비뇨기계
질환

비뇨기계 질환

비뇨기계는 혈액을 청소하고 몸에서 불필요한 물과 노폐물을 소변으로 배설하는 기관이다. 2개의 콩팥, 2개의 요관, 방광, 요도로 구성되어 있으며 콩팥은 노폐물의 배설, 체액량의 조절, 전해질 및 산·알칼리 평형에 관여하며 혈압조절, 칼슘 흡수, 조혈작용 등 신체의 항상성 유지에 중요한 역할을 한다. 비뇨기계 질환은 콩팥질환인 사구체신염, 신증후군, 신부전 등이 있고, 콩팥결석, 요로결석 등이 있으며 콩팥질환은 콩팥 자체가 손상되어 오는 경우도 있으나 당뇨병이나 고혈압의 합병증으로 발병되기도 한다.

:: 용어 설명 ::

네프론(nephron) 콩팥의 구조상 및 기능상의 단위로 신소체와 세뇨관을 합친 명칭, 신원이라고도 함

단백뇨(Proteinuria) 사구체에 이상이 있을 때 단백질이 콩팥에서 걸러지지 않고 소변을 통해 체외로 배설되는 증상

레닌(renin) 콩팥에서 분비되어 안지오텐신I을 안지오텐신II로 활성화시켜 혈관을 수축하고 혈압을 상승시키는 작용을 하여 혈압을 조절

사구 체여과율(glomerular filteration rate, GFR) 콩팥이 일정 시간 동안 특정 물질을 제거할 수 있는 혈장량으로 콩팥 기능을 가장 잘 반영하는 지표

신성골이영양증(renal osteodystrophy) 요독증에서 초래되는 골질환을 총칭하며 고인산혈증 및 저칼슘혈증이 원인

요독증(uremia) 콩팥의 배설, 분비, 조절기능의 장애로 인해 노폐물이 배설되지 못하고 체내에서 축적되어 나타나는 증상

저단백혈증(hypoproteinemia) 영양결핍이나 콩팥장애 시 혈장 속의 단백질량이 정상보다 낮은 증상

투석요법 반투막을 사이에 두고 용질분자가 확산하는 현상으로 요독증을 해소하기 위해 콩팥 기능을 대신해주는 치료법

항이뇨호르몬(antidiuretic hormone/vasopressin) 뇌하수체 후엽에서 분비되며 콩팥에서 수분 재흡수와 혈관 수축 기능을 함

혈액 요소질소(blood urea nitrogen) 단백질 대사의 최종산물로 주고 콩팥에서 배설되므로 콩팥 기능이 저하되면 혈중 농도가 상승하여 콩팥 기능의 지표로 이용됨

1. 콩팥(신장)의 구조와 기능

1) 콩팥의 구조

콩팥은 척추를 사이에 두고 좌우에 1개씩, 길이 10cm, 중량 150g 정도의 강낭콩 모양을 하고 있으며 흉곽의 바닥에 위치한다. 콩팥은 피질(겉질), 수질(속질) 그리고 가장 안쪽의 신우로 구성되어 있으며 신우는 요관, 방광, 요도로 연결되어 비뇨기계를 구성한다. 콩팥은 약 100만 개씩의 네프론nephron으로 구성되어 있고, 네프론(신원)은 콩팥 기능의 최소 단위이며, 신소체(사구체와 보먼주머니)와 근위세뇨관, 헨레고리, 원위세뇨관, 집합관 등으로 구성된다.

피질에는 신소체가 밀집해 있고 주로 소변을 생산하며, 신소체는 보먼주머니와 그 안에 모세혈관이 뭉쳐 있는 사구체로 구성되어 있다. 수질은 근위세뇨관과 원위세뇨관으로 구성된다. 사구체로 여과되어 보먼주머니 속에 들어 있는 여과액은 세뇨관을 통과하는 동안에 분비 혹은 재흡수가 이루어진다.

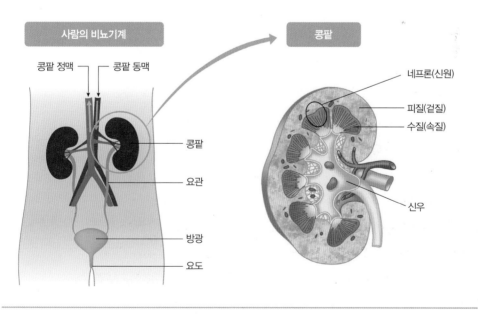

그림 8-1. 비뇨기계와 콩팥의 구조

콩팥은 네프론의 87%는 피질 안에 있고, 13%는 수질에 있다. 수질은 세뇨관의 집합체로 매분 약 1,200mL의 혈액이 네프론을 통과하는데, 이것은 전체 콩팥 배출량의 1/3 정도가 된다.

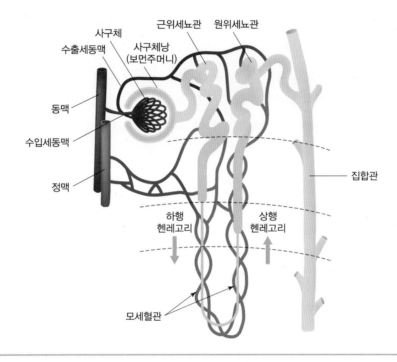

그림 8-2. 네프론의 구조

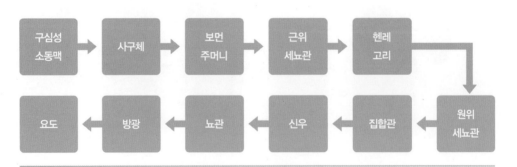

그림 8-3. 사구체 여과액의 통로

2) 콩팥의 기능

(1) 요 생성 및 배설 기능

요는 사구체 여과와 세뇨관 재흡수 및 분비의 과정을 거쳐 생성되고, 소변을 통해 수분과 크레아티닌, 요소, 요산 같은 질소대사물, 과잉의 산과 염기, 독성물질 및 약물 등을 배설한다.

혈액이 사구체를 지나가는 과정에서 분자량이 큰 혈구나 단백질 이외의 사구체 여과막보다 작은 저분자량의 물질은 사구체 모세혈관을 통해 보먼주머니로 여과되며 이것이 원뇨가 된다. 원뇨가 세뇨관을 이동할 때 체내에서 필요한 물질은 세뇨관으로 재흡수되며 불필요한 물질들은 배설된다.

요의 성분은 수분, 나트륨, 칼륨, 요소, 요산, 크레아티닌, 암모니아, 중탄산염 등이며 원뇨의 99%는 재흡수되므로 건강인의 소변 배설량은 하루 1.5L 정도이다.

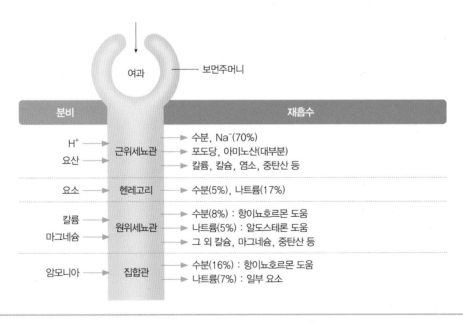

그림 8-4. 세뇨관에서의 재흡수와 분비
출처 : 이보경 외(2023). 이해하기 쉬운 임상영양관리 및 실습 3판, 파워북

(2) 항상성 조절

① 체내 수분 항상성 유지

사구체를 흐르는 혈액의 양은 매분 1,200mL이나 그중 적혈구와 단백질은 여과되지 않기 때문에 혈장으로 여과가 이루어진다. 혈장의 양은 혈액의 반 정도로 약 600mL이며, 원뇨의 양은 성인의 경우 매분 100~120mL 정도이다. 따라서 사구체로 들어온 혈장량의 20%가 여과된다.

② 삼투압 평형과 체액의 pH 조절

콩팥은 나트륨 이온의 재흡수와 배설을 조절하며 체내 일정 농도의 나트륨과 혈장량을 유지하고 체내대사 산물인 산을 처리하여 체액의 pH를 일정하게 유지한다.

삼투압 평형 유지에 관여하는 인자로는 신경계, 뇌하수체후엽호르몬, 부신피질호르몬, 부갑상샘호르몬 등이 있다. 부신피질에서 분비되는 알도스테론은 콩팥에서 나트륨 재흡수와 칼륨의 배설을 촉진하여 전해질을 조절하고, 뇌하수체 후엽에서 분비되는 항이뇨호르몬은 세뇨관에서 수분을 재흡수하여 소변량을 감소시키는 역할을 한다. 중탄산이온, 암모늄, 인의 재흡수와 분비를 적절히 조절하여 수소이온의 항상성을 유지시켜 산·염기 평형에도 관여한다.

나트륨, 포도당, 아미노산, 칼륨은 능동적 재흡수 과정을 거친다. 나트륨은 근위세뇨관에서도 약 80% 정도 재흡수되며, 원위세뇨관과 집합관에서 알도스테론과 내적 요구도에 따라 재흡수된다. 포도당은 혈당이 정상일 때 근위세뇨관에서 100% 재흡수되며 콩팥의 포도당 역치인 170mg% 이상일 때는 당이 소변으로 배설된다. 근위세뇨관에서 아미노산은 100% 재흡수되고, 칼륨도 거의 대부분 재흡수된다.

(3) 내분비 기능

① 혈압 조절

신동맥의 혈압이나 혈액량이 저하되면 콩팥에서 레닌renin이 분비되어 혈관 수축과 혈압을 상승시키는 역할을 한다. 레닌은 간에서 만들어진 안지오텐시노겐angiotensinogen을 안지오텐신으로 전환시키고 부신피질에서 알도스테론을 분비시킨다. 안지오텐신은 혈압을 상승시키고 알도스테론은 세뇨관에서 나트륨과 수분을 재흡수시켜 혈액량이 증가하도록 하여 혈압을 상승시킨다. 신혈류량의 저하나 저염식을 하는 상태에서는 레닌의 분비가 항진되고, 혈류의 증가, 혈압상승, 고염식, 체액량 증가상태에서는 레닌의 분비가 억제된다(**그림 5-3** 참고).

② 칼슘 항상성 유지

혈청 칼슘의 항상성은 부갑상샘호르몬parathyroid hormone, PTH과 갑상샘의 칼시토닌 calcitonin, 활성 비타민 D에 의해 유지된다. 부갑상샘호르몬은 콩팥을 자극하여 간에서 활성화된 $25(OH)D_3$를 $1,25(OH)_2D_3$로 활성화하여 칼슘 흡수를 증진시키고, 혈중칼슘 농도를 조절한다. 이것은 장내 칼슘의 흡수와 세뇨관의 재흡수를 촉진하고 뼈에서 칼슘을 용출하여 혈중 칼슘 농도를 높인다.

③ 조혈작용

콩팥 혈관내피 세포에서는 조혈인자인 에리트로포이에틴erythropoietin, EPO을 생산 및 분비하여, 골수를 자극하고 적혈구의 생성을 돕는다. 콩팥 기능이 저하되면 에리스로포이에틴 생산 및 분비 감소로 빈혈이 발생하기 쉬워진다.

사구체여과율((glomerular filtration rate. GFR))

- 콩팥이 1분 동안에 깨끗하게 걸러줄 수 있는 혈액의 양
- 간접적으로 이눌린 제거율, 내인성 크레아티닌 청소율을 이용해서 나타냄
- 정상치는 성인 약 90~120mL/분(성인 여성 118mL/분, 성인 남성 127mL/분)

단계	사구체여과율 (mL/분)	특징	증상	치료
정상 혹은 1단계	분당 90 이상	• 콩팥 기능은 정상임 • 이 경우 혈뇨, 단백뇨 등 소변검사 이상 없을 경우 정상임 • 하지만 혈뇨, 단백뇨 등 초기콩팥 손상의 증거가 있는 경우에는 사구체여과율이 정상이라도 만성콩팥질환 1단계에 해당될 수 있음	무증상	혈뇨, 단백뇨 여부를 체크하고, 이상이 있을 때는 원인을 찾아서 교정
2단계	분당 60 이상 ~89 이하	콩팥 기능이 감소하기 시작	무증상 BUN, 크레아티닌 등 혈액 검사 수치 이상이 나타남	혈압 조절 원인을 치료
3단계	분당 30 이상 ~59 이하	콩팥 기능이 더욱 감소	피로, 식욕감소, 가려움증이 더욱 악화	혈압 조절, 콩팥 기능 악화를 늦추기 위한 치료
4단계	분당 15 이상 ~29 이하	생명유지에 필요한 콩팥의 기능을 겨우 유지	피로, 식욕감소, 가려움증이 더욱 악화	투석 준비, 이식 가능성에 대해서도 준비
5단계	분당 15 미만	콩팥 기능이 심각하게 손상되어 투석이나 이식 없이는 생명을 유지하기 어려움	수면장애, 호흡곤란, 가려움, 구토	투석 또는 이식을 시행 받아야 함

2. 콩팥질환

콩팥질환의 일반 증상

- **단백뇨** : 정상적인 사구체는 혈중 단백질을 여과시키지 않는다. 그러나 사구체에 염증이 생기면 다량의 단백질이 여과되어 세뇨관에서 모두 재흡수되기 어려우므로 소변 중에 단백질이 배출된다.
- **부종** : 콩팥의 사구체 장애로 신혈류량과 사구체 여과량이 저하되어 나트륨과 수분이 체내에 보유되어 나타난다. 보통 체액이 세포에 4L 정도 모이면 부종이 나타나는데 단백뇨로 인한 저알부민혈증일 때도 삼투압이 저하되어 수분이 모세혈관에서 조직 사이로 이동하여 부종이 나타난다.
- **고혈압** : 사구체 여과량과 신혈류량의 감소로 혈압이 상승하는데 혈압이 계속 상승하면 신경화증이나 신부전을 동반하기도 한다.
- **혈뇨** : 소변 중에 적혈구가 다량 배설되는 증세로 신장염, 신결석 및 요로장애 시 나타난다.
- **빈혈** : 콩팥의 조혈인자 부족으로 적혈구와 헤모글로빈이 감소하여 생긴다.
- **핍뇨와 다뇨** : 소변 배설량이 1일 400mL 이하일 때 핍뇨라고 하고 100mL 이하이면 무뇨, 요농축력이 떨어져 세뇨관의 재흡수 능력이 저하되면 소변의 색깔이 엷어지면서 요배설량이 증가하는데, 이를 다뇨라고 한다.
- **고질소혈증** : 질소성분을 배설하는 능력이 저하되어 혈중의 질소화합물이 증가된다.
- **요독증** : 신부전 말기에 요소질소, 크레아티닌이 정상의 5배 이상 축적되고 산성증을 유발하며 전신에 독증세를 나타낸다.

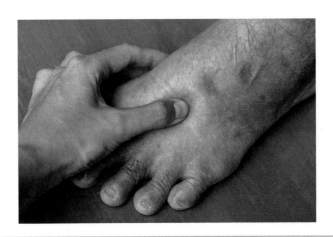

그림 8-5. 부종

1) 사구체신염(glomerulonephritis)

(1) 급성 사구체신염
① 원인

급성사구체신염acute glomerulonephritis은 콩팥의 사구체에 염증이 생겨 발생하는 것이다. 편도선염, 인두염, 감기, 중이염, 성홍열, 폐렴을 앓고 1~3주의 잠복기를 거치고 난 후 나타나며 주로 세균이나 바이러스 감염에 의해서 일어난다. 연쇄상구균이 원인이 되는 경우가 가장 많다.

② 증상

급성 사구체신염의 증상은 고혈압, 핍뇨, 혈뇨, 단백뇨, 부종의 증상이 나타나고 연쇄상구균에 의한 경우 발열과 권태감을 동반하는 인두염이 발생한다. 사구체여과량이 감소하고, 식욕저하가 나타나며 소변량 감소로 소변의 색이 짙어진다.

③ 식사요법

급성 사구체신염의 원인이 연쇄상구균 감염일 경우에는 항생제를 사용해야 하며 급성기에는 절대 안정을 취하고 보온에도 유의한다. 식사요법은 **고에너지식, 저단백식, 저염식**을 한다. **에너지**는 1일 2,000kcal 이상, **단백질**은 체중 kg당 0.5g 이하, **나트륨**은 1일 2g 이하, **수분**은 핍뇨 시 전날 소변량에 500mL를 더해 주고 이뇨 시 1,000~1,500mL/일을 제공한다. 무뇨, 핍뇨기에는 콩팥의 칼륨 제거 능력이 부족하므로 칼륨을 제한해야 한다. 급성 사구체신염이 회복됨에 따라 소변량이 증가하고 부종이 사라지면 단백질량도 점차 증가시켜 충분한 영양보충을 통해 회복을 빠르게 해야 한다. 회복기에는 건체중 kg당 1g의 단백질을 제공한다.

(2) 만성 사구체신염
① 원인

만성 사구체신염chronicglomerulonephritis 환자의 대부분은 처음부터 만성으로 발병하는 경우가 많고, 급성 사구체신염이 장기화되면서 사구체의 섬유질화로 콩팥 기능의 소실을 가져와 만성으로 진행되는 경우가 있다. 본인의 자각 증상 없이 우연한 검사에서 단백뇨, 혈뇨 또는 고혈압으로 진단되어 알게 되기도 한다. 만성 사구체신염은 특별한 원인 없이 1차적으로 발생할 수 있고 감염이나 당뇨병, 루푸스 등의 질환으로 인해 2차적으로 발생할 수도 있다.

② 증상

환자 중에는 자각증상이 없고 부종도 나타나지 않으면서 말기로 진행되는 경우가 많다. 초기에는 혈뇨, 단백뇨, 두통, 야뇨증 등의 이상만 나타나다가 콩팥 기능이 감소함에 따라 피로, 빈혈, 호흡곤란, 고혈압, 부종 등이 나타난다. 만성 사구체신염의 말기에는 만성신부전으로 이어져 **요독증**을 초래하고 식욕부진, 구토, 경련 등이 나타나며 혼수상태에 이르러 사망하기도 한다.

요독증

- 콩팥(신장)의 기능이 감소하면서 체내에 쌓인 노폐물들이 배설되지 못해 나타나는 질환
- 요독증은 외상으로 인한 콩팥 손상, 약물, 쇼크, 독소, 급성 사구체신염, 고혈압, 급성 신우신염 등의 질병에 의해 콩팥이 손상되어 발생

---

③ 식사요법

에너지는 충분히 공급하고 콩팥에 부담이 적은 탄수화물 위주로 제공하며 최적의 영양상태를 유지해야 한다. **단백질**은 체중 kg당 0.8~1g 정도가 적당하나 단백뇨가 심하면 고단백식을 제공한다. **탄수화물**은 300~400g으로 충분히 공급하고, **지질**도 적당량 제공한다. 만성 신염으로 다뇨를 보일 때에는 **나트륨과 수분** 섭취량을 크게 제한하지 않는다. 그러나 부종이 있거나 고혈압이 심할 때는 나트륨의 양을 하루 1,000~2,000mg으로 제한한다. 핍뇨 및 부종이 심하면 무염식과 수분을 제한하고 수분은 전날 소변량에 500mL를 더해서 제공한다.

2) 신증후군

(1) 원인

신증후군nephrotic syndrome은 네프로제 증후군이라고도 하며 사구체 기저막에서 단백질 투과성이 비정상적으로 항진되어 하루 3.5g 이상의 단백질이 소변으로 배출되고 이로 인해 저알부민혈증(혈중 알부민 농도 3.0g/dL 이하), 고지혈증 및 전신부종이 나타나는 상태를 말한다. 만성사구체 신염에 의해 발생하는 일차성 신증후군과 감염증, 당뇨병, 임 신중독증으로 인해 나타나는 이차성 신증후군이 있다. 사구체, 보먼주머니, 세뇨관의 퇴 행성으로 다양한 증상들이 나타난다. 신사구체 내에 미세한 구조적 변화가 나타나는 미 세변화신증후군 환자의 80%는 15세 미만이며, 특히 18~48개월의 유아에게 흔히 발생 한다.

(2) 증상

다량의 단백뇨가 특징이며 저단백혈증과 저알부민혈증을 수반하여 심한 부종이 나타 난다. 저단백혈증으로 인해 감염, 빈혈, 구루병 등이 발생하기 쉽다. 혈중 지질의 양이 증 가되어 고콜레스테롤혈증을 나타내기도 한다. 기초대사율이 저하되고 오심, 구토, 복통이 생기기도 한다.

(3) 식사요법

혈장에서 상실된 알부민을 우선 보충하여야 하므로 생물가가 높은 **양질의 단백질** 위 주로 1일 체중 kg당 0.8~1g을 제공하고 에너지는 체단백질 분해를 막기 위해 건체중 kg 당 35kcal 정도로 충분히 제공한다.

지방과 콜레스테롤은 제한하고 다가불포화지방산 : 단일불포화지방산 : 포화지방산 은 1 : 1 : 1.5 정도로 유지하며, 콜레스테롤은 1일 300mg 미만으로 한다. **나트륨**은 1일 1,200~2,000mg(소금 3~5g)으로 엄격한 저염식을 하고 부종 시 무염식을 제공한다. 수 분은 부종 시 전날 소변량에 500mL를 더하는 정도로 제한한다.

3) 신부전

(1) 급성신부전

① 원인

급성신부전acute renal failure은 갑작스런 세뇨관 손상이나 사구체 여과율 감소로 신기능이 급격하게 저하되어 생체의 항상성을 유지할 수 없는 상태이다. 급성신부전의 주된 원인은 콩팥의 허혈ischemia이다. 급성신부전의 원인은 신전성, 신성, 신후성으로 분류할 수 있으며 급성신부전 환자의 대부분이 신전성이다. **신전성**은 대량의 출혈, 화상, 심한 탈수, 쇼크 및 혈압강하제 복용 등으로 인해 순환 혈액량이 부족할 때 발생한다. **신성**은 급성 사구체신염이나 독성 물질에 의해 콩팥 자체의 사구체 여과율이 감소된다. **신후성**은 콩팥의 혈류는 충분해서 콩팥 기능은 정상이나 콩팥을 지나는 요로의 폐색, 신결석 및 전립선 종양 등으로 신혈관이 압박되어 발생한다.

② 증상

신전성, 신성, 신후성 증후에 따라 증상이 다르나 핍뇨기, 이뇨기, 회복기를 거친다. **핍뇨기** 사구체 여과율의 감소로 1일 소변 배설량이 400mL 이하로 감소되는 시기로 대개 1~2주간 계속된다. 이때는 혈중 요소, 크레아티닌, 칼륨 및 인산 농도가 상승하고 산혈증, 고칼륨혈증, 부종 및 고혈압의 증상들이 나타난다. 고칼륨혈증으로 심장마비, 고인산혈증으로 골격 칼슘이 방출될 수 있다. 나트륨 축적과 소변 감소로 부종이 나타난다.

핍뇨기가 1주 이상 계속될 때는 요독증이 나타나므로 투석이 필요하다. 핍뇨기가 지나면 **이뇨기**가 시작되는데 세뇨관의 재흡수 능력의 저하로 인해 1일 소변 배설량이 3,000mL까지 증가하며 약 1주간 계속된다. 이 시기에는 다량의 수분과 전해질을 상실하므로 보충이 필요하다.

회복기는 이뇨기 후 서서히 단계적으로 회복되어 1일 소변 배설량이 정상으로 되돌아오고 콩팥 기능도 완전히 정상화되는 시기이다. 급성신부전 환자의 50~60% 정도는 회복이 가능한데 소변량이 정상이 되면서 수개월에 걸쳐 서서히 회복된다.

표 8-1. 급성신부전 시의 영양소별 고려사항

영양소	고려사항
단백질	• 투석 시행여부에 따라 조절 • 투석을 하지 않을 경우 0.8~1.0g/kg • 투석을 하는 경우 1.0~1.5g/kg • CRRT*를 하는 경우나 과이화 상태인 경우 1.5~2g/kg 이상(최대 2.5g/day)
에너지	• 30~35kcal/kg • 중환자의 경우 20~30kcal/kg 또는 REE(휴식대사량)의 1.3배
나트륨	• 1,000~3,000mg/day • 핍뇨기에는 20~40mEq 유지
칼륨	• 혈청 칼륨 농도 < 5mEq 유지 • 이뇨기에는 소변량, 칼륨 배설량, 혈액수치 등을 고려하여 손실을 보충
인	• 정상 혈중 농도 유지 • CRRT 시에는 요규량 증가됨
수분	• 1일 소변량 + 500mL • 무뇨기에는 1.0~1.2L/day • 의학적인 상황을 고려하여 필요시 증가

* CRRT(Continuous Renal Replacement Therapy) : 지속적 신대체요법

③ 식사요법

핍뇨기에는 수분과 질소 대사산물의 배설이 저하되므로 엄격한 **수분 제한**이 필요하며, 전일 요량에 500mL를 더하여 줄 수 있다. 고질소혈증의 개선을 위하여 1일 1,800kcal 이상의 **고에너지식**을 하고, **단백질**은 투석 시행 여부에 따라 조절하며 투석을 하지 않는 경우에는 0.6g/kg, 투석 시에는 충분히 제공한다. 나트륨도 1일 1,000~2,000mg으로 제한한다. 이뇨기 때 소변량이 정상으로 회복되고, 고질소혈증이 개선되면 보통식으로 공급한다. 다뇨가 심한 경우는 수분 및 전해질 공급이 필요하므로 경구급식이 바람직하나 이것이 불가능하면 경관영양을 실시한다.

(2) 만성신부전

① 원인

만성신부전chronic renal failure은 네프론의 계속적인 손실에 의해 지속적이고 비가역적으

로 콩팥 기능이 감소되는 것이 특징이며 급성신부전으로 콩팥 기능이 정상으로 회복되지 못하거나 당뇨병, 고혈압, 사구체신염 등으로 인해 발생하기도 한다. 크레아티닌과 요소제거율의 감소로 혈청 내 크레아티닌 농도와 요소질소 농도가 증가한다.

② 증상

사구체여과율이 분당 15mL까지 감소해도 콩팥 기능의 저하로 인한 증상이 나타나지 않는 사람도 있다. 질소 대사물질인 요소와 크레아티닌 등이 정상보다 높은 고질소혈증은 사구체여과율이 정상의 20~35%까지 감소하면 나타난다.

• 수분, 전해질, 산염기 장애　부종, 고혈압, 대사성산증, 고칼륨혈증, 고인산혈증, 저칼슘혈증, 심부전, 영양장애, 빈혈, 식욕부진, 메스꺼움, 구토, 피로감, 근육쇠약, 혼수, 가려움, 골관절 이상 등 전신에 걸쳐서 증상이 나타날 수 있다. 말기 신부전에서는 나트륨 및 수분 과잉으로 고혈압, 부종 등을 초래하고 일부에서는 나트륨 및 수분 소실로 혈압이 정상이거나 저하되고 저혈압이 초래될 수 있다. 사구체 여과율이 분당 10mL 이하로 감소하면 유기산의 체내 축적으로 대사성 산증이 나타난다.

• 심혈관계 장애　고혈압, 이상지질혈증, 당불내성, 심박출량의 증가 등으로 죽상경화증이 발생한다.

• 위장관 장애　식욕감퇴, 오심, 구토 등을 동반하며 이러한 증상은 투석으로 회복될 수 있다.

• 신경학적 장애　중추신경 장애로 불면증, 집중력 장애, 기억력 장애, 졸음, 피로감, 우울증, 경련, 혼수 등이 나타나는데 투석하지 않으면 근무력증과 사지마비를 초래할 수 있다.

• 기타　면역기능 저하로 감염이 일어날 수 있으며 고인산혈증과 저칼슘혈증으로 인한 신성골이영양증, 에리트로포이에틴의 감소로 인한 빈혈, 레닌 분비 증가로 인한 고혈압증, 혈청 중 인의 증가와 칼슘 감소로 인한 대사성 산증을 유발한다.

신성골이영양증(만성골질환)

출처 : 대한이식학회 환자의 가족을 위한 안내서

만성신부전환자는 뼈가 연해지는 현상, 골수가 섬유화되는 현상, 골다공증 등의 다양한 형태의 신성골이영양증이 나타난다. 어린이에서는 발육지연이 생기며, 모든 연령에서 피부소양증, 골절, 뼈의 통증과 연조직에 전이성 석회화가 나타날 수 있다.

이와 같은 변화가 발생하는 기전을 간단히 설명하면 콩팥에서의 인산염 배설장애로 혈청인산이 증가하며 이로 인해 혈청칼슘이 감소, 혈청칼슘이 감소하면 이를 보상하기 위해 부갑상샘이 자극되어 부갑상샘호르몬의 분비가 촉진된다. 이에 따라서 부갑상샘호르몬의 혈청 칼슘치를 정상화하기 위해 뼈에 있는 칼슘을 빼내게 됨으로 결국 뼈가 약해지게 된다. 또한 만성신부전에서는 비타민 D의 활성화가 안 되어 장관에서 칼슘 흡수가 저하되고, 뼈에서는 무기질 침착이 안 되므로 이로 인해 골연화증이 일어난다.

표 8-2. 만성신부전 시의 영양소별 고려사항

영양소	고려사항
단백질	• 0.6~0.8g/kg
에너지	• 35kcal/kg 이상
나트륨	• 고혈압이나 부종이 있는 경우 1,000mg/day
칼륨	• 칼슘 제한은 혈액 내 수치가 상승하면 제한한다.
인	• 10mg/day 이하
칼슘	• 혈액 내 칼슘 농도를 정상으로 유지 • 800~1,000mg/day
수분	• 일반적으로 제한하지 않는다. 　(단, 소변섭취량이 감소하는 경우, 1일 소변 배설량에 400~500mL를 더한 양으로 제한한다.)
비타민/ 무기질	• 비타민 B,C : 영양소 섭취기준에 준한 섭취 유지 • 혈중 25-hydroxyvitamin D < 30nm/dL이면, 비타민 D 보충 • 철분, 아연은 개인별 조정

③ 식사요법

만성 신부전 환자의 식사요법은 최적의 영양상태를 유지하고, **단백질 섭취를 제한**하여 요독증을 예방하고, **나트륨 섭취량을 제한**하여 부종을 예방하며 혈압을 조절할 수 있도록 하는 것이다.

에너지를 증가시키기 위한 식사 요령

- 사탕, 젤리, 꿀 등을 자연스럽게 자주 먹는다.
- 음료수에 설탕이나 전분, 에너지 보충물을 첨가하여 마신다.
- 조리된 음식에도 에너지 보충물을 첨가한다.
- 빵, 떡, 비스킷 등에는 꿀, 버터, 마가린 등을 듬뿍 발라 먹는다.
- 조리할 때는 볶음이나 튀김요리를 주로 한다.
- 물 대신에 사이다 등의 단 음료수를 마신다.

- 에너지 단백질이 제한된 식사를 하는 환자는 섭취한 단백질이 에너지로 분해되어 사용되는 것을 방지하고 이상체중을 유지하기 위하여 충분한 에너지가 공급되어야 한다. 체중 유지를 위한 에너지 공급은 표준체중 kg당 35kcal 이상이 권장되며 고열량식품을 제공한다.

- 단백질 혈액 내 요소를 감소시켜 요독증의 증상을 막고 잔여 콩팥 기능 유지를 위해 단백질 제한이 필요하다. 일반적인 단백질의 권장량은 사구체여과율에 따라 체중 kg당 0.6~0.8g이다. 단백질의 50% 이상은 생물가가 높은 단백질인 달걀, 우유, 육류, 가금류 및 생선류 등으로 공급한다.

- 나트륨 사구체여과율이 저하되면 콩팥을 통한 나트륨 배설 능력이 감소되어 부종, 고혈압, 심장울혈 등의 합병증이 올 수 있다. 고혈압이나 부종이 있는 경우 나트륨을 1,000mg으로 제한하고, 부종이 심한 경우에는 이뇨제와 함께 1,000~2,000mg으로 제한한다.

- 칼륨 칼륨의 배설은 거의 전적으로 콩팥을 통하여 이루어지므로 신부전 환자에서는 고칼륨혈증이 흔히 나타난다. 단시간에 칼륨 농도가 급격히 상승하는 경우에는 신체근육 및 심장근육에 영향을 미쳐 사지마비, 부정맥, 심장마비 등을 초래하여 위험해질 수 있으므로 제한한다.

고칼륨혈증과 핍뇨가 수반될 경우, 저칼륨식이 권장된다. 일반적으로 1일 1,500mg 이하로 칼륨 섭취를 제한하기도 한다. 칼륨 섭취를 줄이기 위해서 칼륨 함량이 많은 채소, 과일, 잡곡, 두유 등을 제한한다.

칼륨을 조절하기 위한 식사 요령

- 체조직 분해로 인한 칼륨의 유출을 막기 위하여 적절한 에너지를 섭취한다.
- 칼륨이 많은 식품을 알고 알맞은 식품을 선택한다.
- 칼륨이 많이 포함된 식품을 먹을 경우에는 소량씩 간격을 두고 먹는다.
- 과일은 껍질을 제거하고 잘게 썰어 물에 담갔다가 먹고, 채소는 많은 양의 물에 삶아 그 물은 버리고 조리한다.

POINT

조리 시 칼륨을 제거하는 방법

칼륨이 많이 포함된 채소를 물에 담가 두면 칼륨을 빼내는 데 도움이 된다. 하지만 칼륨을 100% 제거하는 것은 아니다.

예 감자, 고구마, 당근, 비트 등의 경우

1. 채소의 껍질을 벗기고 찬물에 담근다.
2. 채소를 0.3cm 두께로 얇게 썬다.
3. 따뜻한 물에 몇 초 동안 헹군다.
4. 채소 양의 10배의 따뜻한 물에 최소 2시간 담근다. 더 오래 담그려면 4시간마다 물을 갈아준다.
5. 따뜻한 물에 다시 몇 초간 헹군다.
6. 채소 양의 5배의 물로 채소를 익힌다.

· 칼슘과 인 신부전증이 진행하여 사구체 여과율이 15mL/분 이하로 떨어지면 콩팥의 인 배설능력이 저하하게 되고 이로 인해 고인산혈증이 발현되고 혈중 칼슘 농도는 감소하여 부갑상샘호르몬의 기능이 항진되고 골격 칼슘이 방출되며 신성골이영양증이 생기게 된다.

신부전 환자에서 인을 조절하기 위해서는 표준체중 kg당 10mg 이하로 제한된다. 인이 많이 함유된 식품은 주로 고단백식품이므로 저단백식사가 인 조절에 도움이 된다.

콩팥 기능의 저하는 비타민 D의 결핍증을 초래하여 칼슘 흡수가 저하될 뿐만 아니라 저단백식, 저인식으로 칼슘의 섭취 자체도 감소된다. 투석하지 않는 신부전 환자의 1일 칼슘요구량은 1,200mg이며, 요구량의 약 40%는 식사로부터 공급받도록 하는 것이 바람직하다. 나머지는 보충제로 공급한다.

인을 제한하기 위한 식사 요령

- 우유, 요구르트, 아이스크림 등의 유제품과 탄산음료를 제한한다.
- 단백질 식품은 필요량에 맞추어 제한된 양을 사용한다.
- 전곡류, 잡곡, 견과류를 피한다.

· **수분** 신부전 환자의 수분 요구량은 개인에 따른 차이가 크다. 콩팥에서의 소변 농축 기능이 상실되어 소변량이 증가하는 환자에게는 수분을 충분히 공급한다.

수분조절 및 갈증을 해소하기 위한 식사 요령

- 신맛이 나는 레몬 조각을 씹어 침샘을 자극한다.
- 새콤하고 딱딱한 캔디를 먹거나 껌을 씹는다.
- 입안을 물로 헹구되 삼키지는 않는다.
- 얼음조각을 물고 있다.
- 갈증이 심할 때는 허용된 한도 내에서 음식을 먹는다.
- 가능하면 작은 컵을 사용한다.
- 짠 음식을 피한다.

당뇨병성 콩팥질환

콩팥합병증은 당뇨 환자의 주요 사인 중의 하나이다. 제1형 당뇨병의 50%가량이 당뇨 발병 후 10~30년이 되면 만성 신부전증이 동반된다. 이때 미세단백뇨가 있는 사람은 단백질을 체중 kg당 0.8g, 나트륨은 1일 2,000~4,000mg(소금 5~10g)으로 제한한다. 신증후군을 동반한 당뇨병 환자는 혈당조절 및 단백뇨, 저알부민혈증, 부종을 줄이기 위해 나트륨을 제한한다. 적절한 에너지 (30kcal/kg)를 공급하기 위해 설탕·젤리 및 설탕에 절인 과일 등과 같은 단순당질 식품이 허용될 수도 있다.

나트륨 평형이 유지되는 환자에서는 갈증을 통한 수분섭취의 조절로 수분평형이 정상적으로 유지되나 사구체 여과율이 5mL/분 이내로 저하되면 수분섭취를 제한해야 한다. 부종이 없고 혈압, 혈청 나트륨이 정상인 상태에서는 24시간 소변량에 불감 손실량인 400~500mL를 더하고 여기에 구토로 인한 수분 손실량을 더하여 1일 수분량을 정한다.

(3) 투석(dialysis)

투석은 체내에 과도한 체액과 노폐물을 인공적으로 제거하는 과정으로 콩팥이 제기능을 할 수 없을 때 필요한 과정이다. 콩팥의 기능이 소실되어 요독증이 나타나게 되었을 때, 콩팥의 기능이 정상의 5% 미만으로 저하되었을 때는 반드시 투석을 실시해야 하며 10% 정도일 때 미리 실시한다. 인공신장기를 이용한 혈액투석과 복막의 반투막을 이용한 복막투석이 있다.

표 8-3. 혈액투석과 복막투석의 비교

구분	혈액투석	복막투석
수술(통로)	• 투석을 시작하기 전에, 팔에 혈관 장치인 동정맥루를 만들어야 함 • 동정맥루가 준비되지 않은 상태에서 응급으로 혈액투석을 하려면 목이나 어깨의 정맥에 플라스틱관을 삽입	• '복막투석 도관'이라고 하는 가는 관을 복강 내에 삽입하는 수술 필요 • 이 도관은 영구적으로 복강 내에 남아 있음
방법	• 인근 혈액투석 병·의원에서 보통 일주일에 3회, 매회당 4~5시간 동안 시행	• 집이나 회사에서 투석액을 교환 • 대부분의 환자들은 하루에 3~4회, 6~8시간마다 교환 • 새로운 투석액을 복강 내에 주입 • 약 6시간 후에 투석약을 빼고 투석액으로 교환(30분 정도 걸림) • 자동복막 투석의 경우 자는 동안(8~10시 정도)에만 기계가 자동적으로 투석액을 교환

(계속)

쉽게 배우는 식사요법

구분	혈액투석	복막투석
장점	• 병원에서 의료진이 치료해 줌 • 자기 관리가 어려운 노인이나 거동 불편한 사람에게 가능 • 주 2~4회 치료 • 동정맥루 투석을 하는 환자는 통목욕이 가능	• 주사 바늘에 찔리는 불안감이 없음 • 한 달에 1회만 병원 방문 • 혈액투석에 비해 신체적 부담이 적고 혈압 조절이 잘 됨 • 식사제한이 적음 • 교환 장소만 허락되면 일과 여행이 자유로움
단점	• 주 2~3회 투석실에 와야 하므로 수업이나 직장생활에 지장 • 식이나 수분의 제한이 심함 • 빈혈이 좀 더 잘 발생 • 쌓였던 노폐물을 단시간에 빼내므로 피로나 허약감을 느낄 수 있음	• 하루 2~4회 청결한 환경에서 투석액을 갈아 주어야 하는 점이 번거로움 • 복막염이 생길 수 있음 • 복막투석 도관이 몸에 달려 있어 불편함 • 간단한 샤워만 가능하여 통목욕은 불가능
식사요법	**에너지** 충분히 공급 **단백질** 1.0~1.2g/kg 정도로 충분히 공급 **수용성 비타민** 보충 **나트륨** 하루에 2,000mg 이하 **수분** 소변량 + 1,000mL로 제한 **칼륨** 하루에 2,000~3,000mg으로 제한 **인** 신성골이영양증을 방지하기 위해 인을 많이 함유한 식품을 제한	**에너지** 1일 필요 에너지량에서 투석액으로 흡수되는 에너지량을 제외하고 제공 **단백질** 건체중 kg당 1.3~1.5g으로 충분히 제공 **수분** 부종이 있는 경우 수분을 제한 **비타민과 무기질** 수용성 비타민이 손실되므로 보충 필요 **나트륨, 칼륨** 혈액투석에 비해 자유로움

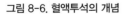

그림 8-6. 혈액투석의 개념

그림 8-7. 복막투석의 개념

① **혈액투석**

혈액투석hemodialysis은 콩팥이 제 기능을 할 수 없을 때 콩팥을 대신해서 몸속에 쌓인 노폐물을 반투과성 인공막을 이용하여 기계적으로 혈액을 직접 걸러 제거하는 치료방법이다. 투석의 목적은 콩팥 기능의 일부를 대신하여 체내 과잉의 수분과 염분을 제거하고 전해질의 이상을 교정하는 것이다. 일반적으로 양쪽 콩팥의 기능이 정상의 10% 이하로 떨어지거나, 혈중 크레아티닌 제거율이 $10mg/dL/1.73m^2$ 미만이거나 혈중 크레아티닌치가 $10mg/dL$일 때 혈액투석을 실시한다.

혈액투석 시 식사요법은 **에너지**를 충분히 공급하며 투석 중 손실되는 아미노산과 질소를 보충하기 위해 **단백질**도 1.0~1.2g/kg 정도로 충분히 공급한다. 만성신부전과 비슷하나 투석 시 수용성 비타민의 손실이 있을 수 있으므로 **수용성 비타민**의 보충이 필요하다. 고칼륨혈증은 부정맥을 초래하므로 **칼륨** 섭취를 제한한다. 부종과 고혈압을 조절하기 위해 **나트륨**은 하루에 2,000mg 이하, 수분은 소변량 + 1,000mL로 제한한다. 고칼륨혈증을 예방하기 위해 **칼륨**은 하루에 2,000~3,000mg으로 제한하고, 인은 고인산혈증으로 인한 신성골이영양증을 방지하기 위해 인을 많이 함유한 식품을 제한한다.

② 복막투석

복막투석peritoneal dialysis은 고삼투압의 덱스트로스dextrose 용액을 복강 내로 주입하여 체내에 있는 과다한 수분과 노폐물을 인위적으로 제거하는 과정이다. 환자의 복막의 반투막을 사용하므로 노폐물 제거와 전해질, 체액, 혈압 조절이 쉽고 요독증이 낮게 나타나는 장점이 있다. 복막투석은 지속적으로 이루어지므로 식사요법이 비교적 자유롭다. 그러나 투석액을 통하여 단백질과 수용성 비타민이 빠져나가고 투석액의 당이 일부 흡수되어 비만과 고중성지방혈증을 초래할 수 있다.

단순당, 알코올, 포화지방, 콜레스테롤을 제한하여 고지혈증을 예방해야 한다.

복막투석 시 **에너지**는 1일 필요 에너지량에서 투석액으로 흡수되는 에너지량을 제외하고 제공하며, **단백질**은 건체중 kg당 1.3~1.5g으로 충분히 제공하지만 고단백식사로 인해 인의 섭취량이 많아질 수 있으므로 고인산혈증과 그로 인해 발생할 수 있는 신성골이영양을 예방해야 한다.

부종이 있는 경우 **수분**섭취를 제한해야 하며, **비타민과 무기질**은 손실이 되기 쉬우므로 보충이 필요하다. **나트륨과 칼륨**의 섭취는 혈액투석에 비해 자유롭다.

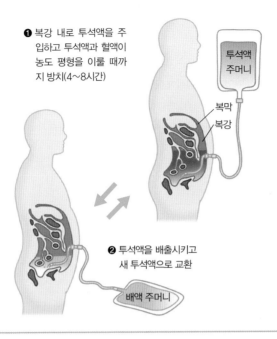

❶ 복강 내로 투석액을 주
입하고 투석액과 혈액이
농도 평형을 이룰 때까
지 방치(4~8시간)

복막
복강

투석액
주머니

❷ 투석액을 배출시키고
새 투석액으로 교환

배액 주머니

그림 8-8. 복막투석의 원리

표 8-4. 복막투석 시의 영양소별 고려사항

영양소	영양권장량 및 영양소별 고려사항
단백질	• 1.3~1.5g/kg • 복막염을 동반한 경우 단백질 요구량 증가
에너지	• 식사를 통한 에너지 섭취량 = 총에너지 요구량 – 복막투석액으로부터 흡수되는 에너지량 • 총에너지 요구량은 25~35kcal/kg (투석액으로부터 흡수되는 에너지 포함)
나트륨	• 2,000~3,000mg/day(90~135mEq/day) • 체중변화와 혈압에 따라 개별적으로 조정
칼륨	• 일반적인 권장 섭취량은 3,000~4,000mg/day • 혈액 내 칼륨 농도를 고려하면서 조정
인	• 부갑상샘호르몬 농도가 증가되었거나 혈액의 인이 > 5.5mg/dL이면 800~1,000mg/day
칼슘	• 혈액 내 정상 농도 유지 • 식사로 칼슘섭취가 충분하지 않으면 칼슘 보충제 섭취 필요 • 칼슘 보충제를 포함하여 1일 2,000mg/day 이하로 섭취

(계속)

영양소	영양권장량 및 영양소별 고려사항
수분	• 투석을 통해 보통 2~2.5L의 수분이 제거될 수 있음 • 수분은 균형 섭취 권장, 수분섭취량은 소변량 + 1,000mL • 부종이 있으면 수분섭취 제한이 필요하여 1~3L/day
기타	• 단순탄수화물-이상지질혈증이 있거나 과체중인 경우에는 제한 • 콜레스테롤-고콜레스테롤혈증이 있을 경우 저콜레스테롤 식품으로 단백질 섭취가 가능하면 제한 • 포화지방산-고콜레스테롤혈증이 있는 경우 포화지방산 섭취는 제한하고 지방은 불포화지방산으로 섭취 • 알코올-이상지질혈증이 있는 경우 제한

③ 콩팥이식

콩팥이식이란, 기증자 또는 뇌사자의 건강한 콩팥을 말기콩팥병 환자에게 이식하는 수술이다. 투석은 노폐물을 제거하는 기능을 어느 정도 대체할 수 있지만 콩팥의 모든 기능을 대체할 수 없다. 두 개의 콩팥이 모두 제 기능을 하지 못하고 회복될 수 없을 때 콩팥이식을 시행한다. 이식받은 콩팥은 본인의 신체와 다른 조직형을 가지기 때문에 거부반응을 방지하기 위해 평생 면역억제제를 사용해야 한다. 이식 후 면역억제제를 사용하는 경우에는 한 달간 모든 음식을 익혀서 제공해야 한다.

콩팥이식 환자는 고혈압과 이상지질혈증이 흔히 나타나므로 이상지질혈증 식사관리를 해야 하며 지방량은 총 섭취에너지의 20~25%, 콜레스테롤은 200mg/일, 알코올 및 탄수화물은 섭취를 제한한다.

콩팥이식 수술 후 회복기에 에너지는 체중 kg당 30~35kcal를 제공하고 고지혈증을 예방하기 위해 표준체중을 유지하도록 한다. 단백질 필요량이 증가되어 체중 kg당 1.5~2.0g을 제공하며, 콩팥 기능이 회복될 때까지 나트륨은 하루 1,500~2,000mg으로 제한한다. 면역억제제를 사용하면 고칼륨혈증, 저칼륨혈증, 골다공증이 유발될 수 있으므로 환자의 상태에 따라 칼륨과 칼슘의 섭취량을 조절하여 제공한다.

3. 콩팥결석

콩팥결석nephrolithiasis은 여성보다 남성에게 더 많으며 소변 성분이 농축되어 결정이 형성되어 발생한다. 원인은 가족력, 식생활, 부갑상샘기능항진, 통풍, 비타민 D 과다섭취, 감염성 질병, 신진대사 장애, 수분섭취 부족, 비뇨기 질병 등으로 알려져 있다. 결석의 크기는 모래알만큼 작은 것부터 매실 정도로 큰 것도 있다.

콩팥결석의 종류는 주로 칼슘염·요산·시스틴 결석이다. 결석이 있는 경우 임상적인 특징은 비슷하나 원인과 치료법은 다르다. 또한 결석의 형태 및 원인과 관계없이 많은 양의 수분을 섭취하는 것이 필수적이다. 수분 공급은 요를 희석하므로 결석을 형성하는 무기질의 결정화를 막는다.

결석은 콩팥에서 주로 발생하여 비뇨기관으로 이동해서 각종 병변을 나타내므로 장소와 결석의 크기에 따라 증상도 다르다. 만일 결석이 신우에 있으면 잦은 소변과 배뇨 시 통증이 있고, 신우의 출구 및 요도로 이동하면 심한 통증이 일어나서 콩팥, 허리, 방광까지 아프며 혈뇨가 나온다. 요관이 막히면 소변이 정체되고 발작을 일으켜 위험한 상태가 된다.

1) 수산칼슘, 인산칼슘 결석

대부분의 신결석은 칼슘을 함유하는 수산칼슘 결석과 인산칼슘 결석이며, 중년 남성에게 가장 흔히 발생한다. 성인은 하루 칼슘 700~800mg 이상을 함유하는 식사를 하는 경우에 칼슘 배설량이 증가하게 된다. 칼슘 배설량은 섭취량에 비례하는데, 이는 칼슘 배설량이 칼슘 항상성 기전에 의해 조절되기 때문이다. 그러나 어떤 사람에 있어서는 칼슘 섭취량에 따라 칼슘 배설량이 조절되지 못하고 저칼슘식 섭취 후에도 과잉의 칼슘이 배설되는데, 이 경우를 특발성 고칼슘뇨증이라고 하며, 결석 환자의 약 40%를 차지한다.

칼슘 결석 환자는 하루 400~600mg의 칼슘식을 권장하는데, 이는 환자의 고칼슘혈증을 치료하고 고수산증과 음(-)의 칼슘평형을 방지하기 위한 것이다.

수산칼슘 결석 환자는 아스파라거스, 초콜릿, 코코아, 시금치, 커피, 녹색채소, 무화과,

자두, 후추, 홍차, 젤라틴 등 **수산** 함유량이 높은 식품의 섭취를 금한다. **칼슘**을 심하게 제한하면 수산의 흡수를 높여 소변으로 수산 배설을 증가시킬 수 있다. 비타민 C도 약 1/2 정도가 수산으로 전환되므로 비타민 C 보충제의 섭취를 제한한다. **동물성 단백질**의 섭취가 증가하면 칼슘의 배설이 증가한다. **비타민 B$_6$** 결핍이 수산염 생성을 증가시키므로 비타민 B$_6$가 충분한 음식은 수산염형성을 감소시킬 수 있다.

인산칼슘 결석인 경우 **인** 함유량이 높은 식품인 우유와 유제품, 현미, 잡곡, 오트밀, 말린 과일, 간, 난황, 초콜릿, 견과류 등의 섭취를 제한하고 **식이섬유**는 충분히 섭취한다. 작은 결석들을 배출시키기 위해 **수분**은 하루 3L 이상 섭취하도록 한다.

2) 요산결석

요산결석은 신결석 발생률의 약 4%를 차지하며 통풍과 같이 퓨린의 중간대사물로부터 요산의 생성을 통하여 형성된다. 신부전, 당뇨병성 산독증, 기아상태, 혈액질환, 약제 복용 시 소변 속에 요산 배설이 지나쳐서 발생할 수 있다.

식사요법은 저퓨린 식사를 하기 위해 내장, 육류, 등푸른 생선, 조개류, 콩류, 시금치, 버섯, 아스파라거스 등의 섭취를 제한하고 요의 pH를 올리기 위해 알칼리성 식품의 섭취가 필요하다.

3) 시스틴 결석

황을 함유하는 아미노산인 시스틴이 체내에서 분해되지 않으면 콩팥 세뇨관 재흡수에 결함이 생겨 시스틴이 요에 축적되어 시스틴뇨증이 된다.

선천적인 아미노산 대사장애이므로 저단백 식사가 사용되나, 거의 모든 단백질이 시스틴을 함유하고 있기 때문에 별로 큰 효과는 없다. 황 함량이 적은 아미노산으로 구성된 식사와 하루 3L 이상의 수분섭취가 권장된다.

표 8-5. 저칼륨, 저인식단

(열량 : 2,080kcal, 단백질 : 52g, 칼륨 : 1,665mg, 인 : 604mg 함유)

구분	식단	재료와 분량(g)	염분량
아침	쌀밥 1공기	쌀 90	
	팽이버섯된장국	팽이버섯 20	된장 1/2t
	갈치튀김	갈치 40/식용유 5	소금 1/4t
	마늘종볶음	마늘종 20/식용유 5	간장 1/3t
	저염물김치	배추 15/무 15	
	간식 : 롤 케이크	롤 케이크 60(1조각)	
점심	쌀밥 1공기	쌀 90	
	미역국	건미역 1	간장 1/3t
	닭살냉채	닭가슴살 40/오이 5 양파 3/마요네즈 15	양념장 (마요네즈 1T)
	깻잎찜	깻잎 5	간장 1/3t
	무초절이	무 30	
	간식 : 요구르트	요구르트(액상) 150(소 2개)	
저녁	잡채밥	쌀 90 당면 30/쇠고기 40 양파 10/당근 15/표고버섯 15 식용유 5/참기름 5	간장 1t
	저염와사비무깍두기	무 30	
	간식 : 파인애플통조림	파인애플통조림 180g(3조각)	

출처 : 대한영양사협회, 임상영양관리지침서

표 8-6. 저칼륨식단

(열량 : 2,060kcal, 단백질 : 54g, 칼륨 : 1,769mg, 인 : 871mg 함유)

		재료와 분량(g)	염분량
아침	토스트	식빵 105(3장)/딸기잼 15	
	달걀스크램블	달걀 60(1개)/식용유 5	소금 1/4t
	양상추 샐러드	양상추 70/마요네즈 15	마요네즈 1T
	간식 : 엔젤 케이크	엔젤 케이크 60(1조각)	
점심	쌀밥 1공기	쌀 90	
	쇠고기국	양지 10/무 15	간장 1/3t
	생선전	동태포 40/달걀 10(1/6개) 밀가루 5/식용유 10	양념장 (마요네즈 1T)
	도라지생채	도라지 25/참기름 5	고추장 1/4T
	저염물김치	배추 15/무 15	
	간식 : 우유	우유 100(1/2컵)	
저녁	쇠고기콩나물밥	쌀 90 쇠고기 40/콩나물 70 표고버섯 10/참기름 8 식용유 5/참기름 5	양념장 (간장 1/2t)
	채소튀김	양파 20/당근 10/우엉 10 달걀 10/밀가루 5/식용유 10	소금 1/4t
	무초절이	무 30	
	간식 : 황도통조림	황도통조림 150(2조각)	

출처 : 대한영양사협회. 임상영양관리지침서

Memo

감염 및
호흡기 질환

감염 및
호흡기 질환

감염성 질환은 바이러스나 세균, 원충 등 병원체가 인체에 침입하여 발생한다. 병원체에 의한 감염은 공기, 물, 식품, 가축, 애완동물 등 다양한 경로를 통해 일어난다. 그러나 병원체와 접촉되었다고 해서 언제나 감염성 질환이 발생하는 것은 아니고, 인체의 면역기능이 저하되어 있거나 병원체의 독성이 강한 경우, 또는 대량의 병원체에 노출되었을 때 발생하게 된다. 그러므로 영양관리를 통해 면역을 높여서 감염성 질환을 예방하는 것이 중요하다.

호흡기 질환은 코, 인두, 후두, 기관, 기관지, 세기관지 및 폐 등의 호흡기계에 발생하는 질환으로 감염이나 영양을 비롯한 환경요인의 영향을 받는다. 온도와 습도가 저하되면 호흡기 점막에 바이러스가 쉽게 침투하여 호흡기 질환이 발생할 수 있으며 만성 호흡기 질환 환자들은 증상이 악화된다. 호흡기 질환은 감기, 폐렴, 폐결핵, 만성 폐쇄성 폐질환 등이 있다.

:: 용어 설명 ::

감염성 질환(infectious diseases) 바이러스나 세균, 원충 등의 병원체가 침입하여 발생하는 질병
바이러스(virus) 숙주세포 안에서 생명 활동을 하는 생물과 무생물의 중간적 존재
상부호흡관 코나 입에서부터 후두까지의 호흡기계 부분으로 공기가 드나드는 길
하부호흡관 인후, 기관, 기관지, 폐를 포함하는 호흡기
류마티스열(rheumatic fever) 연쇄구균 감염에 의해 관절과 심장에 염증이 나타나는 질환
폐포(alveolus) 기관지 끝에 연결된 작은 주머니 모양으로 많은 수의 모세혈관과 접하여 산소와 이산화탄소의 가스교환을 하는 부분, 허파꽈리라고도 불린다
만성 폐쇄성 폐질환(chronic obstructive pulmonary disease, COPD) 기도가 폐쇄되어 폐를 통한 공기의 흐름에 장애가 나타나는 질환으로 만성 기관지염과 폐기종이 있음
객혈(hemoptysis) 피가 섞인 기침
객담(sputum) 기관지나 폐에서 유래되는 분비물(=가래)

1. 감염성 질환의 영양관리

1) 감염성 질환의 특성

감염성 질환infectious diseases의 대표적 증상은 발열로서 대사 항진, 호흡수 증가, 발한량 증가, 식욕부진, 두통 등을 초래하며 체온이 1℃ 증가할 때 기초대사량이 13% 상승한다. 발열 전에 오한이 있고 해열될 때에는 흔히 땀이 난다. 또한 식욕부진으로 음식섭취량이 감소하고, 호흡수 증가, 발한량 증가, 구토 및 설사로 인해 각종 영양소와 수분, 나트륨이 손실된다. 감염 시 성장호르몬, 글루카곤, 당질코르티코이드 호르몬의 분비가 증가되어 글리코겐 분해, 포도당신생 증가로 인해 혈당이 상승하게 된다.

회복기에는 탈수, 발열, 발한 증세가 멈추게 되고 소변량이 증가한다. 장에 감염성 질환이 발생했을 때에는 흡수 불량이 초래되고, 체단백질 분해가 증가하여 요소 배설량이 많아져 콩팥에 부담을 주게 된다.

감염성 질환의 식사는 **고에너지, 고단백질, 고비타민식**을 기본으로 한다. 급성기에는 식욕과 소화기능이 저하되어 있으므로, 탄수화물과 소화가 잘되는 양질의 단백질을 함유한 유동식이나 반유동식을 제공한다. 증상이 회복되면 에너지와 단백질을 증가시키고, 고열, 설사, 구토가 심하면 수분, 나트륨, 칼륨을 보충해 준다.

표 9-1. 감염 시 체내 대사 변화

탄수화물 대사	단백질 대사	무기질 대사	기타
• 인슐린 저항성 증가 • 포도당 분해 증가 • 포도당 신생합성 항진 • 혈당 상승	• 질소 손실 증가 • 근육 단백질 이화 • 내장 단백질 합성 감소 • 간에서 급성기 반응 단백 합성 증가 • 식세포와 림프계 세포증식 발생	• 혈장 철, 구리, 아연의 농도 변화 • 마그네슘, 칼륨, 인, 아연, 유황이 체외로 배출 증가	• 수분 손실 증가

표 9-2. 감염성 질환의 일반적인 식사요법

	식사요법
고에너지	발열, 감염, 활동량, 환자의 체중 변화 등에 따라 열량 제공량 증가 체중 1kg당 40~50kcal 제공
고단백	체중 1kg당 2g 이상, 총 단백질의 1/3~1/2은 동물성 단백질로 제공, 체단백 보수, 면역기능 향상을 위해 제공량 증가, 양질의 단백질로 제공
고탄수화물	5~6g/kg/day, 단백질 절약작용, 발열 시 저장 글리코겐이 감소되므로 제공량 증가
지방	1.5~3g/kg/day, 소화되기 쉽고 농축된 유화지방이나 중쇄지방산으로 제공
고비타민	에너지 대사의 조효소로 관여하는 비타민 B군, 면역체 성분인 비타민 C, 병에 대한 저항력을 위해 비타민 A의 보충
무기질	발열로 인한 나트륨, 칼륨 소실을 보충
수분	수분을 충분히 섭취

2) 장티푸스

장티푸스typhoid fever는 살모넬라 타이피균Salmonella typhi의 감염으로 발생하는 전염성 질환이다. 환자나 보균자의 대소변에 의해 오염된 음식이나 물을 통해 감염된다. 고열이 심하고 두통, 복부 발진, 설사 등이 나타나며, 심하면 장궤양과 장출혈이 일어난다. 발열에 의해 신진대사가 증가하고 체단백질 분해도 증가한다. 따라서 이를 보충하기 위하여 고에너지와 고단백식이 필요하고 장에 자극을 주지 않도록 하기 위해서 **고열량·무자극·저잔사식**을 제공한다. 증세가 심할 때에는 유동식을 공급하다가 회복기에 들어서면 점차 정상식으로 이행한다. 그러나 장출혈이 있을 때에는 금식하도록 한다.

3) 콜레라

콜레라cholera는 콜레라균Vibrio cholerae의 감염으로 발생하는 전염성 질병이다. 콜레라균은 환자의 분변이나 구토물로 오염된 음식과 물을 통해 전염되며 물을 통해 전염되므로 수인성 전염병이라 한다. 복통을 동반하지 않는 급성 수양성(물 같은) 설사, 메스꺼움과 구토가 나타난다. 콜레라는 몇 차례 설사하는 정도의 경증 환자부터 설사를 시작한 지

4~12시간 만에 쇼크상태에 빠지고, 18시간~수일 내에 사망할 정도로 심한 설사를 하는 중증 환자도 있다. 설사가 시작되면 물 같은 대변이 계속 쏟아져 나오는데, 대개는 쌀뜨물 같은 모습이다. 극심한 설사로 전해질과 수분 손실이 크다.

탈수가 심하거나 물을 마시지 못하는 환자에게는 손실된 수분과 전해질을 정맥영양으로 공급하여 체내 전해질 불균형을 교정해 준다. 구토가 없고 탈수가 심하지 않으면 경구적으로 **물과 전해질**을 공급한다. 설사가 멈출 때까지는 유동식이나 반유동식을 주고 점차 정상식으로 이행한다.

4) 세균성이질

세균성이질shigellosis은 시겔라균Shigella의 감염으로 발생하는 전염성 질병이다. 환자나 보균자의 대변으로 배출된 이질균에 오염된 음식과 물을 통해 전염되는데, 집단적으로 발생하기 쉽다. 심한 복통과 경련이 일어나고 고열, 메스꺼움, 구토, 설사를 한다. 심한 경우 변에 혈액이나 점액 등이 섞여 나온다.

다량의 설사와 구토로 전해질과 수분 손실이 큰데, 수분섭취가 부족하여 탈수가 심하면 정맥주사로 보충해 주고, 탈수가 심하지 않으면 경구적으로 **물과 전해질**을 공급한다. 설사가 멈출 때까지는 유동식이나 반유동식을 주고 점차 정상식으로 이행한다.

5) 류마티스열

류마티스열rheumatic fever은 연쇄상구균Streptococcus 감염에 의해 관절과 심장판막에 염증이 나타나는 질환이다. 연쇄상구균을 공격하기 위해 생성되는 항체가 자가면역질환으로 발전하여 관절이나 심장 조직을 공격함으로써 발생한다. 위생과 영양이 불량한 지역의 어린이에게 발병률이 높다. 손목, 팔꿈치, 무릎, 발목에 관절염 증세가 나타나고 발열, 식욕 부진, 피로, 울혈성 심부전도 유발된다.

발병 초기에는 유동식이나 연식으로 부드러운 식사를 하고, 점차 에너지, 단백질, 비타민의 공급을 증가시킨다. 영양소 증가량은 환자의 체중과 체온, 건강상태에 따라 결정한다. 급성 환자에게는 염증 치료를 위해 스테로이드제를 처방하는데, 스테로이드제는 나트륨과 수분을 체내에 보유하게 하므로 부종 방지를 위해 나트륨 제한식사를 해야 한다.

2. 호흡기 질환의 영양관리

1) 호흡기계 구조

호흡은 공기의 들숨과 날숨을 통해 인체에 산소를 공급하고 이산화탄소를 배출하는 것으로 체액의 산-염기평형, 수분과 열방출, 발성 등에 관여한다. 호흡은 외호흡(폐호흡)과 내호흡(조직호흡)의 두 가지가 있다. 외호흡은 폐에서 혈액 사이의 기체교환이고 내호흡은 혈액과 조직 사이의 기체교환이다.

호흡이 일어나는 장소인 호흡기계는 비강, 인두, 후두, 기관, 기관지, 세기관지, 폐로 구성되어 있고, 코에서 후두까지는 상부호흡관, 기관부터 폐까지는 하부호흡관이라고 한다. 상부호흡관은 공기의 온습도 조절, 이물질 제거, 소리의 공명통 역할을 한다.

폐lung는 우리 몸의 호흡을 담당하는 기관으로 3개의 우엽과 2개의 좌엽으로 구성되어 있으며 폐포의 표면적은 90~900m^2, 폐포의 수는 좌우 합해서 3억 개이다. 폐에서의 기체교환은 분압, 용해도, 분자량의 차이에 의해 일어나며, 산소가 이동할 때는 혈색소와 결합한 상태로 이동한다.

2) 호흡기 질환

(1) 감기

① 원인 및 증상

바이러스 감염에 의해 발생하는 감기common cold(급성비인두염)는 코와 목 부분이 포함된 상부 호흡기계의 감염증으로서 사람에게 나타나는 가장 흔한 급성질환 중 하나이다. 원인이 되는 바이러스 중 가장 빈도가 높은 것은 리노바이러스Rhinovirus이고 다음으로 코

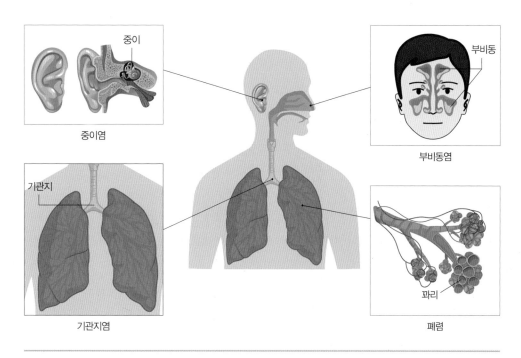

중이

중이염

부비동

부비동염

기관지

기관지염

꽈리

폐렴

그림 9-1. 감기의 합병증

로나바이러스Coronavirus가 있으며, 리노바이러스는 100여 종류의 바이러스 형태가 있다.

주요 증상은 바이러스 종류에 따라 약간씩 다른데, 흔히 콧물, 코막힘, 재채기, 인후통, 기침이 나타난다. 주로 코, 인두부와 인후부 등 상기도에 국한된다. 열이 나는 경우는 드물거나 미열에 그치지만, 소아에서는 발열 증상이 자주 나타난다.

대개 일주일 내에 치유되지만 심한 경우에는 부비동염(축농증), 중이염, 기관지염 폐렴 등의 합병증이 발생할 수 있다.

② 식사요법

감기는 대개 일주일 정도면 치유되지만 심한 경우에는 한 달 이상 지속되어 합병증을 유발할 수 있으므로, 안정을 취하면서 영양을 충분히 공급해야 한다. 기침이 심할 때는 공기가 건조하지 않도록 습도를 조절하고 물을 많이 마시도록 한다.

감염으로 인해 증가된 대사량과 에너지 소모를 보충하고 체조직 단백질의 분해를 막기 위해 **고에너지, 고단백, 고비타민식**을 제공한다.

비타민 A는 코와 목의 점막 저항력을 강화하여 바이러스의 침입을 막아주고, 비타민 B 복합체는 에너지 대사에 필요하므로 충분히 공급한다. 비타민 C는 항산화 작용에 의해 면역기능을 강화하므로 충분히 보충해 준다.

(2) 폐렴

① 원인 및 증상

폐렴pneumonia은 세균이나 바이러스에 의해 폐조직에 염증이 발생하는 질환이다. 폐렴은 일반적으로 폐렴구균이나 감기 바이러스 등에 감염이 되어 발생하며 드물게는 흡인, 화학물질이나 방사선 치료 등에 의해 비감염성 폐렴이 발생할 수 있다.

증상으로 폐에 염증이 발생하고 고열, 오한, 가래 섞인 기침, 근육통, 피로, 호흡곤란, 흉통 등이 나타난다.

② 식사요법

폐렴에 걸리면 감염과 호흡량 증가에 의해 기초대사량이 증가하고, 고열로 인해 수분

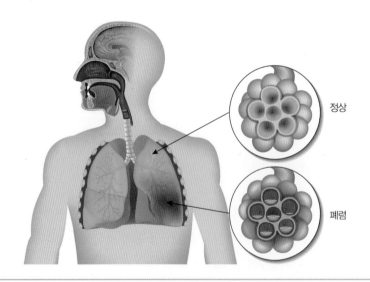

정상

폐렴

그림 9-2. 폐렴

과 전해질이 손실된다. 그러나 식욕부진으로 음식물 섭취가 어려워지므로 영양불량이 발생할 위험이 크다. **에너지와 단백질**을 충분히 공급하되 폐의 부담을 줄이기 위해 소량씩 자주 공급하는 것이 좋다. **수분**을 충분히 섭취하면 기침할 때 폐 분비물을 배출하는 데 도움이 된다. 우유섭취는 갈증 해소와 필수영양소 공급을 위한 좋은 방법이다. 커피와 탄산음료, 자극적인 음식, 찬 음식은 피하는 것이 좋다.

(3) 폐결핵

① 원인 및 증상

폐결핵pulmonary tuberculosis은 결핵균Mycobacterium tuberculosis이 폐에 침범하여 감염을 일으켜 발생하는 질병이다. 폐결핵 환자가 기침할 때 배출되는 결핵균이 공기 중에서 떠다니며 전파시키게 된다.

증상은 발열, 피로, 체중 감소, 기침, 가래, 각혈 등이 있고 호흡기 증상으로는 기침이 가장 흔하며 각혈은 초기보다는 병이 진행된 경우에 나타난다. 또한 병이 진행되어 폐의 손상이 심해지면 호흡곤란이 생기고 흉통을 호소하기도 한다.

② 식사요법

폐결핵은 소모성 질환이므로 에너지와 단백질을 충분히 공급한다. **에너지**는 체중 kg당 40~50kcal를 제공하고 **단백질**은 체중 kg당 1.5~2.0kg을 양질의 단백질로 제공한다. 총 단백질의 1/3~1/2 정도는 동물성 단백질로 공급하는데, 육류나 어패류, 알류, 유제품과 콩류 등을 이용한다.

칼슘은 결핵 병소를 석회화하여 세균의 활동을 억제하는 데 도움이 되므로 우유 및 유제품으로 보충한다. 폐결핵으로 인한 객혈과 소화관 점막 궤양으로 인해 빈혈이 나타날 수 있으므로 조혈작용에 필요한 **철과 구리**를 보충한다. 철은 간, 육류, 굴, 달걀, 콩, 엽채류 등에 많이 함유되어 있고, 구리는 어패류와 김에 많다. 비타민 A와 C는 결핵에 대한 저항력을 증가시키므로 신선한 채소와 과일을 충분히 공급하고, 에너지 대사에 필요한 비타민 B 복합체도 보충한다. 결핵치료제인 이소니아지드isoniazid, INH는 결핵균을 불활성화시키며, 이 약물은 비타민 B_6의 길항제이므로 복용 시에는 비타민 B_6를 보충해야 한다.

(4) 만성 폐쇄성 폐질환

① 원인 및 증상

만성 폐쇄성 폐질환chronic obstructive pulmonary disease, COPD은 폐기종과 만성기관지염chronic bronchitis 등으로 기도가 폐쇄되어 호흡곤란이 나타나는 질환이다. 만성 폐쇄성 폐질환의 주된 원인은 흡연이고, 이외에 대기오염, 직업성 분진병, 감염, 유전, 노화도 관련이 있다. 만성 기관지염은 과량의 점액물질이 기도를 막아 발생하는데, 주요 증상은 만성적인 기침이 1년에 3개월

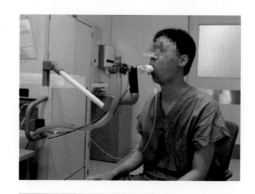

그림 9-3. 폐기능 검사 장면

이상 지속된다. 폐기종은 폐포가 비정상적으로 팽창해서 기벽이 파괴되며 호흡곤란 증상이 나타난다. 병이 진행되면 점차 호흡곤란이 심해져 약간의 활동에도 호흡곤란을 겪게 된다.

② 식사요법

초기에는 운동 시에만 호흡곤란이 발생하나, 질병이 진행되면 안정 시에도 호흡곤란이 온다. 증세가 심할 때에는 식사 섭취량이 감소하고, 호흡곤란으로 씹거나 삼키기가 어려우므로 식사는 소량씩 자주 섭취하는 것이 좋다. 적게 먹으면 이산화탄소 발생량을 줄일 수 있고, 복부 불편함과 호흡곤란도 감소된다.

영양부족일 경우에는 고에너지, 고단백식이 좋으나 과잉의 에너지 섭취는 이산화탄소 배출량을 증가시켜 폐에 부담을 주므로 **농축된 에너지 식품**을 제공한다. 폐의 근력을 강화하기 위해 단백질, 비타민, 무기질을 충분히 섭취하도록 하고 점액 분비를 위해 충분한 수분섭취가 권장되는데, 음식 섭취에 방해가 되지 않도록 식사 사이에 공급한다.

코로나 19란?

POINT

'코로나'는 세균의 형태가 태양의 불꽃 같을 때 붙이는 이름으로 그 종류가 다양하다. 2019년 12월 중국 우한에서 시작된 감염증은 새로 발견된 신종코로나바이러스가 원인으로 동물에서 사람으로 넘어온 것으로 추정된다. 신종코로나바이러스는 사람 간 비말*로 전파되고, 폐렴 등의 심각한 호흡기 질환을 유발한다. 특히 만성질환 환자에게는 치명적이다.

- 정의 : SARS-CoV-2 감염에 의한 호흡기 증후군
- 전파 경로 : 기침이나 재채기 등을 통한 비말이나 바이러스에 오염된 물건의 접촉으로 전염
- 잠복기 : 1~14일(평균 4~7일)
- 증상 : 발열, 기침, 호흡곤란 및 폐렴 등 호흡기 감염증 발생
- 특징 : 돌연변이가 생기기 쉬운 구조로 인해 동물 사이에 돌던 감염병이 사람에게 감염되었으며 고령자나 만성질환 환자에게 치명적

*비말 : 튀는 물방울, 감염자의 기침, 콧물에서 나오는 작은 액체로 최고 1m까지 퍼질 수 있고, 입·코·눈을 통해 몸속으로 침투

그림 9-4. 면역력 향상을 위한 식생활 규칙

빈혈

빈혈

빈혈(anemia)은 혈액 중에서 적혈구 수의 감소 또는 헤모글로빈이 부족한 상태를 의미한다. 인체에서 혈액을 많이 유출했다면 당연히 적혈구 수치가 감소하여 빈혈을 일으킬 수 있지만, 혈액의 절대적인 양이 줄면 각 장기들로 적절한 혈액 공급이 이루어지지 않아서 위험한 상태가 되기도 한다. 즉, 빈혈은 단순한 한 가지 원인이 아닌 다양한 원인으로 발생하며 자각하지 못한 채 진행되는 경우가 흔하다. 영양성 빈혈의 경우는 정상적인 적혈구 생성에 필요한 철 섭취 부족과 함께 영양상태 불량으로 발생하므로 식생활 관리가 매우 중요하다. 이외에 여러 질환의 이차적인 증상으로 인해 빈혈로 인한 혈액의 산소운반 능력 저하로 또 다른 질환을 유발하게 된다.

:: 용어 설명 ::

빈혈(anemia) 적혈구의 크기나 수 또는 헤모글로빈의 양에 결함이 있어 혈액과 조직세포 사이의 산소와 이산화탄소 교환이 어려워진 상태

거대적아구성 빈혈(megaloblastic anemia) 엽산이나 비타민 B_{12} 결핍에 의한 DNA 합성장애로 크고 미성숙한 적혈구가 나타나는 빈혈

이식증(pica) 일반적으로 음식물로 이용되지 않고 영양적 가치가 없는 흙, 종이, 분필, 헝겊, 머리카락 등 비정상적인 것을 먹는 증상

총 철결합능(total iron binding capacity, TIBC) 혈청 트랜스페린과 결합할 수 있는 철의 양 측정

트랜스페린(transferrin) 철과 결합하여 소장벽에서 조직으로 철을 운반하는 β-글로불린 단백질

페리틴(ferritin) 간, 비장, 골수에 있는 철의 주요 저장형태

프로토포르피린(protoporphyrin) 호흡색소의 철 함유부분으로 철과 결합하여 헴 형성 후 단백질과 결합하여 헤모글로빈이나 미오글로빈 형성

헤마토크릿(hematocrit) 전체 혈액량에 대한 적혈구의 용적 비율

헴(heme) 헤모글로빈의 철 함유 프로토포피린 성분

헴철(heme iron) 헤모글로빈과 미오글로빈의 성분으로 존재하는 철로서, 비헴철에 비해 흡수율이 높음. 육류, 어류, 가금류 등의 동물성 식품에 함유되어 있음

비헴철(nonheme iron) 헴 복합체가 아닌 철로 곡류, 과일, 채소에 함유되어 있음

1. 혈액의 구성성분과 기능

혈액은 체내의 세포에 산소와 영양소를 공급하고 세포의 신진대사에 의해 발생하는 이산화탄소와 노폐물을 회수하여 운반한다. 혈액은 결합조직의 한 종류로 액체 성분인 혈장에 적혈구, 백혈구, 혈소판 등의 혈구와 같은 각종 세포로 이루어져 있다. 건강한 성인의 혈액량은 4~6L이고, 이것은 체중의 6~8%에 해당한다. 혈구는 혈액량의 45% 정도로 대부분 적혈구가 차지하고 나머지 55%는 혈장이다. 혈액의 조성 및 혈구의 종류와 크기는 **그림 10-1**, **그림 10-2**와 같다.

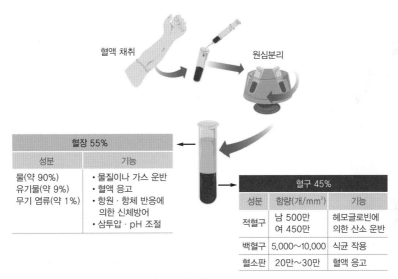

(a) 혈액의 조성

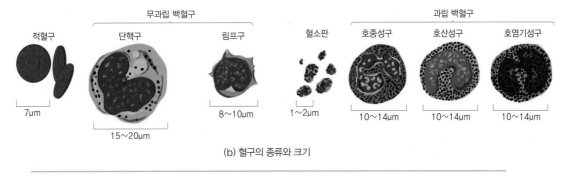

(b) 혈구의 종류와 크기

그림 10-1. 혈액의 조성 및 혈구의 종류와 크기

1) 혈액의 구성성분

혈액은 혈구와 혈장으로 구성된다. 혈액을 채취하여 원심분리하면 아래층에는 적혈구, 백혈구, 혈소판의 세포성분이 가라앉고, 위층은 혈장으로 투명한 담황색의 액체가 분리된다. 혈장에서 혈액응고인자를 제거한 것은 혈청이다.

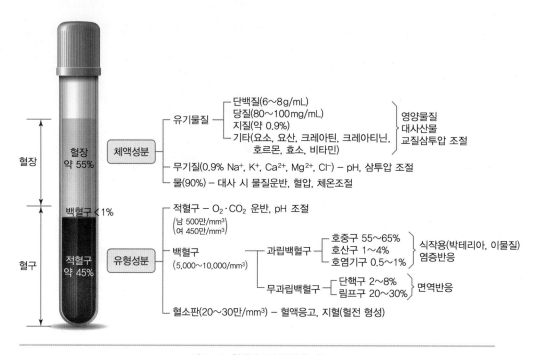

그림 10-2. 혈액의 구성성분과 기능

(1) 적혈구

적혈구erythrocyte, RBC는 가운데가 움푹 들어간 원반 모양을 한 세포이다. 혈액 속에 들어 있으며 혈구에 고루 분포하고 있기에 혈액이 붉게 보인다. 적혈구는 혈액의 헤모글로빈 중 가장 많은 수를 차지하며, 혈액 $1mm^3$에 남자는 약 500만 개, 여자는 450만 개가량의 적혈구를 가지고 있다. 적혈구는 골수에서 생성되고 수명은 평균 120일로 비장에서 파괴된다.

쉽게 배우는 식사요법

① 적혈구의 생성

적혈구의 주요 기능성 부분인 헤모글로빈은 붉은색을 띠는 혈색소로 한 분자에 글로빈단백질과 헴heme을 각각 4개씩 포함한다. 헴은 엽산, 비타민 B_{12}, 피리독신(비타민 B_6) 등을 필요로 하는 복잡한 과정에 의해 전구체인 프로토포피린protoporphyrin이 합성된 후 최종적으로 철 원자가 유입되면서 완성된다.

② 적혈구의 분해

수명을 다한 적혈구는 간, 비장의 망상내피세포 내에 있는 대식세포에 의해 분해된다. 구성성분인 글로빈단백질은 분해되어 아미노산으로 체내에서 재이용되며, 헴 성분 중 철은 분리되어 페리틴ferritin으로 저장되었다가 거의 대부분 재활용되고 나머지 부분인 프로토포피린은 간에서 글루쿠론산과 결합된 빌리루빈이 된 후 담즙의 일부로 배설된다.

③ 적혈구의 이용

적혈구는 총량의 1%가 하루에 교체되는데 정상적인 헤모글로빈 농도 유지를 위해 필요한 철은 하루에 약 25mg이다. 이때 필요한 철은 간, 비장 또는 근육세포 내의 페리틴, 헤모시데린hemosiderin과 결합하여 저장된 철을 이동시키거나 분해된 헤모글로빈을 재이용하게 된다. 실제 식사로 보충되는 양은 1mg 정도로 체내에서 변, 땀, 피부로 손실되는 철을 채우는 역할을 한다.

(2) 백혈구

세포분화에 관련된 비타민 A, 아연, 비타민 B군, 단백질, 철이 백혈구 생산에 필수적으로 필요하다. 세균이나 미생물 감염, 외상, 종양, 스트레스에 의해 골수의 백혈구 생산이 영향을 받아 백혈구 수가 변화된다. 외부의 이물질을 식작용에 의해 처리하거나 항체를 형성하여 감염에 대한 방어작용을 하고 주로 비장과 간에서 파괴된다.

백혈구는 핵이 있고 부정형이며 적혈구보다 크다. 정상 성인의 백혈구 수는 5,000~10,000개/mm^{3}이고, 골수에서 생성된다. 백혈구는 세포 내에 과립이 있는 과립백혈구와 과립이 없는 무과립 백혈구로 대별된다. 과립 백혈구에는 호중성구, 호산성구,

호염기성구가 있고, 식균작용과 면역체 형성으로 생체를 감염으로부터 방어하는 기능을 한다. 무과립 백혈구에는 단핵구와 림프구가 있는데, 단핵구는 탐식성이 강한 세포로 만성 염증 시 주된 역할을 하고 림프구는 감염이 있을 때 그 수가 증가하여 면역체나 항체를 만들어내는 역할을 한다.

(3) 혈소판

혈소판은 핵이 없고 부정형이며 과립체가 있다. 정상 성인의 경우 20만~30만 개/mm³이다. 골수에서 생성되고 수명은 약 10일간이며 비장에서 파괴된다. 혈소판은 지혈작용에 관여하는데 출혈 시 트롬보플라스틴을 생성하고 동시에 혈액응고인자를 동원하여 혈액을 응고시킨다. 만약 혈소판이 부족하면 출혈 시 지혈이 되지 않는다.

(4) 혈장

혈장은 투명한 담황색의 액체로 수분이 90% 이상이고 단백질이 7%, 기타 유기물질과 무기물질이 들어 있다. 혈장 단백질 중 가장 많은 알부민은 주로 체액의 삼투압 조절에 관여한다. 글로불린은 면역기능과 관련이 있고 피브리노겐은 혈액응고 과정에서 중요한 역할을 한다. 혈장에서 피브리노겐을 제거한 것이 혈청이다.

2) 혈액의 기능

혈액은 혈관blood vessel을 통하여 그림 10-3의 물질들을 해당 기관으로 운반하는 일종의 매개체이다. 신체조직 중 유일한 액체조직으로 주요 세포외액이며 신체의 유지와 생존에 필수적이다. 생리적 조절체계에 관여하여 신체의 항상성과 방어기전을 나타낸다.

(1) 운반작용
① 가스 운반
적혈구 내의 헤모글로빈은 폐에서 산소와 결합하여 전신의 조직에 산소를 공급하고 조직의 세포호흡으로 생성된 이산화탄소를 폐로 운반하여 배출시킨다.

② 영양소 운반

위나 장에서 흡수된 영양물질은 혈액을 통해 조직으로 운반되고 각 조직에서 생성된 대사산물은 혈액으로 운반되어 콩팥을 통해 체외로 배설된다.

③ 노폐물 운반

노폐물은 분뇨, 땀 등의 체내 불필요한 물질과 독소까지를 의미하며 이산화탄소 배출을 제외하고 대부분 콩팥에서 걸러져 몸 밖으로 배출된다.

④ 호르몬 운반

혈액은 많은 종류의 호르몬들을 필요한 곳에 운반한다. 대표적인 것이 인슐린이다.

(2) 조절작용
① 체액량 조절

혈액은 조직액과 서로 수분을 교환하고 혈장 내 단백질과 전해질은 혈액 중의 삼투압을 조절하여 전해질 및 수분평형을 유지한다.

② 체온 조절

혈액 내의 수분은 조직에서 생긴 열을 흡수하고 폐나 피부에서의 수분 증발로 소모된 체온을 균등하게 조절하여 적정 체온을 유지한다.

③ 산·염기평형의 조절

호흡은 산소를 들이마시고 탄산가스를 내뿜으면서 산염기 평형을 조절하고 있다. 혈액에 산이 너무 많아서 혈액 pH가 감소하는 산증과 혈액에 염기가 너무 많아서 혈액 pH가 증가는 알칼리증으로 구분한다.

(3) 방어 및 식균작용

백혈구는 식균작용과 면역체 형성으로 생체를 감염으로부터 방어하는 기능을 하고 혈장 중의 감마글로불린은 면역항체로서 여러 가지 질병에 대항하는 작용을 한다.

(4) 지혈작용

혈액에는 혈소판과 여러 가지 혈액응고 인자가 들어있어 상처가 났을 때에 혈액을 응고시켜 계속적인 출혈을 방지한다.

2. 철의 흡수 및 대사

1) 철의 흡수

체내의 철의 양은 소장에서 조절된다. 소장 점막세포로 들어온 철은 철 저장단백질인 페리틴ferritin과 결합되거나 철 운반단백질인 트랜스페린transferrin에 결합된다. 페리틴에 결합되고 남은 철은 점막세포가 죽어서 소장 내강으로 떨어져 나가 대변으로 배설된다. 철은 트랜스페린에 결합되고 혈액을 따라 간, 뼈, 기타 조직으로 운반되는데 필요에 따라 운반되는 철의 양이 다르다.

철의 흡수는 주로 소장 상부에서 이뤄지며 영양소 중에서 흡수율이 가장 낮다. 철은 헴철과 비헴철 형태로 구분되는데 헴철 형태는 동물성 식품 중에 함유되어 있고, 10~30% 정도의 흡수율을 나타낸다. 반면에 비헴철 형태는 식품성 식품 내의 철로 2~10%의 낮은 흡수율을 보인다. 또한 철은 무기철 또는 유기철의 상태로 모두 흡수되어 이용된다. 환원형인 제1철 ferrous iron(Fe^{2+})은 산화형인 제2철 ferric iron(Fe^{3+})보다 더 잘 흡수된다. 흡수된 철은 소장 융모에서 트랜스페린과 결합하여 간에 일시적으로 저장된다.

$$\text{제1철 ferrous iron(Fe}^{2+}) \underset{\substack{\text{환원}\\(\text{비타민 C})}}{\overset{\text{산화}}{\rightleftharpoons}} \text{제2철 ferric iron(Fe}^{3+})$$

(1) 철의 흡수를 촉진하는 인자

철의 흡수는 체내 생리적 요인과 식품 중 철 이용에 영향을 주는 요소에 따라 흡수 정도가 달라진다. 생리적 요인으로는 체내의 저장량이 낮을 때, 임시기, 수유기, 성장기 아동의 철 요구량이 증가될 때는 흡수율이 50% 이상 증가한다. 식품 내 요인으로는 비타민 C, 위산, 동물성 식품에 많이 들어 있는 헴철, 그 밖에 아르기닌, 트립토판과 같은 아미노산 등은 철의 흡수를 촉진한다.

(2) 철의 흡수를 방해하는 인자

소장 내에 아연과 칼슘 함량이 높거나 체내 저장 철분이 충분하면 철의 흡수가 저해된다. 특히 인산, 수산, 피트산, 탄닌 및 식이섬유 등은 철과 불용성의 복합체를 만들어 철의 흡수를 방해한다. 그 외에 위액분비 감소, 감염 및 위장질환 등이 해당한다.

표 10-1. 철 흡수를 촉진 및 방해하는 요소

철 흡수를 촉진시키는 요소	철 흡수를 방해하는 요소
• 헴철	• 비헴철
• 고기, 생선, 가금류	• 위산 분비 부족(제산제, 위절제, 무산증)
• 위산, 비타민 C	• 탄산, 수산(옥살산), 인산 및 피틴산
• 설탕	• 차, 커피 등 탄닌
• 철분 결핍성 빈혈(저장철 고갈)	• 식이섬유
• 임신, 수유, 성장기, 출혈	• 칼슘, 인
• 유전성 혈색소 침착증	• 철 과잉섭취

2) 철의 대사

헴철은 헴그룹의 구성 성분으로 흡수된다. 비헴철은 2가 철(Fe^{2+})에서 흡수되고 점막세포 내부에서 일부 철 이온으로 페리틴과 결합하여 저장된다. 점막세포가 죽으면 페리틴에 결합한 나머지는 대변으로 배설된다. 혈액으로 들어간 철은 세포막에서 구리 함유 단백질에 의해 3가 철(Fe^{3+}) 형태로 전환되고 트랜스페린과 결합하여 운반된다. 트랜스페린은 철을 뼈와 기타 체세포로 운반한다. 적혈구 세포가 죽으면 간, 지라, 골수에서 분해되고 철은 방출되어 재사용된다. 남은 철은 페리틴과 결합하여 간에 저장된다.

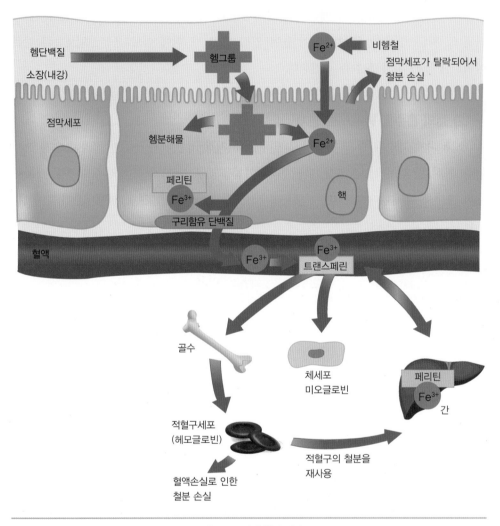

그림 10-3. 체내 철의 대사

쉽게 배우는 식사요법

3. 빈혈의 종류

1) 영양성 빈혈

영양성 빈혈은 적혈구의 생성, 분화에 관련된 철, 단백질, 엽산, 비타민 B_{12}, 비타민 B_6, 비타민 C, 구리 등의 영양소 섭취 부족에 의해 주로 일어난다. 그중 가장 흔하게 발생하는 것이 철 결핍으로 인한 소적혈구성 빈혈, 엽산과 비타민 B_{12} 결핍에 의한 거대적아구

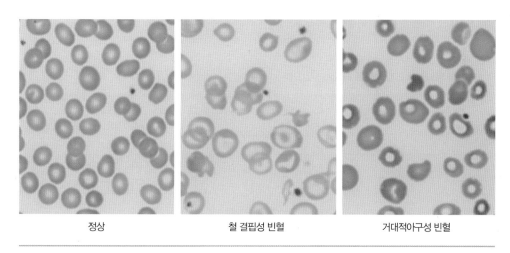

| 정상 | 철 결핍성 빈혈 | 거대적아구성 빈혈 |

그림 10-4. 빈혈의 종류에 따른 적혈구 형태

표 10-2. 빈혈에 관련된 영양소와 그 기전

빈혈	원인 영양소	기전
소적혈구성 빈혈	• 결핍 : 단백질, 철, 비타민 C, 비타민 A, 비타민 B_6, 구리, 아연 • 독성 : 구리, 아연, 납 카드뮴, 기타 중금속	• 헤모글로빈 합성 감소 • 철의 흡수 및 이용률 감소 • 골수 줄기세포 분화 과정의 전사인지 부족 • DNA와 단백질 합성장애
거대적아구성 빈혈	• 결핍 : 엽산, 비타민 B_{12}, 티아민	• DNA 합성 감소로 세포분열 지연 방해 • 아미노산 대사장애로 DNA와 헴 합성 감소 • 오탄당 대사에 영향을 미쳐 핵산 합성 감소
용혈성 빈혈	• 비타민 E 부족 또는 독성	• 적혈구 막 손상으로 산화제에 의한 손상 증가

성 빈혈이다. 또한 비타민 E의 부족은 적혈구막을 쉽게 손상시켜 적혈구가 수명을 다하지 못한 채 빨리 파괴되는 용혈성 빈혈을 일으킨다.

(1) 철 결핍 빈혈

철은 헤모글로빈의 주요 구성성분으로 철이 결핍되면 헤모글로빈의 생성량이 줄어든다. 이로 인해 혈액 내 순환하는 정상 적혈구의 수가 감소되고 적혈구의 크기가 작고 헤모글로빈의 농도가 감소되는 소적혈구성, 저색소성 빈혈이 나타난다. 철 결핍 빈혈은 가장 흔하게 발생하는 영양성 빈혈로 경제수준이 낮은 지역에서 영양불량으로 많이 발생한다.

철 영양상태의 판정 지표와 주요 사용되는 인자들은 **표 10-3**과 같다.

표 10-3. 철 영양상태 판정 지표로 사용되는 인자들

지표		정의	정상 범위(성인)
적혈구 수(RBC count)		혈액 1mm³ 속의 적혈구 수	남자 : 410~530만 개/mm³ 여자 : 380~480만 개/mm³
헤모로빈 농도(Hb)		혈액 100mL 속의 헤모글로빈 g 수	남자 : 14~18g/dL 여자 : 12~16g/dL
헤마토크릿(Ht)		전체 혈액량에 대한 적혈구의 용적 비율	남자 : 40~54% 여자 : 37~47%
혈청페리틴 농도(Serum ferritin)		혈청페리틴 농도 측정. 철 결핍에 대한 민감한 지표	40~160μg/L
혈청 철 함량(Serum iron)		혈청 중 총 철 함량	65~165μg/L
총 철결합능(TIBC)		혈청 트랜스페린과 결합할 수 있는 철의 측정. 철 결핍 시 수치 증가	300~360μg/L
트랜스 포화도(Transferrin Saturation)		철과 결합된 트랜스페린의 백분율	20~50%
적혈구 프로토포피린 함량 (Erythrocyte Protoporhyrin)		헴의 전구물질. 철 결핍 시 적혈구 내에 축적되어 수치 증가	0.62±0.27μmol/L
적혈구 지수	평균 적혈구 용적(MCV)	적혈구 한 개의 평균 용적	80~100fL
	평균 적혈구 헤모글로빈 양(MCH)	적혈구 한 개의 평균 헤모글로빈 양	26~34pg
	평균 적혈구 헤모글로빈 농도(MCHC)	적혈구 한 개의 평균 헤모글로빈 농도	32~36g/dL

표 10-4. 철 결핍의 단계별 특징

단계	특징	생화학적 변화	기능적 변화
1단계	저장 철의 고갈	• 페리틴 감소	• 없음
2단계	기능적 철의 고갈	• 트렌스페린 포화동 감소 • 적혈구 프로토포피린 증가	• 정신적·신체적 수행능력 손상
3단계	철 결핍 빈혈	• 헤모글로빈 감소 • 헤마토크릿 감소 • 적혈구 크기 감소	• 인지장애, 성장부진 • 운동 수행능력 감소

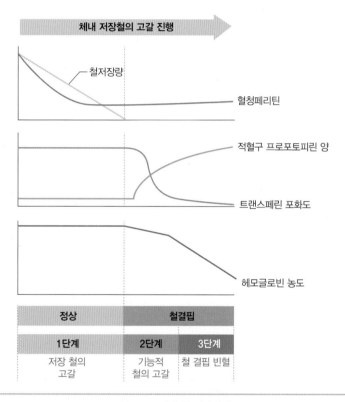

그림 10-5. 체내 철 결핍단계

① 원인

철 결핍 빈혈은 식사로부터의 철 섭취량이 부족하거나 위 절제, 무산증, 흡수 불량증에 의한 흡수장애가 주요 원인이다. 출혈성 궤양, 출혈성 치질, 기생충, 악성 종양에 의한 만성적 혈액 손실, 만성염증 등에 따라 발생하기도 한다. 또한 유아기, 사춘기, 임신기, 수유기에서 철 필요량이 증가하기에 필요량이 충족되지 못한 경우에도 나타난다.

② 증상

철 결핍의 만성적이고 장기적인 증상은 신체의 여러 가지 기능 저하가 나타난다. 면역능력이 떨어져 감염에 취약해지고 근육 기능의 감소로 노동 및 운동지구력 저하, 피로, 허약, 식욕감퇴, 이식증이 나타난다. 증상이 심해지면 혀, 손톱, 입, 위의 구조와 기능에 결함이 생기는데, 손톱은 얇고 편평해지며 스푼 모양으로 휘어지고, 구강 점막이 위축되며 혀는 매끄럽고 윤이 나는 위축성 설염 증상을 보이고, 구각염, 연하곤란, 위염이 자주 발생한다. 치료되지 않을 경우 심혈관과 호흡기에 이상이 생겨 심장마비가 발생할 수 있다.

③ 식사요법

철 함유 식품을 충분히 공급하여 조혈 기능을 촉진하기 위해 고단백, 고에너지, 고비타민 식사를 공급한다. 철 함량이 많은 식품에는 간, 살코기, 내장, 난황, 굴, 말린 과일, 말린 완두콩, 강낭콩, 땅콩, 녹색채소, 당밀 등이 있다. 특히 육류, 조류, 어패류에 들어 있는 헴철은 달걀, 곡류, 과일, 채소 중의 비헴철에 비해 흡수가 잘된다. 비타민 C는 비헴철을 환원시켜 십이지장에서의 철 흡수를 도우므로 신선한 과일과 채소를 함께 공급한다. 그러나 커피, 녹차, 홍차 등에 함유된 탄닌은 철과 결합하여 철 흡수를 방해하므로 식사 중이나 식사 전후에는 마시지 않도록 한다.

(2) 엽산결핍 빈혈
① 원인

엽산결핍 빈혈은 열대성 스프루 환자와 일부 임산부, 엽산 결핍증 모체에서 태어난 유아에게 나타나기에 그 원인은 엽산 섭취 부족과 흡수 불량, 성장, 임신에 의한 필요량 증가로 인해 발생한다.

306

② 증상

엽산과 비타민 B_{12} 결핍은 모두 거대적아구성 빈혈을 보이기에 빈혈의 일반적인 증세인 피로, 운동지구력 감소, 어지럼증 등과 함께 입과 혀가 쓰리며 설사와 부종이 나타난다.

③ 식사요법

엽산은 체내 저장량이 많지 않으므로 매일 적당량 섭취해야 한다. 신선한 채소와 과일, 간, 육류, 어패류와 말린 콩은 엽산의 좋은 급원식품이다. 특히 과일과 채소는 신선한 상태로 섭취하는 것이 좋다.

(3) 비타민 B_{12} 결핍
① 원인

비타민 B_{12}는 육류를 비롯한 동물성 식품에 들어 있기에 완전 채식자인 경우에는 결함이 나타날 수 있다. 비타민 B_{12}는 위액 중의 내적인자와 결합하여 회장에서 흡수되므로 위 절제나 저산증, 무산증인 경우와 회장에 질환이 있는 경우에도 흡수불량에 의한 결핍증이 발생할 수 있다.

② 증상

비타민 B_{12} 결핍으로 악성빈혈이 발생하는데 이것은 거대적아구성 빈혈 증세와 함께 말초 및 중추신경계 장애가 나타난다. 주요 증상으로는 피로, 허약, 어지럼증, 식욕저하, 체중감소가 나타나고 신경세포의 수초 형성이 불충분하게 되어 손과 발의 신경장애와 기억력 감퇴, 심할 경우는 환각 증세가 나타난다.

③ 식사요법

비타민 B_{12}와 함께 단백질, 철, 엽산과 비타민 C를 충분히 공급한다. 특히 체중 kg당 1.5g의 고단백 식사는 간 기능과 조혈작용에 도움이 된다. 동물의 간은 단백질 외에 철, 비타민 B_{12}와 엽산의 좋은 급원이며, 녹황색 채소에는 철, 엽산, 비타민 C가 풍부하다. 육

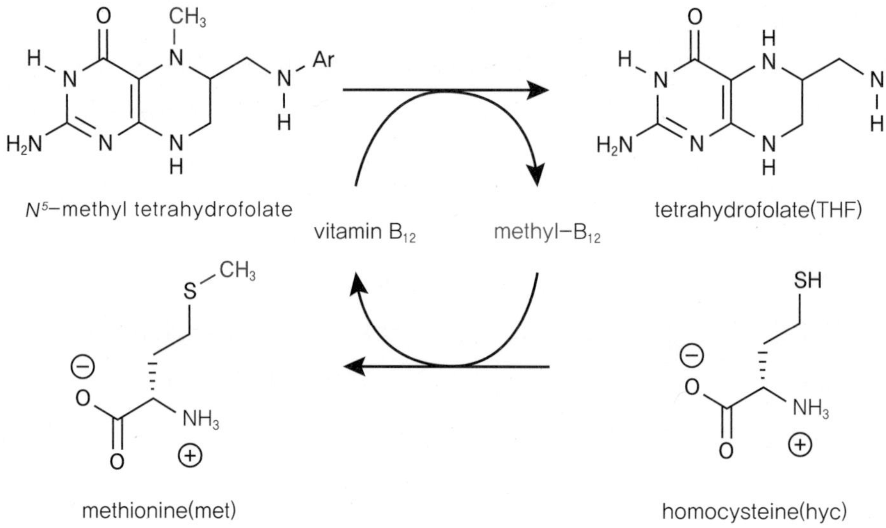

그림 10-6. 비타민 B₁₂와 엽산의 상호작용

류, 조개류, 어류, 가금류, 달걀, 우유와 유제품은 비타민 B_{12}의 좋은 급원이다. 비타민 B_{12}의 흡수 불량에 의한 악성빈혈의 경우에는 1주일에 한 번 근육이나 피하로 비타민 B_{12} 50~100μg을 주사하여 치료한다.

(4) 구리결핍 빈혈

헤모글로빈이 정상적으로 형성되기 위해서는 철뿐만 아니라 구리도 필요하다. 구리 함유 단백질은 셀룰로플라스민은 철이 저장 장소에서 혈장으로 이동하는 데 필요하다. 정상적인 헤모글로빈 합성에 필요한 구리의 양은 미량이어서 보통의 식사에서 충분히 공급한다. 그러나 구리가 결핍된 조제유를 먹는 유아나 흡수 불량증, 구리가 결핍된 정맥영양 공급 시에는 구리결핍 빈혈이 발생할 수 있다.

(5) 단백질-에너지 영양불량 빈혈

단백질은 헤모글로빈과 적혈구 생성에 필요하다. 단백질-에너지 영양불량인 경우, 조직의 양이 감소하여 산소 요구량이 적어지므로 영양상태가 회복될 때에는 적혈구 필요량이 증가하여 철 결핍 빈혈이 발생할 수 있다.

단백질-에너지 영양불량 빈혈은 철을 비롯한 기타 영양소의 결핍, 감염, 기생충, 감염, 흡수 불량 등에 의해 복합적으로 나타난다. 또한 식사에 단백질이 부족한 경우, 철이나 엽산, 비타민 B_{12}도 부족하기 쉬우므로 균형 잡힌 식사와 함께 이들 영양소를 보충해 주어야 한다.

2) 출혈성 빈혈

출혈성 빈혈은 외상이나 장출혈에 의해 일시에 많은 출혈 또는 장기간에 걸쳐 혈액을 손실하는 만성적인 출혈로 인해 일어나는 빈혈이다. 급성 출혈의 경우, 적혈구의 수는 감소하지만 크기에는 변동이 없고 만성 출혈 시에는 적혈구의 수와 크기가 모두 감소한다.

급성 출혈로 인해 저색소성, 정상혈구성 빈혈이 발생할 수 있다. 신체는 며칠 내에 혈장을 원래 상태로 재생하지만 헤모글로빈 농도는 식사섭취에 의존한다. 따라서 급성 출혈이 있은 후에는 수분, 단백질, 철과 비타민 C를 충분히 섭취해야 한다.

위궤양, 대장염, 치질 등에 의한 만성 출혈로 빈혈이 발생할 수 있다. 또한 폐농양, 결핵, 신우신염, 류머티즘성 관절염 같은 만성 감염성 질환은 불완전한 적혈구를 생성하고 적혈구의 수명을 감소시켜 빈혈을 일으킬 수 있다. 이러한 경우 원인 질병을 우선적으로 치료해야 한다. 또한 해열진통제인 아스피린을 장기 복용하면 위장 출혈 및 지혈 방해 작용에 의해 빈혈이 발생할 수 있다.

3) 재생불량성 빈혈

재생불량성 빈혈은 골수형성부전으로 인해 적혈구가 생성되지 않아 일어나는 빈혈이다. 골수형성부전은 골수의 파괴나 방해로 기능하는 골수의 부족을 의미한다. 암, 외상, 자가면역질환, γ-방사선 등에 의해 발생하는데, 가장 흔한 증상은 빈혈에 의한 무기력, 피로, 두통과 활동 시 호흡곤란이 있고 혈소판 감소에 의한 출혈, 백혈구 감소에 의한 감염증도 나타난다.

중증 재생불량성 빈혈의 경우 1년 내에 액 50%의 환자가 감염이나 출혈로 사망하기 때문에 가능하면 빨리 치료해야 한다. 체력 유지를 위한 에너지를 충분히 공급하고 육류와 생선, 두부, 달걀 및 우유 등 양질의 단백질을 충분히 공급한다.

4) 용혈성 빈혈

용혈성 빈혈은 미성숙한 형태의 적혈구가 파괴되거나 용해되는 빈혈이다. 적혈구가 파괴되는 원인에는 적혈구 자체의 결함, 적혈구의 물리적 외상, 말라리아 같은 감염성 질환, 겸상적혈구증, 납중독 같은 화학적 손상이 있다. 또한 혜모글로빈 이상, 일치하지 않은 혈액의 수혈, 박테리아와 기생충 감염, 적혈구 혈장막의 선천적 결손 또는 비타민 E 부족(신생아) 등이 있다.

증상은 어지럽고 운동 시 숨이 차며 황달, 오심 및 구토가 나타난다. 적혈구의 용혈에 의해 철 저장량이 과도한 경우가 많기 때문에 식사는 철 함량이 적은 식품으로 계획한다. 적혈구 합성을 위한 엽산과 적혈구막의 안정화를 위한 비타민 E를 보충해 준다.

쉽게 배우는 식사요법

11

선천성
대사장애
질환

CHAPTER

11

선천성
대사장애
질환

선천성 대사장애 질환이란 태어날 때부터 생화학적 대사에 결함이 있는 질환으로 체내에서 한 가지 또는 그 이상 효소나 조효소가 결핍 혹은 불활성화되어 대사상의 문제를 야기하는 질환이다. 따라서 효소의 결함으로 대사되어야 할 물질이 대사되지 못하고 체내에 축적되거나 독성을 일으켜 체내 기능 장애가 나타나게 된다.

이러한 선천성 대사장애 질환의 식사요법은 결함이 있는 효소의 기질이 되는 영양소 섭취를 제한해야 하므로 영양관리가 치료에 있어 매우 중요한 역할을 한다. 선천성 대사장애 질환은 조기에 발견 할수록 치료 효과가 높고 환자들의 생존율 또한 높일 수 있다.

:: 용어 설명 ::

선천성 대사장애 질환 영양소의 대사에 필요한 효소의 결핍으로 뇌와 장기 등에 손상을 초래하는 질환

페닐케톤뇨증 페닐알라닌 수산화효소의 결핍으로 페닐알라닌이 체내에 축적되어 경련 및 발달장애를 일으키는 선천성 대사질환

단풍당뇨증 곁가지 아미노산의 탈탄산효소 결핍으로 소변에서 단풍시럽 냄새가 나고 경련, 근육이완, 혼수상태 등을 동반하는 선천적 대사질환

호모시스틴뇨증 메티오닌으로부터 시스테인을 합성하는 데 필요한 시스타티오닌 합성효소의 결핍으로 발생

유당 불내증 락타아제 결핍으로 유당이 분해되지 않는 대사이상

갈락토오스혈증 갈락토오스를 포도당으로 전환시켜 주는 갈락토키나제와 갈락토오스-1-인산 유리딜 전이효소가 결핍되거나 활성이 저하되어 갈락토오스가 포도당으로 전환되지 못하는 질환

과당불내증 과당 대사이상으로 fructose-1-phosphate aldolase가 결핍되어 발생하는 질환

글리코겐 저장 질환 간이나 근육조직에 글리코겐이 비정상적으로 축적되어 생기는 대사이상

1. 선천성 대사장애 질환의 정의

선천성 대사장애 질환이란 태어날 때부터 생화학적 대사에 결함이 있는 질환으로 체내에서 한 가지 또는 그 이상 효소나 조효소가 결핍 혹은 불활성화되어 대사상의 문제를 야기하는 질환이다. 종류 및 원인이 되는 효소는 **표 11-1**과 같다.

표 11-1. 선천성 대사장애 질환의 종류

영양소	질환	결핍 효소	식사요법
아미노산	페닐케톤뇨증 (Phenylketonuria, PKU)	페닐알라닌 수산화효소	페닐알라닌 섭취 제한 티로신 보충
	단풍당뇨증(Maple Syrup Urine Disease, MSUD)	α-케토산 탈탄산효소	곁가지 아미노산 제한
	호모시스틴뇨증 (Homocystinuria)	시스타티오닌 합성 효소	메티오닌 제한 시스테인 보충
	티로신혈증(Tyrosinemia)	티로신 대사 효소	페닐알라닌, 메티오닌, 티로신 제한
탄수화물	유당 불내증 (Lactose intolerance)	유당분해효소	유당 제한
	갈락토오스혈증 (Galactosemia)	갈락토키나제 갈락토오스-1-인산 유리딜 전이효소	갈락토오스 제한 유당 제한
	과당불내증 (Fructosemia)	과당-1-인산 알도라제	과당 제한
	글리코겐 저장 질환(Glycogen Storage Disease, GSD)	포도당-1,6-인산분해효소	탄수화물 조절 저혈당 예방
기타	윌슨씨병 (Wilson's disease)	구리수송아데노신삼인산효소 P-type ATPase(ATP7B) 유전자	구리 제한 아연 보충

2. 아미노산 대사장애

아미노산 대사장애는 특정 아미노산 대사 과정에 관여하는 효소가 선천적으로 결핍되었거나 활성이 저하되어 우리 체내에 특정 아미노산 또는 그 유도체가 증가하는 것이다.

1) 페닐케톤뇨증

(1) 원인과 증상

페닐케톤뇨증Phenylketonuria, PKU의 원인은 페닐알라닌 수산화효소의 결핍 또는 활성 저하로 인해 페닐알라닌이 티로신으로 대사되지 못하고 페닐케톤체들로 전환되어 체내에 축적되어 나타난다. 페닐케톤뇨증이 유발되면 페닐알라닌이 티로신으로 전환되지 못함에 따라 갑상샘 호르몬 합성이 저하되어 성장이 지연되고 부신수질 호르몬 합성 또한 저하되어 혈당 및 혈압이 낮아진다. 뿐만 아니라 멜라닌 색소 부족으로 백색 피부와 금발을 나타내고 페닐아세트산 배설로 소변이나 땀에서 특유의 아세톤 냄새가 나며 정신발달이 지체된다. 따라서 조기에 치료받지 못하면 눈이 파랗고 피부와 머리카락 색이 희고 연해지며 저능아가 되지만 생후 1개월 내에 발견하여 치료하면 정상아로 성장할 수 있다.

페닐케톤뇨증은 식사섭취 후 혈액 중 페닐알라닌의 농도가 16~20mg/dL를 초과하고 티로신의 혈중 농도가 3mg/dL 이하이며 소변을 통해 페닐알라닌, 페닐피루브산, 페닐아세트산 등이 배설될 경우 페닐케톤뇨증으로 진단할 수 있다.

(2) 식사요법

페닐케톤뇨증은 출생 후 바로 영양치료 시행 시 정상적인 지능 지수로 회복이 가능하다. 페닐케톤뇨증 환자들의 경우 페닐알라닌이 다량 함유된 식품의 섭취를 제한하여 혈중 페닐알라닌 농도를 3~8mg/dL로 유지시키고 티로신이 함유된 식품의 섭취를 증가시키는 것이 중요하다. 연령대별로 영양관리 기준이 상이하여 1세 이하 영아는 혈청 페닐알라닌 농도를 4~8mg/dL 정도로 엄격히 제한하고, 성장함에 따라 10세 이상의 아동은

4~12mg/dL 범위 내에서 유지될 수 있도록 관리가 필요하다. 영아의 경우 페닐알라닌이 제거된 조제분유나 특수제품을 사용하도록 하는데 필수아미노산인 페닐알라닌은 성장에 반드시 필요한 영양소이다. 따라서 영아기 동안 저페닐알라닌 또는 무페닐알라닌식을 제공하는 경우, 조제분유 또는 모유 일부를 보충하여 성장에 필요한 페닐알라닌을 제공받을 수 있다. 페닐알라닌과 티로신을 제외한 다른 아미노산 및 영양소의 필요량은 정상 아동과 동일하다.

대부분 단백질 식품은 약 5% 정도의 페닐알라닌을 함유하고 있어 식품을 통해 단백질 필요량을 충족시키면서 페닐알라닌을 제외하는 것은 매우 어려운 일이다. 페닐알라닌이 다량 함유된 식품인 빵류와 달걀, 치즈류, 우유 및 유제품류를 제한하고 소량 함유된 사탕, 잼, 젤리, 꿀, 설탕, 전분, 감자, 과일, 채소 등을 활용할 수 있다. 인공 감미료인 아스파탐은 페닐알라닌 함량이 높으므로 주의한다.

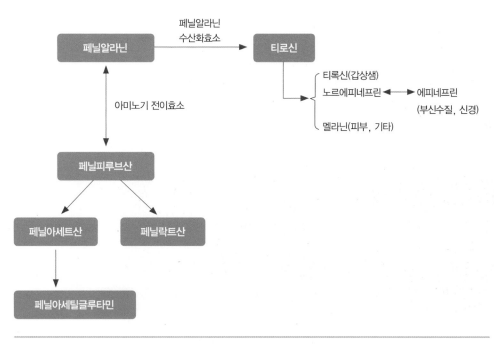

그림 11-1. 페닐알라닌의 대사

2) 단풍당뇨증

(1) 원인과 증상

단풍당뇨증Maple syrup urine disease, MSUD은 신생아 22만 5,000명 중 1명의 비율로 발생하며 소변에서 단풍시럽 냄새가 나는 것이 특징이다. 단풍당뇨증은 류신, 이소류신, 발린 등 분지 아미노산이 탈아미노화되어 생성된 α-케토산의 탈탄산 작용에 관여하는 α-케토산 탈탄산효소의 결핍 또는 활성이 저하되어 발생한다. 단풍당뇨증의 경우 혈액과 소변 중의 류신, 이소류신, 발린과 같은 곁가지 아미노산과 각각의 α-케토산 농도가 증가하고 출생 후 일주일 이내에 발견하여 치료하지 못할 경우 출생 4~5일 후 젖을 잘 먹지 못하는 포유 곤란, 구토, 산독증, 신경계 증상이 나타나고 심하면 혼수 또는 사망에 이른다.

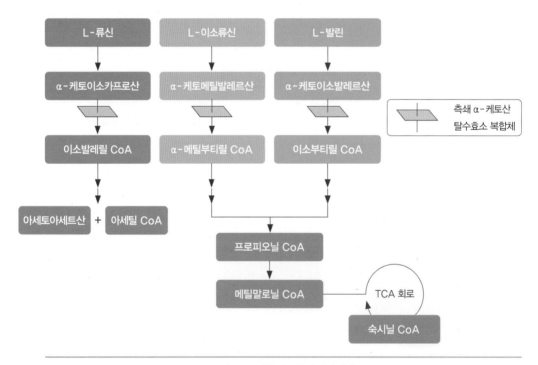

그림 11-2. 단풍당뇨증의 대사장애
출처 : 이보경 외(2023). 이해하기 쉬운 임상영양관리 및 실습 3판. 파워북

(2) 식사요법

단풍당뇨증 환자는 분지 아미노산의 혈중 농도, 성장상태 및 영양상태 등의 관리가 필요하고 단풍당뇨증 치료를 위해 고안된 특수제품을 이용하면 더욱 편리하게 영양관리를 할 수 있다. 특히 곁가지 아미노산 중 류신의 혈중 농도를 주의 깊게 관리해야 한다. 일반적으로 혈장 류신 농도를 2~5mg/dL 수준으로 유지하는 것이 중요한데 혈장 류신 농도가 20mg/dL를 초과할 경우 식사에서 분지 아미노산을 제거하고 정맥영양 치료로 전환하며 혈중 류신 농도가 2mg/dL 이하로 감소하면 점차 식사에서 곁가지 아미노산을 추가할 수 있다.

3) 호모시스틴뇨증

(1) 원인과 증상

호모시스틴뇨증Homocystinuria은 메티오닌으로부터 시스테인을 합성하는 데 필요한 시스타티오닌 합성 효소의 결핍으로 발생하게 된다. 호모시스틴뇨증 환자의 경우 혈액 내 호모시스테인의 축적량이 증가하고 소변을 통한 배설량도 증가한다. 또한 지능장애, 보행장애, 시력장애, 경련, 골다공증 등의 증상을 나타내고 심혈관계 이상을 초래하며 심할 경우 사망에 이를 수 있다.

(2) 식사요법

호모시스틴뇨증 환자들은 메티오닌이 시스테인으로 전환되는 데 결함이 있어 메티오닌 섭취를 제한하고 시스테인 섭취를 보충하는 저메티오닌 시스테인 보충식사가 필요하다. 비타민 B_6는 시스타티오닌 합성효소의 조효소로 작용하므로 비타민 B_6의 다량 투여는 시스타티오닌 합성효소의 활성을 증가시켜 대사이상을 조절할 수 있고 베타인과 엽산의 섭취도 도움이 될 수 있다.

4) 티로신혈증

(1) 원인과 증상

티로신혈증Tyrosinemia은 선천적으로 티로신 대사에 관여하는 효소의 부족으로 발생한다. 주된 증상으로는 혈액과 소변에서 페닐알라닌, 티로신 및 대사산물의 농도가 상승하고 황달, 복수, 간경변증으로 인해 혈중 메티오닌 농도 증가, 세뇨관에서 재흡수 장애로 인해 아미노산, 포도당, 인이 배설되어 저프로트롬빈혈증, 저혈당, 저인산혈증 등이 나타난다.

(2) 식사요법

티로신혈증 환자들은 페닐알라닌, 메티오닌, 티로신 섭취를 제한한다. 조기 발견 시 비타민 C를 충분히 공급하고 단백질 섭취를 제한하면 혈중 티로신 농도 저하에 도움이 될 수 있다. 정상적인 성장을 위해 에너지는 충분히 공급하고 페닐알라닌, 메티오닌, 티로신을 제외한 아미노산은 정상아와 동일한 수준으로 제공한다. 단백질 섭취 부족 시 성장부진, 체중감소, 혈중 알부민 합성 저하, 골감소증 등이 나타날 수 있어 주의해야 한다.

3. 탄수화물 대사장애

1) 유당 불내증

(1) 원인과 증상

유당 불내증Lactose intolerance은 선천적 또는 후천적으로 유당을 분해하는 효소인 유당분해효소가 결핍 또는 활성이 저하되어 유발되는 것으로 우리나라 성인의 약 70%에서 발생한다. 가수분해되지 못한 유당이 대장으로 이동함에 따라 장내 삼투압이 상승하고 이는 장 주변의 수분을 장내로 유입시키며 대장 내 서식하는 박테리아에 의해 유당이 발효되어 짧은사슬지방산, 이산화탄소, 수소 가스를 발생함으로써 복부팽만감, 가스 생성,

설사 등을 유발한다. 일반적으로 유당 불내증은 유당 50g 섭취 시 혈당이 20mg/dL 이상 상승되지 않거나 복통, 설사 등의 증상이 나타나는 것으로 정의한다. 유당 분해효소는 모유 또는 우유를 주식으로 하는 영아기에 체내 활성이 가장 높고 이후 점차 감소하는 것으로 알려져 있다.

(2) 식사요법

유당 불내증이 있는 경우 유당이 함유된 식품의 섭취를 제한한다. 그러나 사람의 체질적 변화로 유당 불내증의 증상이 완화되는 경우도 있으므로 점차적으로 식사 중의 유당 함량을 증가시키면서 체내 반응을 살펴보고 꾸준히 우유를 규칙적으로 섭취하여 증상을 개선해 나갈 수 있다. 또한 유당 불내증이 있는 경우 우유를 따뜻하게 데워서 섭취하고 다른 식품과 우유를 함께 곁들여 섭취하면 증상을 완화시키는 데 도움이 된다. 유당 불내증이 심할 경우, 치즈 및 요구르트와 같은 제품은 가공 과정에서 유당이 많이 제거되어 섭취가 가능하고 시판되는 유당 분해효소로 처리된 우유 및 유제품을 섭취하도록 하며, 대체식품으로 두유 등을 섭취할 수 있다. 그러나 두유의 경우 우유에 비해 칼슘 함량이 적게 포함되어 있어 별도의 칼슘 보충이 필요하다.

2) 갈락토오스혈증

(1) 원인과 증상

갈락토오스혈증Galactosemia의 원인은 체내에서 갈락토오스를 포도당으로 전환시켜 주는 갈락토키나제와 갈락토오스-1-인산 유리딜 전이효소가 결핍되거나 활성이 저하되어 갈락토오스가 포도당으로 전환되지 못하고 혈액 내 축적되어 문제를 야기하게 된다. 구토, 설사, 혼수, 간비대, 황달, 백내장 등의 증상이 나타나고, 저혈당증을 유발할 수 있으며, 적절히 치료하지 않을 경우 사망할 수 있다.

(2) 식사요법

갈락토오스는 식품 내 갈락토오스 자체로 함유된 것보다 유당의 형태로 주로 함유되

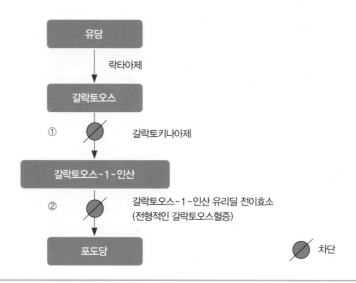

차단

그림 11-3. 갈락토오스의 대사

어 있고 알약 제조 시 표면의 코팅제 성분으로 함유되기도 한다. 따라서 갈락토오스혈증의 경우 일생 동안 갈락토오스 섭취를 제한해야 하고 특히 모든 우유 및 유제품과 유당 함유 식품을 엄격히 제한함에 따라 유아는 콩으로 만든 조제 분유를 섭취해야 한다. 또한 갈락토오스가 함유된 과일과 채소(멜론, 감, 토마토, 피망 등)의 섭취도 제한하고 당의정 형태의 약품 구매 시 유당이 약 코팅제로 사용되어 제품의 성분 표시를 확인 후 구매해야 한다.

3) 과당 불내증

(1) 원인 및 증상

과당 불내증Fructosemia은 과당 대사이상으로 과당-1-인산 알도라제가 결핍되어 발생한다. 증상으로는 저혈당, 구토, 빈혈, 대사성 산독증이 나타난다.

(2) 식사요법

과당 불내증이 있는 경우 과당, 설탕, 솔비톨, 전화당 등의 섭취를 제한하고 과당이 함유된 대부분의 과일 및 과일주스의 섭취 또한 제한해야 한다. 이러한 과일의 섭취 제한은 비타민 C 결핍을 초래할 수 있으므로 과당 불내증 환자의 경우 비타민 C의 보충이 필요하다.

4) 글리코겐 저장 질환

(1) 원인 및 증상

간에 저장된 글리코겐은 혈당 저하 시 포도당으로 분해되어 혈액으로 방출됨으로써 혈당 유지에 사용된다. 글리코겐 저장 질환Glycogen Storage Disease, GSD은 포도당-1,6-인산 분해효소 등의 결함으로 간 글리코겐이 포도당으로 전환되는 과정에 문제가 생겨 발생하는 질환이다. 해당 효소의 결핍 및 활성저하로 인해 당신생 과정과 글리코겐 분해 과정이 손상되어 저혈당, 케톤증, 성장지연, 간 비대, 이상지질혈증 등을 야기한다.

(2) 식사요법

글리코겐 저장 질환은 간 글리코겐이 포도당으로 분해되지 못하여 저혈당을 초래하므로 저혈당을 예방하기 위하여 포도당을 지속적으로 공급하고 4~6시간 간격으로 생옥수수 전분을 섭취하도록 한다. 그러나 생옥수수 전분은 철분의 흡수를 저해하므로 별도의 철분 보충이 필요하다.

4. 기타

1) 윌슨씨병

(1) 원인 및 증상

윌슨씨병Wilson's disease은 구리 흡수에 관여하는 구리수송아데노신삼인산효소, ATP7B 유전자의 돌연변이로 구리 대사 과정이 유전적으로 손상되어 체내에 구리의 저장과 이동에 장애를 유발하고 구리가 담즙의 형태로 배설되지 못해 두뇌, 각막, 간, 콩팥, 적혈구 등에 축적되어 각 기관의 기능장애를 유발하는 질환이다. 증상은 연령에 따라 다르게 나타나는데 성장기 어린 아이들에게는 주로 간 기능 저하를 나타내고 성장기 이후에는 언어(발음)장애, 보행장애, 행동장애, 정서장애 및 치매와 같은 신경계 이상을 주로 나타낸다. 이 외에도 세뇨관장애, 부갑상샘기능 저하, 각막의 구리 침착 등이 나타나고 구리가 침착된 장기의 색깔은 초록색을 띠게 된다.

(2) 식사요법

윌슨씨병은 조기에 발견하여 적절히 치료하면 평생 건강하고 정상적인 생활을 할 수 있다. 혈액 내 구리 수준을 감소시키고 체내 장기에 구리가 축적되는 것을 방지하기 위하여 간, 어패류, 견과류, 초콜릿, 말린 과일, 감자 등 구리가 다량 함유된 식품의 섭취를 제한해야 한다. 약물 치료 시 피리독신을 하루에 25mg/dL 정도 보충해 주고 고용량의 아연을 복용하면 구리의 흡수율을 낮추는 데 도움이 된다.

Memo

골격계 및
신경계 질환

골격계 및
신경계 질환

뼈는 우리 몸을 지탱하고 몸 속 여러 장기를 보호하는 역할을 한다. 체내 칼슘의 99%가 뼈에 존재하며 백혈구를 만드는 골수가 있는 곳이기도 하다. 건강한 뼈는 조골세포와 파골세포의 균형을 잡아 골격의 강도와 밀도를 유지함으로써 이뤄진다. 조골세포는 새로운 뼈를 만들고, 파골세포는 늙은 뼈를 제거하는데 이러한 과정을 뼈의 재구성(bone remodeling)이라 한다. 이 과정을 통해 뼈의 양과 밀도가 일정하게 유지된다. 또한 체내 칼슘의 항상성을 유지하는 것이 중요하다.

건강보험심사평가원(2020년)의 조사에 따른 골격계 질환의 추세는 전체 인구의 약 30%에 달한다. 2009년 대비 약 476만 명이 늘어난 수치로 PC와 스마트폰 등의 업무 및 일상에 동반되는 디지털 기기 변화가 통증 증가의 주요 원인으로 추측되고 있다. 그 외에 비만, 운동 부족, 가공식품 섭취 증가 등으로 인해 발생률이 증가하고 있다. 주로 관절과 관절 주변 및 그 부위 등에 유발되며 감염에 의한 관절염, 통풍, 기계적 손상으로 인한 골관절염, 골다공증 등의 다양한 질환으로 나타난다.

신경계 질환은 심각한 건강문제를 유발하여 다양한 증상과 여러 유형으로 질환을 동반할 수 있다. 영양적 병인을 갖는 신경계 질환은 흡수불량, 알코올중독 또는 영양불량에 주로 기인한다. 신경계는 중추신경계와 말초신경계로 구성되어 있다. 중추신경계는 신경계 기능의 중심이 되는 뇌와 척수로 구성되어 있고, 말초신경계는 신체부위로 연락을 담당하는 뇌신경, 척수신경, 자율신경계로 구성되며, 자율신경계는 다시 교감신경과 부교감신경으로 구분된다. 신경세포의 많은 부분이 중추신경 안에 있으며 질병이나 외상 및 노화과정으로 인하여 다양한 형태로 변성을 일으킨다. 일단 신경계 질환이 발병하면 지각능력, 운동장애 등 생활에 심각한 장애를 가져오므로 질병의 조기발견, 진단, 악화 방지 및 예방을 위한 영양관리가 중요하지만 이를 예방하기 위해서는 올바른 영양관리와 바른 자세 및 운동 등의 생활습관 관리가 선행되어야 한다.

:: 용어 설명 ::

골다공증(osteoprosis) 칼슘 부족, 인의 과잉 섭취, 비타민 D의 부족 등에 의해 골질량과 골밀도가 감소하여 작은 충격에도 쉽게 골절이 일어나는 질환

골연화증(osteomalacia) 비타민 D 부족 시 뼈의 무기질화 과정에 이상을 초래하여 뼈가 얇아지고 쉽게 구부러지며 골밀도가 감소하는 질환

조골세포(osteoblast) 뼈를 형성하는 세포로 콜라겐 기질에 칼슘과 인의 염을 침착시켜 뼈 신생에 관여

파골세포(osteoclasdt) 뼈가 성장하는 과정에서 불필요하게 된 뼈조직을 파괴 또는 흡수하는 대형 다핵세포로 용해흡수를 담당함

골세포(osteocyte) 골조직의 기본 세포로서 15~27μm의 편평한 타원형이며 섬유아세포로부터 형성되는 것으로 골조직의 제조자임

통풍(gout) 체내 퓨린(purine)의 대사이상으로 혈액의 요산치가 증가하고 요산의 배설량이 감소하여 요산염 결정이 체내에 축적되어 통증이 나타나는 질환

퓨린(osteoprosis) 세포 핵단백질의 성분으로 질소 염기인 아데닌과 구아닌을 말하며 최종 대사 산물은 요산임

뇌전증(epilepsy) 뇌 기능의 발작성 장애로 의식의 순간적 장애 혹은 상실로 나타나는 뇌장애의 일종. 흥분성 및 억제성 신경세포의 활성 이상으로 인해 반복적인 발작증상이 나타남

류머티즘성 관절염(rheumatoid arthritis) 관절 주위를 둘러싸고 있는 활막이라는 조직의 염증으로 인해 발생하는 질환

알츠하이머병(alzeimer's disease) 기억력의 점진적 퇴행을 가져오는 뇌의 이상에서 발생하는 병으로 기억력을 포함한 인지기능의 악화가 점진적으로 진행되는 퇴행성 신경계 질환

중증 근무력증(myasthenia gravis) 자가면역반응에 의해 아세틸콜린 수용체에 대한 항체가 생겨 신경전도에 장애가 일어나 골격근의 수축이 잘 이루어지지 않는 신경계 질환

치매(dementia) 퇴행성 뇌기능장애로 주로 대뇌피질과 해마의 손상으로 지능, 행동, 성격 등에 영향을 주어 기억력, 사고력, 이해력 등이 점차 상실되는 질환

케톤식(ketogenic diet) 고지방, 저당질 식사로 구성되며, 환자의 산-염기 균형을 변화시켜 케토시스 상태를 유지시켜 뇌전증 환자의 경련현상을 감소시키는 식사

1. 골격의 구조 및 대사

1) 골격의 구조

뼈는 신체를 지탱하는 단단한 조직으로 몸의 구조를 지지하고 내부 장기를 보호한다. 근육이 수축 시 지렛대 역할을 하여 운동을 도와주고 무기질의 저장고로서의 역할도 한다. 뼈의 내부 조직인 골수에서는 혈구를 생성하는 조혈기관으로 중요한 역할을 한다.

뼈는 주로 단백질로 이루어진 유기질 기질에 칼슘과 인, 마그네슘 등 무기질이 침착된 조직이다. 뼈조직에는 조골세포osteoblast, 파골세포osteoclast 및 골세포osteocyte가 있다. 조골세포는 뼈를 생성하는 세포로 콜라겐 기질을 만들고 칼슘과 인을 침착시켜 뼈 형성에 관여한다. 파골세포는 뼈를 용해하는 세포로 뼈의 무기질을 용해시키고 콜라겐 기질을 분해하는 작용을 한다. 골세포는 골격세포 중 가장 일반적인 형태로 뼈에 많이 분포되어 있는 보편적인 구성세포이다. 이 세포들은 골격의 세포외액과 혈장 사이에서 무기질 교환기능을 통해 항상성을 유지한다.

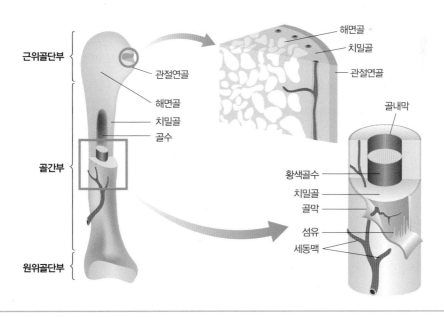

그림 12-1. 뼈의 구조

뼈의 조직은 치밀골과 해면골로 구분된다. 치밀골은 팔과 다리의 긴뼈로 골격의 겉 부분에 다량 함유되어 단단하고 대사율이 낮다. 한편 해면골은 손목과 발목뼈, 척추, 골반 등의 짧은 뼈로 치밀골의 안쪽에 위치하고 망상 구조를 이루며 연하고 대사율이 매우 높다.

2) 골격의 대사

뼈는 끊임없이 뼈 조직을 생성·분해하며 보수·재생시키는 활발한 대사가 일어난다. 뼈의 생성은 조골세포에 의해서 섬유상 단백질인 콜라겐의 기본 망상 구조가 만들어지고 인산칼슘염이 침착하는 과정에 의해서 이루어진다. 이 과정에서 단백질, 칼슘, 인, 마그네슘 등의 무기질과 비타민 A, 비타민 C, 비타민 D, 비타민 K 등이 필요하다.

뼈의 분해는 파골세포에 의해 뼈를 구성하는 무기염이 용해되고 콜라겐 기질이 분해되는 것을 의미한다. 이처럼 파골세포가 뼈 속의 일부분을 비우면 조골세포에 의해서 다시 채워지는 과정을 골형성이라 한다.

뼈 조직의 생성이 일회전하는 데는 약 3~4개월이 소요된다. 어릴 때는 조골세포의 활성이 커서 뼈의 성장이 활발하지만 나이가 들면 조골세포의 활성이 줄고 파골세포의 활성이 증가하여 뼈의 탈무기질화가 일어난다.

골질량은 뼈의 충실도를 의미하는 무기질 함량을 나타내며 골밀도라고도 한다. 정상적인 골밀도를 유지하기 위해서는 혈중 칼슘 농도를 정상적으로 유지하는 것이 중요하다. 뼈에는 체내 칼슘의 99%가 존재하며, 혈중 칼슘 농도의 항상성 유지를 위한 칼슘의 동적 저장고 역할도 한다.

혈중 칼슘 농도 조절에 관여하는 호르몬으로는 부갑상샘호르몬parathyroid hormone : PTH, 칼시토닌calcitonin, 비타민 D_3cholecalciferol가 있다. 부갑상샘호르몬은 혈중 칼슘 농도가 저하되면 뼈로부터 칼슘의 용출을 증가시키고 콩팥으로부터의 칼슘 재흡수를 증가시킨다. 칼시토닌은 혈중 칼슘 농도가 증가하면 뼈에 칼슘 침착을 증가시키고 콩팥의 칼슘 재흡수를 감소시키는 작용을 한다. 비타민 D_3는 혈중 칼슘 농도가 저하되면 자외선에 의해 피부에서 7-디하이드로콜레스테롤7-dehydrocholesterol로부터 생성된 콜레칼시페롤cholecalsiferol

이 간에서 25-하이드록시 비타민 D(25-(OH)D$_3$)로 전환되고 그 후 콩팥에서 1,25-디하이드록시비타민 D(1,25-(OH)$_2$D$_3$, 칼시트리올)로 활성화된다. 이는 장에서 칼슘결합 단백질을 합성하여 장관에서의 칼슘 흡수를 촉진시키고, 콩팥의 세뇨관에서 칼슘의 재흡수를 증가시키며 뼈에서는 칼슘의 용해를 촉진시켜서 칼슘 농도를 증가시킨다. 이와 같은 체내 칼슘의 항상성을 유지하고 조절하는 호르몬의 대사조절 기능에 의해 골격대사도 정상적으로 유지된다.

표 12-1. 골격 대사에 영향을 미치는 호르몬

호르몬		기능
과다 시 골격 약화	부갑상샘호르몬	• 콩팥에서 1-히드록시라아제(1-hydroxylase)와 1,25(OH)$_2$D$_3$ 증가 • 뼈의 용해 증가 • 칼슘 재흡수 감소 • 콩팥에서 인의 재흡수 감소
	비타민 D	• 소장에서 칼슘과 인 흡수 증가 • 뼈의 용해 증가 • 콩팥에서 칼슘, 인의 재흡수 증가 • 부갑상샘호르몬 분비 저해
	갑상샘호르몬	• 뼈의 용해 촉진 • 부족 시 어린이에서 성장지연과 어른에서 뼈의 전환율 감소
	부신피질호르몬	• 조골세포 활성 저하
부족 시 골격 약화	칼시토닌	• 조골세포에 의한 뼈의 무기질화 증가 • 파골세포에 의한 뼈의 용해 감소
	에스트로겐	• 부족 시 뼈의 용해를 촉진시켜 골다공증 유발
	성장호르몬	• 연골과 콜라겐 합성 촉진 • 1.25(OH)$_3$D의 생성과 칼슘 흡수 증가 • 과잉 시 거대증과 거인증 발생 • 부족 시 어린이에서 왜소발육증 유발
	인슐린	• 조골세포에 의한 콜라겐 합성 촉진 • 부족 시 성장과 골질량 저해

2. 골다공증

골다공증은 뼈의 주성분인 칼슘이 급격히 빠져나와 정상적인 뼈에 비하여 골밀도 저하로 뼈에 구멍이 많이 생기는 질환이다. 즉, 골밀도 단위 용적당 골질량이 감소하는 증상으로 폐경, 노화, 뼈에 해로운 약물의 사용 등의 여러 가지 원인에 의하여 외부의 작은 충격에도 쉽게 골절된다.

가장 발생 빈도가 높은 골다공증에는 완경 후 여성의 약 60% 정도에서 발생하고 있는 제1형 골다공증과, 인체의 노화로 인한 전체 대사작용의 저하로 골밀도가 떨어져서 발생하는 제2형 골다공증이 있다. 제1형 골다공증(폐경 후 골다공증)은 폐경 후 15~20년 이내에 유발되며 주로 해면골 손실로 요추의 압축골절이 따른다. 제2형 골다공증(노인성 골다공증)은 70세 이후에 흔히 나타나며 해면골, 피질골 모두 손실이 있고 대퇴골절이 많다.

골다공증이 남성에 비해 여성의 발병 비율이 높은 이유는 여성이 남성에 비해 최대 골질량이 낮고, 칼슘섭취량이 적으며 폐경 후 에스트로겐 생성이 감소하기 때문이다. 갱년기에 접어든 여성의 폐경 후 골다공증은 에스트로겐 치료를 요하고, 노화로 인해 전체적 대사작용의 저하로 골밀도가 떨어진 노인성 골다공증은 칼슘을 보충해 주는 것이 효과적이다.

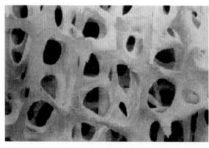
정상인의 뼈

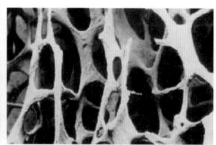
골다공증에 걸린 뼈

그림 12-2. 정상인의 뼈와 골다공증에 걸린 뼈

1) 분류

골다공증은 원인에 따라 일차성 골다공증(원발성 골다공증)과 이차성 골다공증(속발성 골다공증)으로 구분한다.

(1) 일차성 골다공증(원발성 골다공증)

① 폐경 후 골다공증(제1형 골다공증)

폐경 후 골다공증은 환자의 대부분을 차지한다. 자연적으로 오는 경우가 많으며 부인과 수술 등으로 폐경상태로 되는 경우도 있다. 골밀도는 폐경 후 수년 사이에 급격히 감소한 이후로도 지속적으로 조금씩 감소하여 골다공증과 골절을 유발한다. 뼈의 손실은 척추에서 먼저 시작되며 척추골(허리뼈)의 변화가 가장 심하게 나타나 척추골절 및 기타 골절의 빈도도 증가한다.

폐경 후 난소에서는 에스트로겐의 분비가 감소하여 골질량의 소실이 가속화됨으로써 골다공증이 발생한다. 폐경 후 골다공증은 특히 해면골이 많은 골격 부위에 영향을 주며 주로 요추의 파열골절을 일으킨다. 에스트로겐은 뼈에서 칼슘의 용출을 억제하고 지방세포에 의해 에스트로겐의 합성 비율에 영향을 받기 때문에 비만한 여성보다 마른 여성이 골다공증 발병 위험률이 더 높다.

② 노인성 골다공증(제2형 골다공증)

노인성 골다공증은 노화로 인한 불가피한 골 손실에 의해 발병하는데, 70대 이상의 남녀 노인 모두에게 유발된다. 주로 해면골과 치밀골 부위에 영향을 끼치며 대퇴골(넓적다리뼈)의 골절이 흔히 발생하고 신체 다른 부위의 골절률도 증가한다.

비타민 D는 음식으로부터 섭취되거나 피부에서 햇빛에 의해 만들어져서 콩팥에서 활성화되어 장에서 칼슘의 흡수를 돕는다. 노인은 칼슘섭취량이 적고 콩팥에서 활성 비타민 D의 생성이 감소되어 장에서 칼슘의 흡수가 감소되어 칼슘 부족을 초래한다. 즉, 노인성 골다공증의 주요 원인은 1,25-디하이드록시 비타민 D 합성의 감소와 부갑상샘호르몬의 활성 증가 때문이다.

표 12-2. 제1형 골다공증과 제2형 골다공증의 특징 비교

구분	제1형 골다공증(폐경 후 골다공증)	제2형 골다공증(노인성 골다공증)
발병 연령	55~70세	70세 이상
발생 기전	교체율 증가 파골세포의 증가	교체율 감소 조골세포의 공급 부족
주요 원인	폐경으로 인한 에스트로겐의 분비 저하	뼈의 무기질 함령 감소
발병 부위	해면골	해면골과 치밀골
골절 정도	척추, 요골원위부 요추와 팔목뼈	대퇴골 경부, 경골근위부
부갑상샘호르몬	정상 또는 감소	증가
비타민 D 활성형 $(1,25(OH)_2D_3)$	감소	감소
칼슘의 흡수	감소	감소
발생대상	주로 여성(여성 : 남성=6 : 1)	여성과 남성(여성 : 남성=2 : 1)

(2) 이차성 골다공증(속발성 골다공증)

특정질환이나 약물에 의해 골다공증이 유발된다. 이 경우는 젊은 사람에게도 골다공증이 유발될 수 있는데, 특정 질환에 의한 뼈 조직의 손실 또는 약물의 사용에 비례하여 골밀도가 감소하고 골절의 발생률이 증가한다. 질환으로는 갑상샘 기능항진증, 부갑상샘 기능항진증, 쿠싱증후군(부신피질호르몬 과다분비질환), 조기폐경, 인위적 수술 등이 있다. 약물로는 스테로이드(부신피질 호르몬제), 항경련제(간질약), 헤파린 등이 있다.

이차성 골다공증은 질환의 원인 또는 약제를 제거하면 골다공증이 비교적 효과적으로 치료될 수 있기에 원인을 찾아 해결한다.

2) 원인

골다공증은 골아세포가 감소하고 파골세포가 활성화되어 유발되는 질환이다. 원인으로는 칼슘 흡수 저하, $1,25(OH)_2D_3$의 생성 저하, 부갑상샘 비대, 갑상샘 기능 저하, 칼시토닌과 에스트로겐 분비 저하, 기타 내분비계 질환 등이 있다. 특히 노인성 골다공증의 주요 원인은 노화에 의해 $1,25(OH)_2D_3$의 생산 능력이 저하되고 소장에서의 칼슘 흡수율이 낮을 뿐만 아니라 칼슘섭취량도 적은 것을 들 수 있다.

표 12-3. 골다공증 발병에 영향을 미치는 위험요인

구분	발병할 확률이 높은 경우	
유전과 인종	가족력 있는 사람, 백인 > 아시아인 > 흑인	
연령과 성	60세 이상의 노령, 여성 > 남성	
에스트로겐	폐경, 난소 절제, 성호르몬 부족	
신체활동	운동 부족, 입원 등으로 장기간 움직이지 못하는 경우	
만성질환과 약물복용	당뇨병, 만성질환, 갑상샘 기능항진증	
식사요인	칼슘과 비타민 D의 부적절한 섭취, 동물성 단백질의 과잉 섭취, 식이섬유의 과잉 섭취	
기타	흡연, 알코올, 카페인의 과다 섭취	

이소니아지도, 테트라사이클리느 티로이드 등의 약과 알루미늄을 함유한 제산제 등도 칼슘의 흡수를 방해한다. 관절염 치료에 주로 사용하는 코르티코이드는 골기질의 생성 및 소장에서의 칼슘 흡수를 방해하고 비타민 D의 효과를 변화하여 척추에 이상을 초래한다.

폐경 후 골다공증과 노인성 골다공증의 특성을 **표 12-2**에 나타내었고, 골다공증 발병에 영향을 미치는 위험요인은 **표 12-3**과 같다.

(1) 유전과 인종

골밀도 차이는 개인의 유전적인 영향을 받는다. 유전적으로 골밀도가 낮은 여성이 칼슘 섭취가 부족한 경우에는 다른 사람에 비해 뼈의 손실이 빠르고, 골다공증의 가족력이 있는 사람은 골다공증이 발병할 확률이 높다. 또한 노화에 따른 뼈 손실이 큰 경우에 골다공증이 생기기 쉽고 환경적인 여건도 골밀도 형성에 영향을 줄 수 있다고 알려져 있다.

(2) 연령과 성

골질량은 연령의 증가에 따라 변화를 보인다. 20~30대에 골질량은 최대치를 나타내고, 그 후에 변함없이 유지되다가 45세 이후 해마다 일정 비율로 감소된다. 특히 여성의 경우, 40세 정도에 골질량이 감소하기 시작하여 60세 이후에는 허리뼈와 엉덩이뼈의 골밀도가 50% 이하로 감소되어 그 부위에 골절이 자주 발생한다.

뼈 손실은 남성과 여성에게 모두 나타나지만, 남성보다 여성에게서 골다공증의 빈도가 높다. 그 이유로 여성은 폐경 후 여성호르몬의 생성 저하로 인한 급격한 뼈 손실과 운동 부족, 다이어트로 인한 영양결핍 등이 남성에 비해 여성의 골다공증 발병률을 높이기 때문이다.

(3) 에스트로겐

여성호르몬인 에스트로겐은 파골세포의 활동을 억제할 뿐 아니라 골격에 대한 부갑상샘호르몬의 작용을 억제한다. 또한 칼시토닌의 작용을 촉진함으로써 뼈의 칼슘 용출을 감소시키고 뼈의 질량을 유지하여 뼈를 보호하는 역할을 한다.

여성은 폐경 후 에스트로겐의 생성 저하로 골다공증의 위험률이 높아진다. 또한 에스트로겐 분비 불균형을 초래할 가능성이 높은 무월경, 생리불순, 조기폐경, 난소절제, 출산 무경험 등의 여성들에게도 골다공증의 발생빈도가 높다.

(4) 신체활동

신체활동은 뼈의 재생을 촉진한다. 성장기의 신체활동은 최대 골질량을 결정하는 데 중요한 역할을 하며, 성인기에는 운동의 횟수와 함께 운동 시 뼈에 미치는 부하의 정도에 따라 골량의 증가 및 골손실의 감소에 중요한 영향을 미친다.

운동은 뼈를 튼튼하게 하는 효과 이외에도 근육을 강화시키고 신체의 균형감각을 호전시켜 골절 예방에 도움이 된다. 따라서 신체활동의 제한은 골질량의 감소를 초래하며, 노인기의 질병 등에 의한 신체 활동 부족은 골다공증 유발과 진행을 촉진한다.

(5) 만성질환과 약물복용

만성질환 가운데 칼슘 및 골격 대사에 관여하는 질병은 골질량에 영향을 준다. 또한 스테로이드계 약제를 비롯하여 갑상샘호르몬제, 부신피질호르몬제, 항응고제, 항경련제 등도 골다공증을 유발한다고 알려져 있다.

(6) 식사요인

골다공증을 유발하는 식사성 요인은 영양소 중 칼슘섭취량 부족, 장관절제수술로 인한 칼슘흡수량 저하, 단백질 및 인의 과잉섭취로 인한 요 중 칼슘 배설 증가, 비타민 D 결핍으로 인한 칼슘 흡수 저하, 식이섬유의 과잉섭취로 인한 칼슘 흡수 저하, 과음으로 인한 조골세포 기능 저하, 흡연으로 인한 에스트로겐 분비 저하에 따른 골손실의 증가, 카페인의 섭취 과잉에 따른 요 중 칼슘 배설의 증가 등이 있다.

3) 증상

골다공증 초기에는 특별한 증상이 없지만 점차 등이나 허리에 둔한 동통 및 피로감이 발생한다. 뼈가 더욱 약해지면 손목, 척추, 골반뼈, 고관절, 갈비뼈 등에 골절이 생길 수 있다.

폐경 후 골다공증은 허약 증세와 허리와 등의 통증이 동반된다. 뼈의 손실은 척추에서 가장 먼저 시작되며, 허리 아랫부분이 심하게 아프고 구부러지거나 키가 줄어들며 쉽게 골절 현상이 나타난다.

노인성 골다공증은 뼈조직이 너무 물러 체중을 감당하기 힘든 상태이기에 뼈의 기형, 부분적인 통증, 골절, 고칼슘뇨증에 의한 신결석 등이 나타난다.

4) 진단

X-선 촬영은 골밀도 측정기를 이용해야만 조기에 발견할 수 있다. 30~40% 이상의 골질량이 감소되어야 진단되기 때문이다. X-선이나 방사선 동위원소를 이용하는 골밀도 측정법은 방사선이 뼈를 통과할 때 빛이 뼈에 의해 흡수되어 약화되는 원리를 이용한 방법이다. 초음파를 이용하는 방법은 초음파의 뼈를 통과하는 속도가 뼈의 밀도와 탄성률에 따라 달라지는 점을 이용한 것으로 대상 환자의 위험인자들과 각 방법의 장단점을 살펴 진단에 적용한다. 골밀도 측정기를 이용한 골다공증의 진단은 환자의 골밀도가 정상 성인의 평균치에서 10% 이내로 감소된 경우를 정상으로 간주한다.

(1) 골밀도 측정법

① Single-photon absorptiometry : 손목과 발목 부위의 측정

② Dual-energy x-ray absorptionmetry(DEXA) : 요추와 대퇴골 근위부 촬영

③ Computed tomography(CT) : 척추 부위 측정

④ Ultrasonography : 발목, 손목 혹은 손가락 부위 측정

(2) 골밀도 변화를 추적하는 생화학 수치

① 뼈의 생성을 반영하는 검사 항목

: 오스테오칼신osteocalcin, 알칼리인산분해효소alkaline phosphoatase, 풋아교질펩티드분

해효소procollagen peptide

② 뼈의 분해를 반영하는 검사 항목

: 칼슘calcium, 하이드록시폴린hydroxyproline, 피리디놀린pyridinoline, 디옥시피리디놀린

deoxypyridinolone, 텔로펩티드telopeptides

(3) 골다공증 진단 기준

골다공증의 진단은 골밀도 측정을 이용한다. 측정한 골밀도를 젊은 성인의 정상 최대
골밀도와 비교한 값을 T-점수로 나타내어 기준에 의해 진단한다.

표 12-4. 골다공증의 진단 기준

T 점수	해석
−1.0 이상	정상
−2.4~−1.1	골감소증 추가적인 골 소실 예방을 위한 조치가 필요
−2.5 이하	골다공증 적극적인 치료와 관리가 필요

* T−점수 : 골다공증의 진단과 골절 위험도를 예측하는 데 흔히 이용되는 지표

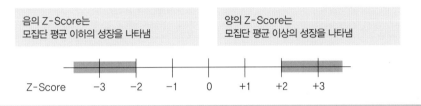

Z-Score

POINT

- 연령별 콩팥의 Z점수(Height-for-age Z-Score)는 골밀도 상태를 확인할 때 사용하는 지표임
- 성장 Z점수는 연령과 성별에 맞는 정상 평균 수치에서 떨어진 표준 편차의 숫자를 나타냄
  - Z점수는 정상 소아로부터 수집한 표준 성장 참고치를 기준으로 함
  - WHO에서는 비정상적인 성장을 정의하기 위해 Z점수 판정 기준치 ±2를 권고함

음의 Z-Score는
모집단 평균 이하의 성장을 나타냄

양의 Z-Score는
모집단 평균 이상의 성장을 나타냄

Z-Score   −3   −2   −1   0   +1   +2   +3

5) 치료

골다공증의 치료는 더 이상 뼈가 약해지는 것을 막고 앞으로 골절을 예방하기 위해 반드시 필요하다. 손실된 뼈의 양을 완전히 회복시켜 골다공증을 치료할 수 있는 방법은 없으므로 골다공증은 발생하지 않도록 예방에 힘쓰는 것이 무엇보다 중요하다. 즉, 최대 골질량 형성 시기에 골밀도를 높이는 것이 골다공증을 예방하는 가장 좋은 방법이다. 일단 골다공증 진단 후에는 적절한 치료와 함께 식사요법과 운동요법 등을 병행한다.

(1) 식사요법
① 칼슘
칼슘은 뼈의 주요 구성성분으로 신체의 최대 골질량 확보에 중요한 역할을 하고 골다공증의 예방에 매우 중요하다. 어린이, 청소년 등의 성장기와 임신, 수유기에 있는 여성은 칼슘의 적절한 섭취가 필요하다. 따라서 칼슘의 흡수율을 고려하여 우유 및 유제품과 같이 흡수가 잘 되는 식품을 통해 칼슘을 이용하는 것이 바람직하다. 그러나 과량의 칼슘은 구토, 설사, 식욕부진, 연조직의 무기질화와 신결석을 생성할 수 있으므로 주의한다.

표 12-5. 칼슘 흡수를 증진 및 방해하는 요소

칼슘 흡수를 증진시키는 요소	칼슘 흡수를 방해하는 요소
• 칼슘 요구량 증가 : 성장, 임신, 수유, 칼슘결핍 상태 • 부갑상샘호르몬 • 소장 상부의 산성 환경 • 비타민 D • 칼슘 용해도 높이는 영양소 : 비타민 C, 유당 • 칼슘과 인의 비슷한 비율 • 아미노산 : 리신, 아르기닌	• 폐경 : 에스트로겐 감소 • 노령기, 운동 부족, 스트레스 • 소장 하부의 알칼리성 환경 • 비타민 D 결핍 • 과량의 인 • 아연, 마그네슘, 철 • 피틴산, 탄닌, 수산, 고지방식이

② 인

인은 칼슘과 결합해서 뼈와 치아에 존재하는 구성성분이다. 인은 부갑상샘호르몬을 자극하여 간접적으로 신세뇨관에서 칼슘 재흡수를 증가시키고 소변 내 칼슘 손실은 감소시켜 칼슘을 보유하는 효과를 준다. 일상식사에서는 부족하지 않고 오히려 과잉섭취하기 쉬운 영양소로, 적당한 인의 섭취는 칼슘 흡수를 유익하게 하지만 지나친 인의 섭취는 부갑상샘호르몬의 분비를 자극하여 뼈 손실을 일으킨다. 식품 내 인과 칼슘의 비율은 1:1일 때 가장 잘 흡수되기에 인의 함량이 높은 식품은 오히려 칼슘의 이용에 불리하다.

③ 비타민 D

비타민 D는 장, 부갑상샘, 뼈에 주로 작용하여 칼슘의 흡수에 필수적이다. 비타민 D는 간에서 $25(OH)D_3$로 전환되었다가 콩팥에서 $1,25(OH)_2D_3$로 활성화되어 칼슘의 흡수를 촉진한다. 비타민 D가 부족하면 $1,25(OH)_2D_3$가 감소되어 혈청의 칼슘 농도가 낮아지고 뼈의 칼슘 용출을 증기시킨다. 이때 부갑상샘호르몬이 증가하는데 부갑상샘호르몬은 골격 내 칼슘의 용출을 증가시키고 비타민 D는 장에서의 칼슘 흡수뿐 아니라 근위세뇨관에서의 칼슘 재흡수를 돕는다.

노인의 경우, 비타민 D의 섭취가 부족하고 햇빛을 받는 시간도 적어서 비타민 D의 결핍이 흔히 관찰되는데 이것이 골절의 발생과 밀접한 연관이 있는 것으로 알려져 있고, 노화가 진행될수록 비타민 D_3의 합성 능력이 감소되므로 적당량의 비타민 D를 식품으로 섭취할 것을 권장한다. 비타민 D_2는 효모나 식품에 함유되어 있고, 비타민 D_3는 고등어,

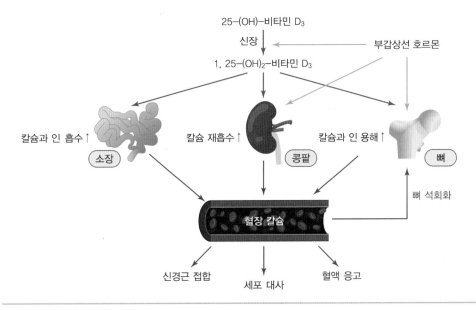

그림 12-3. 칼슘대사와 비타민 D

간유, 난황 등 동물성 식품에 함유되어 있다.

④ 단백질

단백질의 적절한 양은 최대 골질량을 형성하고 유지하는 데 중요하지만 과량의 동물성 단백질을 섭취할 경우, 요 중 칼슘 배설을 증가시킨다. 보통 1g의 단백질이 대사되는 경우, 1mg의 칼슘을 소변으로 배설하는데 이것은 뼈에서 칼슘의 용출을 증가시키는 산성 분해산물을 완충시키는 역할을 하기 때문이다. 육류는 인이 다량 함유되어 있기 때문에 칼슘의 배설을 더욱 촉진한다.

⑤ 식이섬유

식이섬유에 함유된 피틴과 수산은 장관 내에서 칼슘, 마그네슘, 아연, 철분 등의 흡수를 방해하고 분변으로 칼슘 배설을 증가시킨다. 과량의 식이섬유 섭취는 무기질의 흡수를 방해하고 골질량을 저하시키므로 적정량을 섭취하도록 한다.

⑥ 카페인과 알코올

카페인은 섭취 후 단기적으로 콩팥과 소장에서 칼슘의 손실을 증가시키며, 하루 150mg의 카페인 섭취는 칼슘 배설량을 5mg 정도 증가시키는 것으로 알려져 있다. 알코올은 조골세포에 직접 작용하여 골 재생을 억제하고 소장에서의 칼슘 흡수를 방해하며 요 중 칼슘 배설을 촉진한다.

⑦ 철

철은 교원질섬유 합성에 관여하는 효소의 보조인자로서 골 형성에 중요한 역할을 한다. 체내의 과다한 철분 보유는 아연과 구리의 흡수를 방해하며 골질환의 위험을 증가시킨다. 칼슘과 철을 동시에 과량 섭취하면 콩팥 기능이 저하되고 골절의 위험이 더 커진다. 철이 부족한 상태가 아니면 추가 복용을 권장하지 않는다.

⑧ 스트론튬

스트론튬은 해수에 가장 많이 존재하며 해산물 kg당 25mg 정도 포함되어 있는 미량원소이다. 스트론튬은 뼈 성장을 촉진하고 골밀도를 증가시켜 스트론튬 화합물들이 식품 보조제와 골다공증 치료제로 사용되기도 하지만 아직까지 안전성이나 적정 용량, 효능성 등에 대한 더 많은 연구가 필요하다.

(2) 운동요법

규칙적인 운동은 뼈에 물리적인 자극을 주어 조골세포를 자극함으로써 뼈대사를 활성화시킬 뿐만 아니라 근육의 힘을 증가시키고 유연성과 평형감각을 증진시킴으로써 넘어져서 생기는 골절을 예방할 수 있다. 골다공증의 예방과 치료에 효과적인 운동은 체중에 의해 뼈에 자극을 줄 수 있는 체중부하 운동, 즉 걷기나 자전거 타기, 계단 오르기, 등산 달리기, 에어로빅 및 근력운동 등이 있다.

(3) 약물요법

골다공증의 치료를 위해서는 골 형성을 증가시키거나 골 흡수를 감소시키는 약물을 이용할 수 있다. 현재 쓰이는 약물로는 에스트로겐(여성호르몬제), 칼시토닌, 비스포스포네이트 제재, 칼슘과 비타민 D 등이 있다.

① 칼슘보충제

우유나 유제품을 통한 칼슘의 공급이 어려울 때 칼슘보충제의 복용을 권한다. 장기간 칼슘보충제를 사용할 경우에는 무기질의 흡수 저해와 변비 등을 초래하고, 이상지질혈증, 고칼슘뇨증, 요결석증 등의 증상이 나타날 수 있다. 혈중 칼슘 농도가 높은 사람과 신결석 환자가 칼슘보충제를 복용할 경우에는 의사와 상의한다.

② 비타민 D

비타민 D는 칼슘의 흡수에 도움을 주고 골격의 석회화에 관여하므로 골다공증 환자에게 꼭 필요하다. 비타민 D 보충제는 칼슘과 함께 사용하지 않을 경우, 독성이 있으므로 반드시 칼슘과 함께 칼시트리올을 보충하도록 한다. 또한 보충제를 사용할 경우 고칼슘뇨증, 고칼슘혈증이 나타날 수 있으므로 주의한다.

③ 에스트로겐

골다공증 환자 중 폐경기 여성에게는 호르몬의 치료가 가장 중요하다. 여성호르몬인 에스트로겐은 뼈의 용출을 억제하여 뼈 손실을 방지하고 뼈의 생성을 촉진한다. 대두식품에 풍부하게 함유되어 있는 이소플라본은 에스트로겐의 화학구조와 유사하여 식물성 에스트로겐으로 작용하며 뼈 손실 억제 효과가 있다.

④ 칼시토닌

칼시토닌은 부갑상샘호르몬의 효과를 방해하여 파골세포의 작용을 억제, 뼈 손실을 감소시킨다. 칼시토닌의 치료는 특히 요추뼈의 골밀도를 증가시키며 골다공증의 재발을 방지한다. 통증이 심한 경우에는 증상 완화에 도움이 되지만 가격이 비싸다.

뼈를 건강하게 하려면 어떻게 해야 할까요?

1. 편식하지 않고 여러 가지 식품을 골고루 섭취한다.
2. 칼슘이 많이 함유된 식품을 하루 2~3차례 이상 섭취한다.
3. 비타민 D를 충분히 섭취한다.
4. 과다한 단백질의 섭취를 삼간다.
5. 과다한 양의 식이섬유 섭취는 피한다.
6. 음식은 되도록 싱겁게 먹는다.
7. 과음을 피한다.
8. 담배를 피우지 않는다.
9. 커피, 탄산음료, 인스턴트 식품의 과도한 섭취를 피한다.
10. 정상체중을 유지한다.
11. 체중이 실리는 운동을 규칙적으로 한다.

그림 12-4. 골다공증 예방법

3. 골연화증

골연화증은 골기질의 석회화 이상으로 뼈에서 칼슘과 인이 점차 소실되어 뼈가 가늘
어지고 연해지며 형태가 변형되기 쉬운 상태가 되는 증상이다. 성인기 이후에 발생하는
골감소증은 비타민 D 부족으로 뼈의 무기질화 과정에 이상을 초래하여 뼈가 얇아지고
쉽게 구부러지며 골밀도가 감소한다.

1) 원인

골연화증의 원인으로는 비타민 D 섭취량의 부족, 자외선 노출 차단, 장의 염증 또는 흡수 불량증, 비타민 D 대사의 유전적 결함 등이 있다. 콩팥기능장애로 인한 인의 흡수 손상과 비타민 D의 활성화 불능 및 칼슘섭취 부족과 배설 증가, 그리고 만성적인 산중독증, 항경련성 진정제의 장기복용 등도 요인이 된다. 햇빛을 적게 받거나 저에너지 섭취 및 임신과 수유를 자주 하는 여성에게 많이 나타난다.

2) 증상

뼈의 통증, 유연화, 근육 약화 등이 나타나며 척추가 체중을 지탱하지 못하여 신체가 구부러지고 기형을 유발하는 증상이 있다. 심한 경우에는 뼈의 통증으로 잠을 잘 수가 없으며 물러진 뼈로 인하여 골절이 잘 일어난다.

3) 식사요법

양질의 단백질과 우유 등의 칼슘섭취가 중요하다. 상태가 심각한 경우에는 6~12주 동안 매일 0.05~0.1mg의 비타민 D와 칼슘을 공급하여 체내의 칼슘 및 인의 양을 증가시키고 뼈의 무기질화를 촉진한다. 햇볕을 충분하게 쬐는 것도 중요하다.

4. 구루병

구루병은 칼슘과 인의 대사장애로 인해 뼈 발육에 장애가 발생하는 질환을 의미한다. 흉곽 모양이나 척추, 다리의 변형을 동반하는데 주로 어린이에게 발병하는 골격의 대사성 질환이다. 성장하는 뼈에 이상을 초래할 뿐만 아니라 성장판의 연골기질까지 영향을 미치므로 성장판이 두꺼워지고 뼈의 무기질화가 방해받는다.

1) 원인

비타민 D의 섭취 부족이나 자외선 차단, 장내 소화·흡수 불량, 대사장애 등에 의해 나타난다. 비타민 D가 정상치를 유지할지라도 식사 내 칼슘이 부족하거나 인이 부족한 경우, 만성 산독증 및 콩팥 기능의 장애로 인해 유발된다.

2) 증상

구루병에 걸린 아이들은 뼈 조직의 무기질화에 장애가 있으므로 뼈 조직이 체중을 감당하지 못하여 무릎, 다리 혹은 팔이 휘는 증상이 특징적으로 나타난다. 또 흉골이 움푹 들어가거나 나오는 소위 새가슴이 형성되고 늑골 말단의 이상을 초래하기도 한다. 영구치의 에나멜층에 무기질화 장애가 생겨 영구치의 생성, 즉 발치가 지연되고 약한 치아가 형성된다. 유아기 걸음의 시작이 지연되고, 골단이 마모되어 껍질이 벗겨지기도 하며 쉴 수도, 편히 잠을 잘 수도 없으므로 허약 증세를 나타낸다.

3) 식사요법

비타민 D를 충분히 공급하는 게 중요하다. 하루에 비타민 D가 강화된 우유를 2컵 이상 마시는 것이 바람직하며, 그 외에 달걀이나 간 등으로 충분한 단백질과 비타민을 공급하도록 한다. 식품뿐만 아니라 비타민 D 제제와 칼슘을 투여하고 햇빛을 많이 쬐어야 한다.

5. 관절염

1) 골관절염

골관절염osteoarthritis은 퇴행성 관절염이라고도 불리고 관절질환 중 가장 많이 발생하는 질환이다. 뼈의 관절면을 감싸고 있는 관절 연골이 마모되어 연골 밑의 뼈가 노출되고 관절 주변의 활액막에 염증이 생겨서 통증과 변형이 발생하는 질환이다. 모든 관절에서 나타나지만 체중을 지탱하거나 흔히 사용하는 관절인 무릎, 엉덩이, 팔꿈치 등에서 자주 발생한다.

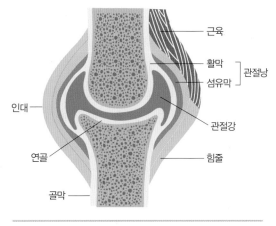

그림 12-5. 관절의 구조

(1) 원인

골관절염은 뼈와 뼈 사이에서 완충작용을 하는 부드러운 연골이 유전적 요인, 비만, 관절의 외상, 염증으로 인해 손상되어 발생한다. 어려서부터 오랜 기간 관절에 병을 앓으면 골관절염이 발생할 수 있고 비교적 젊은 나이에도 퇴행성 관절염이 발병할 수 있다. 즉, 노화, 자가면역질환, 유전적 요인, 외상, 스트레스, 바이러스 등이 관절염의 원인이 된다.

(2) 증상

가장 흔한 증상은 무릎의 통증이다. 계단을 오르내릴 때 통증이 더 심해지는데 골관절염이 진행되면 무릎이 붓고 물이 차며 하루 종일 통증을 느끼기도 한다. 초기에는 연골이 부분적으로 침식되어 관절 부위가 뻣뻣해지고 특히 아침에 관절이 굳어지면서 통증을 느끼게 된다. 관절의 보호막이 소실됨에 따라 통증이 심해지고 정맥압 증가로 불면증이 생기기도 한다. 관절운동에 제한을 받고 때로 기형을 유발하는데 특히 여성에게 있어서는 손가락 관절이 커지는 경우가 많다.

(3) 치료

현재까지 골관절염으로 손상된 연골을 완전히 정상화하는 치료법은 없지만 증상을 완화할 수 있는 방법은 많다. 적절히 치료하면 골관절염의 악화를 예방하고 지연시킴으로써 편안하게 생활할 수 있다.

통증을 감소시키는 것으로 물리치료, 작업치료 등을 병행하여 치료한다. 휴식과 함께 관절 부위의 마사지와 관절 주변 근육의 강도를 높여 주는 적당한 운동도 필요하다. 관절의 부담을 줄이기 위한 체중감소가 필요하나 운동량이 제한되어 있으므로 식사요법이 중요하다.

(4) 식사요법

과체중은 과절에 부담을 줄 수 있기에 체중 조절을 위한 식사요법을 제공한다. 저에너지 식품을 사용하여 정상체중을 유지하게 하고 단백질, 비타민, 철, 특히 칼슘을 충분히 공급해야 한다.

2) 류머티즘성 관절염

(1) 원인

류머티즘성 관절염rheumatoid arthritis은 관절 이외의 인체 기관에도 영향을 미치는 자가면역성 질환이다. 관절의 활막이 감염되어 다른 관절에까지 퍼지고 골과 연골조직에까지 심한 손상을 일으키며, 특히 손이나 발 등의 마디에 대칭적으로 나타난다.

류머티즘성 관절염의 발병률은 총 인구의 1%가량으로 40~50세에 주로 나타나며, 가끔 어린이에게도 나타나는데 여성이 남성에 비해 3배 이상 발병률이 높다.

(2) 증상

초기의 증상은 피로, 식욕부진, 일반적인 허약 증세가 지속되고 체중감소와 고열, 오한이 동반되기도 한다. 만성적으로 진행되면서 위궤양 또는 위염으로 식욕 저하를 동반한 소화기의 이상과 영양불량이 발생하는 경우가 많다.

류머티즘성 관절염은 골관절염보다 발병률은 낮지만 증상은 훨씬 심하다. 초기에는 거의 증상이 없지만 점차 관절의 변형으로 비틀리거나 붓는 증상이 나타나고, 심할 경우 심각한 통증이 수반되며 관절이 변형된 모습으로 굳으면 정상적인 움직임에 제약을 받게된다.

(3) 식사요법

류머티즘성 관절염은 감염에 의해 주로 발생하므로 면역반응 보존을 위해 영양공급이 중요하다. 관절에 부담을 주지 않기 위해 이상 체중을 유지하는 에너지 조절과 양질의 단백질, 비타민 A와 B 복합체, 무기질을 충분히 공급한다. 비타민 C는 관절의 기질인 교원섬유의 합성에 관여하고 아스피린 등의 치료에 의해 백혈구 내 비타민 C의 함량이 감소하여 소혈구성 빈혈을 유발하기도 하므로 비타민 C를 충분히 공급한다.

적당한 양의 비타민 D와 칼슘의 섭취는 합병증인 골연화를 막을 수 있다.

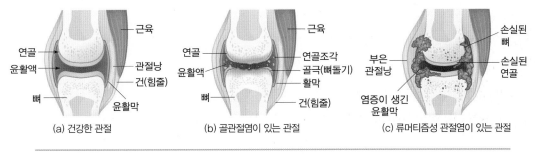

그림 12-6. 상태별 관절의 모습

표 12-6. 골관절염과 류머티즘성 관절염

구분	골관절염	류머티즘성 관절염
원인	• 관절 부위의 손상 • 관절의 과다 사용, 노화 • 과체중, 비만 • 유전적 요인	• 감염 • 자기면역 • 유전적 요인
증상	• 주로 움질일 때 통증 • 많이 사용하는 관절 중심으로 통증 • 열은 거의 없음	• 움직이지 않으면 통증이 거의 없음 • 아침에 관절이 뻣뻣해지는 느낌의 통증 • 국소발열
주요 발병부위	• 체중이 지탱하는 척추, 고관절, 무릎, 발목 등 국소적 염증	• 손과 발 작은 관절의 전신적 염증 • 전신 자가면역성 질환으로 체중 지탱과는 무관함
주요 발병연령	• 50세 이상	• 20~50세(여성의 발병률이 높음)
특징	• 특정 관절 부위에서 발생 • 만성적 진행 • 경도의 염증	• 여러 부위에서 다발성으로 발생 • 급격한 진행 • 골관절염에 비해 심한 염증

관절 관리의 10계명

1. 무릎이 아플수록 걷기 운동을 열심히 한다. 운동을 하지 않을 수록 무릎 관절은 더 굳어진다.
2. 숙면은 관절염 치료제다. 수면 부족으로 생기는 스트레스는 염증을 증가시킨다.
3. 실내 습도를 낮춘다. 습도가 높을수록 근육이 뻣뻣해지면서 통증이 심하고 관절이 붓는다.
4. 바른 자세가 중요하다. 책상다리를 하거나 쪼그려 앉으면 실제 몸무게의 7배에 달하는 하중이 무릎에 얹힌다.
5. 편한 신발을 신는다. 굽이 높은 신발은 관절에 부담을 준다.
6. 오래 서서 일할 때는 발 받침대를 활용한다.
7. 골다공증 예방은 관절염 악화를 막는다. 칼슘 섭취가 중요하다.
8. 무릎 주변 근육강화 운동을 수시로 한다.
9. 비만은 관절에 부담을 주므로 적정 체중을 유지한다.
10. 냉온 찜질은 관절염으로 인한 통증과 경직을 줄이는 데 유용하다.

6. 통풍

통풍gout은 혈액 내 요산의 농도가 높아지면서 발생한 요산염 결정이 관절의 연골, 힘줄 등 조직에 침착되는 질병이다. 요산의 축적은 요산 생성이 과잉이거나 체내 퓨린의 대사이상으로 인한 요산 배설의 부족으로 발생한다. 이로 인해 관절의 연골, 힘줄, 주위 조직에 날카로운 형태의 요산 결정체가 침착되어 조직들의 염증반응을 촉발하여 극심한 통증을 유발하고 부어오른다. 요산 결정에 의한 통풍결절이 침착되면서 관절의 변형과 불구가 발생하게 된다. 주로 30세 이후의 남성에게 많이 나타나며, 여성은 갱년기 이후에 발병된다.

1) 원인

혈중 요산은 음식 섭취로 인한 외인성 요산과 신체 내에서 분해되어 유래되는 내인성 요산이 있다. 혈중 요산의 농도는 요산의 생성량과 배설량의 균형에 의해 조절되는데, 체내 요산 생성이 증가하거나 요산 배설이 감소하여 체내 요산이 과잉 축적됨으로써 발생한다.

체내 퓨린 뉴클레오티드 함량은 세포의 이화, 체내 퓨린의 생합성, 퓨린섭취를 통해 증가하며, 세포의 동화 및 요산의 배설 과정을 통해 감소한다.

요산은 탄수화물, 지방, 단백질에서 모두 생성될 수 있는데, 특히 간, 췌장, 콩팥과 같이 핵단백질이 풍부한 내장식품, 일반 육류, 곡류와 두류의 씨눈 등을 섭취하면 다량 생성된다.

수술이나 외상으로 세포가 파괴되어 핵산으로부터 과량의 요산이 생성되기도 한다. 기아, 정신적 스트레스, 알코올의 과량섭취, 과식, 과로, 이뇨제 및 항결핵제의 사용으로 요산 배설이 감소할 때 또는 일부 유전적 요인이 있을 때에도 혈중 요산이 증가하여 통풍이 발생한다.

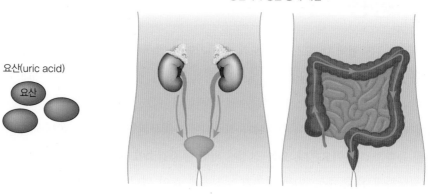

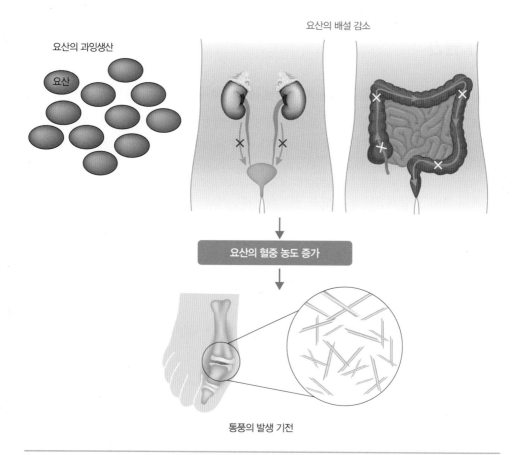

콩팥이나 장을 통해 배설

요산(uric acid)

요산

정상적인 요산의 배설

요산의 배설 감소

요산의 과잉생산

요산

요산의 혈중 농도 증가

통풍의 발생 기전

그림 12-7. 통풍의 요산 침착

2) 증상

혈중 요산은 뼈의 칼슘과 결합하여 요산칼슘염 결정을 형성한다. 이 결정이 관절의 연골이나 관절상 주위의 연부조직에 침착하여 통풍결절을 생성한다. 관절염 발작은 주로 엄지발가락 관절이 빨갛게 부어오르고 국부 발열 후 격심한 통증이 있다가 2~3주 후에 증상이 완전히 사라진다. 그러나 다시 돌발적인 격통이 있다가 다시 사라지는데 차츰 통증의 주기가 빨라지고 발작기간도 길어지며 때로는 발열, 오한, 우통, 위장장애가 나타나기도 한다. 통풍결절이 커져서 서로 융합하게 되면 관절조직을 파괴시켜 만성관절염을 유발한다.

3) 식사요법

(1) 에너지

통풍 환자는 이상 체중을 유지하거나 10%의 체중감소가 효과적이다. 갑작스런 에너지 감소는 통풍 환자에게 급격한 발작이나 케톤증을 일으킬 수도 있으므로 서서히 감량하는 것이 좋다. 단식요법은 절대 금해야 하며 하루에 이상 체중 kg당 남자는 30~35kcal, 여자는 25~30kcal의 에너지를 섭취한다.

(2) 단백질

단백질은 요산 생성에 관여하므로 과량의 섭취는 피해야 한다. 우유와 달걀은 고단백질 식품이면서도 퓨린의 함량이 극히 적으므로 통풍 환자들에게 권장되는 식품이다.

(3) 지질

요산의 정상적인 배설을 방해하고 통풍의 합병증인 고혈압, 심장병, 고지혈증, 비만 등과도 관련되므로 과량의 동물성 지방섭취는 피한다. 하루에 50g 이하가 바람직하며 포화지방산보다는 불포화지방산 섭취를 권장한다.

(4) 수분

혈중 요산 농도 희석과 요산 배설을 촉진하기 위하여 하루에 3L 정도로 충분히 공급한다. 커피나 차는 적당량을 공급할 수 있으나 알코올은 요산의 배설을 방해하고 요산의 생합성을 촉진하므로 제한한다. 통풍은 고혈압, 당뇨병, 고지혈증 등 합병증의 우려가 있으므로 나트륨은 가급적 제한하는 것이 좋다. 요산 배설을 촉진하기 위하여 소변의 pH를 6.2~6.8로 유지하도록 채소, 과일 등 알칼리성 식품을 권장한다.

(5) 퓨린

정상적인 경우는 하루 평균 600~1,000mg 정도의 퓨린이 함유된 식사를 하지만 통풍 환자는 100~150mg 정도로 제한하는 것이 바람직하다. 퓨린은 식사로 조절할 수 없는 체내의 내인성 요인에 의해서도 생성되므로 최근에는 식사 조절보다는 약제로 조절하고 있다. 식사조절은 치료식이라기보다는 예방식으로 그 의미가 있으며, 퓨린 함량이 높은 고등어, 연어, 청어, 간, 콩팥 등의 식품을 제한한다.

표 12-7. 퓨린 함량에 따른 식품 분류(식품 100g에 함유된 퓨린 질소 함량)

식품군	제1군 : 고퓨린 함유 식품 (100~1,000mg)	제2군 : 중퓨린 함유 식품 (9~100mg)	제3군 : 극소퓨린 함유 식품
곡류군	–	완두콩, 강낭콩, 잠두류	밥, 떡, 죽, 국수, 빵류
어육류군	청어, 고등어, 정어리, 연어, 내장부위(간, 콩팥, 심장, 지라, 신장, 뇌, 혀), 멸치, 효모(보충제로 섭취 시), 베이컨, 고기 국물, 가리비, 게, 홍합	육류, 가금류, 생선류, 조개류	달걀
채소군	–	시금치, 버섯, 아스파라거스	제2군 채소 제외한 모든 채소
지방군	–	–	버터, 식용유, 견과류
우유군	–	–	우유, 치즈, 아이스크림
과일군	–		과일류
기타	–	–	설탕, 커피, 차류, 코코아
주의사항	급성기, 재발기 환자의 식사에 이용하지 말 것	재발기 동안 하루에 어육류군 1교환, 채소군 1교환 정도만 허용	매일 섭취해도 무방한 식품들

(6) 식품선택 및 식단의 작성 요령

고퓨린 식품을 금하며 소변을 알칼리화하기 위하여 과일이나 채소를 충분히 섭취하는 것이 좋다. 나트륨의 섭취는 가능한 한 줄이고 커피나 차의 퓨린은 요산과 직접적인 관계가 없으므로 수분섭취를 위해 자유롭게 공급한다. 환자의 식욕 증진을 위한 향신료의 사용도 바람직하다.

통풍의 식사요법

- 단백질의 급원은 육식에 치우치지 말고 두부, 달걀, 생선, 우유 등으로 다양하게 선택한다.
- 곡류, 감자류가 좋으며 채소, 과일류는 적극 권장한다.
- 소변의 알칼리도는 식품에 따라 변하기 어렵지만 가능한 한 채소와 과일 등 알칼리성 식품을 선택한다.
- 수분의 충분한 섭취를 위해 죽이나 수프, 차 등을 자주 섭취하도록 한다. 육류 조리 시 굽는 것보다는 삶아서 먹고 육수처럼 기름이 함유된 국물은 섭취하지 않는 것이 좋다.
- 콩에는 퓨린 함량이 많으나 두부에는 적다.
- 소금의 양은 하루 10g 이내로 하고 염장식품은 피한다.

POINT

---

7. 뇌전증

뇌전증epilepsy, 간질은 경련성 질환으로 뇌신경세포의 병적인 발작으로 인하여 생기는 간헐적인 신경계 장애다. 대부분의 발작은 어린 시기에 발생하고 2세 이전의 발작은 발달 결함, 분만 손상 또는 대사 질환에 의해 일어난다. 약간의 의식변동과 운동조절 기능을 상실하게 된다.

1) 원인

뇌전증은 선천적인 이상, 분만 시의 상해 외에도 혈당 감소나 칼슘, 마그네슘 등의 무기질이 감소하는 대사 장애, 바이러스 감염 등이 원인이 되기도 한다.

2) 증상

주증상은 의식장애와 경련이며 의식을 잃고 동시에 전신 근육이 경직된 후 경련을 일으킨다. 발작은 여러 가지 전조증상을 보이는데, 소리를 크게 지르거나 동공이 확대되며 쓰러지는 경우가 있다.

3) 식사요법

경련을 감소시키기 위해 환자의 산·염기 균형을 변화시켜 케톤증 상태가 되도록 하는 **케톤식을 제공**한다. **고지방, 저당질 식사로 구성**되며 단백질과 당질은 줄이고 지방을 총 에너지의 80~90%로 공급하여 케톤과 항케톤의 비율이 3 : 1~4 : 1이 되도록 한다.

케톤증을 유발하기 위해서는 3~5일 동안 공복상태로 1일 500~600mL 정도의 제한된 양의 물과 차, 오렌지주스만을 공급한다. **케톤식은 공복 후 실시**하는데 **초기에는 약 75%의 탄수화물을 공급**한다. 약한 케톤증이 나타날 때까지 탄수화물의 양을 계속적으로 감소시키는데 **대략 일주일이 소요**된다. **3개월 동안 탄수화물을 제한하는 식사 공급**으로 발작이 없으면 케톤증이 유지되는 범위 내에서 **당질 섭취량을 5g씩 늘려 50~60g이 될 때까지 늘리고** 에너지 균형을 유지하기 위해 **지방 함량을 점차 감소**시킨다.

케톤증 상태는 소변에서 케톤체의 검출을 통해 확인할 수 있다. 케톤식은 저혈당, 산독증, 탈수, 구토, 메스꺼움, 고지혈증, 고요산혈증, 신결석 같은 부작용이 일어날 수 있으므로 주의해야 한다. 2~4년간 지속하면 여러 가지 만성 합병증이 발생하기 쉬우므로 지속적으로 의학적·영양적 평가를 실시한다.

8. 치매

치매dementia는 정상적으로 성숙한 뇌가 후천적인 외상이나 질병 등 외인에 의하여 손상 또는 파괴되어 전반적으로 지능, 학습, 언어 등의 인지기능과 고등 정신기능이 떨어지

는 복합적인 증상이다. 치매는 주로 노년기에 많이 발생하며 일반적인 노화과정에서 나타
나는 생리적 건망증과는 구별된다. 치매에는 원인이 잘 알려지지 않은 알츠하이머성 치매
와 질병으로 인해 뇌혈관이 파열되어 출혈로 뇌 조직이 손상되는 뇌혈관성 치매, 약물 등
으로 인한 기타의 치매가 있다.

전 세계적으로 치매는 65세 이상 노인에게 약 5~10%의 유병률을 나타내고 있다. 우
리나라의 65세 이상 노인 인구의 치매 유병률 또한 계속 상승할 것으로 전망되었으며 환
자 수도 2050년까지 20년마다 2배씩 증가할 것으로 추정하고 있다 **그림 12-8**.

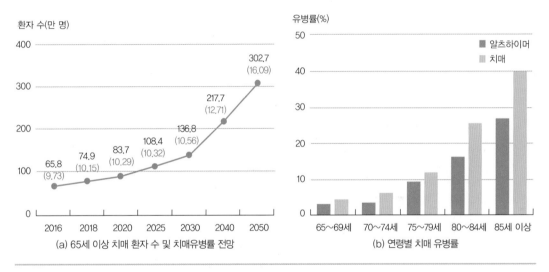

(a) 65세 이상 치매 환자 수 및 치매유병률 전망

(b) 연령별 치매 유병률

그림 12-8. 치매 유병률과 연령별 추이

치매는 뇌질환으로 인한 하나의 증후군으로 다양한 질환에 의해 발생할 수 있다. 치
매의 원인에 따른 분류와 대표적 질환은 **그림 12-9**와 같다.

노화에 따른 기억장애는 사람이 나이가 들면서 정상적으로 발생하는 약간의 뇌 기능
변화를 말한다. 치매는 훨씬 심각한 정신 기능의 저하를 뜻하는데, 정상 노인의 기억력
저하 및 치매 노인의 기억장애를 비교하면 **표 12-8**과 같다.

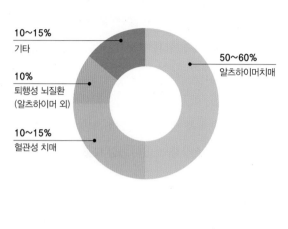

치매의 원인질환

대표질환	
퇴행성 뇌질환	알츠하이머성 치매, 픽병, 루이체병, 파킨슨병, 진행성 핵상마비 등
뇌혈관질환	뇌경색, 뇌출혈 등
결핍성 질환	베르니케뇌증, 비타민 B_{12} 결핍증 등
대사성 질환	저산소증, 갑상샘 기능저하, 간성뇌병증, 요독증, 윌슨병 등
중독성 질환	알코올중독, 일산화탄소중독, 약물중독, 중금속중독 등
감염성 질환	신경매독, 크로이츠펠트-야콥병, 후천성면역결핍증 등
수두증	정상압수두증 등
뇌종양	뇌수막종 등
뇌외상	뇌좌상 등

10~15%
기타

10%
퇴행성 뇌질환
(알츠하이머 외)

10~15%
혈관성 치매

50~60%
알츠하이머치매

그림 12-9. 65세 이상 치매 환자 수 및 치매유병률 전망 및 연령별 치매 유병률

표 12-8. 정상 노인의 기억력 저하 및 치매 노인의 기억장애 비교

정상 노인의 기억력 저하	치매 노인의 기억장애
• 뇌의 자연적인 노화현상이 원인임	• 뇌의 질병이나 손상이 원인임
• 경험한 것의 일부를 잊어버림	• 경험한 것의 전체를 잊어버림
• 잊어버리는 것이 많아져도 진행되지 않음	• 기억장애가 점차 심해지며 판단력도 저하됨
• 잊어버린 사실을 스스로 앎	• 잊어버린 사실 자체를 모름
• 일상생활에 지장이 없음	• 일상생활에 지장을 받음

1) 원인

치매의 원인 질환으로는 알츠하이머병, 혈관성 장애, 파킨슨병, 뇌종양, 퇴행성 뇌질환 등이 있다.

(1) 알츠하이머병

알츠하이머병은 치매의 원인 중 가장 흔한 질병이다. 전체 치매의 50~60% 정도를 차지하며 고령에서 발병률이 높아 60세 이후에 주로 발생한다. 원인은 잘 알려져 있지 않으나 신경전달물질인 아세틸콜린의 부족설과 신경세포 내에 β-아밀로이드라는 변성 단백질 축적설이 있다. 알루미늄 중독도 치매의 원인이라는 설이 있다. 이는 치매 환자의 뇌에 알루미늄이 축적된 것이 발견되었고, 투석을 한 사람의 치매 확률이 높았는데 투석액에 높은 농도의 알루미늄이 함유되었기 때문으로 보고 있다.

(2) 혈관성치매

혈관성치매는 다발성뇌경색성치매라고도 한다. 뇌혈관질환에 의해 뇌조직이 손상을 받아 발생하는 경우이다. 뇌혈관 질환에는 뇌혈관이 좁아지거나 막혀서 나타나는 허혈성 뇌혈관질환과 뇌혈관의 파열로 인해 출혈이 발생하는 뇌혈관질환이 있다.

혈관성치매는 전체 치매의 20~30%를 차지하며 알츠하이머어에 이어 두 번째로 빈번하게 나타난다. 주로 기존에 고혈압, 심장질환, 흡연, 당뇨, 비만, 뇌졸중 등이 있는 경우에 발생률이 높다.

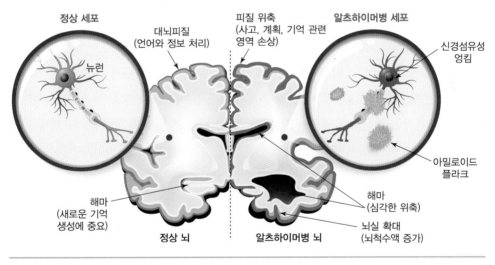

그림 12-10. 알츠하이머 환자의 뇌신경 세포

2) 증상

치매의 주 증상으로는 기억력 감퇴, 언어장애, 공간지각능력 장애, 실행능력 장애, 판단력 장애, 행동 및 인격의 변화 등이 나타난다. 초기에는 주로 인지기능의 장애를 보이다가 후기에는 신체 변화가 나타난다.

보행 장애로 인해 주로 앉아 있거나 누워 있기만 하게 되어 전신의 근육경직이 나타나고, 일부 환자에서는 경련성 발작이 나타나기도 한다. 말기에는 흔히 폐렴, 요로 감염증, 욕창 등이 생겨 이로 인해 사망하게 되는 경우가 있다.

3) 식사요법

치매 환자는 공복감과 만복감의 감각이 떨어져서 스스로 균형 있는 식사를 규칙적으로 할 수 없게 된다. 지적능력의 상실과 우울증으로 인해 식사 섭취량이 감소하여 영양불량 상태를 초래하기도 한다. 불안해하며 활동성이 많은 환자의 경우에도 에너지 소비량이 증가하게 되므로 체중 감소와 탈수증으로 인한 영양불량이 유발된다.

정상체중을 유지할 수 있도록 에너지를 공급해야 한다. 초기 환자는 일반 환자에 비해 더 많은 에너지가 필요하여 체중 kg당 30kcal를 섭취했을 때 평소 체중을 유지할 수 있다. 말기 환자는 활동량이 줄어들고 누워만 있게 되어 욕창, 근육 위축, 상처 회복 등에 문제가 발생되므로 양질의 단백질과 비타민을 충분히 공급해야 한다. 변비를 방지하기 위해 수분과 섬유질의 보충이 필요하다. 갈증을 느끼지 못하므로 충분한 수분을 공급하여 탈수가 되지 않도록 한다.

쉽게 배우는 식사요법

9. 파킨슨병

파킨슨병Parkinson's disease은 꾸준히 진행되며 장애를 일으키는 신경퇴행성 질환이다. 움직임이 감소하고 느리며, 근육경직, 안정떨림 및 자세 불안정 등이 특징이다. 발병률은 65세 이상의 인구에서 약 1% 정도이며 아프리카, 아시아인은 백인에 비해 발병률이 낮다.

1) 원인

파킨슨병의 원인은 불명확하지만 환경적 요인과 유전의 상호작용이다. 흑질에서 도파민 작동성 뉴런의 소실과 티로신 수산화효소(도파민 생성의 속도제한 효소)의 소실에 의해 일어나는 것으로 알려져 있다.

2) 증상

파킨슨 환자는 점차적으로 운동기능을 상실하게 되며 느리고 어색한 걸음걸이로 시작하여 사지가 굳어진다. 파킨슨병의 1차 증상은 손발 떨림, 보행 장애, 표정 없는 얼굴 등이며 불안한 자세에 발을 끌며 걷게 된다. 2차 증상은 우울증, 언어 장애, 수면 장애, 치매, 불안 장애 등이 있다. 본인의 의지와 관계없이 눈이 감기고 침을 흘리며 연하 장애, 체중 감소, 어지럼증, 발의 종창 등도 나타난다. 점차 자율신경계 장애도 오게 되고 자주 넘어지게 되면서 외상이 잦아지며 인지기능 장애도 흔히 나타난다.

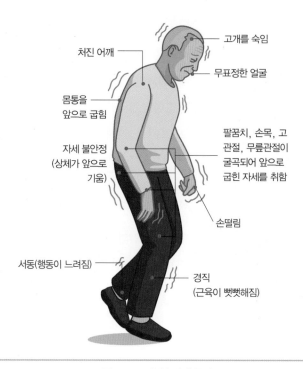

처진 어깨

고개를 숙임

무표정한 얼굴

몸통을
앞으로 굽힘

팔꿈치, 손목, 고
관절, 무릎관절이
굴곡되어 앞으로
굽힌 자세를 취함

자세 불안정
(상체가 앞으로
기움)

손떨림

서동(행동이 느려짐)

경직
(근육이 뻣뻣해짐)

그림 12-11. 파킨슨병의 증상

3) 식사요법

파킨슨병 환자에게 가장 중요한 식사요법은 약물-영양 상호작용이다. 파킨슨병은 손과 팔의 경련으로 인하여 식기를 다루거나 음식을 먹고 마시는 것이 어려워지므로 체중이 감소하는 경우가 많다. 체중 변화 정도 및 식사섭취 정도를 관찰하면서 적정 체중을 유지하도록 한다. 영양보충음료 또는 영양적으로 균형잡힌 간식을 보충하면 영양섭취 상태를 증진시키는 데 도움이 된다.

10. 편두통

편두통migraine headache은 가장 흔한 혈관성 두통의 형태로 강도, 횟수, 지속시간이 다양하고 빈번하게 나타나는 질환이다. 머리의 한쪽에서 두통이 나타나면 4~72시간 지속되고 힘을 주면 악화된다. 편두통은 남성보다는 여성에게서 발병률이 높고 낮은 연령에서 더 흔하게 나타난다.

1) 원인

편두통을 일으키는 정확한 기전은 알려져 있지 않지만 뇌조직, 뇌혈류와 관련된 것으로 추정되고 있다. 감정의 변화, 스트레스, 눈부신 빛, 소리, 냄새와 같은 과도한 외부자극, 혈관확장 치료 등의 요소가 대뇌피질, 시상, 뇌하수체, 내외 경동맥을 자극하여 일정기간 동안 동맥의 혈관 수축응ㄹ 일으켜 두개골의 혈류를 감소시키며, 이러한 대뇌의 혈행 감소는 말초 빈혈을 야기하여 신경적 기능 이상을 일으키게 된다.

2) 증상

두통이 시작되기 15~60분 전에 전조증상이 시작되며 실어증, 몽롱한 시야, 반쪽 감각마비 등이 나타난다. 통증은 주로 한쪽에 나타나고 빛이나 소리에 대한 과민반응, 식욕부진, 오심, 구토, 변비, 설사, 감정이나 인격의 변화 등 다양한 증상이 나타난다.

3) 식사요법

편두통을 유발하는 요인으로는 초콜릿, 치즈, 유제품, 견과(호두, 밤), 토마토, 커피, 레드 와인, 알코올, 염분, 코코넛, 보존제(아질산염)나 조미료가 첨가된 식품, 피자, 베이컨, 햄, 통조림 식품, 아스파탐 등이 있다. 또한 장시간의 정신적 긴장이나 불안감 등의 스트레스도 편두통을 유발한다. 그러므로 평소에 긴장을 피하고 규칙적인 생활을 하도록 유의한다.

11. 중증 근무력증

중증 근무력증myasthenia gravis은 신경근접합부의 신경 전달장애에 의해 발생하는 질환이다. 신체의 면역계가 아세틸콜린 수용체에 반응성이 증가하는 자가면역 질환이다.

1) 원인

중증 근무력증 환자는 아세틸콜린 수용체에 대한 항체가 생겨 신경전도에 장애가 일어나 골격근의 수축이 잘 되지 않는다. 주로 20~40대의 여성에게 많이 발생하며 여성이 남성보다 약 2배 정도 발병률이 높다. 정상적으로 근육을 운동할 경우 신경 말단에서 아세틸콜린을 분비하며 이는 아세틸콜린 수용체 결합하여 근육 수축을 유발한다. 그러나 근무력증 환자는 자가면역 반응에 의해 아세틸콜린의 수용체에 대한 항체가 생성되어 아세틸콜린 수용체의 수가 감소하고 아세틸콜린과 수용체의 결합을 방해하여 근수축이 잘 일어나지 않는다.

2) 증상

중증 근무력증의 주요 특징은 근육 허약과 피로이다. 많이 사용하는 근육이 침범되어 허약해지고 위축되어 발병 초기에는 피로, 쇠약감, 얼굴, 눈, 목 부위에 마비가 오며 간혹 호흡마비를 초래할 수 있다.

혀의 기능장애 등으로 심한 연하곤란을 나타내기도 한다. 일반 환자의 경우 근육 피로와 연하 곤란으로 체중감소 현상이 나타나며 약물치료로 인해 체중증가나 고혈당이 유발되기도 한다.

3) 식사요법

환자의 연하곤란 상태에 따라 음식의 점도를 적절하게 조절해야 한다. 유동식은 기관지로 흡입될 위험이 있으므로 체에 곱게 거른 형태의 식사를 공급한다. 일반적으로 환자는 먹는 능력이 떨어져 영양불량을 초래하므로 소량씩 자주 공급하며 고영양식을 해야 한다. 에너지는 체중 증가나 감소에 따라 적절하게 조절하며 단백질은 체중 kg당 1~1.5g의 충분한 섭취가 필요하다. 연하장애로 인해 경구적 영양섭취가 위험하거나 불가능한 경우에는 경관급식으로 영양을 공급한다.

12. 다발성 신경염

단발성 신경염mononeuritis은 하나의 신경과 그에 접근한 신경염을 말하며, 다발성 신경염은 대사이상으로 나타나는 다양한 신경염으로 사지의 운동 감각장애가 좌우 대칭성으로 나타난다.

1) 원인

다발성 신경염은 납, 비소, 의학적 약물에 의한 것과 비타민 B 복합체 결핍, 당뇨병, 포르피린증 등의 대사질환에 의해 일어난다. 비타민 B 복합체 결핍증에 의해 주로 발생되며, 알코올 중독자, 간경변증, 위장질환이 있는 환자에게 많이 나타나고 영양이 부족한 기아상태 환자에서도 나타난다. 다발성 신경염은 티아민, 니아신, 리보플라빈과 같은 보조효소의 기능장애에서 오는 질병이라는 연구 결과가 있다. 비타민 B 복합체 중에서 어느 하나가 부족하거나 흡수가 잘 안 되어도 나타나는 것으로 보인다.

2) 증상

손상된 신경의 지각이상, 통증, 운동마비, 건반사의 약화 또는 소실, 실조증세, 발한이상 등이 나타난다. 뇌신경이 장애를 받으면 복시, 언어장애, 연하장애, 안면신경마비 등이 나타난다.

3) 식사요법

여러 영양소의 장기적인 결핍에 의해 일어나므로 영양적으로 균형이 잡히고 비타민을 충분히 공급하는 식사를 제공한다. 특히 비타민 B 복합체의 공급이 중요하다. 악성 빈혈 환자에게 신경과민, 불면증, 건망증, 편집증 등의 신경증상이 나타나면 비타민 B_{12}를 보충한다.

펠라그라와 관련된 정신이상, 우울, 근심 등이 나타나면 니아신을 보충한다. 티아민 결핍에 의해 말초신경염 증상이 발생하면 하루 100mg의 티아민염산염을 보충한다.

면역과
식품 알레르기

면역과
식품 알레르기

외부로부터 침입한 항원에 대해 면역체계가 활성화되고 항체를 생성하여 우리 몸을 보호하기 위한 반응을 면역 반응이라고 한다. 우리 신체의 면역체계는 태어날 때부터 가지고 태어난 선천면역과 림프구와 항체가 관여하는 후천면역으로 구분된다. 면역 반응의 한 종류로 알레르기가 있는데 정상인은 항원에 대하여 면역학적 내성이 발달되어 특별한 과민 반응이 일어나지 않으나 특이체질을 가지고 있는 사람은 과민 반응을 나타내는데 이를 '알레르기 반응'이라고 한다. 특히 알레르기를 유발하는 원인 물질이 식품일 경우 '식품 알레르기'라고 한다. 식품 알레르기는 연령, 소화 과정, 유전적 요인 등에 의해 영향을 받는다. 식품 알레르기의 치료를 위해 식사에서 알레르기를 유발하는 원인 식품을 제거하고 그 식품과 대체할 수 있는 식품으로 바꾸어 섭취하도록 한다.

:: 용어 설명 ::

면역 반응 외부에서 침입한 이물질에 대해 우리 신체를 보호하기 위한 방어 반응

선천면역 선천적으로 가지고 태어나는 능력으로 외부 미생물 또는 병원체로부터 신체를 보호하는 일차적 방어 기전

체액성 면역 항원의 침입에 대해 항체가 작용하여 병원균을 제거하는 면역 반응

세포매개성 면역 대식세포의 식작용에 의해 바이러스나 병원체를 인지하고 제거하는 면역 반응

사이토카인 항종양 효과를 발휘하는 활성 액성 인자

항원 우리 몸에 침입하여 면역 반응을 유도하는 이물질

항체 항원 침입에 대항하여 특이적으로 생산되는 길항 물질

알레르겐 알레르기와 특이과민증을 일으키는 물질

아나필락시스 알레르겐에 노출된 후 갑작스럽게 일어나고 진행 속도도 빠르며 사망까지 초래할 수 있는 전신 과민 반응

아토피성 피부염 주로 피부염을 보이며 면역글로불린 E 항체를 통해 발생하는 체질적 과민 반응

1. 면역 반응의 개념

1) 면역 반응의 정의

면역 반응이란 외부에서 침입한 이물질에 대해 우리 신체를 보호하기 위한 방어 반응이다. 우리 몸에 침입하여 면역 반응을 유도하는 이물질을 항원이라고 하고 이러한 항원과 반응하는 물질을 항체라고 한다. 면역 반응은 체내 면역세포가 이물질을 인지하는 단계와 인지한 이물질과 반응하여 이를 파괴하거나 제거하는 단계로 구분된다.

2) 면역체계의 분류

면역체계는 선천면역과 후천면역으로 나누어 볼 수 있는데 선천면역이란 선천적으로 가지고 태어나는 능력으로 내재면역이라고도 한다. 외부 미생물 또는 병원체로부터 신체를 보호하는 일차적 방어 기전으로 이에 관련된 신체기관은 피부, 땀샘 및 피지선, 점액, 과립구, 대식세포 및 자연살해세포Natural Killer cell 등이 해당된다.

후천면역은 적응면역이라고도 하며, 면역세포인 림프구와 항체가 관여하는 반응으로 항원의 침입에 대해 항체가 작용하여 병원균을 제거하는 체액성 면역과 대식세포의 식작용에 의해 바이러스나 병원체를 인지하고 제거하는 세포매개성 면역으로 분류할 수 있다. 체액성 면역은 항체생성에 관여하는 B림프구에 의해 수행되고, 항체는 면역글로불린이라고 불리는 γ-글로불린으로 사람의 항체는 IgA, IgD, IgE, IgG, IgM 등 5종류로 각각의 역할이 다르다. 세포매개성 면역은 면역계 조절과 세포성 면역에 관여하는 T림프구에 의해 이루어지는데 이는 다른 세포의 활성을 조절하거나 직접 표적세포에 대한 세포 손상의 원인이 되는 림포카인과 사이토카인을 생성하여 항원을 파괴한다. 이러한 세포매개성 면역은 장기이식 후 나타나는 거부 반응의 주원인으로 알려져 있다.

(1) 선천면역의 방어 기전

- 피부 : 외부의 침입에 대한 1차 방어선
- 땀샘, 피지선 : 분비물을 통해 pH를 낮추어 세균 증식 억제
- 호흡기관 : 점액 분비 및 섬모 운동을 통해 세균의 흡입 방지
- 위 : 위산 분비를 통한 세균 증식 억제
- 과립구, 대식세포, 자연살해세포

(2) 후천면역의 방어 기전

- 체액성 면역
  - B림프구에 의해 수행
  - 항원의 침입에 대해 항체가 작용
- 세포매개성 면역
  - T림프구에 의해 수행
  - 대식세포의 식작용에 의해 체내에 유입된 바이러스나 병원체인지 및 제거
  - 장기이식 후 거부 반응 주원인

표 13-1. 선천면역과 후천면역의 특징 비교

구분	선천면역(내재면역)	후천면역(적응면역)
특이성	비특이적	특이적
기계적 특성	상피	면역 유도 반응
체액성 특성	pH, 리소좀, 혈청단백질	항체
세포성 특성	백혈구(호중구, 대식세포)	림프구
유도 방법	면역 조작이 필요 없음	면역 조작

쉽게 배우는 식사요법

림프구의 종류 및 특징

종류	특징
T림프구	• 대식세포의 식작용에 의해 숙주세포 내에 있는 바이러스 및 병원체 인지 후 제거
보조T림프구	• 대식세포를 활성화시켜 포식된 병원체가 더 효율적으로 살해될 수 있도록 도움 • 항원에 자극된 B림프구가 활성화되고 분화되어 항체를 생성하는 데 도움을 주는 신호 방출 • B림프구 활성화
세포독성T림프구	• 바이러스나 병원체에 감염된 세포 살해 • 종양세포 살해
조절T림프구	• 다른 림프구들의 활동 억제를 통해 면역 반응 통제
B림프구	• 항체 생산

표 13-2. 사람 항체의 종류 및 특징

항체	분자량(kD)	농도(md/mL)	특징
IgA	150, 300, 400	3	눈물, 콧물, 기관지 점막, 장 점막, 정액에서 분비되며 여기에 들어온 세균을 방어한다. 일명 분비형 항체(secretory antibody)라 한다.
IgD	180	미량	확실히 알려진 기능은 없으나 어린이의 우유에 대한 알레르기를 일으키는 물질로 알려져 있다. 성인의 혈청 내에는 존재하지 않는다.
IgE	190	미량	혈액이나 조직 내에 존재하며, 기생충 감염 시, 고초열, 페니실린 쇼크, 화상, 화장독, 각종 자극성 화학 중독 시에 알레르기 반응에 관여한다. 특히 보체 역할을 하는 물질이다.
IgG	150	9	대부분의 면역혈청에 존재하는 분자량이 150,000~160,000 정도이고 γ-globulin의 80%를 차지하고 있다. 주로 항박테리아성 및 항바이러스성 작용을 하고 태반을 통과할 수 있는 유일한 항체이다.
IgM	950	1.5	하등동물에 최초 출현 항체로 혈액에서 유일하다. 혈액형의 특징을 나타내는 응집소인 Anti-A, Anti-B가 여기에 해당된다.

2. 알레르기

1) 알레르기의 정의

일반인에게는 크게 문제를 일으키지 않으나 특정인에서 몸에 해가 되지 않는 물질에 대해 면역체계가 작동하고 이로 인한 세포 손상으로 두드러기, 비만, 천식 등과 같은 과민한 면역반응을 일으키는 것을 알레르기 또는 과민 반응이라고 한다. 이러한 알레르기 반응을 일으키는 원인 물질을 알레르겐이라고 하며, 대표적인 알레르기 증상으로 설사, 구

표 13-3. 알레르겐의 종류

원인	알레르겐
식품	우유, 달걀, 생선, 밀가루, 초콜릿, 해물, 조개류 등
신경성	스트레스
흡인성	실내 먼지, 진드기, 깃털류, 꽃가루, 곰팡이, 담배 연기 등
접촉성	화장품, 세제, 비누, 고무장갑, 화학약품, 옻나무 등
약물	아스피린, 설파제, 페니실린, 아미노피린 등

표 13-4. 기관별 알레르기 증상

표적기관	즉시 반응	지연 반응
피부	가려움, 두드러기, 발진, 홍반, 혈관 부종	발진, 홍조, 가려움, 홍반, 혈관 부종, 습진
눈	가려움, 결막홍반, 눈물, 눈 주위 부종	가려움, 결막홍반, 눈물, 눈 주위 부종
상기도	코막힘, 가려움, 콧물, 재채기, 후두부종, 쉰 목소리, 마른기침	–
하기도	기침, 흉부압박감, 호흡곤란, 천명, 호흡 시 부속근 사용	기침, 호흡곤란과 천명
구강	입술, 혀, 입천장의 혈관 부종, 입 안 가려움, 혀 부종	–
소화기	오심, 복통, 역류, 구토, 설사	오심, 복통, 역류, 구토, 설사, 혈변, 보채기, 식욕부진과 체중감소
심혈관	빈맥, 저혈압, 어지러움, 실신, 의식상실	–
기타	자궁수축	–

토, 습진, 비염, 천식, 발열 등이 나타날 수 있고 심할 경우 사망에 이를 수 있다. 알레르기의 원인으로는 가족력과 같은 유전적 요인과 환경오염, 기후, 감염, 스트레스 등 환경적 요인이 있다.

2) 알레르기의 분류

알레르기는 즉시형 과민 반응과 지연형 과민 반응으로 분류할 수 있다. 항원의 공격에 대해 수분 내에 빠르게 반응이 시작되는 즉시형 과민 반응은 항원에 대항하는 항체를 생성하여 반응하므로 B림프구가 관여하고 Type Ⅰ, Ⅱ, Ⅲ가 해당된다. 지연형 과민 반응은 항원의 공격에 대해 T림프구가 활성화되어 사이토카인을 분비함으로써 유발되는 것으로 Type Ⅳ 반응이 해당되고 이식 거부 반응이 대표적인 예이다.

표 13-5. 알레르기 반응의 분류

구분		항원	항체	관련 질환 및 증세
즉시형 과민 반응	Ⅰ형 (즉시형 과민 반응)	• 식품 내 단백질, 다당류, 핵산 등	IgE	기관지 천식, 꽃가루 알레르기, 두드러기, 구토, 설사, 아토피성 피부염, 대부분의 식품 알레르기
	Ⅱ형 (항체매개 과민 반응)	• 적혈구, 약물 등	조직 혹은 세포 표면항원에 대한 IgG, IgM	혈액형 부적합 수혈 반응, 자가면역성, 약물 알레르기
	Ⅲ형 (면역복합체계 과민 반응)	• 세균, 바이러스 등 • 일부 식품 내 성분	IgG 또는 IgM 항체와 순환 항원의 복합체	사구체신염, 폐렴, 대장염, 출혈성 장염, 흡수불량증, 일부 식품 알레르기
지연형 과민 반응	Ⅳ형 (T림프구매개 과민 반응)	• 조직세포, 결핵균 등 • 화장품, 페인트 내 성분 등	감작 T림프구	이식 거부 반응, 접촉성 피부염, 투베르쿨린(tuberculin) 반응, 단백질 손실성 장질환, 궤양성 결장염, 비열대성 스프루

3. 식품 알레르기

1) 정의 및 원인

식품과 관련된 이상 반응은 식품 알레르기와 식품 불내성으로 나눌 수 있다. 식품에 대한 이상 반응을 나타내는 원인이 면역 기전인 경우 식품 알레르기라고 하고, 이상 반응의 원인이 면역 기전이 아닌 대사 및 체질관련 문제, 약물, 독성에 의한 경우 식품 불내성이라고 하며 대표적인 예로 유당 불내증이 있다. 식품 알레르기를 유발하는 원인 물질을 식품 알레르겐이라고 하고 우유, 달걀, 생선, 조개류, 콩류, 육류, 과일, 견과류, 초콜릿, 밀, 식품첨가물 등이 있다.

표 13-6. 식품 알레르겐의 종류

식품군	식품 알레르겐
곡류군	• 메주콩, 옥수수, 빵, 메밀, 국수, 토란, 밤
어육류군	• 돼지고기, 쇠고기, 햄, 소시지, 베이컨, 달걀 • 고등어, 가다랑어, 전갱이, 청어, 연어, 새우, 오징어, 낙지, 조개류
채소군	• 가지, 죽순, 시금치, 버섯, 양파, 고사리
지방군	• 땅콩, 호두, 아몬드
우유군	• 우유, 아이스크림
과일군	• 딸기, 귤, 바나나, 토마토, 복숭아, 키위, 파인애플
기타	• 맥주, 청주, 위스키, 초콜릿, 겨자, 고추냉이, 번데기 • 간장, 된장, 고추장 등에 생긴 곰팡이

2) 증상

식품 알레르기 증상으로 두드러기, 아토피성 피부염, 천식, 비염, 설사 및 구토 등 다양한 피부 증상, 호흡기 증상, 소화기 증상 등을 나타낼 수 있다. 이러한 증상은 식품 알레르겐에 노출된 후 급성일 경우 1~2시간 이내, 만성일 경우 식품섭취 후 1~2일 경과 후 나타날 수 있다. 알레르기 증상 중 심각하고 치명적인 전신 알레르기 반응인 아나필락시스는 알레르겐에 노출된 후 갑작스럽게 일어나고 진행 속도도 빠르며 사망을 초래할 수도 있어 주의해야 한다.

3) 진단

(1) 식사일기

식품 알레르기를 진단하고 예방하기 위해 식품섭취 후 알레르기를 유발하는 원인 식품을 규명하는 것이 중요하다. 특정 식품을 섭취한 후 나타나는 이상 증상이 한 번으로 끝난다면 이는 알레르기 증상으로 단정하기 어렵지만 해당 식품섭취 후 나타나는 이상 증상이 반복될 경우 식품 알레르기를 의심할 수 있다.

따라서 이를 규명하기 위해 최근 72시간 이내에 섭취한 식품의 형태, 섭취 시간, 섭취량, 증상 발현 시기, 증상이 발현되는 데 필요한 음식의 양, 약물섭취 여부 등의 내용이 포함된 식사일기를 기록하는 것이 도움이 된다. 식사일기 작성 시 고려사항은 다음과 같다.

① 이상 증상 유발과 연관성이 의심되는 식품의 종류와 증상 유발에 필요한 양
② 최근 섭취한 음식 중 의심되는 식품의 섭취와 증상 발현 시점 사이의 시간
③ 의심 식품섭취 후 동일 증상의 재현 여부
④ 운동, 알코올 섭취, 약물 복용 등 다른 요소 동반이 증상 유발에 미치는 영향
⑤ 알레르기 질환에 대한 가족력

(2) 피부 반응검사

소량의 식품 항원을 피부에 떨어뜨리고 바늘로 살짝 찌른 후 약 15~20분 경과 후에 홍반 유무로 알레르기를 판정하는 방법으로 전문의의 관리하에 시행한다. 만약 8~10mm 이상의 홍반이나 가려움, 물집 등이 나타나면 해당 식품 항원에 대해 양성으로 판정한다.

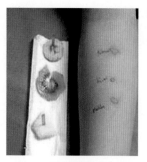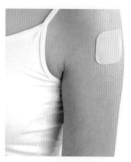

| 긁는 시험법 | 단자 시험법 | 밀착 시험법 |

그림 13-1. 알레르기 진단을 위한 피부시험법

(3) 혈액검사

혈액 내에서 특정 식품과 반응하는 항체인 IgE의 농도를 측정하는 방법이다. 항체의 농도와 함께 호산구 수를 조사하기도 하는데 호산구가 5% 이하일 경우 정상이고 알레르기 체질에서 혈액 중 IgE 농도는 증가한다.

(4) 식품 제거 검사

식품 제거 검사 방법은 알레르기를 유발하는 원인 물질을 찾아냄으로써 진단을 위한 과정인 동시에 치료의 방법으로 사용될 수 있다. 식품 알레르기 진단 후 알레르기를 유발하는 것으로 예상되는 식품들을 2주 또는 증상이 완전히 사라질 때까지 식사에서 제한하는 것이다. 성장기 아이들의 경우 광범위한 식품섭취의 제한은 영양불균형을 유발할 수 있으므로 대체 식품을 사용하는 것이 권장된다. 관련 식품 제거 식이섭취 후에도 증상이 사라지지 않는다면 식품이 아닌 다른 요인을 조사하고 제거 식이를 수주 동안 지속할 경우 비타민과 무기질의 별도 보충이 필요하다.

(5) 식품유발검사

식품 알레르기가 의심되는 식품을 섭취시킨 후 증상이 유발되는 것을 관찰함으로써 진단을 내리기 위하여 시행하는 방법으로, 식품에 대한 재섭취는 증상이 완전히 사라진 후에 시행한다. 검사 방법으로는 증상의 재발을 주의 깊게 관찰하면서 알레르겐 식품을 한 시점에서 한 가지씩 재섭취하도록 한다. 처음부터 너무 많은 양을 공급하기보다 반응이 나타날 때까지 단계적으로 섭취량을 증가시킨다. 이때 주의할 점은 알레르겐 식품의 재섭취 시 전신 과민 반응인 아나필락시스 반응을 유발할 수 있으므로 병원에서 시행하도록 한다.

4) 치료

(1) 식사요법

식품 알레르기의 치료는 식사로부터 알레르겐 식품의 섭취를 제한하는 것이다. 그러나 제한 식품들은 다양한 형태로 식품 내에 함유되어 있을 수 있으므로 알레르겐 식품 섭취의 제한은 물론 식품 구입 시 포장재에 표기된 사항을 꼼꼼히 확인하는 것이 중요하다. 또한 같은 식품군의 음식에서 알레르기 반응이 나타날 수 있으므로 교차 반응에 주의해야 한다. 특정 식품의 섭취 제한은 영양불균형을 야기할 수 있으므로 제한식품으로 인해 결핍될 수 있는 영양소를 함유한 대체 식품의 섭취가 필요하며 다양한 식품을 제한할 경우 비타민과 무기질의 보충이 권장된다. 식품 알레르기 증상은 나이가 들면서 호전되기도 하므로 알레르겐으로 알려진 식품일지라도 1~3개월마다 섭취를 다시 시도해 보

표 13-7. 알레르기 항원식품과 대체식품

제한식품	피해야 할 식품	대체식품
우유	치즈, 아이스크림, 요구르트, 크림수프, 버터	두유, 우유가 없는 식품, 코코아
달걀	커스터드, 푸딩, 마요네즈, 기타 달걀이 함유된 식품	달걀 없이 구운 빵, 스파게티, 쌀
밀	크래커, 마카로니, 스파게티, 국수 등 밀가루로 만든 식품	밀이 없는 빵과 크래커, 옥수수, 쌀, 팝콘, 고구마
두류	콩가루, 두유, 채실유, 콩소스, 콩버터	너트 우유, 코코넛 우유
옥수수	팝콘, 콘시럽	밀가루, 고구마, 쌀가루
초콜릿	캔디, 코코아	설탕
쇠고기	쇠고기 수프, 쇠고기 소스	돼지고기, 베이컨
돼지고기	베이컨, 소시지, 핫도그, 돼지고기로 만든 소스	쇠고기 핫도그

는 것이 필요하다.

또한 알레르기 유발 식품의 조리 방법을 바꿔봄으로써 알레르기를 방지할 수 있다. 식빵은 바삭하게 구운 토스트로 제공하고 차가운 우유는 데우거나 식품에 첨가하여 크림 수프, 케이크, 푸딩 등의 형태로 제공한다. 날달걀의 경우 가열하면 단백질의 변성이 일어나 항원이 없어질 수도 있으므로 달걀찜, 달걀반숙, 달걀프라이 등으로 조리해서 제공한다.

식품 알레르기의 식품선택 요령

· 모든 식품은 신선한 것을 선택한다. 특히 어육류 및 알류 등 부패하기 쉬운 단백질 식품은 신선한 것을 선택한다.
· 가공식품은 향신료와 조미료를 많이 사용하기 때문에 가급적 가공식품 사용을 피한다.
· 채소는 생것보다는 소금을 넣고 살짝 삶아서 사용한다. 전반적으로 생것보다는 가열해 먹는 것이 알레르기를 예방할 수 있다.
· 기름류는 신선한 것으로 한다. 뚜껑을 개봉한 지 오래된 것이나 햇볕이 있는 곳에서 오래 보관한 것 등은 피해야 한다.
· 과음이나 과식은 알레르기를 유발하거나 증상을 악화시키기 때문에 피해야 한다. 특히 술이나 단백질과 지방이 많은 음식을 과식하지 않도록 한다.
· 칼슘, 비타민 C, 비타민 B 복합체 등은 알레르기에 좋은 효과를 보이기 때문에 평소에 충분히 섭취하도록 한다.

---

(2) 약물치료

알레르기 질환에 사용되는 약물 중 가장 많이 사용되는 약제는 항히스타민제이고 이 외에도 항알레르기약, 티오필린제제, 스테로이드제 등이 있다. 항히스타민제는 진정작용과 최면작용이 있어 졸음을 유발할 수 있으므로 섭취 시 주의하여야 하고 스테로이드제의 경우 장기간 복용 시 심한 부작용을 유발할 수 있으므로 주의해야 한다.

가공식품의 식품 알레르기 표시 기준 : 「식품위생법」의 개정과 시행

식품 알레르기 표시 대상 22개

알류(가금류에 한함), 우유, 메밀, 땅콩, 대두, 밀, 고등어, 게, 새우, 돼지고기, 복숭아, 토마토, 아황산류(이를 첨가하여 최종 제품에 SO로 10mg/kg 이상 함유한 경우에 한함), 호두, 잣, 닭고기, 조개(굴, 전복, 홍합), 오징어, 쇠고기

식품 알레르기 표시 방법

원재료명 표시란 근처에 바탕색과 구분되도록 별도의 알레르기 표시란을 마련하여 알레르기 표시 대상 원재료명을 표시

원재료명을 제품명 또는 제품명의 일부로 사용한 경우의 해당 원재료명 및 그 함량 활자 크기

14포인트 이상

4. 아토피성 피부염

아토피성 피부염은 현대에 매우 흔해진 질병으로 어린이의 10~15%가 아토피성 피부염을 지니고 있다고 보고되고 있다. 75%가 1세 이전에 나타나고 90%의 어린이는 5년 내에 자연적으로 호전되며 5%의 환자가 어른이 되어도 피부염이 만성적으로 지속된다.

1) 원인

유전, IgE의 증가에 따른 면역학적 결핍, T림프구의 기능 결여 등 여러 가지 설이 있다. 온도와 습도, 심한 운동과 땀, 섬유에 의한 피부 자극, 음식물, 약물, 집먼지, 동물의 털, 자극성 화학물질, 정신적 스트레스 등도 증상을 심하게 한다. 알레르기 질환에 가족력이 있는 사람에게 잘 생기며 레아긴reagin이라는 항체가 환자의 피부와 혈청에서 발견된다.

2) 증상

항원에 노출되면 즉각적으로 생리적 반응이 일어나며 체액이 혈관에서 조직으로 들어간다. 주로 피부의 비정상적인 반응으로 피부가 가렵고 발진으로 돌기가 생긴다. 붉은 반점이 나타나고 굳어지며 심하게 건조해지면서 가려움이 동반된다. 아토피 피부염 환자의 80% 정도는 알레르기성 비염, 천식, 두드러기, 장염 등의 증상도 지니고 있다.

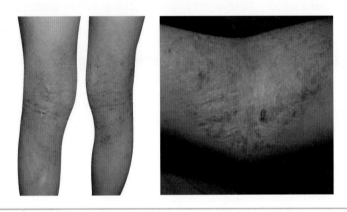

그림 13-2. 아토피 피부염 증상

3) 관리 및 식사요법

여름에는 땀이 나서 피부에 자극을 주어 가렵고 증세가 심해진다. 그러므로 자주 씻고 **옷은 땀을 잘 흡수하는 면 소재로 새것보다 입던 것을 헐렁하게** 입는다. 정신적 스트레스나 심한 운동이 증세를 악화시키므로 **안정된 분위기를 유지**하여 **규칙적인 생활**과 **충분한 수면**을 취하도록 한다. 술과 담배는 간과 폐 기능을 더욱 약하게 만들어 면역력을 저하시키므로 피한다. 잦은 목욕이나 과도한 비누 세척 등은 피부의 유분을 감소시켜 피부를 더욱 건조하게 만들기 때문에 삼가한다. 아토피 피부에 **자극이 없는 식물성 비누를 사용하고 미지근한 물을 이용**한다. 가능하면 카펫을 사용하지 않고 진공청소기와 물걸레로 집 먼지와 진드기를 최대한 줄인다. 체온을 유지하고 **습도는 50~60%**로 적정하게 유지시켜 준다.

식사는 **자연식으로 제공**하며 아토피를 유발하는 식품을 피한다. 즉, 화학조미료, 맵고 짠 음식, 튀긴 음식, 수입산 과일, 달걀, 유제품, 밀가루 음식, 등푸른생선, 고사리나 죽순 등의 채소, 견과류, 인스턴트식품 및 패스트푸드를 제한한다.

수술과
화상

수술과 화상

수술과 화상은 상처나 질환의 심각성, 장기 기능 저하 여부에 따라 의학적 대처가 달라질 뿐만 아니라 질환이 악화될수록 대사적 변화와 함께 영양요구량도 상승할 수 있다. 환자의 영양상태가 저조할수록 수술을 견뎌내기 어려우며 합병증이나 사망률도 높아지므로 수술 전환자의 영양 상태를 양호한 수준으로 유지하여야 한다. 수술로 인한 스트레스는 에피네프린, 코르티솔, 글루카곤 등의 호르몬 분비를 촉진시켜 체내 대사가 항진되고 근육의 이화작용, 항이뇨호르몬 분비, 고혈당 등을 초래할 수 있다. 수술 환자의 상처 회복과 체성분의 손실을 막고 빠른 회복을 위해서도 충분한 영양공급이 필수적이다.

화상은 손상 정도에 따라 1~4도로 나뉘며, 화상으로 인한 체액 손실, 수분과 전해질의 불균형, 혈액량과 혈압의 저하 등에 의한 쇼크를 예방하기 위해서는 초기 수분과 전해질의 공급이 필수적이다. 화상 환자는 충분한 에너지와 단백질, 비타민과 무기질, 수분과 전해질 등 적극적인 영양지원을 통하여 체단백질의 과도한 분해와 감염의 위험을 방지해야 한다. 화상 환자의 신속한 치유와 조직의 재생, 및 기타 후유증을 방지하기 위해서는 화상의 정도에 따른 합리적인 영양지원 방법을 선택하여야 한다.

:: 용어 설명 ::

NPO(Nil Per Os) 금식(禁食)을 의미하는 의학용어로서 환자에게 구강으로 물과 음식을 섭취하는 것이 완전히 금지된 상태임을 나타냄

수술(operation) 수술은 고도의 생리적 스트레스 상황으로서 교감신경계 활성화, 인슐린 저항성 증가, 호르몬 변화 및 영양소 대사이상 등을 초래함

저단백혈증(hypoproteinemia) 체단백질 손실 증가, 질소 대사 항진, 알부민 합성능력 저하, 단백질 섭취 부족 등으로 인해 혈장 속의 단백질량이 비정상적으로 낮은 것으로, 대수술 후에 나타날 수 있음

패혈증(sepsis) 혈액 내에서 세균이나 곰팡이가 증식하여 고열, 백혈구 증가, 저혈압 등의 전신적인 염증반응을 일으키는 병

1도 화상(first-degree burn) 피부의 표피층이 열 손상을 입은 것으로 동통과 함께 홍반, 부종이 생기는데 대체로 일주일이면 회복되는 가장 경미한 화상 단계

2도 화상(second-degree burn) 피부의 표피층과 진피층이 손상되어 괴사가 일어나며 심한 동통과 함께 홍반, 수포 및 부종이 나타남

3도 화상(third-degree burn) 피부 전층의 괴사뿐만 아니라 일부 피하조직까지 손상되어 근육, 땀샘, 모낭근, 건의 손상도 가능함. 피부가 마르고 희거나 검게 변하며 감각을 상실함

4도 화상(fourth-degree burn) 대형 화재 또는 고압전기 감전 등을 통해 발생할 수 있는 가장 중증의 화상으로 근육, 힘줄, 신경, 및 골조직까지 손상되고 패혈증의 위험도 따름

쿠레리 공식(curreri formula) 화상 환자의 에너지 요구량을 추정하는 공식으로서 환자의 연령대를 고려하여 현재 체중과 화상체표면적비율(%)에 상수를 각각 곱해서 산출함

1. 수술과 영양

1) 수술과 대사

인체에 가해지는 스트레스의 직접적인 영향으로 인슐린 분비가 감소하고 포도당 신생, 간의 아미노산 흡수, 요소 합성, 단백질 이화가 촉진된다. 또한 스트레스로 유도된 알도스테론aldosterone과 항이뇨호르몬ADH, vasopressin은 수분과 나트륨을 재흡수시켜 혈액량을 유지하도록 한다. 코르티솔cortisol은 간, 근육, 지방세포에 작용하여 글리코겐을 포도당으로 분해, 단백질로부터 당신생합성 촉진, 지방조직으로부터 유리지방산 방출을 촉진함으로써 스트레스 상황에 인체가 대항할 수 있는 에너지 생산을 유도한다. 스트레스가 높아지면 에피네프린epinephrine, 노르에피네프린norepinephrine과 같은 카테콜아민 분비가 활성화되어 심장근육을 자극하여 대사율을 높이고, 간에 저장된 글리코겐을 분해하여 당의 신생합성을 촉진하게 된다.

수술은 고도의 생리적 스트레스 상황으로서 체내 호르몬의 변화와 함께 대사적인 변화를 초래한다. 교감신경계가 활성화되고 뇌하수체 호르몬 분비 변화와 인슐린 저항성이

표 14-1. 수술에 따른 스트레스 반응과 호르몬 분비 변화

수술에 따른 스트레스 반응	내분비샘	호르몬	분비량
• 교감신경계 활성화 • 내분비계 스트레스 반응 　뇌하수체 호르몬 분비 　인슐린 저항성 • 면역계 및 혈액학적 변화 　사이토카인 합성 　급성기 반응 증가 　호중구 백혈구 감소 　림프구 분화 촉진	뇌하수체 전엽	부신피질자극호르몬	증가
		성장호르몬	증가
		갑상샘자극호르몬	증가 또는 감소
		황체자극호르몬 황체형성호르몬	증가 또는 감소
	뇌하수체 후엽	바소프레신	증가
	부신 피질	코르티솔	증가
		알도스테론	증가
	췌장	인슐린	종종 감소
		글루카곤	대체로 소량 감소
	갑상샘	티록신(T4), T3	감소

초래될 뿐만 아니라 면역계와 혈액학적 변화도 동반된다. 이로 인하여 뇌하수체 전엽과 후엽, 부신 피질, 췌장, 갑상샘 등에서 분비하는 호르몬의 분비량도 변동된다 **표 14-1**. 그러므로 수술 직후의 환자들에게 고혈당 증세가 나타나며, 체단백질의 분해가 촉진되는 반면 단백질 합성이 억제되어 다량의 질소가 소변을 통해 요소로 배설되는 음의 질소평형이 나타나고 체조직 손실로 인하여 칼륨, 인, 마그네슘 배설도 같이 증가한다.

2) 수술 전의 영양관리

수술 전 환자의 영양상태와 수술 종류에 따라 영양관리가 달라진다. 수술 전후에는 식욕부진, 구토, 소화불량, 출혈 등으로 인해 영양불량이 오는 경우가 흔하다. 환자의 영양불량은 상처의 치유를 지연시키고, 수술 봉합 부위의 봉합부전, 상처감염 등으로 인한 합병증이 일어날 수 있으므로 수술 전의 영양관리는 중요하다. 또한 수술을 극복하기 위한 최소한의 영양목표를 달성하기 위해 노력해야 한다.

수술을 극복할 수 있는 영양목표

- 혈청 단백질 : 6.0~6.5g/dL 이상
- 혈색소 : 15% 이상
- 적혈구 용적 : 41% 이상

일반적인 수술의 경우 수술 8시간 전부터 경구로 음식물의 섭취를 금한다. 위에 음식물이 남아 있으면 마취 중이나 마취 후 회복기에 구토가 있을 경우 흡인으로 인한 폐 합병증의 원인이 될 수 있기 때문이다. 또한 위에 남아 있는 음식물은 수술 후 회복을 방해하고 수술 후의 위 정체나 확장 위험을 높인다. 그러므로 보통 수술 전날 저녁에 가벼운 음식을 주고 밤 12시 이후는 금식시킨다. 위장관의 수술 전에는 수술 부위의 음식 잔여물을 적게 하기 위하여 수술 2~3일 전부터 저잔사식이나 액체음식을 공급한다.

수술 전 환자는 에너지, 탄수화물, 단백질, 비타민과 무기질 및 수분의 충분한 공급을 통하여 영양불량을 방지하여야 한다.

(1) 에너지

수술 전의 환자는 원인 질환 등에 의한 발열로 체내 대사가 평소보다 항진되기 때문에 고에너지식을 제공하며 평상시 에너지 수준보다 30~50% 더 증가시킨다.

(2) 탄수화물

충분한 양의 탄수화물, 특히 포도당 공급은 체내 단백질 필요량을 절약하고 수술 후 케톤증과 구토를 방지한다.

(3) 단백질

수술하는 동안의 혈액 손실에 대비하고 수술 직후의 조직 파괴를 방지하며 조직 및 혈장의 예비량을 비축하기 위하여 충분한 단백질을 공급하도록 한다. 수술 전 혈청 단백질의 수준이 최소한 6.0~6.5g/dL 이상 유지되도록 수술 전 1~2주간 단백질 섭취량을 100g/일 정도로 공급한다.

(4) 비타민과 무기질

비타민과 무기질은 에너지 대사에 관여하고 상처 회복에 필수적이다. 특히 비타민 A는 상피조직의 형성에 필요하며, 비타민 C는 상처 회복에 필요하고, 비타민 K는 수술 시 지혈을 도와준다. 빈혈이 있을 경우에는 철 공급이 필요하며 이외에도 칼슘, 아연 등의 무기질을 충분히 공급한다.

(5) 수분

수술 시에는 혈액, 전해질, 수분 손실이 흔하므로 수술 전 환자의 상태를 잘 체크하여 탈수되지 않도록 한다. 환자가 구강으로 수분을 공급받을 시간이 없거나 구강섭취가 불가능할 때는 정맥주사를 통하여 충분한 양의 전해질과 수분을 공급하여야 한다.

3) 수술에 따른 체내 대사 변화

수술은 출혈, 체액 손실, 체단백 손실 및 스트레스로 인하여 환자의 영양소 대사 및 수분과 전해질 대사에 많은 변화를 초래하는 과정이다. 체내 대사에 나타나는 변화를 이해하고 수술 후 환자의 회복을 위한 영양관리 필요성과 방법을 잘 습득하여야 한다.

(1) 탄수화물 대사
수술이 요구하는 높은 에너지 수준을 충족하기 위해 간 글리코겐의 분해가 촉진되고 당신생이 촉진되므로 고혈당을 유발하기 쉬워진다.

(2) 단백질 대사
체단백질의 분해는 촉진되며 당신생이 활발해짐에 따라 단백질 합성은 억제된다. 단백질 대사산물이 소변으로 배설됨에 따라 요(尿) 중 질소화합물이 다량 배설되고 음의 질소평형을 초래한다.

(3) 지질 대사
지방조직의 분해가 촉진되어 에너지원으로 이용된다. 따라서 체지방량은 감소하게 된다.

(4) 무기질 대사
항이뇨호르몬의 분비를 통해 요(尿) 양이 감소함에 따라 나트륨 배설이 감소된다.

4) 수술 환자의 영양지원 방법

(1) 정맥영양
수술의 종류에 따라 인체에 가해지는 스트레스 수준과 체내 호르몬 분비 등 대사적인 차이가 있을 수 있으나 대체로 수술로 인하여 체내 대사율이 상승하며 항이뇨호르몬 분비, 고혈당, 체단백의 이화작용 등이 촉진된다. 따라서 혈액 및 전해질, 내장 단백질, 근육 등의 손실이 커지고 영양소의 요구량도 증가한다. 그러나 수술 후 처음 며칠 동안은 소화관을 통한 정상적인 영양공급이 어려울 수 있으므로 이때는 정맥영양을 통한 수분과 전해질, 포도당, 아미노산 등의 필수 영양소를 공급하여야 한다. 장기간 금식이 예상되거나 수술 후에 혈액과 전해질 손실 등으로 인한 쇼크를 방지하기 위하여 정맥영양을 통한 수분과 전해질 평형을 유지시켜 주어야 한다.

(2) 경구영양

수술 후 첫 1~2일간은 입으로 아무것도 주지 않는 금식Nil Per Oris, NPO기간이며 이 시기는 정맥영양을 통해 물과 전해질 및 영양소를 공급하게 된다. 질병 저항력과 회복력을 높이기 위해서는 가능한 한 빨리 경구영양을 시작하는 것이 좋으며, 식사는 맑은 유동식, 전유동식, 농축유동식, 연식, 회복식 등으로 농도와 영양소 수준을 단계적으로 높여 나간다.

수술 후 1~2일 정도 경과하여 장기능이 정상으로 돌아오면 맑은 유동식을 제공함으로써 수분과 나트륨 등의 전해질을 보충하고 걷기 활동을 통해 장운동을 촉진시킨다. 연한 커피나 차, 국의 국물, 주스 등은 환자에게 필요한 물과 나트륨, 염소 등의 전해질 공급에 도움이 되며 동시에 장의 운동을 촉진시켜 전유동식으로 가는 과정을 도와주게 된다.

수술 후 3~4일 경과 시 전유동식으로 이행하여 탄수화물과 단백질을 보충한다. 푸딩, 크림수프, 고단백음료의 공급은 단백질과 당질을 공급하는 데 도움이 된다. 환자가 잘 적응하면 5~7일 정도 경과 시점부터는 연식을 거쳐 일반식으로 이행하는 것이 좋다. 음식은 환자의 위장관 상태를 관찰하면서 적절히 공급하여야 한다. 즉, 맑은 유동식에서 일반식에 이르는 식사의 이행속도는 일률적으로 적용하기보다는 환자가 적응하는 정도에 따라 달라지며 복부 팽만이나 장경련 등의 이상 증세가 나타나면 섭취를 중단하고 전 단계의 식사 형태로 돌아가도록 한다.

5) 수술 환자의 식사요법

(1) 에너지

수술 후 에너지 필요량은 수술 환자의 상황에 따라 다르다. 충분한 양의 에너지는 수술 후의 빠른 회복을 위해 매우 중요하며, 증가된 에너지 필요량을 당질과 지질로 충분히 공급하지 않으면 단백질이 손실되어 수술 후 질소 손실량을 보충하기 어렵고 상처 회복도 지연된다. 합병증이 없는 환자의 경우 정상 필요량에 10% 정도 증가시킨다. 외상수술이나 복합골절인 경우에는 10~25% 더 증가시켜 공급한다. 발열이 있을 때는 체온이 1℃ 증가할 때마다 에너지를 13%씩 증가시킨다. 일반적으로 수술 후 공급되는 에너지는 35~45kcal/kg 수준이며, 입원 환자의 임상상태에 따른 에너지 필요량은 **표 14-2**와 같다.

표 14-2. 임상상태에 따른 에너지 필요량

임상상태	기초대사율 상승도(%)	총에너지 필요량(kcal/kg)
침상	없음	1,800
간단한 수술	0~20	1,800~2,200
복잡한 부상	20~50	2,200~2,700
급성 감염 또는 화상	50~125	2,700 이상

(2) 단백질

수술 후 체단백질이 손실되고 이화작용이 항진되면서 소변으로 질소 배설이 증가하고 혈청 단백질 농도가 저하되므로 충분한 단백질 공급이 필요하다. 수술 직후에는 음의 질소평형이 이루어져 0.5kg/일 이상의 체단백질이 손실된다. 상처 부위의 출혈, 체액 손실, 삼출물을 통한 혈장 단백질의 손실 등도 질소 배설을 높이며 광범위하게 조직이 파괴되었거나, 염증과 감염이 있으면 더욱 손실될 수 있다. 수술 일주일 후부터는 조직이 회복되기 시작하므로 상처의 회복과 면역력 강화를 위해 양질의 단백질 공급이 필요하다. 수술 후 1.5~2.0g/kg 또는 150g/일 정도로 단백질을 충분히 공급한다.

(3) 비타민과 무기질

수술 전후에 장기간 단식한 경우나 쇠약해져 있는 경우 권장량의 2~3배 정도로 많은 양의 비타민과 무기질을 공급해야 한다. 상처 회복을 위하여 상피조직의 구성에 필요한 비타민 A와 콜라겐 형성에 필요한 비타민 C, 혈액응고에 필요한 비타민 K를 충분히 보충한다. 수술 후 에너지의 섭취량이 높아지면서 이들 대사에 필요한 티아민, 리보플라빈, 피리독신, 니아신, 엽산 및 코발라민 등의 비타민 B군 외에도 혈색소 형성에 관여하는 비타민의 요구량을 충족시킬 수 있도록 공급한다.

무기질 중에는 체조직 분해로 인해 칼륨과 인이 많이 손실되고, 수분 손실에 따른 나트륨과 염소 등의 손실, 출혈로 인한 철의 손실이 일어나기 쉬우므로 보충을 해 준다. 아연은 아미노산 대사와 콜라겐의 전구체 합성에 필요하고 상처의 회복에 도움이 되므로 보충제로 공급해 준다.

(4) 수분

수술 후 회복기간 동안 흔히 구토, 출혈, 발열, 이뇨로 인해 많은 양의 수분이 손실될 수 있다. 합병증이 없을 경우 하루 2L, 체온 상승이나 콩팥 손상, 패혈증의 합병증이 있을 때는 3~4L의 수분이 필요하다. 합병증이 있거나 중환자 또는 체액 손실이 많은 환자에서는 1일 7L까지 증가시킬 수 있다. 수술 후에는 정맥주입으로 수분을 공급하게 되지만 장의 연동운동이 돌아오면 가능한 한 빨리 경구섭취를 통해 수분섭취를 유지할 수 있도록 한다.

수술의 식사요법

- 수술 전 환자는 고에너지, 고단백질, 고비타민 등 적극적인 영양관리가 필요하다.
- 금식 기간에는 정맥영양을 통해 수분, 전해질, 포도당, 아미노산 등 필수 영양소를 공급한다.
- 수술 환자의 질병 저항력과 회복력을 높이려면 가능한 한 빨리 경구영양을 실시하여야 한다.
- 수술에 따른 기초대사량과 체단백 이화작용 증가, 상처 회복과 감염 예방, 면역력 강화를 위해 고에너지, 양질의 고단백질, 비타민과 무기질의 충분한 공급이 필요하다.
- 탄수화물과 지질로 에너지를 충분히 공급함으로써 체단백 손실과 상처 회복의 지연을 방지한다.

2. 화상과 영양

1) 화상의 분류

화상은 열, 전기 혹은 화학물질과의 접촉에 의해 피부조직이 손상된 것을 말한다. 피부는 그림 14-1과 같이 각질층, 표피층, 진피층, 피하지방층, 근육층으로 구성되어 있으며, 화상의 정도는 피부의 구조에 있어서 손상 정도 및 괴사에 따라 1도, 2도, 3도 및 4도로 나누어진다. 화상은 손상된 체표면적이나 피부조직의 깊이에 따라 치료계획이 결정된다.

1도 화상은 피부 표피층이 손상된 것으로 동통과 함께 피부가 붉게 변하는 홍반, 부종 등이 일어나며 대개 일주일이면 피부가 벗겨지고 상피세포로부터 새로운 조직을 만들어내며 회복된다. **2도 화상**은 피부의 표피와 진피가 손상되어 괴사가 일어난 것으로 빨갛게 붓고 심한 동통과 수포, 부종이 나타난다. 대개 2도 화상은 뜨거운 물이나 스팀에 의해 발생하는 경우가 많다. **3도 화상**은 피부의 모든 층뿐만 아니라 일부의 피하조직까지 손상된 것으로 피부가 마르고 희거나 검게 변하며 감각을 상실하여 통증을 느끼지 못하며 심한 경우 피부 이식이 필요하다. 근육, 신경, 땀샘, 모낭근까지 손상될 수 있다. 끝으로 **4도 화상**은 주로 고압전기에 감전되거나 의식을 잃은 상태에서 화재에 노출된 경우에 근육은 물론 뼈와 관절을 포함하는 심부 구조까지 손상되고 패혈증의 위험도 발생하

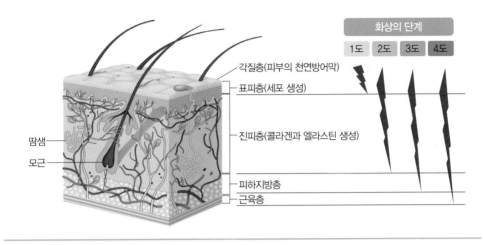

그림 14-1. 피부의 구조와 화상의 단계별 피부 손상도

게 된다. 4도 화상은 범위가 넓지 않더라도 치료가 어려우며 사망률이 높고 사지절단 등 극심한 신체적 장애와 변화를 초래할 수 있다.

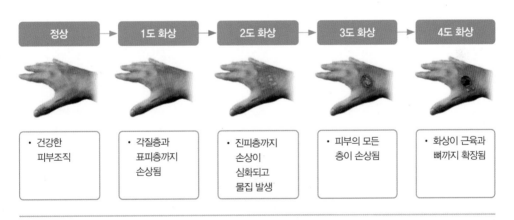

그림 14-2. 화상의 단계별 특징

화상의 정도를 결정하는 요소

- 화상의 깊이 : 1도, 2도, 3도 및 4도
- 화상의 면적 : 9의 법칙(성인, 어린이, 유아의 부위별 체표면적을 9의 배수로 나타냄. 성인의 머리 9%, 팔 18%, 몸통 36%, 다리 36%, 회음부 1%)
- 위험 부위 포함 여부 : 얼굴, 회음부, 손, 발
- 나이 : 저연령, 고연령
- 건강상태 : 다른 손상이나 질병 보유

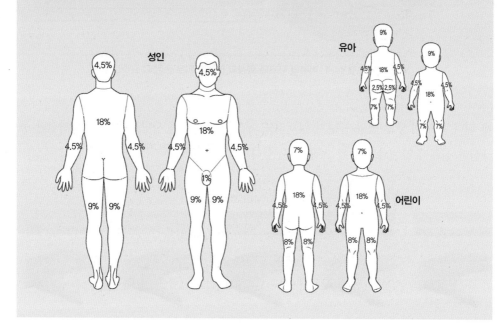

2) 화상의 진행에 따른 영양관리 방안

(1) 수분과 전해질 공급

화상이 발생하면 피부 보호막이 손상되고 많은 분비물이 배출되므로 병균의 침입이 용이해질 뿐만 아니라 상처를 통하여 다량의 체액과 전해질의 손실이 발생하게 된다. 인체는 체액 손실을 보상하기 위해 혈관 벽의 투과성을 높이므로 혈장과 알부민이 세포외액으로 빠져나오게 되는데 혈액량이 지나치게 감소하면 쇼크에 빠질 수도 있다. 따라

쉽게 배우는 식사요법

서 화상으로 인한 체액 손실, 수분과 전해질의 불균형, 및 혈액량과 혈압의 저하 등을 예방하기 위해서는 수분과 전해질의 공급이 매우 중요하다. 필요한 수분의 양은 환자의 나이, 몸무게, 화상 정도에 따라 다르다. 일반 성인은 피부의 15~20%, 노인이나 어린이는 피부의 10% 정도에 화상을 입었을 경우는 체액의 손실이 심하므로 정맥주사 치료를 해야 한다. 특히 노인의 경우 피부 면적의 60% 이상에 화상을 입었을 때는 사망에 이를 수 있다.

(2) 적극적인 영양공급

화상 발생 후 2~3일 정도 지나면 체액과 전해질의 재흡수와 배설 등을 거치면서 회복기로 접어들며 5~7일 후에는 대체로 체중과 장 기능이 정상을 회복하므로 본격적인 영양공급이 가능해진다. 화상 환자는 상처를 통하여 체열이 손실되며 체온 유지를 위한 열 생산이 증가하므로 에너지 요구량이 많아지는데, 심한 화상의 경우 휴식대사량의 100%까지 에너지 요구량이 증가한다. 단백질 이화작용과 상처의 삼출물을 통한 단백질 손실 및 요질소 배설이 증가하고 감염에 대처하기 위해 단백질 요구량도 증가한다. 화상

화상의 진행단계에 따른 대처방안

1단계 : 소생/응급단계, 화상 직후 ~ 24-48h
- 화상의 손상 정도 파악, 응급 상황 해결, 치료계획 수립
- 손상된 모세혈관으로 혈관액 손실되면 저혈류 쇼크 발생, 물집과 부종 형성
- 수분 · 전해질 보충 → 모세혈관 투과성 회복 → 부종 소실, 이뇨 시작 → 응급단계 종료

2단계 : 급성단계, 이뇨 시작~상처 치유의 수주~수개월
- 섬유아세포가 과립조직을 형성하고 상처를 둘러싼 괴사조직은 느슨해짐
- 장음이 들리면 구강섭취 개시, 감염 등 합병증 예방, 철저한 위생, 환자 격리도 고려
- 나트륨, 칼륨 및 포도당 수준을 면밀히 모니터링, 고에너지, 고단백, 고비타민 제공
- 상처가 아물기 시작하면 수축을 막기 위해 최대한 기지개를 켜고 움직이도록 유도함
- 2도 화상은 감염이 없는 한 10~21일 내 치유, 3도 화상은 외과적 절제와 피부이식 필요

3단계 : 재활단계, 상처봉합~최상의 활력 회복
- 상처가 아물고 환자의 재활 노력이 활발해짐
- 치유된 피부는 3개월간 햇빛 직접 노출을 피하여 색소침착과 타는 것 방지

으로 인하여 식욕이 저하되고 장 마비 가능성이 있을 경우에는 적절한 영양지원 방안이 요구된다. 만약 화상 환자가 연기 흡입으로 인하여 손상이 있거나 기계환기 치료를 위해 기관내삽관을 유지해야 하는 경우는 연하곤란 우려가 있으므로 경관급식이 필요하다. 화상 환자에게 충분한 수준의 영양공급이 이루어지지 못할 시에는 회복을 지연시키고 합병증도 초래할 수 있으므로 상처 치료, 감염관리와 함께 적절한 영양공급이 매우 중요하다.

3) 화상의 식사요법

화상의 영양치료 목표는 에너지 요구량 충족, 합병증 최소화, 영양소 결핍 예방과 교정, 소변 배설 및 항상성 유지를 위한 수분과 전해질 관리에 두어야 한다. 화상 후 환자의 대사량 증가에 대처하고 빠른 회복을 돕기 위해서는 에너지, 탄수화물, 단백질, 지방, 비타민, 무기질, 항산화영양소를 충분히 공급하여야 한다. 체표면적 20% 미만의 화상 환자는 대부분 고에너지 및 고단백질 식사를 통해 요구량 충족이 가능하며 영양 농도를 증가시킨 음식은 다량의 음식물을 섭취해야 하는 부담을 줄일 수 있다. 체표면적 20% 이상에 화상을 입었거나 화상 전의 영양상태가 불량하였거나 화상 전 체중 대비 10% 이상의 체중이 감소하였다면 적극적인 영양관리가 필요하다. 위 마비가 있을 경우에는 소장을 통한 경관급식을 고려하도록 하고, 경관급식에 적응하지 못하거나 화상 상처의 관리 기간에는 중심정맥영양을 고려하도록 한다.

(1) 에너지

화상 시에는 각종 호르몬 분비가 증가하고 중요한 조직의 산소 소비량과 심박출량이 증가하면서 에너지 대사가 항진된다. 또한 환자의 상처관리와 물리치료 시에도 에너지 소모가 약 20~30% 증가한다. 화상 후 체중이 심하게 감소하면 상처 회복을 지연시키고 생명의 위험을 초래하므로 화상 전 환자의 체중보다 10% 이상 감소하지 않도록 한다. 에너지 요구량은 화상 정도 및 크기에 따라 다르며 심한 화상의 경우 에너지 소모량은 휴식대사량의 2배까지 증가하게 된다. 3,500~5,000kcal의 에너지를 고당질 식사와 함께 공급함으로써 조직 재생에 필요한 단백질을 절약하고 높아진 요구량도 충족할 수 있다. 화상 환자의 연령대별 에너지 요구량을 산출하기 위하여 쿠레리 공식curreri formula을 사용할 수 있다. **표 14-3**에 나타난 바와 같이 화상 환자의 에너지 요구량은 환자의 체중과 화상을 입은 체표면적 비율(%)에 일정한 상수를 각각 곱해서 산출하는데 성별은 구별하지 않으며 연령은 1세 이상에 대해 총 5개 구간으로 나누고 있다. 대체로 화상의 경과에 따라 에너지 소모량은 등락을 거듭하므로 고정된 공식에만 의존하여 에너지 요구량을 산출하는 것은 에너지를 높게 필요로 하는 시기에는 저평가가 되고 후반부의 치료 시기에는 과대평가가 될 위험이 있다. 따라서 간접열량계를 사용하여 에너지 요구량을 직접 측정하는 것이 더 정확한 요구량을 산출할 수 있다.

표 14-3. 쿠레리 공식을 통한 연령별 에너지 요구량 산출방법

연령(세)	에너지 요구량 (kcal)
< 1세	RDA + 15(TBSA)
1~3세	RDA + 25(TBSA)
4~15세	RDA + 40(TBSA)
16~59세	25(평소체중, kg) + 40(TBSA)
≥ 60세	20(평소체중, kg) + 65(TBSA)

* RDA : DRI(Dietrary Reference Intakes, 미국 영양소 섭취기준)에서 제시하는 칼로리에 대한 영양권장량(Recommended Dietary Allowance)을 의미함
* TBSA(Total Body Surface Area) : 화상 부위의 체표면적 백분율

(2) 단백질

화상 환자는 소변과 상처를 통한 질소 손실, 포도당 신생 증가 및 상처 회복을 위하여 단백질 요구량이 증가한다. 성인의 경우 섭취하는 에너지의 20~25%를 양질의 단백질로 섭취하거나 다음에 나타낸 것처럼 화상 전 체중(kg)당 1g의 단백질에 화상 면적 비율(%)당 3g을 더해서 산출할 수 있다. 어린이는 나이에 준하는 단백질 권장섭취량의 약 2~4배 정도의 단백질이 요구된다.

단백질 필요량 = (1g x 화상 전 몸무게(kg)) + (3g x 화상면적 비율(%))

일반적으로 화상 부위가 체표면적의 20% 미만인 경우는 2g/kg, 화상 부위가 20% 이상인 경우는 2~3g/kg, 30% 이상인 경우는 더 많은 양의 단백질을 공급하도록 한다. 상처가 회복됨에 따라 질소 배설량은 차츰 감소하며, C-반응성 단백질, 프리알부민, 레티놀 결합단백질을 사용하여 환자의 단백질 영양상태를 평가할 수 있다. 체중이 10% 이상 감소하면 상처 회복이 지연되므로 주의하여야 한다.

(3) 탄수화물

탄수화물을 이용하여 충분한 에너지를 제공함으로써 체단백의 분해에 따른 질소 배설량을 감소시킬 수 있다. 그러나 지나치게 높게 공급하면 고혈당을 초래하고 간에 부담을 주므로 탄수화물의 에너지 적정비율은 총에너지 필요량의 50~60% 정도가 적당하다.

(4) 지질

지질은 탄수화물이나 단백질에 비해 농축된 에너지 급원이지만 지나친 공급은 면역기능을 약화시켜 감염의 위험을 높이게 된다. 따라서 지질은 총에너지의 15~20% 정도로 공급하며, 오메가-3 지방산이 높은 지질의 공급은 면역기능을 강화하고 화상 환자에게 흔한 혈전성 합병증을 감소시킬 수 있다.

(5) 비타민과 무기질

화상 환자는 에너지 대사의 항진, 상처 회복과 새로운 조직의 합성 및 면역기능 향상을 위해 비타민과 무기질의 필요량도 증가한다. 비타민 C는 콜라겐 합성, 섬유모세포와 모세혈관 형성, 면역기능에 관여하는 강력한 항산화제로서 상처 치료 시 요구량이 증가하므로 1g/일을 권장한다. 비타민 A는 면역기능과 상피화epithelialization에 관여하며 결핍되면 콜라겐 합성과 상처 회복이 지연되므로 충분히 공급하여야 한다. 비타민 B군은 에너지 대사 항진에 대처하기 위해 권장섭취량의 2배 수준으로 공급한다.

화상 초기에는 세포 파괴 및 체액 손실로 인해 저나트륨혈증과 저칼슘혈증이 나타날 수 있으므로 임상검사 결과에 따라 보충하도록 한다. 화상 면적이 체표면적의 30% 이상인 환자는 혈청 칼슘 수준이 저하되므로 식사를 통하여 칼슘을 보충하고 가벼운 운동을 통하여 체내 칼슘 손실을 줄이도록 한다. 아연은 아미노산 대사와 콜라겐 전구체 합성에 관여하여 상처의 회복에 중요한 역할을 하므로 권장섭취량의 2배 정도로 충분한 아연을 공급하여 손실을 보충하도록 한다. 환자의 빠른 회복을 위해 마그네슘, 구리, 크롬, 셀레니움 등의 추가 공급도 필요하다.

(6) 수분과 전해질

화상 직후는 다량의 체액이 손실되고 쇼크 직후 손실된 조직액을 보상하기 위해 세포 내 수분이 빠져 나오게 되어 탈수상태가 된다. 그러므로 화상 환자에게는 수분을 충분히 공급하여야 한다.

(7) 기타

화상 환자의 대사적 스트레스를 최소화하기 위해 적정한 실내온도 유지, 수분/전해질 균형 유지, 통증과 불안 조절, 상처 부위 위생관리 등이 요구된다. 또한 스트레스로 인한 궤양을 방지하기 위해 제산제를 투약하거나 지속적인 경장영양 실시할 수 있다.

화상의 식사요법 POINT

- 환자의 연령, 체중, 화상을 입은 체표면적의 비율, 기초대사량 등을 토대로 에너지와 단백질 필요량을 산출한다.
- 화상 직후는 수분과 전해질의 충분한 공급에 유의하고 필요시 정맥영양을 실시한다.
- 화상의 회복기는 에너지 대사 항진, 상처 회복과 새로운 조직 합성 및 면역기능 향상을 위해 에너지와 단백질, 비타민과 무기질을 충분히 공급한다.
- 단백질 절약작용을 위해 탄수화물은 총에너지의 50~60% 정도로 공급한다.
- 지질은 총에너지의 15~20% 수준으로 공급하고 오메가-3 지방산의 섭취를 증가시킨다.

암과 영양

암과 영양

암은 현대인의 사망원인 1순위로 자리 잡은 지 오래다. 악성 종양인 암은 인체 대부분의 조직에서 발생할 수 있으므로 암의 종류는 매우 다양하며 암의 진행 및 예후 등에서도 다양한 특성을 나타낸다. 암은 치료도 중요하지만 예방이 훨씬 더 중요하며 암과 식생활은 불가분의 관계에 있다.

암 환자는 수술, 방사선, 항암제, 및 생물학적 요법 등을 이용한 치료 과정에서 대사율 항진, 암세포 전이, 섭취 불량 등으로 인하여 암 악액질이라는 고도의 전신 쇠약상태를 겪을 수 있다. 즉, 식욕 부진과 흡수 불량으로 인하여 주요 에너지원인 당질, 단백질, 지질의 대상 이상을 초래하며 체중, 체단백질 및 체지방이 감소하고 인체의 제반 기능의 저하가 수반된다. 암 환자의 영양부족을 최소화하고 신체활동 및 기능의 유지 및 저하된 체력을 신속하게 회복할 수 있도록 최적의 음식을 제공하여야 하며, 암은 또한 재발 방지가 중요하므로 암 예방 식생활을 지속하여야 한다. 식재료부터 음식 제공의 전 단계에 걸쳐 안전을 보장하고 섭취가 용이할 뿐만 아니라 영양불균형을 해소할 수 있는 식사요법의 실천과 다양한 암환자 편이식의 개발도 요구되어진다.

:: 용어 설명 ::

양성 종양(benign tumor) 과잉성장에 의한 세포 덩어리로서 형태가 정상세포와 동일하며 성장 속도도 느리며 다른 조직에 전이되지 않으므로 수술로 제거하면 재발이 거의 없음

악성 종양(malignant tumor) 정상세포와 달리 세포 분화가 잘 되어 있지 않아 미성숙한 상태로 성장속도가 빠르며 주위 조직으로 침윤 및 전이되는 특성이 있어 생명을 위협할 수 있음

악성신생물(malignant neoplasia(new+growth)) 악성 종양과 함께 암을 부르는 다른 이름으로서 인체에 발생하는 새로운 조직을 뜻함

발암물질(carcinogen) 암을 일으키는 화학물질

종양개시인자(tumor initiator) 정상세포가 암을 형성할 수 있도록 변화되는 과정인 "종양 개시" 과정에 관여하는 물질을 일컫는 용어

종양촉진인자(tumor promoter) 암 생성을 활성화시키는 물질로서 세포 증식의 유사분열 및 신호전달에 관여하여 개시된 세포의 증식에 영향을 줌

항암화학요법(chemotherapy) 항암제를 사용하는 전신적인 암 치료법으로 구토, 체중감소, 전신쇠약, 면역 저하 등 복합적인 영양문제를 초래함

방사선치료(radiotherapy) 머리와 목, 복부 등 수술이 불가능한 부위나 수술 전 종양의 크기를 감소시킬 목적으로 방사선을 조사하여 암세포를 사멸하는 치료법

암 악액질(cancer carchexia) 암으로 인한 대사율 항진, 암세포의 전이, 섭취 불량 등으로 인한 체중·체단백질·체지방의 감소 및 인체의 기능 저하가 수반되는 고도의 전신 쇠약상태

이미각증(anaphylaxis) 보통 사람들은 맛있게 느끼는 식사나 음료를 역겹게 느끼거나 원래의 맛이 아닌 다른 맛이나 좋지 않은 맛으로 느끼는 것으로 다수의 암 환자가 겪는 문제

1. 암의 이해

1) 암의 정의와 특성

일반적인 세포는 성장, 분화, 프로그램된 죽음Apoptosis의 과정을 밟거나 성장이 정지된 상태를 유지하고 있으며, 이러한 과정은 엄격하게 조절을 받고 있다. 그러나 암세포의 경우 세포의 유전자 중 일부에 변이가 발생하여 이들 유전자의 산물인 단백질의 특성이 바뀌게 되고, 그 결과 세포 성장 조절에 이상이 발생하게 된다. 즉, 암은 세포 유전자에 변이가 동반되는 유전자 질환인 것이다.

양성 종양은 비교적 서서히 성장하며 신체 여러 부위에 확산 및 전이하지 않으므로 제거함으로써 치유시킬 수 있는 종양을 말하는데 비하여, 악성 종양은 빠른 성장과 침윤적 성장 및 체내 각 부위에 확산, 전이하여 생명에 위험을 초래하는 종양을 말한다. 따라서 암이란 악성 종양tumor 혹은 악성신생물Neoplasia(new+growth, 신생물)의 일반적인 명칭이며 모발과 손발톱을 제외한 신체의 전 조직에 발생하는 점에서 다른 질환과 구별된다.

암세포의 특성을 요약하면 일반적인 세포와 달리 비정상적인 자가증식을 한다. 즉, 암세포는 빠른 세포분열을 위하여 주변의 영양분을 과도하게 끌어들여 주변 세포의 정상적인 성장과 기능을 방해할 뿐만 아니라 신체의 다른 조직으로 전이가 되면 정상조직이 갖던 본래의 기능과 특성을 잃고 암세포로 변형되며 계속된 비정상적 세포분열로 인하여 과잉성장하게 되어 암 관련 증상을 나타내는 것이다.

2) 암의 발생 기전

(1) 정상세포의 변화

암 발생의 위험요인으로 알려져 있는 흡연, 발암성 식품 및 화학물질, 발암성 병원체 등에 정상세포가 노출되면 세포핵의 구성요소인 DNA에 구조 변화가 일어나 변형된 세포인 암세포가 생성되고 종양촉진인자 등이 작용하여 비정상적으로 세포분열을 지속하게 된다. 이렇게 변형된 세포는 분열하여도 변형된 DNA를 갖게 되며 분열과 증식을 계속 반

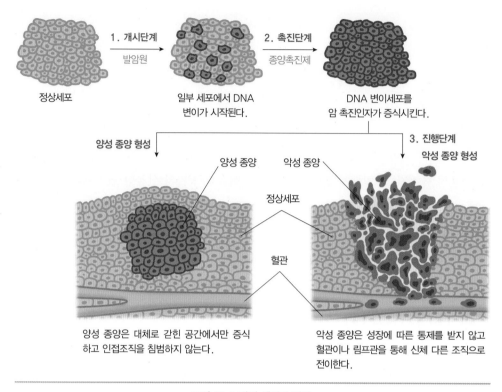

정상세포   1. 개시단계 발암원   일부 세포에서 DNA 변이가 시작된다.   2. 촉진단계 종양촉진제   DNA 변이세포를 암 촉진인자가 증식시킨다.

양성 종양 형성   3. 진행단계 악성 종양 형성

양성 종양   악성 종양

정상세포

혈관

양성 종양은 대체로 갇힌 공간에서만 증식 하고 인접조직을 침범하지 않는다.

악성 종양은 성장에 따른 통제를 받지 않고 혈관이나 림프관을 통해 신체 다른 조직으로 전이한다.

그림 15-1. 암의 생성과 전이

복함으로써 암 조직으로 된다고 보는 것이다. **그림 15-1**은 정상세포가 종양개시인자 및 종 양촉진인자의 작용을 통해 양성 종양이나 암인 악성 종양으로 분화되는 과정을 도식화 하였다. 이러한 변화는 일시적으로 이루어지는 것은 아니며 대개 20~30년에 걸쳐 여러 종류의 유전자 변이가 축적되어 암이 발생하게 된다. 한편 암 발생에 있어 10~20% 정도 는 부모로부터 물려받은 유전자의 이상에 의한다고 알려져 있다.

(2) 면역계의 이상

인체의 정상적인 면역기능은 신체 내에서 생성되는 종양세포 1,000만 개까지는 파괴 할 능력을 가지고 있다고 한다. 그러나 보통 임상적으로 암이 발견될 정도로 암세포의 분 열과 증식이 커지는 경우는 최소한 10억 개의 종양세포를 포함하게 되므로 면역기능에

406

의하여 파괴될 수 있는 수준을 훨씬 넘어버리게 된다. 따라서 암세포가 제거되지 못하고 암이 발생하게 된다.

3) 한국인의 암 발생률과 사망률

최근 우리나라에서 가장 많이 발생한 암은 갑상샘암이며(11.8%, 2020년), 이어서 폐암, 대장암, 위암, 유방암, 전립선암, 간암 순으로 나타났다. **그림 15-2**는 성별에 따른 암 발생률을 나타내었다. 남자는 폐암, 위암, 전립선암, 대장암, 간암, 갑상샘암 순으로, 여자는

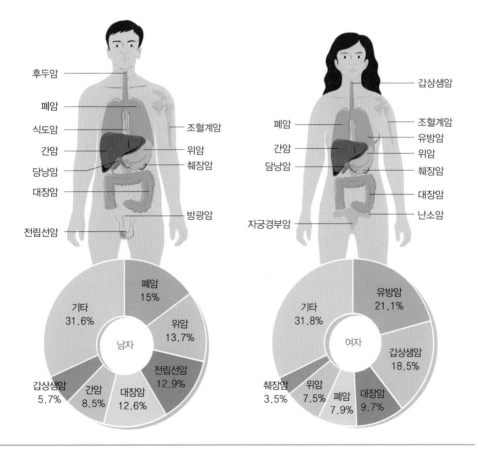

그림 15-2. 우리나라 남녀별 암 발병률

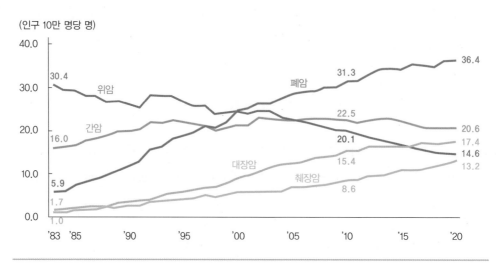

그림 15-3. 악성신생물(암) 사망률 추이(1983~2020)

유방암, 갑상샘암, 대장암, 폐암, 위암, 췌장암 순으로 발생률이 높게 나타났다. 한편 암 환자의 5년 상대생존율(2016~2020년)은 71.5%로서 10명 중 7명 이상은 5년 이상 생존하는 것으로 추정되었다. 암종별로는 갑상샘암(100.0%), 전립선암(95.2%), 유방암(93.8%)이 높은 생존율을 보였고, 간암(38.7%), 폐암(36.8%), 담낭 및 기타 담도암(29.0%), 췌장암(15.2%)은 상대적으로 낮은 생존율을 보였다.

　　한편 우리 국민의 사망원인 1순위도 암으로 나타났으며 10대, 20대 및 30대의 자살을 제외하면 남녀 모두 전 연령에서 암으로 인한 사망률이 가장 높았다. 특히 폐암, 간암, 대장암, 위암, 및 췌장암 순으로 높았으며 남자의 암 사망률은 여자보다 1.6배 높았다. 그림 15-3은 1983~2020년까지 우리나라 암 사망률 추이를 보여주는데 폐암, 대장암 및 췌장암은 지속적으로 증가하였고 위암은 큰 폭으로 감소, 간암은 약간 증가한 추세이다.

4) 암의 발생원인

암은 다른 질환과 마찬가지로 유전적인 소인에 의해 발생할 수 있으며 흡연, 음주, 식품 내 발암물질, 대기오염 등에서 비롯되는 유해 화학물질, 바이러스나 박테리아 등을 통한 감염, 인체에 유해한 방사선 조사 등을 포함하는 생활환경적 요인과 스트레스로 대표되는 사회·심리적 요인에 의해 발병할 수 있다고 보고되었다.

(1) 유전

유전을 통해 각종 능력, 성격, 기질뿐만 아니라 식품 기호/기피, 특정 질병의 발병 위험도 등 무수한 정보가 전달되므로 유전은 암 발생의 중요한 원인이 될 수 있다. 망막아세포종retinoblastoma, Rb이나 유전성 비용종성 대장암은 유전자 돌연변이에 의해 암이 발생한다고 밝혀졌으며 유방암, 대장암 등은 가족력이 있는 사람일수록 발병 위험이 높다고 알려져 있다.

(2) 면역 결핍

세포융합이나 DNA 도입 등 세포 수준의 연구에 의해 암세포의 악성 형질을 억제하는 유전자의 존재가 확인되었다. 즉, 건강한 사람의 면역체계는 암세포를 이물질로 인식하고 제거하려는 방어 기전을 가지지만 면역억제 약제를 사용하거나 후천성면역결핍증 등으로 인하여 면역기능이 제대로 작동하지 않으면 암세포는 제거되지 못하고 암으로 진행될 수 있다.

(3) 감염

인체가 바이러스, 박테리아, 기생충 등에 감염되면 DNA 손상과 발암 과정이 촉진될 수 있다. 특히 간염을 유발하는 간염바이러스, 위염이나 위궤양을 일으키는 헬리코박터균, 발암성 인유두종 바이러스에 의한 자궁경부의 감염은 각각 악화되어 간암, 위암, 자궁경부암으로 발전될 수 있음이 밝혀졌다.

(4) 발암물질

유해 화학물질은 유전자의 돌연변이를 유발하고 유전자 조절을 손상시켜 잠복해 있는 바이러스를 활성화함으로써 암을 일으킨다. 발암성 물질로는 산업체와 공장, 차량, 살충제 등에서 유래하는 환경공해 물질이나 식품 내 오염물질 등이 있다. 가령, 산업 공정이나 고온 조리 시 발생하는 아크릴아마이드나 흡연 중 발생하는 나이트로소아민과 폴리방향족탄화수소 등은 폐암의 유발인자로 알려져 있다. 곡물에서 유래하는 곰팡이인 아플라톡신은 감암의 발병위험을 증가시킨다.

(5) 방사선

방사성물질이 붕괴하면서 방출하는 파동(또는 입자의 흐름)인 방사선은 자체의 에너지를 이용하여 투과하는 원자나 분자를 이온화시켜 화학적 결합을 교란시키므로 방사선에 과다 노출될 경우 DNA 손상이나 염색체 이상이 초래된다. 발암 연관성이 보고된 방사선에는 X-선, 방사성 동위원소, 자외선, 원자폭탄의 분진에서 유래하는 방사선 등이 있다. 한편 방사선이 세포를 죽이는 것을 이용해서 암 치료에 방사선이 활용되기도 한다.

(6) 담배와 흡연

담배 연기에는 잘 알려진 타르, 니코틴, 일산화탄소 외에도 약 20종의 발암물질이 들어 있어서 암을 유발할 수 있으며, 흡연 과정은 체내 산화스트레스를 증가시키므로 암 발생의 원인이 된다. 담배의 타르 속에 포함된 벤조피렌benzopyrene은 강력한 발암물질로 알려져 있으며 흡연은 폐암의 강력한 위험인자이다. 니코틴은 강력한 중독성이 있으므로 금연이 쉽지 않은 이유이다. 저연령 시기에 흡연을 시작한 경우 그렇지 않은 흡연자에 비해 폐암에 걸릴 위험이 더욱 높다고 보고되었고 흡연자가 음주를 병행할 경우 발암 확률은 더욱 높아지는 것으로 알려져 있다.

(7) 알코올

적당량의 알코올은 건강에 긍정적인 영향을 미친다는 보고도 있으나 알코올 자체는 세계보건기구WHO에서 규정한 1급 발암물질이다. 알코올은 발암물질의 용매로 작용하며 영양소의 섭취 이용을 감소시켜 영양결핍을 초래한다. 음주는 구강암, 인후암, 식도암 등 술과 직접 접촉하는 부위의 암 발생 위험을 높인다. 알코올의 체내 흡수 분해 과정에서 발생하는 아세트알데히드는 두통과 숙취의 주요 원인이 될 뿐만 아니라 발암물질로 알려져 있다. 따라서 해독기능을 하는 간은 알코올에 특히 민감하므로 간암 발생의 원인이 된다. 여성의 유방암 발병과 관련되는 호르몬인 에스트로겐은 소량의 알코올로도 증가될 수 있다.

(8) 스트레스

스트레스에 과다 노출될 경우 면역기능이 저하되고 식행동 및 영양상태 변화 등으로 암 발생의 위험성이 커진다. 만성 스트레스는 생활습관을 변화시켜 흡연, 과음, 과식 등 암 유발 생활습관을 불러올 수 있으며 체내 면역기능을 약화시켜 발암물질의 공격을 충분히 방어하지 못하게 되며 종양세포의 성장과 전이 속도를 증가시킨다고 보고되었다. 만성 스트레스로 인한 우울증과 무기력함은 암 환자의 치료과정과 예후에도 나쁜 영향을 미쳐 생존율을 저하시킬 수 있다.

(9) 환경호르몬

가정에서 사용하는 플라스틱 식기류, 페인트, 각종 세제와 샴푸 등의 생활용품은 환경호르몬을 발생시키게 된다. 내분비 교란물질로 알려져 있는 환경호르몬에 장기간 노출되는 것은 유방암이나 난소암, 자궁 내막암 등의 위험을 증가시킬 수 있다.

(10) 기타

인종, 종교, 성별, 연령, 직업 등의 역학적 요인들은 암 발생을 억제하거나 촉진할 수 있다고 알려지므로 암의 발생원인에 포함된다. 경구피임약이나 폐경 후 호르몬 치료를 받는 여성은 높은 에스트로겐 농도로 인해 유방암 발병률을 높일 수 있다.

2. 암과 영양문제

식사요인은 암의 발병뿐만 아니라 예방 또는 억제에 중요한 역할을 한다. 에너지, 단백질, 지질의 양과 형태, 무기질, 비타민, 식이섬유, 콜레스테롤, 식품첨가제, 식품 오염원, 알코올, 커피 등의 식사 성분의 수준은 암 발생에 영향을 미치며 조리 과정에서 일어나는 식품 성분의 변화도 암에 영향을 줄 수 있다. 아플라톡신처럼 직접적으로 암을 유발할 수 있는 것initiator도 있고, 식품 성분이 종양개시인자를 변화시킴으로써 암세포의 성장을 촉진할promoter 수도 있다. 암 환자가 면역계를 활성화하고 암 치료 시 발생하는 부작용을 최소화하기 위해서는 소화가 쉽고 영양이 우수한 식사를 하는 것이 바람직하다.

1) 암 발생과 에너지·영양소 섭취 관련성

(1) 에너지

실험동물에게 섭취 에너지를 제한함으로써 종양세포의 생성과 성장이 억제되거나 에너지 제한에 따른 호르몬의 변화로 인하여 종양 생성이 억제되었다는 보고가 있으나 사람의 경우 암에 대한 에너지 섭취 감소 효과는 알려지지 않았다. 에너지 섭취를 제한함으로써 암세포의 영양소 공급 제한, 암세포의 프로그램된 사멸apoptosis 촉진 및 산화적 스트레스 감소를 통해 암 발생을 낮출 수 있다. 비만은 다양한 암의 위험요인으로 작용한다고 보고되고 있다.

(2) 지질

지질의 과도한 섭취는 담즙 분비를 촉진시키고 결장colon의 박테리아에 의해 발암물질인 이차담즙산으로 전환된다. 또한 역학조사와 동물실험 등에서 고지방식은 여성의 지방조직에서 에스트로겐 생성을 촉진하여 자궁내막암과 유방암의 발생을 촉진시키며, 남성의 프로락틴 농도를 증가시켜 황체호르몬 분비가 촉진되어 전립선암의 성장이 촉진된다고 보고되었다.

그 외에도 고지방식은 대장암, 직장암, 식도암, 담낭암, 췌장암, 콩팥암, 폐암의 위험인자이다. 대체로 총 지질과 포화지방산의 과다섭취는 암 발생 위험률을 높인다. 불포화지방산은 포화지방산에 비해 쉽게 산화되어 과산화지질을 생성하므로 발암성이 크다. 한편 동물실험에서 오메가-6 지방산은 포화지방산보다 오히려 암을 촉진하는 데 비하여 오메가-3 지방산은 암을 억제하는 인자로 작용하였다.

(3) 탄수화물

단순당의 과다섭취는 유방암 사망위험을 증가시키고 혈당지수가 높은 식품은 난소암, 자궁내막암, 유방암, 대장암, 췌장암, 폐암 발생과 연관성이 보고되었다. 와버그 효과 Warburg effect는 암으로 보이는 조직을 판단하는 에너지 대사 현상을 이르는 용어로서 포도당 대사 경로가 비정상적으로 커지는 것을 의미한다. 즉, 암세포는 정상세포에 비하여 포도당을 매우 높은 수준으로 이용한다고 알려져 있으며 이는 인슐린 분비를 초래하여 암 발생을 촉진시키는 인자로 작용한다고 알려져 있다.

(4) 단백질

단백질의 과잉섭취는 장내 세포와 세균에 의한 암모니아 생성을 증가시켜 대장상피세포의 수명을 단축시키고 DNA 손상 및 점막세포 증식을 초래하여 대장암 발생을 증가시킨다. 특히 육류의 과다섭취는 대장암, 유방암, 전립선암 및 간암과 상관관계가 높다. 반면에 단백질 섭취가 심각하게 불충분하면 세포매개성 면역이 억제되어 면역기능이 약해지므로 암에 쉽게 노출될 수 있다. 따라서 극심한 저단백 또는 고단백 식사는 모두 암의 발생 가능성을 높인다. 현대인의 지나친 육류섭취는 단백질의 과도한 증가뿐만 아니라 고지방식과 저식이섬유 식사로 이어질 수 있으므로 더욱 주의하여야 한다.

(5) 식이섬유

식이섬유, 특히 불용성 식이섬유인 셀룰로오스와 헤미셀룰로오스는 장내 수분을 흡착하여 변을 부드럽게 만들 뿐 아니라 부피를 증가시켜 장의 연동운동을 촉진시킨다. 따라서 장내 통과시간을 단축시키고 장 상피세포가 발암물질과 접촉할 수 있는 시간을 단축시킴으로써 발암물질의 흡수를 억제하고 담즙산의 배설과 재흡수를 촉진시키므로 담즙산에 의한 발암 가능성을 낮춘다. 고식이섬유 식사는 결장암과 직장암, 유방암, 난소암 발생을 낮춘다고 알려져 있다.

(6) 항산화 비타민

항산화 영양소인 비타민 A와 비타민 C, 비타민 E, 베타카로틴은 세포의 노화를 방지하고 DNA, 지질, 세포막 등의 산화반응을 차단하여 암을 예방한다고 알려져 있다. 동물 실험에서 여러 형태의 비타민 A가 다양한 상피암을 막는 데 효과가 있었고 사람의 경우 방광암을 예방하는 효과를 나타내었다. 비타민 C는 니트로사민nitrosamine 및 N-니트로소 N-nitroso 화합물의 생성을 방지함으로써 암을 예방하고 비타민 C가 풍부한 과일의 섭취는 식도 및 위암의 발생을 낮춘다. 비타민 E는 지방산 유리기와 결합하여 과산화지방의 생성을 억제하며 특히 셀레늄과 상승작용을 통해 항산화제의 역할을 하여 항암기능을 갖는다. 비타민 E의 결핍은 폐암·유방암의 발생과 관련이 있다. 베타카로틴은 비타민 C와 비타민 E의 작용을 상승시키는 역할을 통해 DNA의 산화를 막고 백혈구를 활성화시켜 면역력을 높이고 암을 예방한다. 역학조사에 의하면 베타카로틴 섭취 부족은 폐암, 방광암, 후두암, 위암의 발생과 관련된다는 보고가 있다. 따라서 항산화 비타민이 풍부한 과일과 채소의 충분한 섭취는 암 발생의 위험을 낮출 수 있으며 특히 짙은 녹색, 주황색의 채소와 과일들을 많이 섭취할 때 후두암, 식도암, 폐암의 위험을 줄일 수 있다.

(7) 기타

대두에 함유되어 있는 식물성 에스트로겐인 이소플라본의 섭취는 유방암 위험을 낮추는 데 도움을 준다. 이소플라본은 성인기 이전에 섭취하는 것이 효과적이며 유방암 발생 후의 이소플라본 섭취는 해로울 수 있다는 보고가 있다. 짙은 녹색 채소에 다량 함유된 엽산은 DNA 메틸화, 합성 및 보수에 영향을 미침으로써 암 예방에 기여한다.

육류 가공품을 포함하여 많은 가공식품에서 발색제로 사용되는 아질산염과 질산염은 육류 중에 존재하는 아민류와 결합함으로써 발암물질인 N-니트로소 화합물(니트로소아민과 니트로소아미드)을 생성한다. 이들 발색제는 사람에서는 위암, 식도암, 방광암의 발생 빈도를 높인다. 또한 가공육은 염분 함량이 높은 편이므로 위 점막을 손상시켜 위암 발생 위험을 높인다.

식품의 훈연처리 중에 생성될 수 있는 다환방향족 탄화수소polycyclic aromatic hydrocarbons, PAHs와 헤테로사이클릭아민heterocyclic amines, HAs은 간암, 위암, 식도암 발생과 관련이 있다고 보고되었다. 고기를 구울 때 지방이 열분해되면서 생성되는 연기에는 다환방향족 탄화수소가 포함되어 있어 암 발생률을 높인다. 따라서 고온에서 굽거나 튀긴 음식, 훈연제품의 섭취 증가는 암 발생의 위험을 높이게 된다. 그 밖에 견과류의 곰팡이가 만드는 아플라톡신은 간암 위험을 증가시키고 염장식품은 위암 발생위험을 높이는 것으로 알려져 있다.

2) 암 악액질

암 환자들은 암의 경과 및 치료에 따른 식욕부진과 조기 포만감, 오심과 구토, 설사, 변비, 이미각증, 연하곤란, 소화관장애, 구강건조 및 구강 염증 등으로 인하여 식품 섭취에 어려움을 겪으며 이는 흡수 불량과 영양소의 대사이상을 초래한다. 암 환자 중 40~80%는 영양상태가 불량한 것으로 보고되고 있으며, 영양결핍증은 암 환자의 주요 사망원인이 되고 있다. 암 환자의 영양불량은 악액질cachexia이라고 불리는데 암으로 인한 만성적 소모로 인하여 몸이 극도로 쇠약해지고 체중이 감소된 상태로 외형적으로는 기아상태와 유사한 대사증후군이다. 즉, 암으로 인한 대사율 항진, 암세포의 전이, 섭취불량 등으로 인한 체중·체단백질·체지방의 감소 및 인체의 기능 저하가 수반되는 고도의 전신 쇠약상태를 의미한다. 악액질의 정확한 기전은 잘 알려져 있지 않으나 다음과 같은 관련 요인들이 있다.

(1) 암 악액질의 유발요인
① 식욕부진과 조기 포만감
암 발생과 치료 과정에서 가장 일반적으로 나타나는 문제로서 암 환자의 50~60%는 식욕부진으로 음식섭취가 불량하다. 식욕부진은 암세포에서 생성된 사이토카인cytokine에 의해서 초래된다. 메스꺼움, 구토, 불쾌감, 맛과 냄새에 대한 감각 변화, 질병에 따른 심리적 스트레스, 통증 및 우울증, 항암치료에 의한 부작용 등 많은 요인이 식욕에 영향을 미치게 된다. 쓴맛에 대한 역치의 감소와 단맛에 대한 역치의 증가로 미각의 변화가 자주 나타난다. 조기 포만감은 위마비, 위장관 폐쇄 등으로 인한 위 배출 지연 때문에 나타난다.

② 흡수 불량

영양결핍으로 인한 소장 융모의 발육부진과 췌장 소화효소 및 담즙의 결핍으로 영양소의 소화와 흡수에 영향을 미치게 된다.

③ 생리적 대사이상

식품섭취 감소나 기아상태에 처하게 되면 체중감소가 나타난다. 일부 암의 경우 에너지 대사 변화와 기초대사량 증가는 급격한 체중감소의 원인이 된다.

- 탄수화물대사이상으로 코리회로cori-cycle 활성 증가, 당신생 증가, 인슐린 저항성, 내당능 저하가 나타난다.
- 단백질대사이상으로 단백질 분해, 단백질 대사회전율이 증가한다.
- 지방대사이상으로 지방분해 증가, 합성 감소, 지단백분해효소 활성도 감소 현상이 나타난다.

(2) 암 악액질의 단계별 평가기준과 관리방법

암 치료의 특성상 치료 기간이 길기 때문에 치료 시작 시점에는 영양불량의 위험이 낮다고 판정되었더라도 치료 관련 합병증, 치료의 지연 및 중단 등과 함께 다양한 영양문제가 나타나며 영양소 섭취가 부족하면 영양상태가 악화될 수 있다. 따라서 암 환자의 영양상태를 지속적으로 모니터링하고 영양판정을 실시하여 치료 과정에 반영함으로써 영양섭취의 적절성을 평가하고 환자의 순응도를 파악할 수 있다. **표 15-1**에는 유럽완화치료연구연합EPCRC이 제시한 암 악액질의 단계별 평가기준과 관리방법을 나타내었다.

3) 암 치료와 영양문제

암 치료의 주된 방법은 수술요법, 항암화학요법, 방사선요법이 있으며, 그 밖에 면역요법과 호르몬 치료들이 이용되고 있다. 어떤 방법으로 치료할 것인가는 암의 종류와 병기 및 환자의 신체상태에 따라 결정된다. 암 치료 방법들은 종양세포뿐만 아니라 정상세포에

표 15-1. 암 악액질의 단계별 평가기준 및 관리 방법

단계	기준	관리 목표	영양관리 방법
악액질 전 단계	• 6개월간 체중감소 ≤ 5% • 식욕부진, 내당능장애 등 대사적 변화	• 체중 및 섭취량, 대사적 이상 모니터링 • 예방적 영양중재	• 약물요법, 정신 사회적 중재, • 식욕부진, 오심, 구토, 통증 등 증상 관리 • 영양상담 통한 식사조정과 영양소섭취량 증가 • 영양보충식품 활용 • 영양집중지원(장관영양, 정맥영양) 고려 • 운동요법(근력, 유산소) 강화
악액질	• 체중감소 > 5% • BMI < 20 및 체중감소 > 2% • 섭취량 감소, 전신 염증 반응	• 증상에 대한 다학제적 관리	
난치성 악액질	• 항암치료에 반응하지 않는 상태 • 신체활동도 저하 • 기대여명 < 3개월	• 증상 완화 • 정서적 지지 • 영양집중지원에 대한 윤리적 고려	• 영양치료나 식사운동요법을 통한 회복이 불가능함 • 영양관련 증상 관리에 초점을 맞춤 • 영양집중지원에 대한 신중한 접근 필요

도 영향을 미치며 암의 종류, 진행상태, 환자의 상태 등에 따라 급·만성적으로 부작용을 초래하고 환자의 영양상태에 영향을 줄 수 있다.

(1) 수술

암은 종류와 전이 유무에 따라 수술요법의 가능 여부가 결정된다. 일반적으로 초기 유방암, 전립선암, 위암, 대장암, 폐암, 자궁암, 난소암 등의 경우는 수술로 암이 형성된 부위를 제거하는 수술을 받게 된다. 수술은 이화작용, 영양소 손실, 수술 후 트라우마 발생 위험을 증가시킨다. 수술 전 마취는 위장관 기능 이상, 장 투과성 손상, 위장관 림프조직 변화 등을 초래하여 면역체계에 스트레스를 유발한다. **표 15-2**는 암의 수술 부위에 따라 생길 수 있는 영양문제를 나타내었다.

(2) 항암화학요법

항암화학요법은 항암제를 사용하여 암세포뿐만 아니라 정상세포에도 영향을 주는 전신적인 치료법이므로 골수, 소화기관의 점막세포, 모낭 등과 같이 대사회전이 빠른 세포에 다양한 부작용을 일으킨다. 영양 관련 부작용으로는 구토, 복부통증, 미각의 변화

표 15-2. 수술 부위에 따른 영양문제

수술 부위	발생 가능한 영양문제
식도·위	위마비, 덤핑증후군, 저작곤란, 연하곤란, 위식도역류, 소화불량, 수분·전해질 불균형, 문합부위 누출, 유미누출,
위	조기만복감, 탈수, 위마비, 지방 흡수불량, 덤핑증후군, 비타민 흡수불량(B_{12}, D), 무기질 흡수불량(Fe, Ca)
췌장	위마비, 고혈당, 지방 흡수불량, 유미누출, 비타민 흡수불량(A, D, E, K, B_{12}), 무기질 흡수불량(Ca, Fe, Zn)
간	고혈당, 고중성지방혈증, 뇌증, 수분·전해질 불균형, 유미누출, 비타민 흡수불량(A, D, E, K, 티아민, 엽산), 무기질 흡수불량(Mg, Zn, Cu, Mn)
담낭, 담관, 소장	위마비, 지방 흡수불량, 고혈당, 수분·전해질 불균형, 유미누출, 비타민 흡수불량(A, D, E, K, B_{12}), 무기질 흡수불량(Ca, Fe, Zn)
대장	잦은 변의, 설사, 탈수, 수분·전해질 불균형, 비타민 흡수불량(B_{12}), 무기질 흡수불량(Na, K, Mg, Ca)

로 인한 식욕부진, 침 분비억제로 인한 구강 건조증, 구강 궤양, 메스꺼움으로 인한 섭취량 감소, 설사, 변비, 흡수불량 등이 있다. 그로 인해 체액과 전해질 및 영양 불균형, 골수 형성 억제, 탈모, 전신 쇠약감과 피로감, 체중감소, 감염과 면역 등에 취약한 증상들이 복합적으로 나타나며 환자의 건강 회복 능력에도 영향을 미쳐 치료가 지연되거나 중단될 수 있다.

(3) 방사선 치료

방사선 치료는 수술 전 종양의 크기를 감소시킬 목적이나 수술로 제거가 불가능한 부위인 머리와 목, 복부 등에 X-선, 감마선 등 고에너지의 방사선을 유입시킴으로써 암세포의 DNA에 손상을 주어 사멸시키는 방법이다. 방사선은 암세포뿐만 아니라 조사 부위의 건강한 세포에도 영향을 미치므로 다양한 부작용을 일으킬 수 있다. 일반적인 부작용으로 오심, 식욕부진, 전신피로감 등이 나타난다. 그 밖에 피부 이상, 탈모, 침 분비 감소, 구토, 미각 변화, 식욕부진, 구강과 식도 손상으로 인한 섭취량 감소 등이 나타나며 이로 인하여 체액과 전해질 불균형, 영양상태 불량이 나타나고 감염과 염증과 같은 2차적인 부작용을 초래하게 된다.

4) 암 환자의 주요 영양문제와 대처방안

(1) 식욕부진과 조기 포만감

암 환자는 식욕이 감퇴되고 적은 양을 먹어도 포만감을 느끼므로 자신도 모르게 섭취량을 줄이는 경우가 많다. 일반적인 대처법으로는 에너지 밀도가 높은 음식과 간식을 섭취하고 영양보충식품을 이용하도록 한다. 또한 식사를 치료의 한 부분으로 생각하고 편안한 분위기에서 소량씩 자주 섭취하며 식욕이나 배고픔을 느끼지 않더라도 일정한 시간에 섭취하고, 수분섭취는 식사 중에는 자제하고 식간에 하는 것이 좋다. 에너지 소모를 줄이기 위해 준비하기가 쉬운 음식을 선택하고 식욕 증진을 위해 가능한 한 일상적인 활동이나 신체 활동량을 늘리도록 한다.

(2) 오심과 구토

오심과 구토는 항암화학요법, 방사선 치료, 면역요법, 통증, 미각이상, 입과 부비강에서 분비되는 점액, 변비, 약물, 정신적 요인에 의해 발생할 수 있다. 환자가 오심 증세가 심하면 평소에 좋아하는 음식을 주지 않는 것이 해당 음식에 대한 기피현상이 생기는 것을 방지할 수 있다. 음식의 온도는 차거나 상온상태가 좋으며 부드럽고 소화가 잘 되는 음식을 제공한다. 식사섭취 전에는 음식 냄새를 맡지 않도록 하고, 소량씩 자주 섭취하며, 식사 후에는 30분 정도 앉아서 휴식하는 것이 좋다. 레몬, 감귤류, 생강, 페퍼민트 오일은 오심 방지에 도움이 되지만, 고지방 음식, 기름진 음식, 지나치게 단 음식, 향이 강한 음식은 피하는 것이 좋다.

(3) 설사

암 환자는 암 치료 부작용, 장내 감염, 음식물 과민반응, 약제 등으로 인해 설사를 일으킨다. 설사가 계속되면 수분과 전해질 손실, 장점막 손상, 영양소 흡수 불량을 야기하므로 신속한 대처가 필요하다. 식사력과 증상을 토대로 설사 유발 식품이나 식습관이 있는지 파악하고 설사가 심할 때는 식품 공급을 중단하도록 한다. 수분과 전해질 보충을 위해 나트륨(육수, 이온음료 등)과 칼륨(바나나와 모든 천연 과일주스 등)이 많이 포함된 음료를 섭취한다. 우유와 유제품, 견과류, 결체조직과 지방이 높게 함유된 식품, 생채소, 생과일, 도정이 덜 된 곡류, 가스유발 식품, 카페인, 알코올, 솔비톨, 기타 당알코올이 포함된 식품을 제한한다. 너무 차거나 뜨거운 음식을 피하고, 필요시 지사제나 프로바이오틱스를 병행한다.

(4) 변비

변비는 암 자체 또는 암치료 부작용 및 약제로 인한 식사량의 감소, 식이섬유 또는 수분섭취량 부족, 활동량 부족 시에 발생한다. 가능한 한 신체활동이나 스트레칭 등의 운동량을 증가하고 전체적인 음식섭취량을 적절히 유지하도록 한다. 공복에 찬물을 마시거나 하루 8컵 이상의 물을 마시며, 도정이 덜 된 곡류, 껍질을 벗기지 않은 과일, 채소류, 견과류, 콩류, 건과일 등을 충분히 섭취한다. 프로바이오틱스를 함유하고 있는 식품이나 보충제를 섭취하고, 식이섬유는 하루 25~35g까지 서서히 증량하도록 한다. 필요시 의사의 지시에 따라 하제 및 완화제를 사용할 수 있다.

(5) 이미각증

이미각증이란 일반인에게는 맛있는 식사나 음료를 역겹게 느끼거나 비정상적으로 느끼는 것을 말한다. 항암화학요법을 실시하는 암 환자의 상당수는 이미각증을 호소하며 이로 인해 식욕 부진, 체중감소 등이 초래되기도 한다. 대체로 단맛이나 짠맛의 감수성은 둔해지고 쓴맛에 대한 예민도가 강해지며 입 안에 금속성의 맛이 남아 있어 음식 맛을 감지하는 데 영향을 줄 수 있다. 쇠고기, 돼지고기보다는 가금류나 비리지 않은 생선류를 선택하고, 스낵은 단백질과 열량이 높은 것을 선택해서 부족분을 보충하는 것이 좋다. 고기의 쓴맛이나 금속성 맛을 가리기 위해 과일이나 우유, 새콤달콤한 소스를 곁들이도록 하며 양파, 마늘, 고춧가루, 식초, 레몬, 각종 향신료 등 양념을 충분히 사용한다. 기름지고 자극적인 것, 설탕이 농축된 초콜릿이나 케이크는 피하도록 한다. 혈중 아연 농도가 저하되면 맛과 냄새에 대한 감각이 변할 수 있으므로 아연을 경구로 투여하기도 한다.

(6) 저작 및 연하곤란

항암화학요법이나 방사선 치료를 받는 암 환자는 식도가 헐어 있는 경우가 많으므로 삼킬 때 통증을 느끼며 음식을 씹고 삼키는 기능장애가 잦다. 음식이 기도로 들어가지 않도록 먹고 마시는 것에 주의하여야 한다. 저작과 연하작용을 돕기 위해서는 입 안에서 덩어리 형성이 잘 되도록 부드럽고 촉촉한 음식을 제공하도록 한다. 건조하고 끈적끈적한 음식, 익히지 않은 음식, 타액 분비를 자극하는 신맛 강한 식품은 피해야 한다. 물, 국, 음료는 맑은 형태보다는 점도증진제를 사용하여 걸쭉하게 제공한다. 연하곤란에 관한 상세한 내용은 본 교재의 소화기질환을 참고하기 바란다.

(7) 구강건조증

머리와 목 주위의 방사선 치료나 항암화학요법은 침샘 분비에 영향을 주므로 구강건조증이 생길 수 있다. 구강이 건조하면 음식물을 씹고 삼키거나 말하는 것이 어려워지고 미각이상, 구내염, 충치의 위험도 높아지므로 관리가 요구된다. 구강을 청결하게 유지하고 물을 자주 마시며(8~9컵/일) 식사 중에 음식과 물을 번갈아 먹도록 한다. 국물, 양념장, 소스 등을 이용하여 음식을 촉촉하고 부드럽게 만들어 먹고, 구내염이 없다면 신 음식을 섭취하여 침샘을 자극하거나 얼음 조각, 얼린 포도나 멜론 조각을 물고 있으면 도움이 될 수 있다. 카페인이나 당분이 높은 음식은 제한한다.

(8) 구강 및 식도 점막염

구강 및 식도 점막염은 암 치료의 부작용이나 진균성 염증에 의해 발생하며 입 안에 백반, 홍반, 백태 등을 유발하고 통증, 목구멍에 덩어리가 걸린 느낌, 소화불량, 위식도 역류, 트림, 복부팽만감, 조기 포만감 등을 동반할 수 있다. 구강 청결이 중요하므로 자극이 없는 가글링 용액(베이킹소다, 식염수)을 이용하여 자주 헹구고 금연하도록 한다. 촉촉하고 부드러운 음식, 찬 음식이나 상온 상태의 음식을 섭취하고 얼음은 통증 완화에 도움을 준다. 시거나 매운 음식, 탄산음료, 카페인은 되도록 피하는 것이 좋다.

(9) 감염위험 증가

항암치료에 의해 인체의 대표적인 백혈구인 호중구가 감소하면 면역력이 저하되므로 음식을 통한 감염을 최소화하기 위한 저균식을 섭취하고 식품위생에 주의해야 한다. 즉, 음식을 조리하기 전이나 식사 전에 손을 씻고, 조리 기구, 식기, 수저의 소독을 철저히 한다. 육류, 생선, 채소 등 식재료는 가열해서 섭취하며 조리한 음식이라도 가능한 한 빨리 먹어야 한다. 튀긴 음식은 염증을 증가시킬 수 있으므로 되도록 제한한다. 수제 마요네즈처럼 생란을 포함한 음식, 초밥, 멸균하지 않은 치즈와 유제품, 세척 안 된 과일과 채소는 식중독 유발 가능성이 있으므로 피해야 한다. 또 고도로 정제되거나 가공한 식품도 제한하도록 한다.

3. 암의 식사요법

암 환자의 생리적 조건에 따라 에너지와 단백질 공급 수준이 결정된다. 탄수화물과 지방은 근육 소모를 방지하기 위해서 적절한 수준으로 공급되어야 하며 탈수를 예방하기 위한 수분섭취의 중요성과 비타민과 무기질의 결핍을 예방하여야 한다. 경구로 충분히 영양공급을 할 수 없으면 경관급식을 하고, 항암치료에 좋은 반응을 보이는 환자가 경구식사나 경관급식을 할 수 없을 때에는 정맥영양을 고려한다.

암 환자는 암으로 인한 영양결핍 상태를 개선하고 적절한 영양관리를 통하여 체중감소 방지, 면역기능 저하 방지 및 증세 완화를 위해 영양적으로 균형 잡힌 식사를 해야 한다. 암 치료 과정에 자주 발생하는 영양문제에 대한 대처방안을 바르게 이해할 뿐만 아니라 환자 개개인이 가지고 있는 문제점을 고려하여 영양요구량, 영양지원 경로를 결정하며 음식의 형태와 공급방법에 대해 세심한 배려를 하도록 한다.

1) 암 환자의 영양소 요구량

암 환자의 영양소 요구량은 암세포의 특징, 암 치료 및 부작용 등으로 인하여 대체로 증가된다. 암 환자의 영양요구량은 영양상태 판정 결과를 토대로 결정하되 주기적으로 평가하여 조정하도록 한다.

(1) 에너지

암 환자의 실제 에너지 요구량을 산정하는 것은 쉽지 않으므로 환자의 체중, 영양상태, 스트레스 정도를 모니터링하면서 **표 15-3**에 나타난 암 환자 조건별 에너지 요구량을 참고하여 조정할 수 있다. 에너지 섭취량이 부족할 시에는 간식으로 보충하거나 식사와 함께 경구영양보충식을 제공한다. 액상, 분말, 푸딩 등 여러 종류의 상업용 경구영양보충식이 시판되고 있으므로 환자의 기호에 맞게 선택한다. 환자가 한 번에 섭취할 수 있는 양이 소량일 경우에는 농축제품을 이용하는 것이 도움이 된다.

표 15-3. 암 환자의 조건에 따른 에너지 요구량

조건	에너지 요구량(kcal/kg/day)
영양상태 개선 또는 체중 증가 목표	30~35
스트레스 상태가 아니며 활동량이 적음	25~30
과도한 대사 또는 스트레스 상태	35
조혈모세포 이식	30~35
패혈증	25~30

(2) 단백질

암 환자는 체내 단백질의 이화작용 증가에 따른 음의 질소평형, 암 치료에 의한 세포 손상 및 면역력 저하를 개선하기 위해 단백질 요구량이 증가한다. 특히 적절한 에너지 공급이 이루어지지 못할 경우 제지방량의 손실을 가져오므로 암 환자의 단백질 공급은 필수적이다. 암 환자의 조건별 단백질 요구량을 **표 15-4**에 나타내었다.

표 15-4 . 암 환자의 조건에 따른 단백질 요구량

조건	단백질 요구량(g/kg/day)
치료 과정	1.0~1.5
암 악액질 상태	1.5~2.5
조혈모세포 이식	1.5

(3) 탄수화물 및 지방

탄수화물과 지방은 1차적인 에너지 급원이므로 매일 적당량 섭취하여야 하며 부족 시에는 내장 단백질 및 근육의 소모를 초래한다. 명확한 근거는 부족하지만 대체로 탄수화물은 총에너지 섭취량의 45~65%, 지방은 20~35%를 섭취하도록 권고하고 있다. 단, 전신 염증반응이나 포도당불내증이 있으면 당 부하를 감소시키고 에너지 밀도가 높은 고지방식사를 권고한다.

(4) 수분

암 환자는 구내염, 식욕부진 등으로 수분섭취량이 감소하고 구토나 설사 등을 통한 수분 손실이 증가하며 항암화학요법의 신독성으로 인해 전해질 및 수분대사에 이상을 초래할 수 있다. 만약 환자에게 피로, 급격한 체중감소, 피부탄력 감소, 구강 건조, 심한 소변 냄새, 소변량 감소 등이 나타나면 탈수 가능성이 있다. 따라서 탈수를 예방하기 위해 충분히 섭취해야 한다. 수분 요구량은 콩팥과 간 기능이 정상일 경우 체중당 20~40mL 또는 단위 칼로리당 1~1.5mL 정도 권고한다.

(5) 미량영양소

암 환자는 섭취 부족, 흡수 불량, 대사 변화 등으로 인해 비타민과 무기질의 결핍이 발생할 수 있다. 식사섭취가 부족할 경우에는 영양소 섭취기준의 범위 내에서 종합비타민이나 무기질 보충제를 권고하기도 하나, 고용량의 비타민/무기질 보충제와 암 촉진 연관성이 보고되기도 하였으므로 주의를 요한다.

암의 식사요법

암 환자에게 나타나는 다양한 영양문제(섭취 불량, 오심과 구토, 감염 위험)에 대처할 수 있는 식사요법을 실시한다.

- 적절한 에너지 섭취를 유지하여야 한다. 하루 중 컨디션이 좋을 때 좋아하는 음식을 소량씩 자주 섭취한다.
- 음식은 수분이 많은 것이 좋으나 식사 중에는 다량의 음료를 피한다.
- 구강으로 음식물 섭취가 곤란할 경우는 경장영양 또는 정맥영양 지원을 시행한다.
- 식물성 단백질, 단일불포화지방산과 오메가-3 다불포화지방산이 높게 함유된 식품, 최소한의 가공공정을 거친 곡류, 충분한 비타민과 무기질을 섭취한다.
- 식품의 선택, 조리, 섭취의 전 과정에서 식품 위생에 유의한다.

2) 암 예방을 위한 식생활지침

균형 잡힌 식사는 항암화학요법이나 방사선 치료를 받는 환자가 건강체중을 유지하도록 하며 치료 부작용 조절, 에너지 및 근육 증가, 면역기능 유지 및 감염 감소에 도움을 준다. 가능하면 암 치료 전에 건강한 식사에 적응함으로써 더 건강한 상태로 치료를 시작할 수 있도록 하여야 한다. 일반적인 암 예방 식생활 지침은 균형식을 규칙적으로 섭취하고 고도로 정제되거나 가공한 식품은 피하는 것이 좋으며 자극적인 식사를 제한한다.

(1) 암 예방을 위한 9대 수칙

암은 치료도 중요하지만 조기 발견과 예방이 훨씬 더 중요하며 삶의 질과도 밀접한 관련이 있다. 세계암연구재단World Cancer Research Fund International, WCRF은 식사, 영양, 신체활동, 체중과 암의 관련성을 토대로 9가지 암 예방수칙을 발표하였다 **표 15-5**. 이는 세계암연구재단과 미국암연구협회가 제시한 2018 WCRF/AICR 암 예방 권고안과 일치한다. 온라인에서 9가지 수칙별 준수 여부에 따른 건강 결과 점수를 확인할 수 있는 표준화된 점수시스템도 제공되고 있다(https://epi.grants.cancer.gov/wcrf-aicr-score/). 간략히 요약하면, 암을 예방하기 위한 건강체중과 신체활동의 중요성, 섭취 권장식품 4가지와 섭취 제한식품 6가지, 식품보충제가 아닌 식사만으로 영양소 섭취량 목표를 수립할 것과 모유

수유의 권장 등이다. 끝으로 암을 진단받은 자는 영양관리와 신체활동에 관한 전문가의 의견을 따르되, 특별한 권고사항이 없는 한 위 9가지 수칙을 지키도록 한다.

표 15-5. 세계암연구재단 암 예방 9대 수칙(2022~2025년)

수칙 및 세부사항	목표
1. 건강체중을 유지한다. 체중을 건강한 범위 이내로 유지하고 성인기에 체중이 증가되지 않도록 한다.	• 유아기 및 청소년기의 체중은 건강한 성인 BMI 범위에서 낮은 영역에 속하도록 한다. • 평생 동안 건강한 범위 내에서 몸무게를 가능한 한 낮게 유지한다. • 성인기 내내 체중 증가(체중 또는 허리둘레)를 피한다.
2. 육체적으로 활기차게 생활한다. 매일 활기차게 생활한다. 더 많이 걷고 덜 앉도록 한다.	• 최소한 신체적으로 적당히 활동하며 국가별 지침을 준수하거나 초과하도록 한다. (30분 이상 중등도 이상의 운동) • 앉아서 생활하는 습관을 줄인다.
3. 통곡물, 채소, 과일, 콩이 풍부한 음식을 섭취한다. 통곡물, 채소, 과일, 콩류(대두와 렌틸콩 등)를 평소 식생활의 주요 부분이 되게 한다.	• 최소 30g/일의 식이섬유를 제공하는 식재료를 포함한 식사를 한다. • 통곡물, 비전분 채소, 과일 및 콩과 렌틸콩 등의 콩류가 포함된 식품을 더 자주 섭취한다. • 매일 다양한 종류의 식물성 식품이 풍부한 식사를 하되, 최소한 5회 분량(최소 400g)의 다양한 비전분성 채소와 과일을 포함하도록 한다. • 전분질 뿌리채소와 덩이줄기를 주식으로 먹는 경우, 가능하면 비전분성 채소, 과일, 콩류(레짐)도 규칙적으로 섭취한다.
4. 지방, 탄수화물, 당 함량이 높은 패스트푸드와 기타 가공식품의 섭취를 줄인다. 패스트푸드와 기타 가공식품의 섭취를 줄이면 칼로리 섭취 조절과 건강체중 유지에 도움이 된다.	• 패스트푸드, 다양한 즉석식품, 과자, 베이커리 제품 및 디저트, 과자(캔디)를 포함하여 지방, 녹말 또는 설탕이 많이 함유된 가공식품의 소비를 제한한다.
5. 적색육과 가공육 섭취를 줄인다. 소고기, 돼지고기, 양고기 등 적색육은 적당량 이상 섭취하지 않는다. 가공육은 가능한 한 먹지 않는다.	• 적색육은 주 3회 이하로 섭취를 제한한다. • 3회 분량이란 조리된 적색육 약 350~500g에 해당한다. • 가공육(햄, 베이컨 등)은 가능한 한 먹지 않는다.
6. 가당음료 섭취를 줄인다. 주로 수분과 무가당 음료를 마신다.	• 설탕이 첨가된 음료는 섭취하지 않는다.

(계속)

수칙 및 세부사항	목표
7. **알코올 섭취를 줄인다.** 암 예방을 위해서는 알코올을 섭취하지 않는 것이 가장 좋다.	• 암 예방을 위해서는 알코올을 마시지 않는 것이 좋다.
8. **암 예방을 위한 식품보충제를 이용하지 않는다.** 식사만으로 영양 요구량을 충족시키는 것을 목표로 한다.	• 다량의 식품보충제는 암 예방을 위해 권장되지 않는다. 식사만으로 영양 요구량을 충족시키는 것을 목표로 한다.
9. **산모들은 가능하면 모유수유를 하도록 한다.** 모유수유는 엄마와 아기 모두에게 좋다.	• 유아는 첫 6개월 동안은 절대적으로 모유수유를 하며, 2세까지 또는 그 이상은 적절한 이유식과 병행하도록 한다. (이 항목은 WHO의 권고사항과 일치함)

* 금연 및 간접흡연과 강한 햇빛을 피하는 것도 암 위험을 줄이는 데 있어 중요하다.
* 이상의 수칙을 따르면 소금, 포화지방산, 트랜스지방산의 섭취를 줄일 수 있으며, 또한 비전염성 질병을 예방하는 데 도움이 된다.

(2) 암 예방을 위한 식품섭취 요령

① 식물성 단백질 섭취

식물성 단백질은 화학요법이나 다른 종류의 암 치료 동안 먹기에 가장 좋은 음식에 해당된다. 이것은 콩류, 콩과식물류, 견과류, 씨앗뿐만 아니라 많은 채소를 먹는 것을 의미한다. 만약 동물성 단백질을 먹는다면 닭고기나 생선 같은 살코기 음식을 선택하도록 한다.

② 건강한 지방 섭취

단일불포화 지방산과 오메가-3 다불포화지방산이 높게 함유된 식품을 섭취하는 것이 도움이 된다. 아보카도, 올리브유, 포도씨유, 호두는 모두 오메가-3 지방산이 풍부하므로 염증을 억제하고 심혈관 건강을 증진시키는 데 도움을 준다.

③ 건강한 탄수화물 섭취

탄수화물 선택 시에는 통밀, 밀기울, 귀리와 같이 최소한의 가공을 거친 식품을 선택하는 것이 좋다. 이들은 장내 유익균의 성장을 돕는 식이섬유가 풍부하며 신진대사에서 세포 수리에 이르는 모든 과정에 도움을 주는 단쇄지방산의 생성을 촉진한다.

④ 비타민과 미네랄 충분 섭취

비타민과 미네랄은 면역기능 증진과 염증 감소에 있어 중요한 역할을 하는 다양한 효소 활동에 필수적인 역할을 한다. 가능하다면 우유, 오렌지주스, 요구르트 및 일부 시리얼처럼 비타민 D가 강화된 식품을 선택하는 것이 좋다. 스테로이드를 복용하는 경우 골밀도가 떨어질 위험이 있으므로 비타민 D는 면역체계를 강하게 유지하고 피로를 줄이며 뼈의 건강에 도움이 된다.

⑤ 보충제 활용

암 치료를 받는 동안 평소처럼 많이 먹지 않거나 구토와 설사와 같은 부작용으로 인해 비타민과 영양소 손실이 우려된다면 종합비타민제를 복용하는 것을 고려하되 전문가와 상의한 후 제품을 선택하는 것이 좋다.

POINT

한국인의 암 예방을 위한 식사지침과 세부 실천사항

1. **건강체중과 적정 체지방량을 유지한다.**
   (1) 자신의 체질량지수와 체지방량이 정상범위에 속하도록 한다.
   (2) 체중 또는 체지방량 감소가 필요한 경우 에너지 섭취량을 줄인다.
   (3) 중년기 이후에는 복부비만이 되지 않도록 특히 주의한다.
   (4) 식이섬유가 많고 지방이 적은 식품을 위주로 식사한다.
   (5) 조리 시에는 설탕과 기름을 적게 사용한다.
   (6) 가공식료, 패스트푸드, 단 음료, 과자류 등을 가급적 적게 먹는다.
   (7) 육류는 눈에 보이는 지방을 제거하고 먹는다.
   (8) 가금류 섭취 시에는 껍질을 제외하고 먹는다.

2. **전곡류와 두류를 많이 먹는다.**
   (1) 도정이나 가공이 덜 된 곡류를 주로 사용한다.
   (2) 다양한 곡류와 두류를 사용하여 식사를 구성한다.
   (3) 곡류는 건조하고 시원한 곳에 보관하고 오래 저장하지 않는다.

(계속)

3. 여러 가지 색깔의 채소와 과일을 먹는다.

   (1) 매일 5가지 색(빨강, 초록, 노랑, 보라, 하양)의 채소와 과일을 먹는다.

   (2) 매끼 김치 외에 3~4종류 이상의 채소 반찬을 먹는다.

   (3) 채소와 과일은 가공되지 않은 신선한 것을 구입하여 바로 사용한다.

   (4) 과일을 매일 1회 이상 먹는다.

4. 붉은 색 육류를 적게 먹는다.

   (1) 붉은 색 육류는 1회에 1인분, 1주일에 2회를 넘지 않도록 먹는다.

   (2) 햄, 소시지 등의 가공육을 가급적이면 먹지 않는다.

   (3) 육류 조리 시에는 직화구이를 피하고 탄 부분을 먹지 않는다.

5. 짠 음식을 피하고 싱겁게 먹는다.

   (1) 음식을 만들 때는 소금, 간장의 사용을 줄인다.

   (2) 국물을 짜지 않게 만들고 적게 먹는다.

   (3) 김치는 덜 짜게 만든다.

   (4) 음식을 먹을 때 소금, 간장을 더 넣지 않는다.

   (5) 젓갈, 장아찌, 자반 등 염장 식품을 적게 먹는다.

6. 저지방 우유를 하루에 1컵 정도 마신다.

   (1) 유제품은 저지방 제품을 선택한다.

   (2) 여자 성인의 경우 하루에 1컵을 마신다.

   (3) 중년 이후 남성은 하루에 1컵을 넘지 않는다.

7. 술은 가능한 한 마시지 않는다.

   (1) 마시는 경우 남자는 알코올 단위로 하루 2잔, 여자는 하루 1잔 이내로 한다.

8. 영양보충제는 특별한 경우에만 제한적으로 사용한다.

   (1) 영양소는 다양한 음식을 통하여 섭취한다.

   (2) 임신부와 영양결핍인 경우에 한해서 영양보충제를 사용한다.

supplement

부록

1. 한국인 영양섭취기준

출처 : 보건복지부 · 한국영양학회, 2020 한국인 영양소 섭취기준 활용, 2022

1) 한국인 영양소 섭취기준

한국인 영양소 섭취기준이란 질병이 없는 대다수의 한국 사람들이 건강을 최적 상태로 유지하고 질병을 예방하는 데 도움이 되도록 필요한 영양소 섭취수준을 제시하는 기준이다. 종전의 영양권장량에서는 각 영양소별로 단일 값으로 제시하였으나 만성질환이나 영양소 과다 섭취에 관한 우려와 예방의 필요성을 고려하여 여러 수준으로의 영양섭취기준을 2005년도에 새로이 설정하였고 2010년, 2015년 그리고 2020년에 1차, 2차 그리고 3차 개정이 이루어지게 되었다.

2020 한국인 영양소 섭취기준Dietary Reference Intakes, DRIs은 안전하고 충분한 영양을 확보하는 기준치 평균필요량Estimated Average Requirement, EAR, 권장섭취량Recommended Nutrient Intake, RNI, 충분섭취량Adequate Intake, AI 및 상한섭취량Tolerable Upper Intake Level과 식사와 관련된 만성질환 위험감소를 고려한 기준치[에너지 적정비율Acceptable Macronutrient Distribution Range, AMDR, 만성질환위험감소섭취량Chronic Disease Risk Reduction intake, CDRR]로 구성되어 있다. 또한 만성질환위험감소섭취량은 2020 한국인 영양소 섭취기준에서 신규로 설정되었다. 평균필요량은 대상 집단을 구성하는 건강한 사람들의 절반에 해당하는 사람들의 일일 영양소 필요량을 충족시키는 값으로 대상 집단의 필요량 분포치 중앙값으로부터 산출한 수치이다. 권장섭취량은 평균필요량에 표준편차의 2배를 더하여 정하였다. 충분섭취량은 영양소 필요량에 대한 정확한 자료가 부족하거나 필요량의 중앙값과 표준편차를 구하기 어려워 권장섭취량을 산출할 수 없는 경우에 제시하였다. 상한섭취량은 인체 건강에 유해영향이 나타나지 않는 최대 영양소 섭취수준으로서 과량섭취 시 건강에 악영향의 위험이 있다는 자료가 있는 경우에 설정이 가능하다. 에너지적정비율은 에너지 공급영양소(탄수화물, 지질, 단백질)에 대한 에너지 섭취비율과 건강 간 관련성에 대한 과학적 근거에 따라 설정한다. 만성질환위험감소섭취량은 영양소 섭취와 만성질환 간 인과적

연관성과 만성질환의 위험을 감소시킬 수 있는 구체적 섭취 범위를 고려하여 설정한다.

2020년 한국인 영양소 섭취기준 연령 · 체위기준

연령	2020 체위기준					
	신장(cm)		체중(kg)		BMI(kg/m²)	
0~5(개월)	58.3		5.5		16.2	
6~11	70.3		8.4		17.0	
1~2(세)	85.8		11.7		15.9	
3~5	105.4		17.6		15.8	
	남자	여자	남자	여자	남자	여자
6~8(세)	124.6	123.5	25.6	25.0	16.7	16.4
~11	141.7	142.1	37.4	36.6	18.7	18.1
12~14	161.2	156.6	52.7	48.7	20.5	20.0
15~18	172.4	160.3	64.5	53.8	21.9	21.0
19~29	174.6	161.4	68.9	55.9	22.6	21.4
30~49	173.2	159.8	67.8	54.7	22.6	21.4
50~64	168.9	156.6	64.5	52.5	22.6	21.4
65~74	166.2	152.9	62.4	50.0	22.6	21.4
75 이상	163.1	146.7	60.1	46.1	22.6	21.4

2020년 한국인 영양소 섭취기준– 에너지 적정비율

영양소		에너지 적정비율(%)						
		영아	유아		남녀		임신부	수유부
		0~11개월	1~2세	3~5세	6~18세	19세 이상		
탄수화물		–	55~65	55~65	55~65	55~65	55~65	55~65
단백질		–	7~20	7~20	7~20	7~20	7~20	7~20
지질[1]	지방	–	20~35	15~30	15~30	15~30	15~30	15~30
	포화지방산	–	–	8 미만	8 미만	7 미만		
	트랜스지방산	–	–	1 미만	1 미만	1 미만		

[1] 콜레스테롤 : 19세 이상 300mg/일 미만 권고

2020 한국인 영양소 섭취기준 – 에너지와 다량영양소

성별	연령	에너지(kcal/일) 필요추정량	권장섭취량	충분섭취량	상한섭취량	탄수화물(g/일) 평균필요량	권장섭취량	충분섭취량	상한섭취량	식이섬유(g/일) 평균필요량	권장섭취량	충분섭취량	상한섭취량
영아	0~5(개월)	500						60					
	6~11	600						90					
유아	1~2(세)	900				100	130					15	
	3~5	1,400				100	130					20	
남자	6~8(세)	1,700				100	130					25	
	9~11	2,000				100	130					25	
	12~14	2,500				100	130					30	
	15~18	2,700				100	130					30	
	19~29	2,600				100	130					30	
	30~49	2,500				100	130					30	
	50~64	2,200				100	130					30	
	65~74	2,000				100	130					25	
	75 이상	1,900				100	130					25	
여자	6~8(세)	1,500				100	130					20	
	9~11	1,800				100	130					25	
	12~14	2,000				100	130					25	
	15~18	2,000				100	130					25	
	19~29	2,000				100	130					20	
	30~49	1,900				100	130					20	
	50~64	1,700				100	130					20	
	65~74	1,600				100	130					20	
	75 이상	1,500				100	130					20	
임신부[1]		+0 / +340 / +450				+35	+45					+5	
수유부		+340				+60	+80					+5	

성별	연령	지방(g/일) 평균필요량	권장섭취량	충분섭취량	상한섭취량	리놀레산(g/일) 평균필요량	권장섭취량	충분섭취량	상한섭취량	알파-리놀렌산(g/일) 평균필요량	권장섭취량	충분섭취량	상한섭취량	EPA+DHA(mg/일) 평균필요량	권장섭취량	충분섭취량	상한섭취량
영아	0~5(개월)			25				5.0				0.6				200[2]	
	6~11			25				7.0				0.8				300[2]	
유아	1~2(세)							4.5				0.6					
	3~5							7.0				0.9					
남자	6~8(세)							9.0				1.1				200	
	9~11							9.5				1.3				220	
	12~14							12.0				1.5				230	
	15~18							14.0				1.7				230	
	19~29							13.0				1.6				210	
	30~49							11.5				1.4				400	
	50~64							9.0				1.4				500	
	65~74							7.0				1.2				310	
	75 이상							5.0				0.9				280	
여자	6~8(세)							7.0				0.8				200	
	9~11							9.0				1.1				150	
	12~14							9.0				1.2				210	
	15~18							10.0				1.1				100	
	19~29							10.0				1.2				150	
	30~49							8.5				1.2				260	
	50~64							7.0				1.2				240	
	65~74							4.5				1.0				150	
	75 이상							3.0				0.4				140	
임신부								+0				+0				+0	
수유부								+0				+0				+0	

1) 1,2,3 분기별 부가량
2) DHA

성별	연령	단백질(g/일)				메티오닌+시스테인(g/일)				류신(g/일)			
		평균 필요량	권장 섭취량	충분 섭취량	상한 섭취량	평균 필요량	권장 섭취량	충분 섭취량	상한 섭취량	평균 필요량	권장 섭취량	충분 섭취량	상한 섭취량
영아	0~5(개월)			10				0.4				1.0	
	6~11	12	15			0.3	0.4			0.6	0.8		
유아	1~2(세)	15	20			0.3	0.4			0.6	0.8		
	3~5	20	25			0.3	0.4			0.7	1.0		
남자	6~8(세)	30	35			0.5	0.6			1.1	1.3		
	9~11	40	50			0.7	0.8			1.5	1.9		
	12~14	50	60			1.0	1.2			2.2	2.7		
	15~18	55	65			1.2	1.4			2.6	3.2		
	19~29	50	65			1.0	1.4			2.4	3.1		
	30~49	50	65			1.1	1.3			2.4	3.1		
	50~64	50	60			1.1	1.3			2.3	2.8		
	65~74	50	60			1.0	1.3			2.2	2.8		
	75 이상	50	60			0.9	1.1			2.1	2.7		
여자	6~8(세)	30	35			0.5	0.6			1.0	1.3		
	9~11	40	45			0.6	0.7			1.5	1.8		
	12~14	45	55			0.8	1.0			1.9	2.4		
	15~18	45	55			0.8	1.1			2.0	2.4		
	19~29	45	55			0.8	1.0			2.0	2.5		
	30~49	40	50			0.8	1.0			1.9	2.4		
	50~64	40	50			0.8	1.1			1.9	2.3		
	65~74	40	50			0.7	0.9			1.8	2.2		
	75 이상	40	50			0.7	0.9			1.7	2.1		
임신부[1]		+12 +25	+15 +30			1.1	1.4			2.5	3.1		
수유부		+20	+25			1.1	1.5			2.8	3.5		

성별	연령	이소류신(g/일)				발린(g/일)				라이신(g/일)			
		평균 필요량	권장 섭취량	충분 섭취량	상한 섭취량	평균 필요량	권장 섭취량	충분 섭취량	상한 섭취량	평균 필요량	권장 섭취량	충분 섭취량	상한 섭취량
영아	0~5(개월)			0.6				0.6				0.7	
	6~11	0.3	0.4			0.3	0.5			0.6	0.8		
유아	1~2(세)	0.3	0.4			0.4	0.5			0.6	0.7		
	3~5	0.3	0.4			0.4	0.5			0.6	0.8		
남자	6~8(세)	0.5	0.6			0.6	0.7			1.0	1.2		
	9~11	0.7	0.8			0.9	1.1			1.4	1.8		
	12~14	1.0	1.2			1.2	1.6			2.1	2.5		
	15~18	1.2	1.4			1.5	1.8			2.3	2.9		
	19~29	1.0	1.4			1.4	1.7			2.5	3.1		
	30~49	1.1	1.4			1.4	1.7			2.4	3.1		
	50~64	1.1	1.3			1.3	1.6			2.3	2.9		
	65~74	1.0	1.3			1.3	1.6			2.2	2.9		
	75 이상	0.9	1.1			1.1	1.5			2.2	2.7		
여자	6~8(세)	0.5	0.6			0.6	0.7			0.9	1.3		
	9~11	0.6	0.7			0.9	1.1			1.3	1.6		
	12~14	0.8	1.0			1.2	1.4			1.8	2.2		
	15~18	0.8	1.1			1.2	1.4			1.8	2.2		
	19~29	0.8	1.1			1.1	1.3			2.1	2.6		
	30~49	0.8	1.0			1.0	1.4			2.0	2.5		
	50~64	0.8	1.1			1.1	1.3			1.9	2.4		
	65~74	0.7	0.9			0.9	1.3			1.8	2.3		
	75 이상	0.7	0.9			0.9	1.1			1.7	2.1		
임신부		1.1	1.4			1.4	1.7			2.3	2.9		
수유부		1.3	1.7			1.6	1.9			2.5	3.1		

1) 단백질 : 임신부-2, 3 분기별 부가량, 아미노산 : 임신부, 수유부-부가량 아닌 절대 필요량임

성별	연령	페닐알라닌+티로신(g/일)				트레오닌(g/일)				트립토판(g/일)			
		평균필요량	권장섭취량	충분섭취량	상한섭취량	평균필요량	권장섭취량	충분섭취량	상한섭취량	평균필요량	권장섭취량	충분섭취량	상한섭취량
영아	0~5(개월)			0.9				0.5				0.2	
	6~11	0.5	0.7			0.3	0.4			0.1	0.1		
유아	1~2(세)	0.5	0.7			0.3	0.4			0.1	0.1		
	3~5	0.6	0.7			0.3	0.4			0.1	0.1		
남자	6~8(세)	0.9	1.0			0.5	0.6			0.1	0.2		
	9~11	1.3	1.6			0.7	0.9			0.2	0.2		
	12~14	1.8	2.3			1.0	1.3			0.3	0.3		
	15~18	2.1	2.6			1.2	1.5			0.3	0.4		
	19~29	2.8	3.6			1.1	1.5			0.3	0.3		
	30~49	2.9	3.5			1.2	1.5			0.3	0.3		
	50~64	2.7	3.4			1.1	1.4			0.3	0.3		
	65~74	2.5	3.3			1.1	1.3			0.2	0.3		
	75 이상	2.5	3.1			1.0	1.3			0.2	0.3		
여자	6~8(세)	0.8	1.0			0.5	0.6			0.1	0.2		
	9~11	1.2	1.5			0.6	0.9			0.2	0.2		
	12~14	1.6	1.9			0.9	1.2			0.2	0.3		
	15~18	1.6	2.0			0.9	1.2			0.2	0.3		
	19~29	2.3	2.9			0.9	1.1			0.2	0.3		
	30~49	2.3	2.8			0.9	1.2			0.2	0.3		
	50~64	2.2	2.7			0.8	1.1			0.2	0.3		
	65~74	2.1	2.6			0.8	1.0			0.2	0.2		
	75 이상	2.0	2.4			0.7	0.9			0.2	0.2		
임신부[1]		3.0	3.8			1.2	1.5			0.3	0.4		
수유부		3.7	4.7			1.3	1.7			0.4	0.5		

성별	연령	히스티딘(g/일)				수분(mL/일)					
		평균필요량	권장섭취량	충분섭취량	상한섭취량	음식	물	음료	충분섭취량 액체	충분섭취량 총수분	상한섭취량
영아	0~5(개월)			0.1					700	700	
	6~11	0.2	0.3			300			500	800	
유아	1~2(세)	0.2	0.3			300	362	0	700	1,000	
	3~5	0.2	0.3			400	491	0	1,100	1,500	
남자	6~8(세)	0.3	0.4			900	589	0	800	1,700	
	9~11	0.5	0.6			1,100	686	1.2	900	2,000	
	12~14	0.7	0.9			1,300	911	1.9	1,100	2,400	
	15~18	0.9	1.0			1,400	920	6.4	1,200	2,600	
	19~29	0.8	1.0			1,400	981	262	1,200	2,600	
	30~49	0.7	1.0			1,300	957	289	1,200	2,500	
	50~64	0.7	0.9			1,200	940	75	1,000	2,200	
	65~74	0.7	1.0			1,100	904	20	1,000	2,100	
	75 이상	0.7	0.8			1,000	662	12	1,100	2,100	
여자	6~8(세)	0.3	0.4			800	514	0	800	1,600	
	9~11	0.4	0.5			1,000	643	0	900	1,900	
	12~14	0.6	0.7			1,100	610	0	900	2,000	
	15~18	0.6	0.7			1,100	659	7.3	900	2,000	
	19~29	0.6	0.8			1,100	709	126	1,000	2,100	
	30~49	0.6	0.8			1,000	772	124	1,000	2,000	
	50~64	0.6	0.7			900	784	27	1,000	1,900	
	65~74	0.5	0.7			900	624	9	900	1,800	
	75 이상	0.5	0.7			800	552	5	1,000	1,800	
임신부		0.8	1.0							+200	
수유부		0.8	1.1						+500	+700	

1) 아미노산 : 임신부, 수유부-부가량 아닌 절대 필요량임

2020 한국인 영양소 섭취기준 – 지용성 비타민

성별	연령	비타민 A(μg RAE/일)				비타민 D(μg/일)			
		평균 필요량	권장 섭취량	충분 섭취량	상한 섭취량	평균 필요량	권장 섭취량	충분 섭취량	상한 섭취량
영아	0~5(개월)			350	600			5	25
	6~11			450	600			5	25
유아	1~2(세)	190	250		600			5	30
	3~5	230	300		750			5	35
남자	6~8(세)	310	450		1,100			5	40
	9~11	410	600		1,600			5	60
	12~14	530	750		2,300			10	100
	15~18	620	850		2,800			10	100
	19~29	570	800		3,000			10	100
	30~49	560	800		3,000			10	100
	50~64	530	750		3,000			10	100
	65~74	510	700		3,000			15	100
	75 이상	500	700		3,000			15	100
여자	6~8(세)	290	400		1,100			5	40
	9~11	390	550		1,600			5	60
	12~14	480	650		2,300			10	100
	15~18	450	650		2,800			10	100
	19~29	460	650		3,000			10	100
	30~49	450	650		3,000			10	100
	50~64	430	600		3,000			10	100
	65~74	410	600		3,000			15	100
	75 이상	410	600		3,000			15	100
임신부		+50	+70		3,000			+0	100
수유부		+350	+490		3,000			+0	100

성별	연령	비타민 E(mg α-TE/일)				비타민 K(μg/일)			
		평균 필요량	권장 섭취량	충분 섭취량	상한 섭취량	평균 필요량	권장 섭취량	충분 섭취량	상한 섭취량
영아	0~5(개월)			3				4	
	6~11			4				6	
유아	1~2(세)			5	100			25	
	3~5			6	150			30	
남자	6~8(세)			7	200			40	
	9~11			9	300			55	
	12~14			11	400			70	
	15~18			12	500			80	
	19~29			12	540			75	
	30~49			12	540			75	
	50~64			12	540			75	
	65~74			12	540			75	
	75 이상			12	540			75	
여자	6~8(세)			7	200			40	
	9~11			9	300			55	
	12~14			11	400			65	
	15~18			12	500			65	
	19~29			12	540			65	
	30~49			12	540			65	
	50~64			12	540			65	
	65~74			12	540			65	
	75 이상			12	540			65	
임신부				+0	540			+0	
수유부				+3	540			+0	

2020 한국인 영양소 섭취기준 – 수용성 비타민

성별	연령	비타민 C(mg/일)				티아민(mg/일)			
		평균 필요량	권장 섭취량	충분 섭취량	상한 섭취량	평균 필요량	권장 섭취량	충분 섭취량	상한 섭취량
영아	0~5(개월)			40				0.2	
	6~11			55				0.3	
유아	1~2(세)	30	40		340	0.4	0.4		
	3~5	35	45		510	0.4	0.5		
남자	6~8(세)	40	50		750	0.5	0.7		
	9~11	55	70		1,100	0.7	0.9		
	12~14	70	90		1,400	0.9	1.1		
	15~18	80	100		1,600	1.1	1.3		
	19~29	75	100		2,000	1.0	1.2		
	30~49	75	100		2,000	1.0	1.2		
	50~64	75	100		2,000	1.0	1.2		
	65~74	75	100		2,000	0.9	1.1		
	75 이상	75	100		2,000	0.9	1.1		
여자	6~8(세)	40	50		750	0.6	0.7		
	9~11	55	70		1,100	0.8	0.9		
	12~14	70	90		1,400	0.9	1.1		
	15~18	80	100		1,600	0.9	1.1		
	19~29	75	100		2,000	0.9	1.1		
	30~49	75	100		2,000	0.9	1.1		
	50~64	75	100		2,000	0.9	1.1		
	65~74	75	100		2,000	0.8	1.0		
	75 이상	75	100		2,000	0.7	0.8		
임신부		+10	+10		2,000	+0.4	+0.4		
수유부		+35	+40		2,000	+0.3	+0.4		

성별	연령	리보플라빈(mg/일)				니아신(mg NE/일)[1]			
		평균 필요량	권장 섭취량	충분 섭취량	상한 섭취량	평균 필요량	권장 섭취량	충분 섭취량	상한섭취량 니코틴산/니코틴아미드
영아	0~5(개월)			0.3				2	
	6~11			0.4				3	
유아	1~2(세)	0.4	0.5			4	6		10/180
	3~5	0.5	0.6			5	7		10/250
남자	6~8(세)	0.7	0.9			7	9		15/350
	9~11	0.9	1.1			9	11		20/500
	12~14	1.2	1.5			11	15		25/700
	15~18	1.4	1.7			13	17		30/800
	19~29	1.3	1.5			12	16		35/1000
	30~49	1.3	1.5			12	16		35/1000
	50~64	1.3	1.5			12	16		35/1000
	65~74	1.2	1.4			11	14		35/1000
	75 이상	1.1	1.3			10	13		35/1000
여자	6~8(세)	0.6	0.8			7	9		15/350
	9~11	0.8	1.0			9	12		20/500
	12~14	1.0	1.2			11	15		25/700
	15~18	1.0	1.2			11	14		30/800
	19~29	1.0	1.2			11	14		35/1000
	30~49	1.0	1.2			11	14		35/1000
	50~64	1.0	1.2			11	14		35/1000
	65~74	0.9	1.1			10	13		35/1000
	75 이상	0.8	1.0			9	12		35/1000
임신부		+0.3	+0.4			+3	+4		35/1000
수유부		+0.4	+0.5			+2	+3		35/1000

1) 1 mg NE(니아신 당량)=1 mg 니아신=60 mg 트립토판

성별	연령	비타민 B$_6$(mg/일)				엽산(µg DFE/일)[1]			
		평균 필요량	권장 섭취량	충분 섭취량	상한 섭취량	평균 필요량	권장 섭취량	충분 섭취량	상한 섭취량[2]
영아	0~5(개월)			0.1				65	
	6~11			0.3				90	
유아	1~2(세)	0.5	0.6		20	120	150		300
	3~5	0.6	0.7		30	150	180		400
남자	6~8(세)	0.7	0.9		45	180	220		500
	9~11	0.9	1.1		60	250	300		600
	12~14	1.3	1.5		80	300	360		800
	15~18	1.3	1.5		95	330	400		900
	19~29	1.3	1.5		100	320	400		1,000
	30~49	1.3	1.5		100	320	400		1,000
	50~64	1.3	1.5		100	320	400		1,000
	65~74	1.3	1.5		100	320	400		1,000
	75 이상	1.3	1.5		100	320	400		1,000
여자	6~8(세)	0.7	0.9		45	180	220		500
	9~11	0.9	1.1		60	250	300		600
	12~14	1.2	1.4		80	300	360		800
	15~18	1.2	1.4		95	330	400		900
	19~29	1.2	1.4		100	320	400		1,000
	30~49	1.2	1.4		100	320	400		1,000
	50~64	1.2	1.4		100	320	400		1,000
	65~74	1.2	1.4		100	320	400		1,000
	75 이상	1.2	1.4		100	320	400		1,000
임신부		+0.7	+0.8		100	+200	+220		1,000
수유부		+0.7	+0.8		100	+130	+150		1,000

성별	연령	비타민 B$_{12}$(µg/일)				판토텐산(mg/일)				비오틴(µg/일)			
		평균 필요량	권장 섭취량	충분 섭취량	상한 섭취량	평균 필요량	권장 섭취량	충분 섭취량	상한 섭취량	평균 필요량	권장 섭취량	충분 섭취량	상한 섭취량
영아	0~5(개월)			0.3				1.7				5	
	6~11			0.5				1.9				7	
유아	1~2(세)	0.8	0.9					2				9	
	3~5	0.9	1.1					2				12	
남자	6~8(세)	1.1	1.3					3				15	
	9~11	1.5	1.7					4				20	
	12~14	1.9	2.3					5				25	
	15~18	2.0	2.4					5				30	
	19~29	2.0	2.4					5				30	
	30~49	2.0	2.4					5				30	
	50~64	2.0	2.4					5				30	
	65~74	2.0	2.4					5				30	
	75 이상	2.0	2.4					5				30	
여자	6~8(세)	1.1	1.3					3				15	
	9~11	1.5	1.7					4				20	
	12~14	1.9	2.3					5				25	
	15~18	2.0	2.4					5				30	
	19~29	2.0	2.4					5				30	
	30~49	2.0	2.4					5				30	
	50~64	2.0	2.4					5				30	
	65~74	2.0	2.4					5				30	
	75 이상	2.0	2.4					5				30	
임신부		+0.2	+0.2					+1.0				+0	
수유부		+0.3	+0.4					+2.0				+5	

1) Dietary Folate Equivalents, 가임기 여성의 경우 400 µg/일의 엽산보충제 섭취를 권장함
2) 엽산의 상한섭취량은 보충제 또는 강화식품의 형태로 섭취한 µg/일에 해당됨

2020 한국인 영양소 섭취기준 - 다량 무기질

성별	연령	칼슘(mg/일) 평균필요량	권장섭취량	충분섭취량	상한섭취량	인(mg/일) 평균필요량	권장섭취량	충분섭취량	상한섭취량	나트륨(mg/일) 필요추정량	권장섭취량	충분섭취량	만성질환위험감소섭취량
영아	0~5(개월)			250	1,000			100				110	
	6~11			300	1,500			300				370	
유아	1~2(세)	400	500		2,500	380	450		3,000			810	1,200
	3~5	500	600		2,500	480	550		3,000			1,000	1,600
남자	6~8(세)	600	700		2,500	500	600		3,000			1,200	1,900
	9~11	650	800		3,000	1,000	1,200		3,500			1,500	2,300
	12~14	800	1,000		3,000	1,000	1,200		3,500			1,500	2,300
	15~18	750	900		3,000	1,000	1,200		3,500			1,500	2,300
	19~29	650	800		2,500	580	700		3,500			1,500	2,300
	30~49	650	800		2,500	580	700		3,500			1,500	2,300
	50~64	600	750		2,000	580	700		3,500			1,500	2,300
	65~74	600	700		2,000	580	700		3,500			1,300	2,100
	75 이상	600	700		2,000	580	700		3,000			1,100	1,700
여자	6~8(세)	600	700		2,500	480	550		3,000			1,200	1,900
	9~11	650	800		3,000	1,000	1,200		3,500			1,500	2,300
	12~14	750	900		3,000	1,000	1,200		3,500			1,500	2,300
	15~18	700	800		3,000	1,000	1,200		3,500			1,500	2,300
	19~29	550	700		2,500	580	700		3,500			1,500	2,300
	30~49	550	700		2,500	580	700		3,500			1,500	2,300
	50~64	600	800		2,000	580	700		3,500			1,500	2,300
	65~74	600	800		2,000	580	700		3,500			1,300	2,100
	75 이상	600	800		2,000	580	700		3,000			1,100	1,700
임신부		+0	+0		2,500	+0	+0		3,000			1,500	2,300
수유부		+0	+0		2,500	+0	+0		3,500			1,500	2,300

성별	연령	염소(mg/일) 평균필요량	권장섭취량	충분섭취량	상한섭취량	칼륨(mg/일) 평균필요량	권장섭취량	충분섭취량	상한섭취량	마그네슘(mg/일) 평균필요량	권장섭취량	충분섭취량	상한섭취량[1]
영아	0~5(개월)			170				400				25	
	6~11			560				700				55	
유아	1~2(세)			1,200				1,900		60	70		60
	3~5			1,600				2,400		90	110		90
남자	6~8(세)			1,900				2,900		130	150		130
	9~11			2,300				3,400		190	220		190
	12~14			2,300				3,500		260	320		270
	15~18			2,300				3,500		340	410		350
	19~29			2,300				3,500		300	360		350
	30~49			2,300				3,500		310	370		350
	50~64			2,300				3,500		310	370		350
	65~74			2,100				3,500		310	370		350
	75 이상			1,700				3,500		310	370		350
여자	6~8(세)			1,900				2,900		130	150		130
	9~11			2,300				3,400		180	220		190
	12~14			2,300				3,500		240	290		270
	15~18			2,300				3,500		290	340		350
	19~29			2,300				3,500		230	280		350
	30~49			2,300				3,500		240	280		350
	50~64			2,300				3,500		240	280		350
	65~74			2,100				3,500		240	280		350
	75 이상			1,700				3,500		240	280		350
임신부				2,300				+0		+30	+40		350
수유부				2,300				+400		+0	+0		350

1) 식품 외 급원의 마그네슘에만 해당

2020 한국인 영양소 섭취기준 – 미량 무기질

성별	연령	철(mg/일)				아연(mg/일)				구리(μg/일)			
		평균필요량	권장섭취량	충분섭취량	상한섭취량	평균필요량	권장섭취량	충분섭취량	상한섭취량	평균필요량	권장섭취량	충분섭취량	상한섭취량
영아	0~5(개월)			0.3	40			2				240	
	6~11	4	6		40	2	3					330	
유아	1~2(세)	4.5	6		40	2	3		6	220	290		1,700
	3~5	5	7		40	3	4		9	270	350		2,600
남자	6~8(세)	7	9		40	5	5		13	360	470		3,700
	9~11	8	11		40	7	8		19	470	600		5,500
	12~14	11	14		40	7	8		27	600	800		7,500
	15~18	11	14		45	8	10		33	700	900		9,500
	19~29	8	10		45	9	10		35	650	850		10,000
	30~49	8	10		45	8	10		35	650	850		10,000
	50~64	8	10		45	8	10		35	650	850		10,000
	65~74	7	9		45	8	9		35	600	800		10,000
	75 이상	7	9		45	7	9		35	600	800		10,000
여자	6~8(세)	7	9		40	4	5		13	310	400		3,700
	9~11	8	10		40	7	8		19	420	550		5,500
	12~14	12	16		40	6	8		27	500	650		7,500
	15~18	11	14		45	7	9		33	550	700		9,500
	19~29	11	14		45	7	8		35	500	650		10,000
	30~49	11	14		45	7	8		35	500	650		10,000
	50~64	6	8		45	6	8		35	500	650		10,000
	65~74	6	8		45	6	7		35	460	600		10,000
	75 이상	5	7		45	6	7		35	460	600		10,000
임신부		+8	+10		45	+2.0	+2.5		35	+100	+130		10,000
수유부		+0	+0		45	+4.0	+5.0		35	+370	+480		10,000

성별	연령	불소(mg/일)				망간(mg/일)				요오드(μg/일)			
		평균필요량	권장섭취량	충분섭취량	상한섭취량	평균필요량	권장섭취량	충분섭취량	상한섭취량	평균필요량	권장섭취량	충분섭취량	상한섭취량
영아	0~5(개월)			0.01	0.6			0.01				130	250
	6~11			0.4	0.8			0.8				180	250
유아	1~2(세)			0.6	1.2			1.5	2.0	55	80		300
	3~5			0.9	1.8			2.0	3.0	65	90		300
남자	6~8(세)			1.3	2.6			2.5	4.0	75	100		500
	9~11			1.9	10.0			3.0	6.0	85	110		500
	12~14			2.6	10.0			4.0	8.0	90	130		1,900
	15~18			3.2	10.0			4.0	10.0	95	130		2,200
	19~29			3.4	10.0			4.0	11.0	95	150		2,400
	30~49			3.4	10.0			4.0	11.0	95	150		2,400
	50~64			3.2	10.0			4.0	11.0	95	150		2,400
	65~74			3.1	10.0			4.0	11.0	95	150		2,400
	75 이상			3.0	10.0			4.0	11.0	95	150		2,400
여자	6~8(세)			1.3	2.5			2.5	4.0	75	100		500
	9~11			1.8	10.0			3.0	6.0	80	110		500
	12~14			2.4	10.0			3.5	8.0	90	130		1,900
	15~18			2.7	10.0			3.5	10.0	95	130		2,200
	19~29			2.8	10.0			3.5	11.0	95	150		2,400
	30~49			2.7	10.0			3.5	11.0	95	150		2,400
	50~64			2.6	10.0			3.5	11.0	95	150		2,400
	65~74			2.5	10.0			3.5	11.0	95	150		2,400
	75 이상			2.3	10.0			3.5	11.0	95	150		2,400
임신부				+0	10.0			+0	11.0	+65	+90		
수유부				+0	10.0			+0	11.0	+130	+190		

성별	연령	셀레늄(μg/일)				몰리브덴(μg/일)				크롬(μg/일)			
		평균필요량	권장섭취량	충분섭취량	상한섭취량	평균필요량	권장섭취량	충분섭취량	상한섭취량	평균필요량	권장섭취량	충분섭취량	상한섭취량
영아	0~5(개월)			9	40							0.2	
	6~11			12	65							4.0	
유아	1~2(세)	19	23		70	8	10		100			10	
	3~5	22	25		100	10	12		150			10	
남자	6~8(세)	30	35		150	15	18		200			15	
	9~11	40	45		200	15	18		300			20	
	12~14	50	60		300	25	30		450			30	
	15~18	55	65		300	25	30		550			35	
	19~29	50	60		400	25	30		600			30	
	30~49	50	60		400	25	30		600			30	
	50~64	50	60		400	25	30		550			30	
	65~74	50	60		400	23	28		550			25	
	75 이상	50	60		400	23	28		550			25	
여자	6~8(세)	30	35		150	15	18		200			15	
	9~11	40	45		200	15	18		300			20	
	12~14	50	60		300	20	25		400			20	
	15~18	55	65		300	20	25		500			20	
	19~29	50	60		400	20	25		500			20	
	30~49	50	60		400	20	25		500			20	
	50~64	50	60		400	20	25		450			20	
	65~74	50	60		400	18	22		450			20	
	75 이상	50	60		400	18	22		450			20	
임신부		+3	+4		400	+0	+0		500			+5	
수유부		+9	+10		400	+3	+3		500			+20	

2) 식품구성안과 식품구성자전거

(1) 식사구성안이란?

일반인에게 한국인 영양소 섭취기준에 만족할 만한 식사를 제공할 수 있도록 식품군별 대표식품과 섭취 횟수를 이용하여 식사의 기본 구성 개념을 설명한 것이다.

(2) 식품구성자전거와 식품군별 1인 1회 분량

식품구성자전거는 6개의 식품군에 권장식사패턴의 섭취 횟수와 분량에 맞추어 바퀴 면적을 배분한 형태로, 기존의 식품구성탑보다 다양한 식품 섭취를 통한 균형 잡힌 식사와 수분 섭취의 중요성 그리고 적절한 운동을 통한 비만 예방이라는 기본 개념을 나타낸다. 식품군별 대표식품의 1인 1회 분량을 기준으로 섭취 횟수를 활용하여 개인별 권장섭취패턴을 계획하거나 평가할 수 있다.

각 식품군별 대표식품 및 1인 1회 분량

식품군	1인 1회 분량					
곡류	쌀밥 (210g)	백미 (90g)	국수 (말린 것) (90g)	냉면국수(말린 것) (90g)	가래떡 (150g)	식빵 1쪽* (35g)
고기 · 생선 · 달걀 · 콩류	쇠고기 (생 60g)	닭고기 (생 60g)	고등어 (생 70g)	대두 (20g)	두부 (80g)	달걀 (60g)
채소류	콩나물 (생 70g)	시금치 (생 70g)	배추김치 (생 40g)	오이소박이 (생 40g)	느타리버섯 (생 30g)	미역(마른 것) (10g)
과일류	사과 (100g)	귤 (100g)	참외 (150g)	포도 (100g)	수박 (150g)	대추(말린 것) (15g)
우유 · 유제품류	우유 (200mL)	치즈 1장† (20g)	호상요구르트 (100g)	액상요구르트 (150g)	아이스크림/셔벗 (100g)	
유지 · 당류	콩기름 1작은술 (5g)	버터 1작은술 (5g)	마요네즈 1작은술 (5g)	커피믹스 1회 (12g)	설탕 1큰술 (10g)	꿀 1큰술 (10g)

*표시는 0.3회, †표시는 0.5회

2. 콩팥질환 환자를 위한 식품교환표

출처 : 대한영양사협회, 임상영양관리지침서, 2022

콩팥질환 환자를 위한 식품교환표는 신장질환으로 인해 단백질, 나트륨, 칼륨, 인 등의 영양소 섭취를 조절할 필요가 있는 사람들을 위해 고안된 것으로, 일상생활에서 섭취하고 있는 식품들을 영양소 조성이 비슷한 것끼리 나누어 곡류군, 어육류군, 채소군, 지방군, 우유군, 과일군, 에너지 보충군의 7가지 식품군으로 묶은 표이다.

콩팥질환 식품교환표

식품교환군		단백질(g)	나트륨(mg)	칼륨(mg)	인(mg)	에너지(kcal)
곡류군		2	2	30	30	100
어육류군		8	50	120	90	75
채소군	1(칼륨 저함량)	1	미량	100	20	20
	2(칼륨 중등함량)			200		
	3(칼륨 고함량)			400		
지방군		0	0	0	0	45
우유군		6	100	300	180	125
과일군	1(칼륨 저함량)	미량	미량	100	20	50
	2(칼륨 중등함량)			200		
	3(칼륨 고함량)			400		
열량보충군		0	3	20	5	100

1) 곡류군

곡류군은 대부분 주식이 되는 식품들로 구성되어 있으며, 좋은 에너지원일 뿐 아니라 약간의 단백질도 포함되어 있다.

1교환단위의 영양소 함량	단백질(g)	나트륨(mg)	칼륨(mg)	인(mg)	에너지(kcal)
	2	2	30	30	100

식품	무게(g)	목측량	식품	무게(g)	목측량
쌀밥	70	1/3공기	가래떡	50	썰은 것 11개
국수(삶은 것)	90	1/2공기	백설기	40	6×2×3cm
식빵	35	1쪽	인절미	50	3개
백미	30	3큰스푼	절편(흰떡)	50	2개
찹쌀	30	3큰스푼	카스텔라	30	6.5×5×4.5cm
밀가루	30	5큰스푼	크래커	20	5개
마카로니	30		콘플레이크	30	3/4컵

※ 칼륨 및 인 함량이 높은 주의식품(† : 칼슘 함량 > 60mg, ‡ : 인 함량 > 60mg)

식품	무게(g)	목측량	식품	무게(g)	목측량
검자†‡	180	대 1개	토란†‡	250	2컵
고구마†	100	중 1/2개	검은쌀†‡	30	3큰스푼
보리쌀†	30	3큰스푼	은행†‡	60	–
현미쌀†‡	30		메밀국수(건조된 것)†	30	–
보리밥†	70	1/3공기	메밀국수(삶은 것)†	90	–
현미밥†‡	70		시루떡	50	
녹두†‡	30		보리미숫가루†	30	5큰스푼
율무†‡	30		빵가루†	30	–
차수수†‡	30	3큰스푼	오트밀†‡	30	1/3컵
차조†‡	30		핫케이크가루†	25	–
팥(볶은 것)†‡	30		옥수수†‡	50	1/2개
호밀†	30		팝콘†	20	
밤(생 것)†	60	중 6개			

※ 칼륨 및 나트륨 함량이 높은 주의식품(† : 칼슘 함량 > 220mg, ‡ : 나트륨 함량 > 250mg)

식품	무게(g)	목측량	식품	무게(g)	목측량
검은콩†	20	2큰스푼	치즈†	40	2장
노란콩†	20		잔멸치(건조된 것)‡	15	1/4컵
햄(로스)‡	50	1쪽 (8×6×1cm)	건오징어‡	15	중 1/4마리 (몸통)
런천미트‡	50	1쪽 (5.5×4×2cm)	조갯살‡	70	1/3컵
프랑크소시지‡	50	1.5개	깐 홍합‡	70	
생선통조림‡	40	1/3컵	어묵‡	80	–

2) 어육류군

어육류군은 질이 좋은 단백질로 구성되어 있으므로 반드시 허용된 범위 내에서 섭취해야 한다.

1교환단위의 영양소 함량	단백질(g)	나트륨(mg)	칼륨(mg)	인(mg)	에너지(kcal)
	8	50	120	90	75

식품	무게(g)	목측량	식품	무게(g)	목측량
쇠고기	40	로스용 1장 (12×10.3cm, 탁구공 크기)	새우	40	중하 3마리 또는 보리새우 10마리
돼지고기	40	–	문어♣	50	1/3컵
닭고기	40	소 1토막 (탁구공 크기)	물오징어♣	50	중 1/4마리(몸통)
개고기	40	–	꽃게♣	50	중 1/2마리
쇠간	40	1/4컵	굴♣	70	1/2컵
쇠갈비	40	소 1토막	낙지♣	70	–
우설	40	1/4컵	전복	70	중 1개
돼지족, 돼지머리, 삼겹살	40	썰어서 4쪽 (3×3cm)	달걀	60	대 1개
소곱창	60	1/2컵	메추리알	60	5개
소꼬리	60	소 2토막	두부	80	1/6모
각종 생선류	40	소 1토막	순두부	200	1컵
뱅어포	10	1장	연두부	150	1/2개
북어	10	중 1/4토막			

♣ : 염분이 많으므로 물에 충분히 담가 염분 제거 후 사용

3) 채소군

채소군은 칼륨의 함량에 따라 3개의 그룹으로 분류하였으며, 1교환단위의 분량은 대부분 목측량 1/2컵을 기준으로 통일되어 있다. 칼륨을 제한해야 하는 경우 채소군3(칼륨 고함량)의 식품들은 식단에서 제외하도록 한다.

(1) 채소군 1(칼륨 저함량)

1교환단위의 영양소 함량	단백질(g)	나트륨(mg)	칼륨(mg)	인(mg)	에너지(kcal)
	1	미량	100	20	20

식품	무게(g)	목측량	식품	무게(g)	목측량
달래	30	생 1/2컵	양파	50	
당근	20	–	양배추	50	
김	2	1장	가지	70	
깻잎	20	20장	고비(삶은 것)	70	
풋고추	20	중 2~3개	고사리(삶은 것)	70	
생표고	30	중 5개	무	70	익혀서 1/2컵
더덕	30	중 2개	숙주	70	
치커리	30	중 12잎	오이	70	
배추	70	소 3~4장	죽순(통)	70	
양상추	70	중 3~4장	콩나물	70	
마늘종	40		피마	70	
파	40		녹두묵	100	
팽이버섯	40	익혀서 1/2컵	메밀묵	100	1/4모
냉이	50		도토리묵	100	
무청	50				

(2) 채소군 2(칼륨 중등함량)

1교환단위의 영양소 함량	단백질(g)	나트륨(mg)	칼륨(mg)	인(mg)	에너지(kcal)
	1	미량	200	20	20

식품	무게(g)	목측량	식품	무게(g)	목측량
무말랭이	10	불려서 1/2컵	우엉	50	
두릅	50	3개	풋마늘	50	
상추	70	중 10개	고구마순	70	
셀러리	70	6cm 길이 6개	느타리●	70	익혀서 1/2컵
케일	70	10cm 길이 10장	열무	70	
도라지	50	익혀서 1/2컵	애호박	70	
연근	50		중국부추	70	

● : 인 함량이 높음

(3) 채소군 3(칼륨 고함량)

1교환단위의 영양소 함량	단백질(g)	나트륨(mg)	칼륨(mg)	인(mg)	에너지(kcal)
	1	미량	400	20	20

식품	무게(g)	목측량	식품	무게(g)	목측량
양송이버섯●	70	중 5개	쑥●	70	
고춧잎	50		쑥갓	70	
아욱	50		시금치	70	
근대	70		죽순	70	익혀서 1/2컵
머위	70	익혀서 1/2컵	취나물	70	
물미역	70		단호박	100	
미나리	70		늙은 호박●	150	
부추	70				

● : 인 함량이 높음

4) 지방군

지방군은 소화·흡수 후 노폐물을 거의 생성하지 않아서 콩팥에 부담을 주지 않는다. 적은 양으로도 많은 에너지를 낼 수 있고, 단백질을 많이 제한하는 경우 농축 에너지원으로 사용되어 체단백의 손실을 막을 수 있다.

1교환단위의 영양소 함량	단백질(g)	나트륨(mg)	칼륨(mg)	인(mg)	에너지(kcal)
	0	0	0	0	45

식품	무게(g)	목측량	식품	무게(g)	목측량
들기름	5		카놀라유	5	1작은스푼
미강유	5		쇼트닝	5	
옥수수기름	5		마가린	6	
유채기름	5	1작은스푼	버터	6	1.5작은스푼
콩기름	5		마요네즈	7	
참기름	5				

※ 단백질, 인, 칼륨 함량이 높은 주의식품

식품	무게(g)	목측량	식품	무게(g)	목측량
베이컨	7	1조각	참깨	8	1큰스푼
땅콩	10	10개(1스푼)	피스타치오	8	10개
아몬드	8	7개	해바라기씨	8	1큰스푼
잣	8	1큰스푼	호두	8	대 1개 또는 중 1.5개

5) 우유군

우유군은 질이 좋은 단백질로 구성되어 있으나 대체로 칼륨과 인이 많기 때문에 1일 허용된 양 이상은 섭취하지 않는 것이 좋다.

1교환단위의 영양소 함량	단백질(g)	나트륨(mg)	칼륨(mg)	인(mg)	에너지(kcal)
	6	100	300	180	125

식품	무게(g)	목측량	식품	무게(g)	목측량
요구르트(액상)◗	300	1.5컵(100g 포장단위 3개)	두유	200	1컵
요구르트(호상)◗	200	1컵(100g 포장단위 2개)	연유(가당)◗	60	1/2컵
우유	200	1컵	조제분유	25	5큰스푼
락토우유	200		아이스크림▣	150	1컵
저지방우유(25)	200				

1컵 = 200cc
◗ : 1교환단위 에너지가 기준치의 1.5배
▣ : 1교환단위 에너지가 기준치의 2.5배

6) 과일군

과일군은 칼륨 함량에 따라 3개의 그룹으로 분류하였으며 칼륨을 제한해야 하는 경우 과일군 3(칼륨 고함량)의 식품들은 식단에서 제외하는 것이 좋다.

(1) 과일군 1(칼륨 저함량)

1교환단위의 영양소 함량	단백질(g)	나트륨(mg)	칼륨(mg)	인(mg)	에너지(kcal)
	미량	미량	100	200	50

식품	무게(g)	목측량	식품	무게(g)	목측량
귤(통)▣	80	18알	자두	80	대 1개
금귤	60	7개	파인애플	100	중 1쪽

(계속)

식품	무게(g)	목측량	식품	무게(g)	목측량
단감	80	중 1/2개	파인애플(통)■	120	대 1쪽
연시	80	소 1개	포도	100	19개
레몬	80	중 1개	깐 포도(통)■	100	–
사과	100	중 1/2개	후루츠칵테일(통)■	100	–
사과주스	100	1/2컵			

■ : 시럽은 제외

(2) 과일군 2(칼륨 중등함량)

1교환단위의 영양소 함량	단백질(g)	나트륨(mg)	칼륨(mg)	인(mg)	에너지(kcal)
	미량	미량	200	20	50

식품	무게(g)	목측량	식품	무게(g)	목측량
귤	100	중 1개	살구	150	3개
다래	80	–	수박	200	1쪽
대추(건조된 것)	20	8개	오렌지	150	중 1개
대추(생 것)	60		오렌지주스	100	1/2컵
배	100	대 1/4개	자몽	150	중 1/2개
딸기	150	10개	파파야	100	–
백도	100	중 1/2개	포도(거봉)	100	11개
황도	150				

(3) 과일군 3(칼륨 고함량)

1교환단위의 영양소 함량	단백질(g)	나트륨(mg)	칼륨(mg)	인(mg)	에너지(kcal)
	미량	미량	400	20	50

식품	무게(g)	목측량	식품	무게(g)	목측량
곶감	50	중 1개	천도복숭아	200	소 2개
멜론(머스크)	120	1/8개	키위	100	대 1개
바나나	120	중 1개	토마토	250	–
앵두	120	–	체리토마토	250	중 20개
참외	120	소 1개			

쉽게 배우는 식사요법

7) 에너지 보충군

단백질을 많이 제한하는 경우 충분한 에너지를 공급해 주면 체단백의 손실을 막을 수 있으며 소화·흡수 후 노폐물을 거의 생성치 않아 콩팥에 부담을 줄일 수 있다. 단, 복막투석을 하고 있는 경우에는 복막투석액 내에 이미 당분이 포함되어 있으므로 에너지 보충군의 섭취는 바람직하지 않다.

1교환단위의 영양소 함량	단백질(g)	나트륨(mg)	칼륨(mg)	인(mg)	에너지(kcal)
	0	3	20	5	100

식품	무게(g)	목측량	식품	무게(g)	목측량
과당	25	–	양갱	35	–
꿀	30	–	엿	30	–
녹말가루	30	–	물엿	30	–
당면	30	–	젤리	30	–
마멀레이드	40	–	잼	35	–
사탕	25	–	캐러멜	25	–
설탕	25	–	칼로리-S	25	–

※ 인, 칼륨 함량이 높은 주의식품

식품	무게(g)	목측량	식품	무게(g)	목측량
초콜릿	20	–	황설탕	25	–
흑설탕	25	–	로열젤리	80	–

참고문헌

국내문헌

구재옥, 이연숙, 손숙미, 서정숙, 권종숙, 김원경, 식사요법 4판, 교문사, 2021

권순형, 서광희, 서은영, 양경미, 정지영, 에센스 식사요법, 지구문화사, 2016

권순형, 김감순, 서광희, 최미숙, 최신 식사요법, 도서출판 효일, 2016

권인숙, 김은정, 김혜영(A), 박용순, 박은주, 백진경, 이미경, 진유리, 차연수, 최미자, 허영
　　란, 황지윤, 식사요법을 포함한 임상영양학 2판, 교문사, 2022

김근일, 김상룡, 서종배, 이창중, 이철상, 이현태, 이희두, 임병우, 전용필, Fox 인체생리학,
　　교문사, 2022

김동익, 김철호, 일차 의료용 근거기반 고혈압 권고 요약본, 대한의학회·질병관리본부,
　　2014

김미자, 김정연, 김미옥, 김지영, 강은희, 김지연, 고영은, 식사요법, 창지사, 2018

김미현, 배윤정, 성미경, 연지영, 이지선, 임희숙, 조혜경, 최미경, 식사요법 및 실습 개정판,
　　파워북, 2022

김상현 외 다수 공저, 이상지질혈증 진료지침 제5판, 한국지질·동맥경화학회 진료지침위
　　원회, 2022

김유리, 박은주, 양수진, 이윤경, 임윤숙, 황원선, 김보은, 임상영양학, 파워북, 2021

김철호, 임상현, 김광일, 김장영, 김주한, 박성하, 박재형, 신진호, 이은미, 이해영, 가정혈압
　　관리지침, 대한고혈압학회, 2021

김현창 외 다수 공저, Korea Hypertension Fact Sheet 2021. 대한고혈압학회, 2021

농촌진흥청, 국가표준식품성분표 제10개정판, 2021

대한간학회, 간경변증 진료 가이드라인, 2019

대한간학회, 알코올 간질환 가이드라인, 2013

대한고혈압학회, 2022년 고혈압 진료지침, 2022

대한당뇨병학회 교육위원회, 당뇨병 교육자를 위한 basic module, 2015

대한당뇨병학회, 당뇨병 식사 계획을 위한 식품교환표 활용 지침, 2023

대한당뇨병학회, 당뇨병 식품교환표 활용지침, 2010

대한당뇨병학회, 당뇨병 진료지침 제7판, 2021

대한당뇨병학회, 당뇨병 진료지침, 2021

대한비만학회, 비만진료지침, 2020

대한영양사협회, 임상영양관리지침서 제4판, 2022

대한영양사협회, 영양사가 알려주는 신장질환식 상차림, 2005

대한이식학회, 환자의 가족을 위한 안내서

박인국, 생리학 제15판, 라이프사이언스, 2020

변기원, 이보경, 권종숙, 김경민, 김숙희, 영양소 대사의 이해를 돕는 고급영양학 3판, 교문사, 2021

보건복지부, 한국영양학회, 2020 한국인영양소 섭취기준, 2020

서정숙, 이종현, 윤진숙, 조성희, 최영신, 영양판정 및 실습 제5판, 파워북, 2021

세계보건기구, 골다공증 진단 기준

손숙미, 임현숙, 김정희, 이종호, 서정숙, 손정민, 임상영양학 3판, 교문사, 2018

송경희, 손정민, 김희선, 한성림, 이애랑, 김순미, 김현주, 홍경희, 라미용, 식사요법 제4판, 파워북, 2022

식품의약품안전처, 건강관리자용 신중년(50~64세) 맞춤형 식사관리안내서, 2021

식품의약품안전처, 보건의료전문가를 위한 환자용식품 선택 정보집, 2018

양은주, 원혜숙, 이현숙, 이은, 박희정, 이선희, 새로 쓰는 임상영양학, 교문사, 2019

윤옥현, 이영순, 이경자, 최경순, 이정실, 포인트 식사요법 2판, 교문사, 2016

이미숙, 이선영, 김현아, 정상진, 김원경, 김현주, 임상영양학 개정판, 파워북, 2018

이병두. 당뇨병 약물치료의 실제. 제5회 인제대학교 상계백병원 연수강좌, 신우기획, 1999

이보경, 변기원, 이홍미, 이종현, 이유나, 임상영양관리 및 실습 개정 3판, 파워북, 2021

이심열, 신명희, 성미경, 백희영, 박유경, 김정선, 손정우, 김원경, 정현주, 안윤옥, 한국인의 암 예방을 위한 식사 지침 제정. Korean Journal of Health Promotion, 2011;11:129-143.

이연숙, 구재옥, 임현숙, 강영희, 권종숙, 이해하기 쉬운 인체생리학 개정판, 파워북, 2017

이해정, 김현주, 이정윤, 식사요법 실습, 신광출판사, 2014

임경숙, 허계영, 김숙희, 김형숙, 박경애, 심재은, 임상영양학 2판, 교문사, 2019

장유경, 박혜련, 변기원, 이보경, 권종숙, 기초영양학, 교문사, 2022

장혜순, 서광희, 이병순, 이해정, 양수진, 이승림, 이순희, 이정윤, 질환에 따른 식사요법, 신광출판사, 2018

전형주, 이승림, 치현숙, 황혜정, 도민희, 박유신, 권순형, 식사요법, 도서출판 효일, 2017

정은경, 2020 국민건강통계, 질병관리청 만성질환관리국 건강영양조사분석과, 2022

정인경, 진은선, 김현창, 원종철, 신민정, 진흥용, 이상지질혈증 팩트 시트, 2022

질병관리본부&대한고혈압학회, 고혈압의 예방과 관리, 2019

채성철, 김광일, 김근호, 김주한, 김현창, 박성하, 박종무, 신진호, 이장훈, 이해영, 임상현, 편욱범, 2018년 고혈압 진료지침, 대한고혈압학회, 2018

최미숙, 서광희, 권순형, 김갑순, 변기원, 권종숙, 식사요법실습 개정판, 파워북, 2016

통계청 보도자료, 2020년 사망원인통계 결과, 2021

한국영양교육평가원, 임상영양 실습지침서, 2018

한국지질·동맥경화학회, 2018 이상지질혈증 치료지침 제4판, 2018

한국지질·동맥경화학회, 2022 이상지질혈증 진료지침 제5판, 2022

한성림, 주달래, 장유경, 김혜경, 김경민, 권종숙, 사례로 이해를 돕는 임상영양학, 교문사, 2021

현태선, 함성림, 김혜경, 권영혜, 정자용, 플러스 고급영양학 개정판, 파워북, 2021

국외문헌

Abul K, Abbas, Andrew H, Linchtman, Shiv Pillai. Cellur and Molecular Immunology. 9th ed. Elsevier, 2018

Audra Clark, Jonathan Imran, Tarik Madni, Steven E. Wolf. Nutrition and metabolism in burn patients. Burns & Trauma, 2017;5:11.

J. P. Desborough. The stress response to trauma and surgery. British Journal of

Anaesthesia, 2000;85:109-117

Kenneth R. Feingold, MD. Introduction to lipids and lipoproteins. Endotext, 2021

Korea Centers for Disease Control and Prevention. Korea Health Statistics, 2020

Maureen Sampson 외 15인 공저(Rami A. Ballout, Daniel Soffer, Anna Wolska, Sierra Wilson, Jeff Meeusen, Leslie J. Donato, Erica Fatica, James D. Otvos, Eliot A. Brinton, Robert S. Rosenson, Peter Wilson, Marcelo Amar, Robert Shamburek, Sotirios K. Karathanasis and Alan T. Remaley). A new phenotypic classification system for dyslipidemias based on the standard lipid panel. Lipids in Health and Disease, 2021;20:170

Ministry of Health and Welfare, 2021.

Naama Kanarek, Boryana Petrova, David M. Sabatini. Dietary modifications for enhanced cancer therapy. Nature, 2020;579;7800

Nelms W, Sucher KP, Nutrition Therapy & Pathophysiology(4th ed), 2020

Raymond JL, Morrow K, Krause and Mahan's Food & the Nutrition Care Process(16th ed), 2022

Rolfes SR, Whitney E, Pinna K, Understanding Normal and Clinical Nutrition, Cengage Learning, 2020

Ross AC, Caballero B, Cousins RJ, Tucker KL, Ziegler TR, Modern Nutrition in Health and Disease, Jones & Bartlett Publishers, 2020

Teresa Norat, Dagfinn Aune, Doris Chan, Dora Romaguera. Fruits and Vegetables: Updating the Epidemiologic Evidence for the WCRF/AICR Lifestyle Recommendations for Cancer Prevention. in Advances in Nutrition and Cancer. Cancer Treatment Research, 2014;159:35-50.

The Task Force for the management of dyslipidaemias of the European Society of Cardiology(ESC) and European Atherosclerosis Society(EAS). 2019 ESC/EAS Guidelines for the management of dyslipidaemias: lipid modification to reduce cardiovascular risk. European Heart Journal, 2020;41: 111-188

World Cancer Research Fund International. World Cancer Research Fund network. Global Cancer Update Programme: Strategy and plans(2022-2025). 2022

기타

KOSIS 국가통계포털, 2020년 24개 암종/성별 암발생자수, 상대빈도, 조발생률, 연령 표준화발생률. https://kosis.kr/statHtml/statHtml.do?orgId=117&tblId=DT_117N_ A00022&vw_cd=&list_id=&seqNo=&lang_mode=ko&language=kor&obj_var_ id=&itm_id=&conn_path=I2

국가암정보센터, 암종별 발생 현황. https://cancer.go.kr/lay1/S1T639C641/contents.do

농촌진흥청 농식품종합정보시템 국가표준식품성분표. http://koreanfood.rda.go.kr/kfi/ fct/fctFoodSrch/list?menuId=PS03563

대한노인정신의학회. https://www.kagp.or.kr/

대한당뇨병학회. https://www.diabetes.or.kr/

대한비만학회. http://general.kosso.or.kr/

대한신장학회. https://www.ksn.or.kr/

대한영양사협회. https://www.dietitian.or.kr/

대한의사협회. http://www.kma.org/

삼성서울병원. http://www.samsunghospital.com/

서울아산병원. https://www.amc.seoul.kr/

식품의약품안전처 식품안전나라, 미각판정도구 자료. https://www.foodsafetykorea. go.kr/portal/healthyfoodlife/naDownProgram.do?menu_grp=MENU_ NEW03&menu_no=2954

오타와대학교 심장연구소, 심부전을 위한 영양안내서. https://www.ottawaheart.ca/ heart-failure-patient-guide/nutrition-guide-heart-failure

질병관리청 국가건강정보포털. https://health.kdca.go.kr/

한국선천성대사질환협회. http://www.kcmd.or.kr

한국영양학회. https://www.kns.or.kr/

한국운동영양학회. http://www.ksen.or.kr/

한국임상영양학회. http://p.korscn.or.kr/

한국지질·동맥경화학회. https://www.lipid.or.kr/

American Heart Association. https://www.heart.org/en/healthy-living/healthy-
eating/eat-smart/sodium/how-to-reduce-sodium

American Medical Association. https://www.ama-assn.org/

American society for nutrition Sciences. http://www.nutrition.org

Center care disease control and prevention. http://www.cdc.gov

MNT vs Nutrition Education. http://www.eatrightpro.org/resoutces/payment/
coding-and-billing/mini-vs-nutrition-education.

Your guide to lowing your blood pressure with DASH. National Heart, Lung, and
Blood Institute. NHLBI 홈페이지. https://www.nhlbi.nih.gov/files/docs/public/
heart/dash_brief.pdf

Youtube 스웨덴의 섭식장애 캠페인 광고 영상, AB Kontakit The Mirror 40s ENG. https:
//www.youtube.com/watch?v=HWuY86rO2jI

찾아보기

쉽게 배우는 식사요법

기타